EXERCICES

DE

GÉOMÉTRIE

OUVRAGES DE M. PH. ANDRE

Paris. — Imp. E. CAPIOMONT et Cie, rue des Poitevins, 6.

EXERCICES

DE

GÉOMÉTRIE

(PROBLÈMES ET THÉORÈMES)

ÉNONCÉS ET SOLUTIONS DÉVELOPPÉES

DES QUESTIONS PROPOSÉES

DANS LES DEUX OUVRAGES DE GÉOMÉTRIE

À L'USAGE

DES ÉTABLISSEMENTS D'INSTRUCTION,
DES ASPIRANTS AU BACCALAURÉAT ÈS SCIENCES ET AUX ÉCOLES
DU GOUVERNEMENT

PAR

M. PH. ANDRÉ

———

NEUVIÈME ÉDITION

PARIS

LIBRAIRIE CLASSIQUE DE F.-E. ANDRÉ-GUÉDON

15, RUE SÉGUIER, 15

Près la Fontaine Saint-Michel

———

1891

INTRODUCTION

Le champ de la géométrie est si vaste, les questions qui se rattachent à cette science sont si nombreuses et si variées qu'il est impossible de faire dépendre leur solution d'une méthode générale et certaine.

Voici les procédés les plus avantageusement employés :

1° On énonce la solution, et on explique ensuite son exactitude en quelques mots. On opère presque toujours ainsi lorsque les problèmes sont liés à la connaissance d'un théorème, et que par conséquent leur solution ne demande qu'un faible effort de l'esprit (Exerc. 1, 2, etc.).

2° On construit la figure en supposant le problème résolu, et si l'on examine avec soin sur cette figure la liaison qui existe entre les inconnues et les données, on parvient généralement à découvrir la solution demandée (Exerc. 15, etc.).

3° On mène des lignes auxiliaires. On peut ainsi par des points bien déterminés mener ou des parallèles ou des perpendiculaires aux lignes connues, ou décrire des circonférences qui se déduisent des données, et trouver, à l'aide de ces constructions auxiliaires, les inconnues soit immédiatement, soit par des opérations dépendant les unes des autres (Exerc. 21, 22, etc.).

4° On fait dépendre la solution d'un problème de celle d'un autre plus simple, et ainsi de suite jusqu'à ce qu'on arrive à un problème connu (Exerc. 36, 45, etc.)

5° (*Méthode des lieux géométriques.*) On fait voir que le point cherché doit se trouver sur deux lignes droites ou courbes ou encore sur une droite et sur une courbe, et que par conséquent il ne peut se trouver qu'à leur intersection. La rencontre de deux droites ne donne qu'un point; celle de deux courbes ou d'une droite et d'une courbe en donne deux ou un seul, répondant généralement à la question (Exerc. 46, 47, etc.).

Quelle que soit d'ailleurs la marche que l'on suive, un problème n'est complétement résolu que dans le cas où l'on s'est rendu compte du nombre de solutions qu'il peut avoir, que l'on a étudié les conditions de possibilité et d'impossibilité.

Ces différents procédés [1] dépendent plus ou moins directement de l'*analyse* et de la *synthèse*.

Dans l'analyse, on suppose que la proposition énoncée est vraie, que le problème donné est résolu. Puis, pour découvrir la quantité inconnue, la marche à suivre pour exécuter ce qui est demandé, on examine les conséquences de son hypothèse.

Dans la synthèse on part du connu pour arriver à la conclusion que l'on cherche. La vérité de la plupart des théorèmes de géométrie s'établit par la méthode synthétique.

AVANTAGES ET INCONVÉNIENTS DES DEUX MÉTHODES. — Par la *méthode analytique*, on cherche à déduire des conditions du problème *quelques conséquences nécessaires* sans examiner si l'on a fait usage de *toutes les conditions nécessaires et suffisantes*. Cela tient à ce procédé particulier d'investigation et aux constructions toutes imaginaires que le raisonnement appelle à son aide, et dont la possibilité n'est pas toujours reconnue à l'avance.

La *méthode synthétique*, au contraire, satisfait pleinement l'esprit, car elle s'appuie sur des opérations réellement effectuées ou reconnues possibles. Elle se suffit à elle-même, tandis que l'analyse ne se dispense pas toujours de la synthèse pour justifier complétement la solution.

Bien que plus rigoureuse, la synthèse ne montre pas la marche qui a été suivie pour arriver à la solution. Aussi lui préfère-t-on la méthode analytique dans la résolution des problèmes

---

1. Pour certains exercices qui ne sont que des théorèmes de géométrie ne figurant point habituellement dans les cours, on emploie quelquefois la *méthode de réduction à l'absurde* : on prouve la vérité d'une proposition en montrant que sa non-existence conduirait à une absurdité, ou à des conséquences que l'énoncé n'admet pas.

C'est à l'analyse que sont dues les plus belles découvertes en mathématique. C'est la méthode suivie en algèbre : c'est elle que l'on doit employer dans la plupart de ses recherches. Cependant on ne doit pas oublier que la synthèse et l'analyse doivent généralement se prêter un mutuel secours.

Il est bon de faire remarquer ici qu'il ne faut pas confondre l'analyse algébrique et l'analyse géométrique. Ainsi quand on est arrivé à mettre un problème en équations, l'algèbre fournit un procédé *certain* pour résoudre ces équations, tandis qu'en géométrie, lors même qu'on est parvenu à déduire les données des inconnues, on n'est pas toujours certain de pouvoir finir les opérations inverses qui permettent de déduire les inconnues des données ; il y aurait donc avantage à chercher, par l'algèbre, la résolution des problèmes susceptibles d'être mis en équations.

Nota. 1° Nous avons cru alléger la tache du maître en plaçant, en marge du livre des solutions, des numéros qui renvoient au cours de géométrie. Cette disposition permet en effet de trouver sans peine une application à chaque leçon. Ainsi les problèmes 1, 2 et 3 peuvent se donner après le n° 46 du cours; le problème 4 après le n° 49, et ainsi de suite.

2° Rien n'encourage plus les élèves que quand ils trouvent eux-mêmes la solution d'un problème; avant donc d'aborder ceux qui sont contenus dans les recueils, il est utile d'en donner un grand nombre d'autres tels que ceux-ci :

1. Tracer une ligne droite passant par deux points donnés : 1° sur le papier; 2° sur un parquet d'une certaine étendue.

2. Faire une ligne égale à sept fois une ligne donnée.

3. Trouver une ligne égale à la somme de plusieurs lignes données.

4. Trouver une ligne égale à la différence de deux lignes données.

TABLEAU
DES FORMULES LES PLUS IMPORTANTES
DÉMONTRÉES DANS LE COURS.

LIGNES.

SURFACES.

VOLUMES.

NOMBRES USUELS.

$\sqrt{2}=1{,}41421$

$\sqrt{3}=1{,}73205$

$\sqrt{5}=2{,}23606$

$\sqrt[3]{2}=1{,}25992$

$\sqrt[3]{3}=1{,}44224$

Log $2=0{,}3010300$

Log $3=0{,}4771213$

Log $5=0{,}6989700$

Log $\pi=0{,}4971499$

EXERCICES

DE

GÉOMÉTRIE.

EXERCICES DU LIVRE I.

46

1. *Construire le complément d'un angle donné.*

Soit l'angle AOB. Si sur le côté OB et au point O nous élevons une perpendiculaire OC, l'angle AOC sera l'angle cherché, car AOB + AOC = BOC = 1^{dr}.

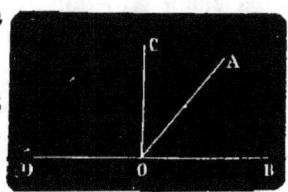

Fig. 1.

2. *Construire le supplément d'un angle donné.*

Soit le même angle AOB. Si nous prolongeons la droite BO, l'angle AOD sera l'angle cherché, car AOB + AOD = 2^{dr}.

3. *Les bissectrices de deux angles adjacents sont perpendiculaires l'une à l'autre.* (On appelle bissectrice la droite qui divise un angle en deux parties égales).

En effet, soient les deux angles supplémentaires et adjacents AOB, AOC, et OD, OE les bissectrices des mêmes angles, nous avons par définition

$$AOB + AOC = 2^{dr} :$$

donc $\quad \frac{1}{2}AOB + \frac{1}{2}AOC = 1^{dr}.$

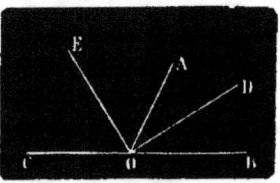

Fig. 2

49 **4.** *Les bissectrices de deux angles opposés par le sommet sont en ligne droite.*

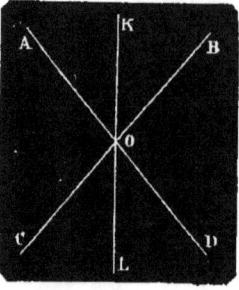

Soient OK la bissectrice de l'angle AOB et OL celle de l'angle COD.

On a (n° 45) BOK $+$ KOA $+$ AOC $= 2^{dr}$;
mais BOK $=$ COL ;
donc KOA $+$ AOC $+$ COL $= 2^{dr}$;
donc (n° 48) OL est le prolongement de OK.

Fig. 3.

61 **5.** *Combien peut-on mener de diagonales dans un polygone convexe de n côtés ?*

On peut mener $n \dfrac{(n-3)}{2}$ diagonales.

En effet, chaque sommet A peut-être joint à tous les autres excepté à ses voisins, ce qui donne pour chaque sommet $n-3$ diagonales. Par conséquent pour les n sommets, nous devrions avoir $n(n-3)$ diagonales en tout. Mais chaque diagonale se trouve répétée 2 fois. Ainsi la diagonale AD peut être obtenue en joignant le point A au point D, ou en joignant le point D au point A ; et comme il en est ainsi de toutes les autres, il en résulte qu'on

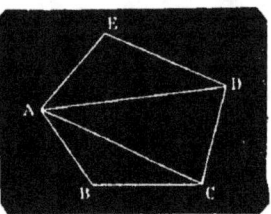

Fig. 4.

pourra mener en tout $n \dfrac{(n-3)}{2}$ diagonales.

Applications numériques. Pour le triangle $n = 3$, $n - 3 = 0$,
donc $n \dfrac{(n-3)}{2} = 0.$

Pour le quadrilatère, on a $n = 4$, $n - 3 = 1$,
donc $n \dfrac{(n-3)}{2} = 2.$

6. *La somme des diagonales d'un quadrilatère convexe est plus petite que la somme et plus grande que la demi-somme de ses côtes.*

On aura : AC $+$ BD $<$ AB $+$ BC $+$ CD $+$ AD
AC $+$ BD $> \frac{1}{2}$ (AB $+$ BC $+$ CD $+$ AD)

1° On a : AC $<$ AB $+$ BC
AC $<$ AD $+$ DC.

On a de même : BD $<$ BC $+$ CD
BD $<$ AB $+$ AD

Ajoutant **ces** inégalités **et** divisant chaque somme par 2, il vient :

$$AC + BD < AB + BC + CD + AD.$$

2° On a : $\quad OA + OB > AB$
$$OB + OC > BC$$
$$OC + OD > CD$$
$$OD + OA > AD$$

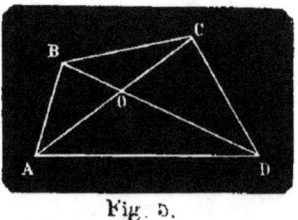

Fig. 5.

Ajoutant ces inégalités et divisant chaque somme par 2, il vient

$$OA + OB + OC + OD > \tfrac{1}{2}(AB + BC + CD + AD),$$

ou enfin $\quad AC + BD > \tfrac{1}{2}(AB + BC + CD + AD).$

7. *La somme des droites qui joignent un point intérieur d'un triangle aux trois sommets, est plus petite que la somme et plus grande que la demi-somme des trois côtés du triangle.*

On aura :

$$OA + OB + OC < AB + AC + BC$$
$$OA + OB + OC > \tfrac{1}{2}(AB + AC + BC).$$

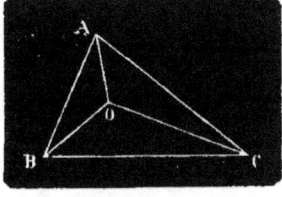

1° On a :
$$OA + OB < AC + BC$$
$$OB + OC < AB + AC$$
$$OA + OC < AB + BC$$

Fig. 6.

Ajoutant et divisant par 2, il vient :

$$OA + OB + OC < AB + AC + BC.$$

2° On a aussi : $\quad OA + OB > AB$
$$OA + OC > AC$$
$$OB + OC > BC$$

Ajoutant et divisant par 2, on obtient :

$$OA + OB + OC > \tfrac{1}{2}(AB + AC + BC).$$

8. *Deux polygones sont égaux quand ils ont n — 1 côtés consécutifs égaux comprenant n — 2 angles égaux et semblablement disposés.*

On a :
AB = A'B', BC = B'C',
CD = C'D', DE = D'E',
B = B', C = C', D = D' :
je dis que les deux polygones sont égaux.

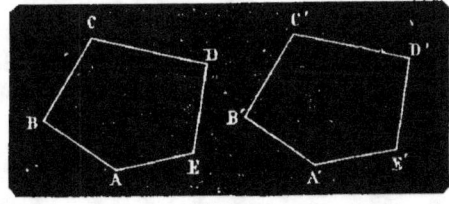

En effet, je porte le polygone A'B'C'D'E' sur ABCDE

Fig. 7.

de manière que A'B' coïncide avec AB. Par suite de l'égalité des angles, les côtés B'C', C'D', D'E' coïncideront respectivement avec les côtés égaux BC, CD, DE. A' étant sur A, et E' sur E, A'E' se confondra avec AE, et il en sera de même des polygones.

9. *Deux polygones sont égaux quand ils ont n — 2 côtés consécutifs égaux adjacents à n — 1 angles égaux et semblablement disposés.*

On a :   AB = A'B', BC = B'C', CD = C'D':
           A = A', B = B', C = C', D = D'

je dis que les deux polygones sont égaux.

En effet, je porte le polygone A'B'C'D'E' sur ABCDE de manière que A'B' coïncide avec AB. Par suite de l'égalité des angles, les côtés B'C', C'D' coïncideront respectivement avec les côtés égaux BC, CD. D'ailleurs, à cause de A' = A et D' = D, A'E' prend la direction de AE, et D'E' celle de DE: le point E' tombera donc sur le point E, et les deux polygones seront égaux.

10. *Deux polygones sont égaux quand ils ont tous les côtés et n — 3 angles consécutifs égaux chacun à chacun et semblablement disposés.*

On a :

AB = A'B', BC = B'C', CD = C'D', DE = D'E', EA = E'A'
                  et A = A', B = B':

je dis que les deux polygones sont égaux.

En effet, je porte le polygone A'B'C'D'E' sur le polygone ABCDE de manière que A'B' coïncide avec AB. Par suite de l'égalité des angles A et A', B et B', les côtés A'B', B'C', A'E' coïncideront respectivement avec les côtés égaux AB, BC, AE. D'ailleurs si je mène les diagonales (menez-les) C'E' et CE, ces droites coïncident aussi ; il en est de même des triangles C'E'D' et CED, car ils ont les trois côtés égaux, et sont semblablement disposés : donc enfin les deux polygones sont égaux.

11. *Combien de conditions faut-il pour l'égalité de deux polygones ?*

Deux polygones sont égaux quand ils ont $2n — 3$ éléments égaux chacun à chacun et semblablement disposés.

En effet, d'après les 3 problèmes précédents, il faut connaître : 1° $n — 1$ côtés et $n — 2$ angles ; 2° $n — 2$ côtés et $n — 1$ angles, 2° n côtés et $n — 3$ angles, et par suite dans tous les cas $2n — 3$ éléments.

12. *Chaque médiane est plus petite que la demi-somme des côtes adjacents.* (La médiane est une droite qui joint le sommet d'un triangle au milieu du côté opposé).

On aura: $AM < \frac{1}{2}(AB + AC)$.

En effet, prolongeons la médiane AM d'une longueur $MD = AM$ et tirons BD. Les deux triangles ACM, BDM sont égaux et par suite $AC = BD$. Mais on a

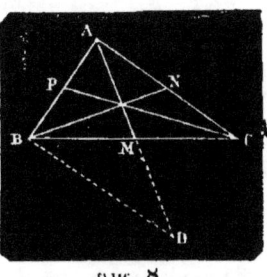

$$AD = 2\,AM < AB + BD,$$
ou $\qquad 2\,AM < AB + AC,$
ou enfin $\quad AM < \frac{1}{2}(AB + AC).$

On démontrerait de même pour les médianes BN, CP.

Fig. 8.

13. *La somme des médianes d'un triangle est plus petite que la somme et plus grande que la demi-somme des côtés* (fig. 8).

On aura: $AM + BN + CP < AB + BC + AC$
$$AM + BN + CP > \frac{1}{2}(AB + BC + AC).$$

1° On a (ex. 12): $\quad 2\,AM < AB + AC$
$$2\,BN < BA + BC$$
$$2\,CP < AC + BC$$

Faisant la somme et divisant par 2, il vient:
$$AM + BN + CP < AB + BC + AC.$$

2° On a (n° 60): $\qquad AM > AB - BM$
$$AM > AC - CM$$

Additionnant on obtient: $2\,AM > AB + AC - BC.$

On a de même: $\quad 2\,BN > AB + BC - AC$
$$2\,CP > AC + BC - AB$$

Faisant la somme de ces trois inégalités, réduisant et divisant par 2, on trouve $AM + BN + CP > \frac{1}{2}(AB + BC + AC).$

14. *Sur les côtés d'un angle, on prend des longueurs $OA = OB$, puis $OA' = OB'$; on mène AB', BA'. Prouver que OM est bissectrice de l'angle considéré.*

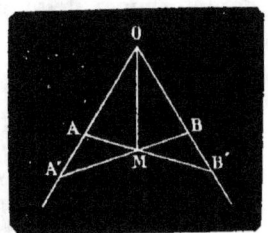

En effet, les triangles OA'B, OAB' sont égaux comme ayant un angle égal compris entre côtés égaux: d'où résulte l'égalité des angles OA'M et OB'M, OAM et OBM.

Fig. 9.

L'égalité de ces derniers donne $A'AM = B'BM$. Dès lors les triangles A'AM et B'BM sont égaux comme ayant un côté égal adjacent à deux angles égaux, donc AM = BM. Les triangles OAM, OBM ayant un angle égal, OAM = OBM, compris entre deux côtés égaux chacun à chacun sont égaux et il en résulte l'égalité des angles AOM et BOM. *De là un moyen de construire la bissectrice d'un angle.*

70

15. *Par un point donné P hors d'un angle AOB, mener une droite qui détermine par son intersection avec les côtés de cet angle deux longueurs égales OA, OB.*

Supposons le problème résolu. Puisque les longueurs OA et OB sont égales, le triangle OAB est iso- 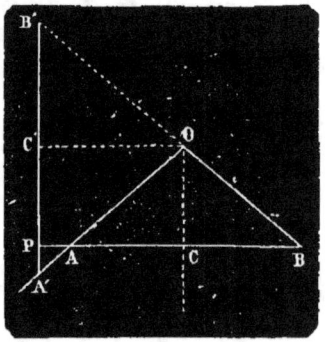 cèle; par suite la droite OC qui joint le point O au milieu C de AB est per- pendiculaire à la droite PB et de plus est bissectrice de l'angle AOB. De là résulte la construction suivante : on mène la bissectrice OC de l'angle AOB; puis du point P on abaisse sur OC la perpendiculaire PB qui est la droite cherchée. Il existe évidemment une se- conde solution obtenue en menant la bissectrice OC' de l'angle A'OB' sup-

Fig. 10

plémentaire de AOB, car on verrait par un raisonnement analogue au précédent que les longueurs OA' et OB' sont égales.

78

16. *Dire sans prendre directement de mesure, si un point C situé hors d'une droite AB est plus près de A que de B.*

Il suffit évidemment d'élever une perpendiculaire sur le milieu de AB : si le point C se trouve sur cette perpendiculaire c'est qu'il est également distant de A et de B, s'il est hors de cette perpendi- culaire il est plus près d'un point que de l'autre. Il est facile (n° 78) de déterminer de quel point il est le plus rapproché.

17. *Deux villages A, B situés à une certaine distance d'un rivière veulent construire un pont à frais communs : on demande le lieu où devra être fait le pont pour se trouver également éloigné de chaque village.*

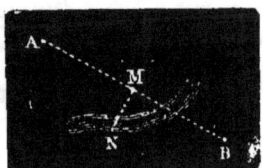

Je joins A et B par une droite; au point M, milieu de AB, j'élève une perpendicu- laire jusqu'à la rencontre en N de la rivière.

Fig. 11.

La perpendiculaire MN étant le lieu des points également distants des points A et B, le point N est également distant de A et de B.

18. *Les perpendiculaires élevées sur les milieux des côtés d'un triangle concourent en un même point.*

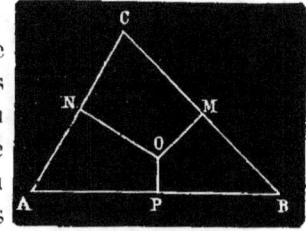

Menons sur les milieux de AB et de AC les perpendiculaires ON, OP : nous aurons OA = OB et OA = OC, d'où OB = OC : donc le point O se trouve sur la perpendiculaire élevée au milieu de BC : donc les trois perpendiculaires OM, OP, ON concourent au même point O

Fig. 12

19. *Si des extrémités de la base d'un triangle isocèle, on abaisse des perpendiculaires sur les côtés opposés, ces perpendiculaires sont égales.*

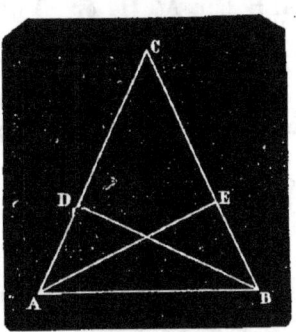

En effet, les deux triangles rectangles ABE, ABD ont l'hypoténuse commune et un angle adjacent égal, donc ils sont égaux : d'où l'égalité des perpendiculaires AE et BD.

Fig. 13.

20. *Par un point donné P mener une droite également distante de deux points donnés A et B en séparant les 2 points donnés.*

Tirons la droite AB et une droite quelconque PE passant par le milieu de AB : PE est la ligne demandée.

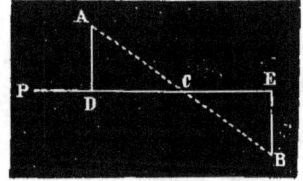

En effet, en abaissant sur cette ligne les perpendiculaires AD, BE, on obtient deux triangles ADC, BCE égaux comme ayant l'hypoténuse égale et des angles aigus en C égaux ; donc AD = BE, donc (n° 74) PE est la droite demandée.

Fig. 14.

21. *Etant donnés deux points A et B situés d'un même côté d'une droite, trouver le plus court chemin pour aller du point A au point B en touchant cette droite.*

Si les deux points se trouvaient de chaque côté de la droite, le

chemin le plus court pour aller du point A au point B s'obtiendrait en joignant les deux points par une ligne droite. Il est donc
naturel de chercher au-dessous de la droite un point A' qui soit tel
que la droite A'B soit égale à la ligne brisée à parcourir pour aller
de A en B. Pour obtenir ce point,
abaissons sur MN la perpendiculaire
AD et prolongeons-la d'une longueur
DA' = AD (le point A' est le *symé-*
trique de A par rapport à MN). Enfin
tirons la droite A'B : le chemin ACB
est le plus court cherché.

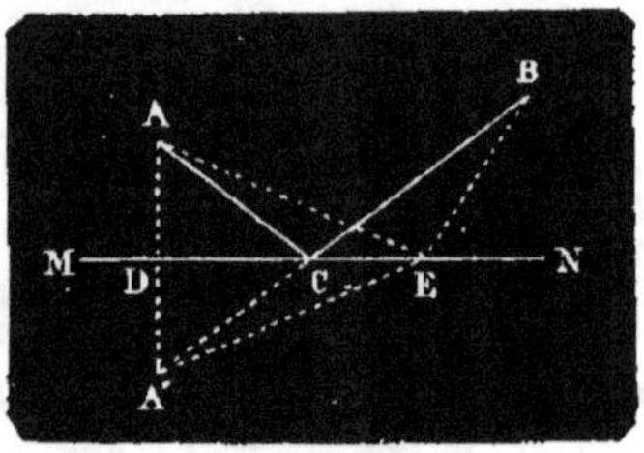

Pour le démontrer, prouvons que
tout autre AEb est plus grand. D'après

Fig. 15.

la construction de la figure ACB peut se remplacer par A'CB et
AEB par A'EB ; or, il est bien évident qu'on a A'EB > A'CB.

REMARQUE. Il résulte de ce qui précède que les droites AC, CB,
correspondant au plus court chemin, (AC + CB est un *minimum*)
sont également inclinées sur la droite MN, car les angles ACM et
BCN sont égaux.

22. *On prend deux points* A *et* B *dans l'intérieur d'un angle xoy,*
trouver le chemin minimum du point A *au point* B *en touchant les*
côtés ox et oy.

Soient A', B' les points
symétriques de A, B, et A'B'
la droite qui les unit : tirons
AC, BD, et nous aurons la
ligne brisée ACDB pour le
plus court chemin de A en B
en touchant les côtés Ox, Oy.
Pour le démontrer, prou-
vons que tout autre AC'D'B
est plus grand.

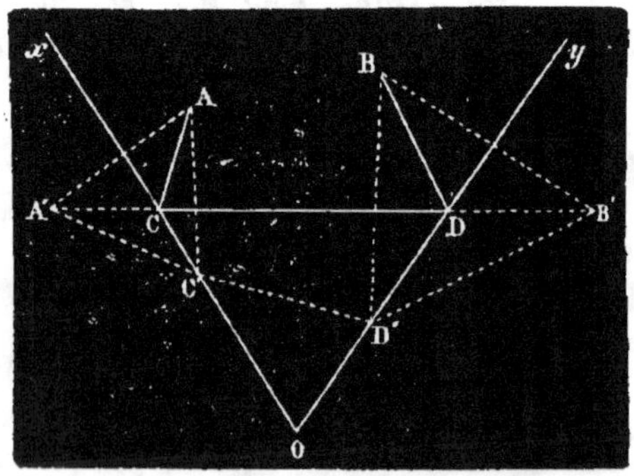

D'après la construction
de la figure, ACDB peut se

Fig. 16.

remplacer par A'CDB', et AC'D'B par A'C'D'B' ; or, il est évident
qu'on a A'C'D'B' > A'CDB'.

23. *Les bissectrices des trois angles d'un triangle concourent au même point.*

Je mène les bissectrices des angles **A**, **B**, et du point O de rencontre, j'abaisse les perpendiculaires OD, OE, OF sur les trois côtés. Le point O étant sur la bissectrice de A, OE = OF; le point O étant sur la bissectrice de B, OD = OF, d'où OE = OD; donc le point O est aussi sur la bissectrice de l'angle C; donc enfin les trois bissectrices concourent au même point.

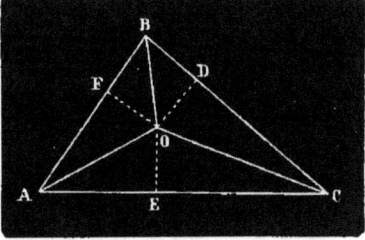
Fig. 17.

24. *La parallèle à un côté d'un triangle menée par le point de concours des bissectrices, est égale à la somme des segments adjacents à ce côté, qu'elle détermine sur les deux autres.*

Soient BO et CO les bissectrices des angles B et C, et la droite DE, parallèle à BC et passant par le point O. On a : DE = BD + CE.

En effet, l'angle DOB = OBC comme alternes-internes. Donc le triangle DOB est isocèle et DO = BD. On prouverait de même que OE = CE. Par conséquent DO + OE ou DE = BD + CE.

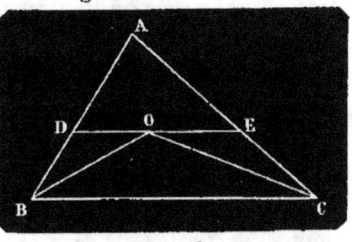
Fig. 18.

25. *Déterminer la bissectrice de l'angle formé par deux droites AB, CD, qu'on ne peut prolonger jusqu'à leur rencontre.*

Par un point quelconque de CD, je mène EF parallèle à AB, puis je prends sur les côtés de l'angle FEC, les longueurs égales EH, EG et je prolonge GH jusqu'en I. La droite IH forme avec les deux droites AB, CD un triangle isocèle, car I = G = H. La bissectrice de l'angle au sommet s'obtiendra donc en élevant une perpendiculaire sur le milieu de la droite IH.

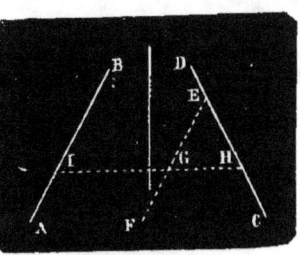
Fig. 19.

26. *Les bissectrices de deux angles qui ont les côtés parallèles sont parallèles ou perpendiculaires l'une à l'autre.*

1°Soient les deux angles BAC, B'A'C' qui ont les côtés parallèles et dirigés dans le même sens. Menons DA parallèle à D'A', bissectrice de A'B'C', nous aurons (n° 95) BAD = B'A'D', DAC = D'A'C'. Mais B'A'D'= D'A'C'; donc BAD=DAC et DA est bissectrice de BAC. 2° Si l'on considère la bissectrice AE de l'angle BAG, cette droite est perpendiculaire à AD et par suite à A'D'.

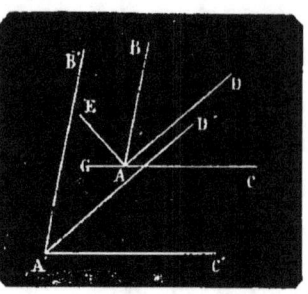

Fig. 2

96

27. *Les bissectrices de deux angles qui ont les côtés perpendiculaires sont ou perpendiculaires ou parallèles.*

1° Soient les deux angles aigus BAC, B'A'C' qui ont leurs côtés perpendiculaires, et AD, A'D' leurs bissectrices; ces droites sont perpendiculaires. En effet, par le point A on mène AC'' et AB'' parallèles à A'C' et à A'B' et dirigés en sens opposé les deux angles B''AC'', B'A'C' sont égaux (n° 95). La bissectrice AD'' de l'angle B'AC' est parallèle à A'D' (ex. 26).

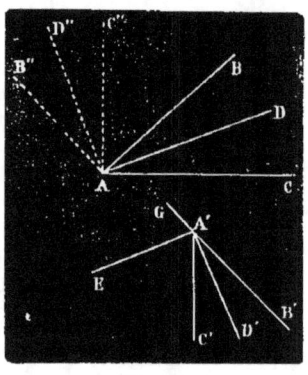

Fig. 21

Or, si de l'angle droit CAC'', on retranche l'angle DAC et qu'on lui ajoute l'angle C''AD'' = DAC, on aura encore l'angle DAD'' qui sera droit. Donc AD et AD'' sont perpendiculaires et par suite AD et A'D' le sont aussi. 2° Soient les deux angles BAC, C'A'G, l'un aigu, l'autre obtus, la bissectrice A'E est perpendiculaire à A'D' et par suite parallèle à AD.

102

28. *Dans un triangle* ABC, *l'angle* O *des bissectrices des angles* B *et* C *égale* $1^{dr} + \dfrac{A}{2}$.

On aura: $O = 1^{dr} + \dfrac{A}{2}$.

En effet, dans le triangle BOC, nous avons: $O = 2^{dr} - \dfrac{B+C}{2}$. Mais dans

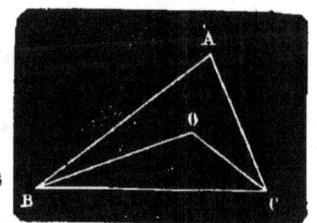

Fig. 22

le triangle proposé nous avons

$$B + C = 2^{dr} — A,$$

ou en divisant les deux membres par 2,

$$\frac{B + C}{2} = 1^{dr} — \frac{A}{2}:$$

donc $O = 2^{dr} — 1^{dr} + \dfrac{A}{2} = 1^{dr} + \dfrac{A}{2}.$

29. *Étant donnés un triangle ABC et un point O dans l'intérieur, démontrer que l'angle O est toujours plus grand que l'angle A du triangle* (fig. 22).

En effet, nous avons

$$A = 2^{dr} — (B + C), \text{ et } O = 2^{dr} — (OBC + OCB).$$

Or on a $OBC + OCB < B + C$: d'où l'on déduit $O > A.$

30. *L'angle DAE de la médiane et de la hauteur d'un triangle rectangle est égal à la différence des deux angles aigus.*

On aura : $DAE = B — C.$

En effet, $B + C = 1^{dr}$. On a aussi $C + DAC = 1^{dr}$, par suite $B = DAC$. De même $C = BAD$. D'ailleurs $C = EAC$, donc enfin $DAE = DAC — EAC = B — C.$

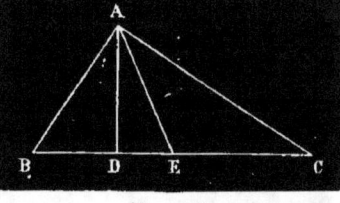

Fig. 23.

31. *Dans un triangle ABC on mène jusqu'au côté BC une droite AD faisant avec le côté AB un angle égal à l'angle C et une droite AE faisant avec le côté AC un angle égal à l'angle B. Démontrer que le triangle DAE est isocèle.*

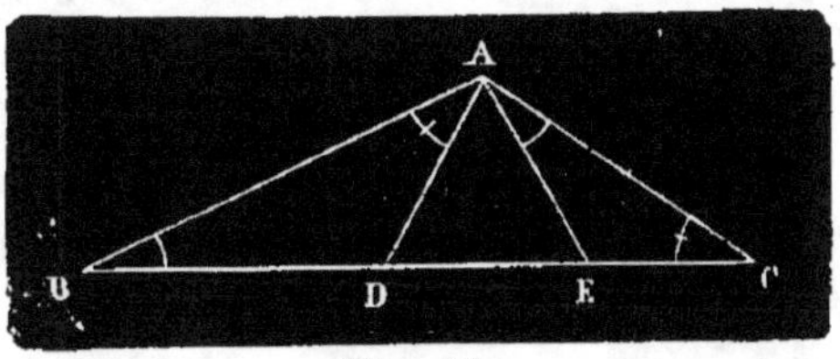

Angle $BAD = C$, angle $EAC = B$. Je dis que le triangle DAE est isocèle.

En effet, l'angle AED étant extérieur au triangle AEC, on a :

$$AED = EAC + C.$$

On a de même $ADE = B + C$. Donc le triangle ADE est isocèle.

Fig. 24.

32. *Trouver la somme des angles droits d'un polygone de 25 côtés.*

Soit S la somme demandée. On a $S = 2\, n^{dr} — 4^{dr}$. Or $n = 25$, donc $S = (2 \times 25 — 4^{dr}) = 46^{dr}.$

33. *Quel est le polygone régulier dont la somme des angles est* 12^{dr}?

L'octogone.

En effet, dans ce cas S $=$ 12, et l'on a $12 = 2n - 4$, d'où $n = \dfrac{12 + 4}{2} = 8$. Le polygone demandé est donc l'octogone.

34. *Quel est le polygone régulier dont l'angle vaut 4/3 d'angle droit?*

L'hexagone.

En effet, la somme des angles droits de ce polygone est égale à 2 $n^{dr} - 4^{dr}$; or, il y a autant d'angles que de côtés, et par conséquent n angles: donc la valeur de l'un d'eux est égale à $\dfrac{2n^{dr} - 4^{dr}}{n}$. Par suite on a $4/3 = \dfrac{2n - 4}{n}$, d'où on tire $2n = 12$, et $n = 6$. Le polygone demandé est donc l'hexagone.

112

35. *Deux trapèzes sont égaux lorsqu'ils ont les quatre côtés égaux et disposés de la même manière.*

Considérons les deux trapèzes ABCD. A'B'C'D', dans lesquels nous avons AB $=$ A'B'; BC $=$ B'C'; CD $=$ C'D'; AD $=$ A'D'. Par les points A, A' menons des parallèles AE, A'E' aux côtés CD, C'D'. Les deux triangles ABE, A'B'E' sont égaux parce qu'ils ont les trois côtés égaux, car BE $=$ BC $-$ AD $=$ B'C' $-$ A'D' $=$ B'E', AB $=$ A'B' et AE $=$ A'E'. Donc en les superposant de façon que BE coïncide avec B'E', le point A tombera au point A'; d'ailleurs C tombera au point C' à cause de BC $=$ B'C', et le point D au point D' à cause de l'angle EAD $=$ E'A'D' et de AD $=$ AD. Donc les deux trapèzes proposés coïncideront dans toute leur étendue.

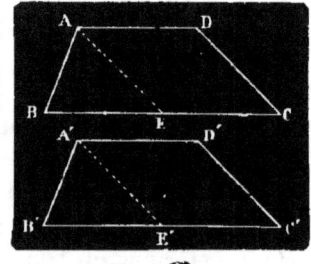

Fig. 25.

36. *Les trois hauteurs AC, BH, CI d'un triangle concourent au même point.*

Par les sommets A, B, C du triangle proposé, je mène des parallèles aux côtés, j'obtiens ainsi un second triangle DEF. Puisque les parallèles comprises entre parallèles sont égales : j'ai AF $=$ BC $=$ AE, donc le point A est le milieu de EF.

Un raisonnement analogue prouve que les sommets C et B du triangle ABC se trouvent aussi sur les milieux des côtés DE, DF du triangle DEF. D'ailleurs si AG, BH, CI sont perpendiculaires aux côtés BC, AC, AB, ils sont aussi perpendiculaires à leurs parallèles (n° 90) EF, DF,

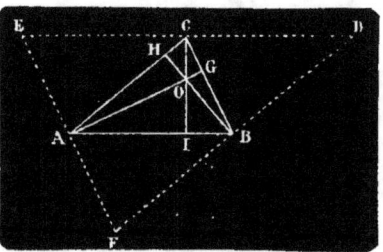

Fig. 26.

DE. Donc les hauteurs du premier triangle ABC peuvent être considérées comme des perpendiculaires élevées par les milieux des côtés du second et par cela même concourent en un même point.

REMARQUE. Il résulte de ce qui précède que si par les sommets d'un triangle ABC, on mène des parallèles aux côtés, le triangle DEF ainsi formé est quadruple du premier. Les triangles ABC, ABF sont égaux comme ayant les trois côtés égaux chacun. Pour la même raison, les triangles AEC, BCD sont aussi égaux au triangle ABC : donc DEF est quadruple de ABC.

37. *Si l'on mène par les sommets d'un quadrilatère des parallèles à ses diagonales, on forme un parallélogramme équivalent au double du quadrilatère donné.*

La figure EFGH est un parallélogramme équivalent au double du quadrilatère ABCD.

En effet, considérons les deux triangles AEB, AOB ; ils ont un côté égal adjacent à deux angles égaux comme alternes internes ; donc ces triangles sont égaux. On verrait de même que chacun des triangles ajoutés à la figure primitive, par la construction indiquée, est égal à un des triangles constitutifs du quadrilatère proposé. Donc le quadrilatère EFGH, qui est un parallélogramme (puisque ses côtés opposés sont parallèles), est double du quadrilatère proposé.

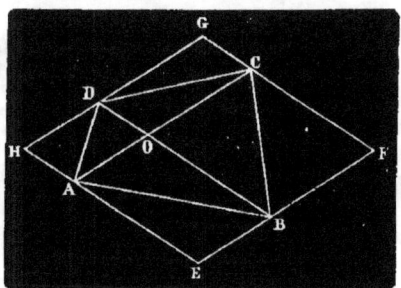

Fig. 27.

38. *Démontrer que si l'on prend sur les côtés d'un carré ABCD en marchant toujours dans le même sens, des longueurs égales* AE, BF, CG, DH, *les points* E, F, G, H *sont les sommets d'un second carré.*

En effet, considérons les deux triangles rectangles AHE, EBF :

le côté AE = BF par construction ; d'ailleurs ils ont un second côté AH = BE, car
on a :

AH = AD — DH = AB — AE = BE

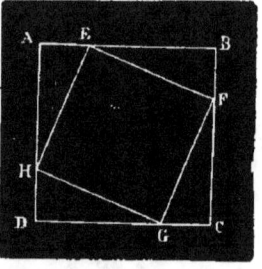

donc ils sont égaux ; d'où l'on tire HE = EF.
On prouverait de même que :

HG = GF = HE = EF.

De plus, comme on a AEH = BFE,
l'angle BEF est le complémentaire de AEH,

Fig. 28.

donc l'angle HEF est droit. Le quadrilatère EFGH ayant ses côtés
égaux et ses angles droits, est un carré.

39. *Quelles sont les espèces de polygones réguliers convenables
pour le carrelage ?*

Le triangle équilatéral, le carré et l'hexagone régulier.

En effet, considérons un point C commun à plusieurs carreaux.
La somme des angles groupés autour du point C est égale à 4^{dr}.
Mais chacun de ces angles est égal à

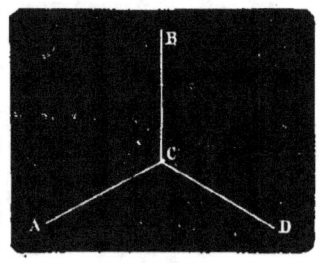

$\dfrac{2\,(n-2)^{dr}}{n}$, puisque le polygone est ré-

gulier ; et comme cet angle doit être contenu un nombre entier de fois dans quatre

droits, le quotient $\dfrac{4}{\dfrac{2\,(n-2)}{n}} = \dfrac{2\,n}{n-2}$

Fig. .29

exprimant le nombre d'angles en C doit
être entier et plus grand que 2, sans quoi chacun des angles serait égal à deux droits et aucun polygone régulier ne satisfait à

cette condition. Donc, en résumé, il faudra que le quotient $\dfrac{2\,n}{n-2}$

soit entier et plus grand que 2.

Applications numériques. $n = 3$, c'est le cas du triangle équilatéral.

On a $\dfrac{2\,n}{n-2} = 6$. On peut donc carreler avec des triangles
équilatéraux qui se groupent six à six autour du même point.

$n = 4$, c'est le cas du carré $\dfrac{2\,n}{n-2} = 4$. On peut carreler avec
des carrés qui se groupent quatre à quatre autour du même point.

$n = 5$, c'est le cas du pentagone régulier. On a $\dfrac{2n}{n-2} = \dfrac{10}{3}$ nombre fractionnaire. Donc il est impossible de carreler avec des pentagones réguliers.

$n = 6$, c'est le cas de l'hexagone régulier. On a $\dfrac{2n}{n-2} = 3$.

On peut donc carreler avec des hexagones réguliers qui se groupent trois à trois autour du même point.

Au delà de $n = 6$, la valeur de l'angle $\dfrac{2(n-2)^{dr}}{n} = 2^{dr} - \dfrac{4^{dr}}{n}$ augmente puisque la quantité $\dfrac{4^{dr}}{n}$ diminue, et comme pour $n = 6$, cet angle n'est contenu que trois fois, pour $n > 6$, il sera contenu moins de trois fois et par suite on ne trouvera plus de polygones réguliers satisfaisant au problème. On a donc trois solutions : le **triangle équilatéral**, le **carré** et l'**hexagone régulier**.

40. *On peut encore carreler 1° avec une combinaison d'octogones réguliers et de carrés ; 2° avec une combinaison de dodécagones réguliers et de triangles équilatéraux.*

En effet, 1° l'angle de l'octogone $= \dfrac{2(8-2)^{dr}}{8} = \dfrac{3^{dr}}{2}$ et celui du carré 1^{dr}. On n'a donc qu'à réunir deux octogones et un carré, car on aura $3^{dr} + 1^{dr} = 4^{dr}$.

2° L'angle du dodécagone $= \dfrac{2(12-2)^{dr}}{12} = \dfrac{20}{12} = \dfrac{5}{3}$.

L'angle du triangle équilatéral $= 2\dfrac{(3-2)^{dr}}{3} = \dfrac{2^{dr}}{3}$.

Donc on peut réunir deux dodécagones et un triangle équilatéral, car on aura $\dfrac{10^{dr}}{3} + \dfrac{2^{dr}}{3} = \dfrac{12^{dr}}{3}$, ou 4^{dr}.

41. *Les bissectrices des angles d'un quadrilatère forment un second quadrilatère dont les angles opposés sont supplémentaires.*

On aura : $NMQ + QPN = 2^{dr}$.

En effet, dans le triangle AMD nous avons angle $AMD = 2^{dr} - \dfrac{A+D}{2}$;

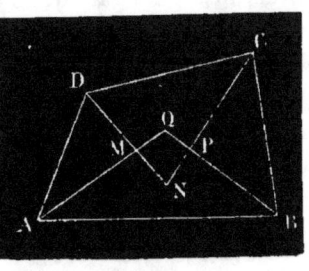

Fig. 30.

de même $BPC = 2^{dr} - \dfrac{B + C}{2}$, on a donc par conséquent :

$$AMD + BPC = 4^{dr} - \dfrac{A + B + C + D}{2}.$$

Mais on a : $A + B + C + D = 4^{dr}$ et par conséquent $\dfrac{A + B + C + D}{2} = 2^{dr}$: donc enfin $NMQ + QPN = 2^{dr}$. On prouverait de même que $Q + N = 2^{dr}$.

42. *Si par un point quelconque D de la base d'un triangle isocèle, on mène des parallèles DE, DF aux deux autres côtés, on forme un parallélogramme dont le périmètre est constant.*

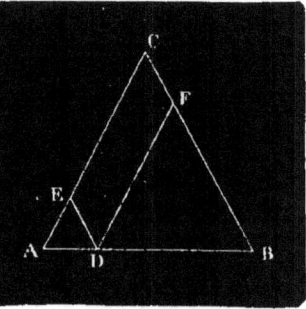

Le triangle ADE ayant l'angle EDA égal à EAD, est isocèle, et l'on a : ED = AE. On a de même DF = BF.
Donc DE + DF + FC + CE
= AE + FB + FC + CE = 2 AC.

Fig. 31.

43. *Par le sommet A d'un parallélogramme ABCD, on mène une droite quelconque AX. Démontrer que la distance du sommet C à la droite AX est égale à la somme ou à la différence des distances des sommets B et D à la même droite suivant que AX est extérieure au parallélogramme ou le traverse.*

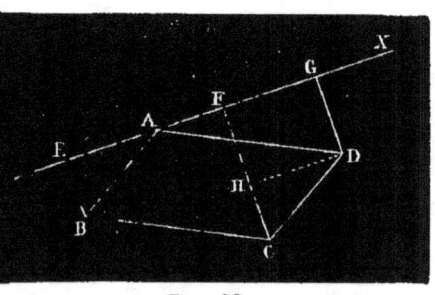

On a CF = BE + DG.
Menons la droite DH parallèle à AX. Les deux triangles rectangles ABE, DCH sont égaux comme ayant l'hypoténuse égale et un angle aigu égal, donc on a : BE = CH. D'ailleurs dans le rectangle DGFH, on a FH = DG. Donc on a : CF = BE + DG.

Fig. 32.

Le cas où AX traverse le parallélogramme se traite de même.

44. *La somme des distances d'un point quelconque de la base d'un triangle isocèle aux deux autres côtés est constante.*

La somme OL + OK, égale la perpendiculaire BD.

Pour le démontrer, menons HH' parallèle à AC et prolongeons OK jusqu'à HH' : l'angle HBO = ACB = ABC ; BO est par conséquent la bissectrice de l'angle ABH ; donc les deux triangles rectangles BHO et BLO sont égaux et LO = OH, donc LO + OK = HO + OK = HK = BD. Le point O étant quelconque, on aura donc toujours OL + OK = BD.

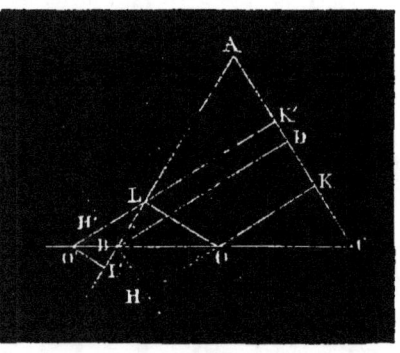

Fig. 33.

REMARQUE. Si nous prenions un point O' sur le prolongement de la base, la différence des perpendiculaires O'K' — O'L' serait encore constante et égale à BD ; car O'B est bissectrice de l'angle H'BL' et O'H' = O'L', par suite O'K' — O'L' = O'K' — O'H' = H'K' = BD

45. *La somme des perpendiculaires abaissées d'un point intérieur quelconque d'un triangle équilatéral sur les trois côtés est égale à la hauteur du triangle.*

On aura OE + OF + OG = BL.

En effet, soit O un point intérieur quelconque. Abaissons les perpendiculaires OE, OF, OG, puis menons par le point O, HI parallèle à BC et HK perpendiculaire sur AC. D'après l'exercice 44, on a :

1° OF + OG = HK. Donc :
OE + OF + OG = HK + HP. Et

2° HK + HP = BL. Donc
OE + OF + OG = HK + HP = BL, ou une quelconque des hauteurs du triangle équilatéral, hauteurs qui sont égales comme côtés de triangles rectangles égaux.

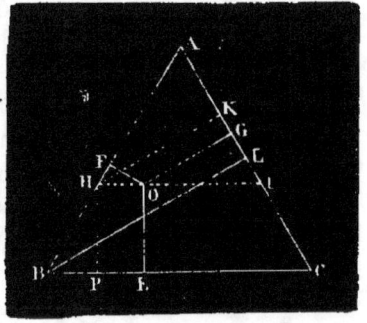

Fig. 34.

46. *Trouver le lieu des points situés à une distance donnée d'une droite AB.*

Par un point quelconque M, de AB, je mène une perpendiculaire PMN. Je prends MP = MN = à la distance donnée. Aux points

P et N je mène des parallèles à AB :
Ces droites répondent l'une et l'autre
à la question. En effet, tout point pris
sur CD ou sur EF satisfait à la condition demandée, et tout point pris
hors de ces droites est à une distance
de AB plus petite ou plus grande que
la distance donnée MP.

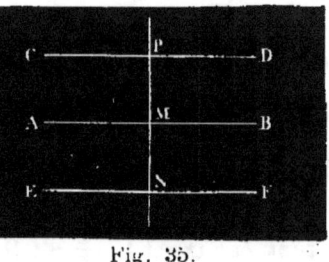

Fig. 35.

47. *Trouver le lieu des points également distants de deux droites parallèles* CD, EF.

Le lieu demandé est une parallèle AB, à ces droites, menée par le milieu M d'une perpendiculaire commune NP.

En effet, tout point pris sur AB est également distant des parallèles, et tout point pris hors de AB est inégalement distant de ces
mêmes droites.

48. *Trouver le lieu des sommets des triangles ayant même base et même hauteur.*

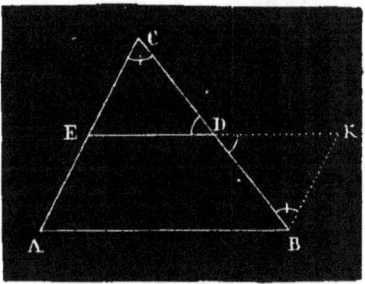

Le lieu des sommets se trouve sur
la parallèle AA' à BC menée par le
sommet A du triangle ABC, car il est
évident que tous les triangles ABC,
A'BC.... auront la même base BC
et pour hauteur commune AD.

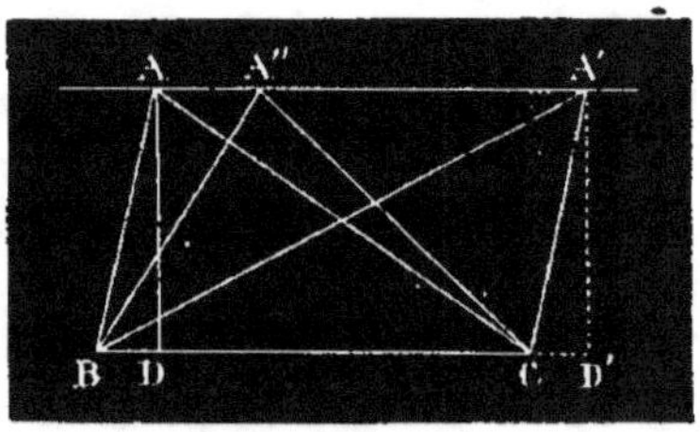

Fig. 36.

49. *Dans tout triangle, la droite qui joint les milieux de deux
côtés est* 1° *parallèle au troisième;* 2° *égale à la moitié.*

Soit ED une droite qui joint les milieux des côtés AC, BC du
triangle ACB : on aura ED parallèle à AB et égale à la moitié.

Pour le démontrer, je mène par
le point B, BK parallèle à AC et je
prolonge ED jusqu'en K. Les deux
triangles DCE, BDK sont égaux
comme ayant un côté égal (CD =
BD) adjacent à deux angles égaux,
les angles en D comme opposés par
le sommet et les deux autres angles
comme alternes-internes; il en résulte l'égalité : BK = CE = AE.

Fig. 37.

Le quadrilatère ABKE ayant deux côtés opposés, AE, BK, égaux

et parallèles est un parallélogramme ; par suite, **les côtés**
opposés AB, EK sont égaux et parallèles. Or, ED = DK à
cause de l'égalité des triangles CDE, BDK. Donc AB = 2 DE.
Ainsi, DE est parallèle à AB et égale à sa moitié.

REMARQUE. Par un point D, on ne peut mener qu'une **parallèle** à
une droite AB. De ce qui précède, on déduit donc que toute droite
DE menée par le milieu D du côté AC et parallélement au côté AP
dans un triangle ABC partage le côté CB en deux parties égales, **et
est la moitié de AB.**

50. *Si* E *et* F *sont les milieux des côtés opposés* AB *et* CD *d'un
parallélogramme* ABCD, *les droites* BF *et* ED *divisent la diagonale* AC *en trois parties égales.*

On aura AG = GH = CH.
En effet, la figure DEBF dans laquelle les deux côtés opposés BE, DF
sont égaux et parallèles est un parallélogramme. Par suite les deux côtés
opposés BF, ED sont parallèles. Or,
dans le triangle CGD, la droite FH
menée par le milieu F de CD et parallélement à GD passe par le milieu H

Fig. 38.

de CG (ex. 49), et l'on a CH = GH. On a de même : AG = GH.
Donc AG = GH = CH.

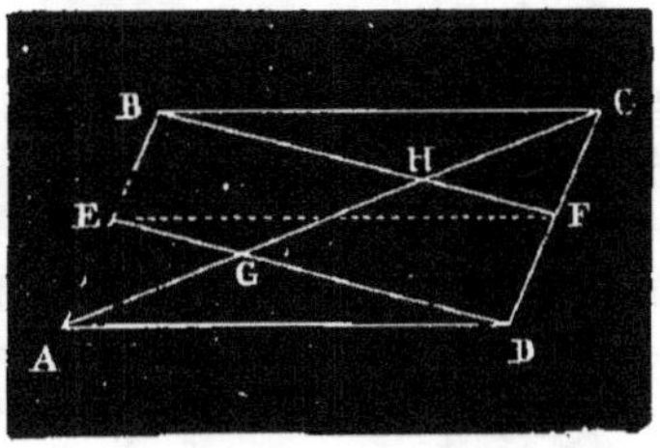

51. *Si l'on joint les milieux* E, F, G, H *des côtés consécutifs*
d'un quadrilatère
ABCD, *la fig.* EFGH
*est un parallélo-
gramme.*
En effet, EH est pa-
rallèle à DB et égale
à sa moitié (ex. 49).
De même, FG est pa-
rallèle à DB et égale à
sa moitié. Donc EH
et FG sont égales et
parallèles ; par suite,
la figure EFGH **est un**
parallélogramme.

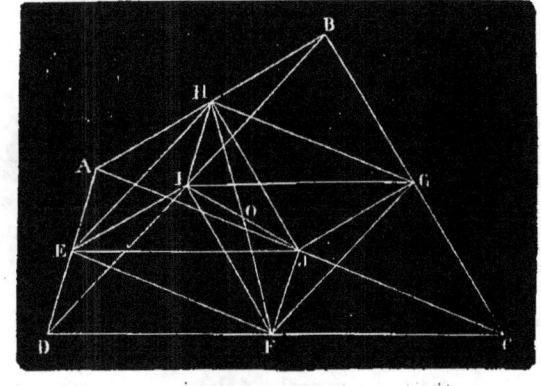

Fig. 39.

52. *Si l'on joint les milieux* H, F *de deux cotés opposés d'un quadrilatère aux milieux* I, J *des diagonales, on obtient encore un parallélogramme* HIFJ (fig. 39).

En effet, la droite HI joignant les milieux de deux côtés AB, DB du triangle ABD est parallèle à AD et égale à sa moitié. Il en est de même de JF dans le triangle ADC. Donc HI = JF et lui est parallèle. La figure HIFJ est donc un parallélogramme.

On prouverait de même que EJGI est un parallélogramme.

53. *Les droites* HF, GE *qui joignent les milieux des côtés opposés d'un quadrilatère et la droite,* IJ, *qui joint les milieux des diagonales concourent en un même point* O (fig. 39).

En effet, dans le parallélogramme IHJF, la diagonale HF passe par le milieu O de IJ ; de même GE, diagonale du parallélogramme GIEJ, passe par le milieu O de IJ ; donc ces trois droites concourent en un même point.

54. *Si l'on mène les bissectrices des angles d'un parallélogramme:* 1° *on obtient un rectangle ;* 2° *les sommets,* K, L, M, N, *de ce rectangle sont situés sur les droites qui joignent les milieux des côtés opposés du parallélogramme.*

1° La figure KLMN, est un rectangle, car ses angles sont droits :

En effet, on a A + D = 2^{dr} et par suite $\frac{1}{2}$ (A + D) = 1^{dr}.

Par conséquent AND = MNK = 1^{dr}. On prouverait de même que AMB = 1^{dr}, etc.

2° Considérons le sommet D ; je prolonge DK jusqu'en E ; les deux triangles rectangles ADN, ANE sont égaux comme ayant un côté de l'angle droit commun et un angle aigu égal, donc DN = NE et le point N est le milieu de DE. Or, on sait que si par le point F, milieu de AD, on mène une parallèle à AB, cette parallèle passera par le milieu N de DE. Donc, le point N est situé sur la droite FG, qui joint les milieux des côtés opposés AD, BC. Il en est de même des autres sommets.

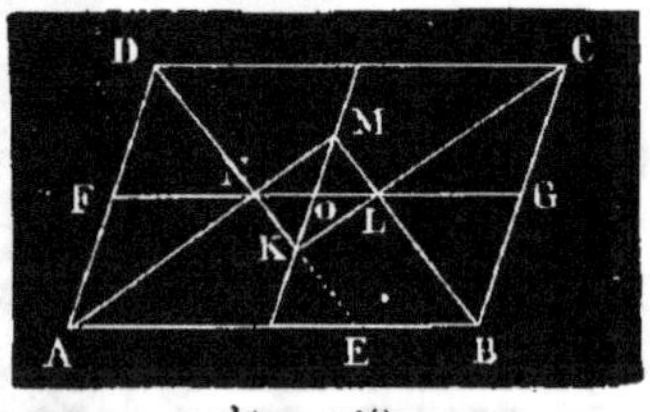

Fig. 40.

55. *Soit un triangle* ABC *et ses trois médianes* AM, BN, CP. *On prolonge* AM *d'une quantité* MD *égale à* AM; *puis on* *prend* BE = CF = BC. *Les triangles* ADE *et* ADF *ont pour côtés le double des médianes du triangle* ABC.

Dans le quadrilatère AEDF, les diagonales se coupent en parties égales, la figure est un parallélogramme. D'ailleurs, dans le triangle ACE, la droite BN qui joint les milieux de deux côtés est parallèle à AE et égale à sa moitié ; donc AE = 2 BN. On a de même AF = 2 PC, ou bien DE = 2 PC. D'ailleurs AD = 2 AM par construction. Donc, la proposition est démontrée.

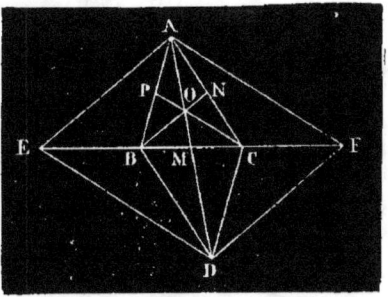

Fig. 41.

56. *Les trois médianes d'un triangle concourent en un même point situé aux 2/3 de chacune d'elles à partir du sommet.*

Considérons les deux médianes BE, CF, elles se coupent en un point O. Je mène la droite GH, G et H étant les milieux des longueurs BO, CO. D'après l'exercice 49, GH est parallèle à BC et égale à $\dfrac{BC}{2}$. De même FE est parallèle à BC et égale à $\dfrac{BC}{2}$.

Donc FE et GH sont égales et parallèles, et la figure GFEH est un parallélogramme. Les diagonales se coupant en parties égales, on a GO = OE = BG, puisque G est le milieu de BO. Le point O est donc situé aux 2/3 de BE à partir de B. On démontrerait de même que BE et AD se coupent en un point O′ situé aux 2/3 de BE : donc, ce point O′ n'est autre que le point O : donc, les trois médianes concourent en un même point situé aux 2/3 de chacune d'elles à partir du sommet.

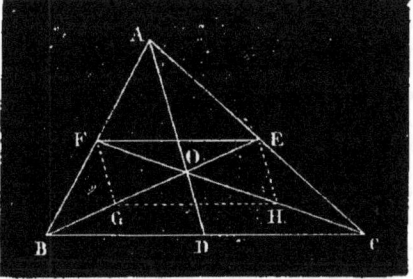

Fig. 42.

57. *Au plus grand côté correspond la plus petite médiane.*

Si l'on suppose AB > AC, on aura CF < BE. En effet, les triangles ABD, ACD ayant deux côtés égaux chacun à chacun, et le

troisième côté plus grand dans le premier que dans le second (AB > AC)
donnent angle ADB > ADC. D'autre
part, les triangles OBD, OCD ayant deux
côtés égaux chacun à chacun et l'angle
compris entre les côtés du premier plus
grand que l'angle compris entre les
côtés du second, on a :

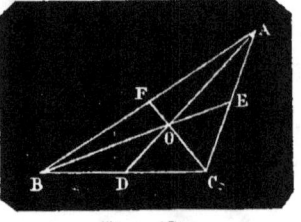

Fig. 43

BO > OC, et par suite BE > CF, ou CF < BE.

58. *Par un point A pris dans l'intérieur d'un angle DOC,
mener une droite telle que le point donné soit le milieu de la portion de cette droite interceptée entre les côtés de l'angle.*

Par le point A je mène une parallèle
AB au côté OD jusqu'à sa rencontre en
B avec OC ; puis je prends à partir de B
une longueur BC = OB; je joins AC que
je prolonge jusqu'à sa rencontre
en D avec OD. Je dis qu'on a AC = AD.
En effet, par le point A menons une
parallèle AE au côté OC. Nous aurons
un parallélogramme ABOE qui nous donnera AE = OB = BC. Les deux trian-

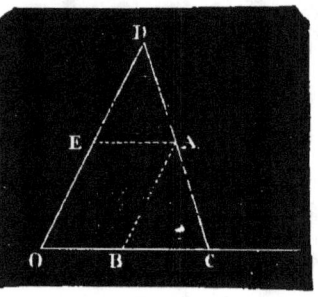

Fig. 44.

gles ADE, ABC, ayant un côté égal AE = BC adjacent à deux
angles égaux, sont égaux, et il résulte que AC = AD.

59. *On joint le sommet A d'un triangle au milieu N de la médiane adjacente BE ; cette ligne prolongée rencontre le côté opposé
en un point M tel que* $BM = \dfrac{BC}{3}$.

Par le point E je mène EF parallèle
à AM. D'après la remarque de l'exercice 49, le triangle AMC donne
MF = FC, et le triangle BEF donne
BM = MF = FC, et par suite BM
est le tiers de BC.

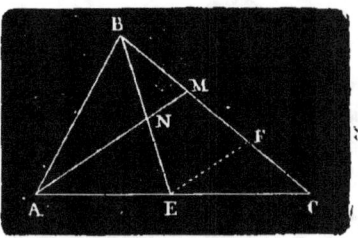

Fig. 45.

116

60. *Toute droite qui passe par le centre O d'un parallélogramme et se termine à ses côtés est divisée par ce centre en deux
parties égales.* (On nomme centre de figure un point qui divise

en deux parties égales toute droite qui passe par ce point et se termine au périmètre de la figure).

On aura : MO = OL ; PO = OR, etc.

En effet, menons la sécante MOL, nous obtiendrons deux triangles AOM, COL qui sont égaux comme ayant un côté égal adjacent à deux angles égaux : car AO = OC, l'angle MAO = OCL, comme alternes internes, et les angles en O sont égaux, comme opposés par le sommet, donc OM = OL.

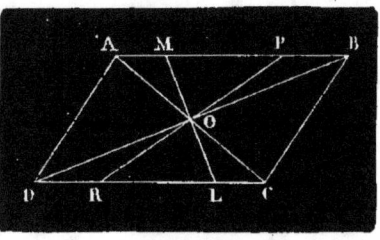

Fig. 46.

61. *Tout quadrilatère qui a pour centre le point de concours de ses diagonales est un parallélogramme* (fig. 46).

En effet, puisque OM = OL, OP = OR, le triangle MOP est égal au triangle ROL et les angles alternes-internes PMO, OLR sont égaux ; donc AB et CD sont parallèles. On prouverait de même le parallélisme des côtés AD, BC. Donc le quadrilatère ABCD est un parallélogramme.

119   **62.** *Quel quadrilatère obtient on en joignant les milieux des côtés d'un losange ?*

Un rectangle.

En effet, la droite EH qui joint les milieux des côtés AB et AD est parallèle à DB et égale à sa moitié, de même FG. Donc la figure EFGH est un parallélogramme. De plus, les côtés de l'angle FEH étant parallèles à ceux de l'angle droit AOD, cet angle est droit, et la figure EFGH est un rectangle.

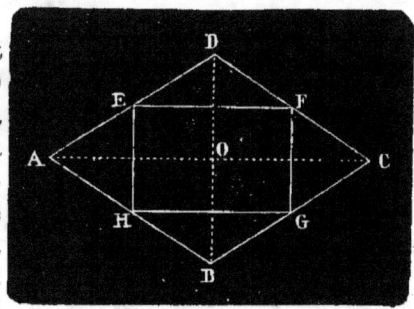

Fig. 47.

63. *On demande le lieu géométrique des milieux des droites qui vont d'un point donné à une droite donnée.*

Soient les deux droites PA, PB, issues d'un point P et abou-

3

tissant à une droite AB. Je dis que le milieu F d'une droite quelconque PC issue du point P, et terminée à AB se trouve sur la droite DE
qui joint les milieux D et E des droites
PA et PB. En effet, dans le triangle
APC, la droite DE parallèle à AB et
menée par le milieu D de AP passe par
le milieu F de PC (ex. 49). Donc le
lieu cherché est la droite DE qui joint
les milieux D et E de deux droites
PA, PB, issues du point P.

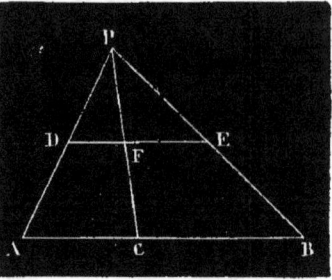

Fig. 48.

64. *Dans un triangle, le point de concours des perpendiculaires
élevées sur les milieux des côtés, le point de concours des trois
médianes et celui des trois hauteurs sont en ligne droite, et la distance du 1er point au 2e
est moitié de la distance
du 2e au troisième.*

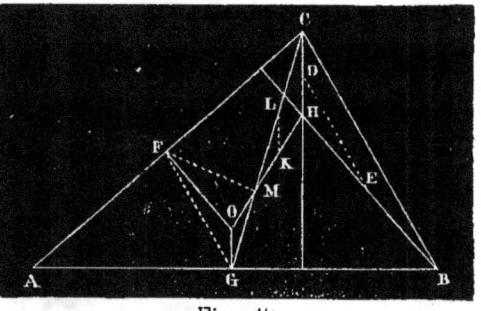

O et H étant les points
de concours des perpen-
diculaires et des hau-
teurs, on a à démontrer
que le point M situé sur
OH est le point de con-
cours des médianes et

Fig. 49.

que $MO = \dfrac{MH}{2}$. Je mène la droite DE qui joint les milieux de
CH et BH, puis FG qui joint les pieds de deux perpendiculaires,
ces droites sont parallèles à BC et égales à sa moitié (ex. 49).
Donc DE = FG; d'ailleurs les angles OFG et HED sont égaux
comme ayant leurs côtés parallèles et dirigés en sens opposé, il en
est de même des angles OGF et HDE; les triangles OFG et HDE sont
par conséquent égaux, et par suite $OG = DH = \dfrac{CH}{2}$. D'ailleurs
la droite LK qui joint les milieux des côtés MC et MH du triangle
MCH est parallèle à CH et égale à sa moitié. Donc LK = OG, et
les deux triangles OMG, LKM ayant un côté égal adjacent à deux
angles égaux comme alternes-internes, sont égaux et l'on a
ML = MG = LC. Donc M est situé sur la médiane CG aux 2/3
de cette médiane à partir du point C. Donc c'est le **point de ren-**

contre des médianes. Du reste, on a MK = OM = KH. Donc

$$MO = \frac{MH}{2}.$$

65. *Trouver le lieu des points tels que la somme des distances de chacun d'eux à deux droites données soit égale à une longueur donnée l.*

1° Supposons que les deux droites données AA', BB' soient parallèles, et que leur distance soit plus petite que l. Le lieu se composera de deux droites CC', DD' parallèles aux deux droites données et situées à une distance :

$$CA = \frac{l - AB}{2}.$$

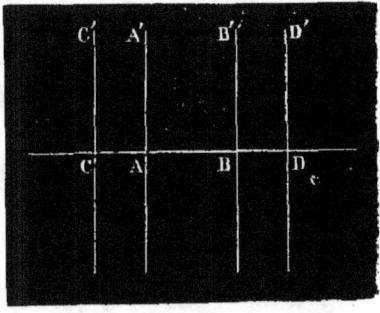

Fig. 50

En effet, on a la somme des distances :

$$CA + CB = 2\,CA + AB = l : \text{d'où } CA = \frac{l - AB}{2}.$$

2° Si la distance AB est égale à l, alors tout point du plan compris entre les deux droites AA', BB', prolongées indéfiniment dans les deux sens fait partie du lieu.

3° Si la distance AB est plus grande que l, le lieu n'existe plus.

4° Considérons maintenant deux droites concourantes OA, OB. Menons une droite AM parallèle à BO et située à une distance l de cette droite, elle coupera OA en un point A. Prenons OB = OA. Dans le triangle isocèle OAB, tout point de la base AB est tel que la somme de ses distances aux deux côtés OA et OB est égale à l (ex. 44). Donc AB fait partie du lieu. On verrait de même que les trois autres côtés du rectangle AA'B'B font partie du lieu. Donc le lieu se compose des quatre côtés du rectangle.

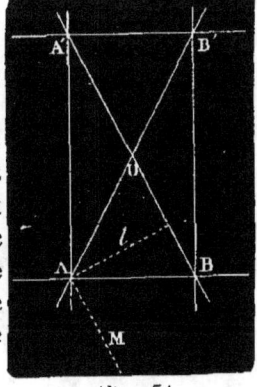

Fig. 51.

66. *Trouver le lieu des points dont la différence des distances à deux droites concourantes est égale à une longueur donnée* (fig. 51).

Dans le triangle isocèle AOB, tout point pris sur le prolongement de AB, dans un sens ou dans l'autre, est tel que la différence de ses distances aux deux côtés OA et OB est égal à la longueur donnée *l* (ex. 44). Il en est de même des trois autres côtés du rectangle ; donc le lieu se compose des prolongements des côtés du rectangle.

EXERCICES DU LIVRE II.

131 **67.** *Quel est le lieu des points situés à une distance donnée d'un point donné ?*

Ce lieu est évidemment une circonférence décrite du point donné avec la longueur donnée pour rayon.

68. *Trouver la plus courte et la plus longue distance d'un point donné à une circonférence.*

Soient donnés le point A et la circonférence O. Joignons le point A au centre O, et prolongeons AO jusqu'en E : 1° AD sera la plus courte distance du point A à la circonférence, et, 2°, AE la plus longue.

1° La droite AD est plus courte que toute autre AF, par exemple, car on a AD + DO < AF + FO, ou AD < AF, puisque DO = FO.

2° La droite AE est plus longue que toute autre AG, par exemple, car on a AO + OG > AG, ou AE > AG, puisque AO + OG = AE.

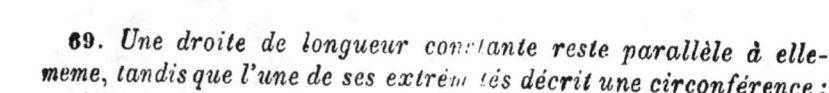

Fig. 52

133 **69.** *Une droite de longueur constante reste parallèle à elle-même, tandis que l'une de ses extrémités décrit une circonférence : quel est le lieu de l'autre extrémité ?*

Une circonférence de même rayon que la première.

En effet, soit O le centre de la circonférence décrite par le point A. Je mène une droite OO' égale à la longueur donnée AB et parallèle à la direction constante, puis je joins

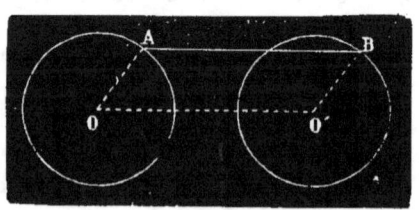

Fig. 53

OA et O'B. La figure OABO' est un parallélogramme dans lequel O'B = OA. Donc le point B se trouvera à une distance constante de O' et le lieu de ce point sera une circonférence égale à la première et dont le centre se trouvera à une distance du centre O égale à la longueur constante donnée, et comptée parallèlement à la direction donnée.

70. *On donne un cercle O et un point A pris dans son plan; on demande le lieu des milieux des sécantes qui joignent le point A aux divers points de la circonférence O.*

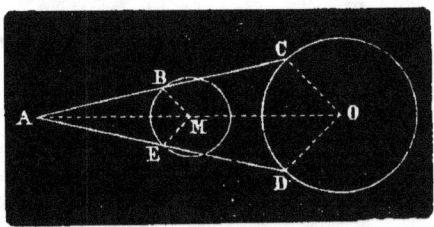

Considérons une de ces sécantes AC. Menons le rayon CO, et joignons les milieux B et M des droites AC et AO. La droite BM sera parallèle à CO et égale à sa moitié (ex. 49).

Le point B est donc à une distance du point M égale à

Fig. 54.

la moitié de CO. Il en serait de même du milieu E de la sécante AD, et de toute autre sécante. Donc le lieu demandé est une circonférence de rayon égal à la moitié de CO.

71. *Par un point A extérieur à une circonférence O, on mène une sécante ACD dont la partie extérieure AC est égale au rayon, on mène par le centre la droite AOB : démontrer que l'angle COA est le tiers de l'angle DOB.*

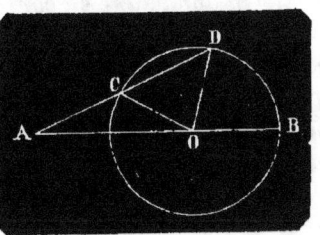

Puisque AC est égal au rayon, le triangle ACO est isocèle, et l'angle CAO = COA. Donc l'angle DCO, extérieur au triangle ACO, est égal à 2 COA. Mais le triangle CDO est isocèle, et l'on a DCO = CDO. Donc CDO = 2 COA. Mais dans le triangle ADO, l'angle extérieur DOB = CDO + DAO = 3 COA.

Fig. 55.

REMARQUE. Le *trisecteur,* instrument destiné à la division des angles en trois parties égales, n'est que la réalisation de la construction précédente. AB, AD, OC, OD sont des règles mobiles autour des points A, C, O, et en outre les points O et D peuvent glisser sur les règles AB, AD. L'angle COA restant constamment le tiers de l'angle DOB, il suffit d'appliquer les côtés mobiles OB, OD sur les côtés de l'angle dont on veut avoir le tiers, et de tracer l'angle COA ou son égal CAO.

141

72. *Lieu des centres des circonférences passant par deux points donnés* A *et* B.

Chaque centre est à égale distance des points A et B · donc le lieu demandé est la perpendiculaire élevée sur le milieu de la droite AB.

73. *Trouver sur une circonférence deux points également distants d'un point donné* P.

Je tire PA passant par le centre O. Toute corde MN perpendiculaire à PA détermine sur la circonférence deux points également distants de P (n° 139 et 78).

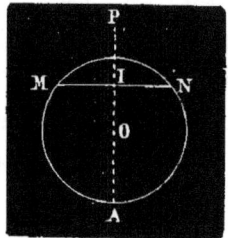

Fig. 56.

74. *Par un point donné dans l'intérieur d'un cercle, mener une corde dont ce point soit le milieu* (fig. 56).

Par le point donné I il suffit de tirer un rayon et de mener une perpendiculaire MN passant par le point donné : cette perpendiculaire est divisé au point I en deux parties égales (n° 139).

75. *On donne une circonférence* O, *deux points,* A *et* B, *en dehors, et une droite indéfinie* XY : *on demande de décrire une seconde circonférence passant par les deux points et coupant la première de manière que la corde qui joindra les deux points d'intersection soit parallèle à la droite donnée.*

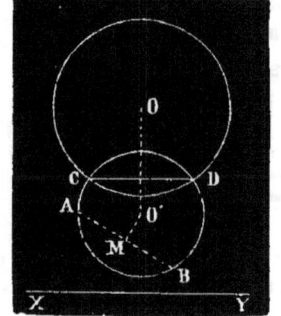

Je suppose le problème résolu; si du point O j'abaisse une perpendiculaire sur la direction CD, ou, ce qui est la même chose, sur XY, cette droite contiendra le centre O'. Ce centre se trouve aussi sur la perpendiculaire élevée sur le milieu de AB. D'où résulte une construction facile.

Fig. 57.

144 **76.** *Trouver le centre d'un cercle tracé*

Je prends trois points à volonté sur la circonférence, je les joins deux à deux. Le centre cherché se trouvera sur la perpendiculaire élevée sur le milieu de AB, il se trouvera aussi sur la perpendiculaire élevée sur le milieu de BC : donc il sera en O, point de rencontre de ces deux perpendiculaires.

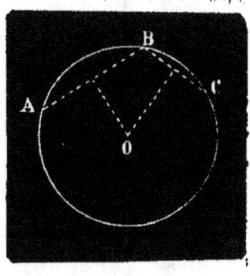

Fig. 58.

77. *Décrire avec un rayon donné une circonférence qui passe à égale distance de trois points donnés non en ligne droite.*

Supposons le problème résolu. Soient A, B, C les trois points donnés. D'après l'énoncé, on doit avoir Aa = Bb = Cc ; par suite AO = BO = CO. Le point O est donc sur la perpendiculaire élevée sur le milieu de AB et sur la perpendiculaire élevée sur le milieu de BC, il est par conséquent au point de concours de ces perpendiculaires. Connaissant le point O, on décrira de ce point une circonférence avec le rayon donné

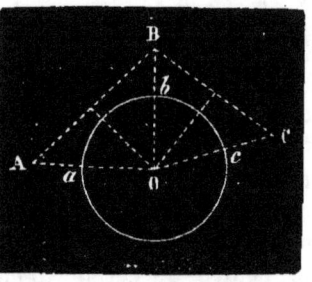

Fig. 59.

146 **78.** *Indiquer le lieu des milieux des cordes d'un cercle égales à une ligne donnée.*

Soit AB une corde quelconque égale à la ligne donnée. Abaissons la perpendiculaire OC. Le lieu du point C se trouve sur une circonférence décrite avec CO pour rayon ; donc cette circonférence est le lieu demandé, car toutes les cordes tangentes au cercle OC seront égales à AB comme également distantes du centre.

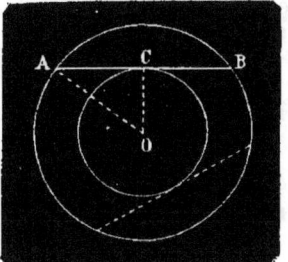

Fig. 60.

79. *Décrire avec un rayon donné une circonférence qui intercepte sur deux droites données des longueurs données.*

Supposons le problème résolu, et soit AB, CD les longueurs

demandées. Le centre du cercle qui doit déterminer les longueurs AB, CD, est à une distance OI de AB,
donc il se trouve sur une parallèle
à AB et à une distance OI de cette
droite ; de même il se trouve sur
une parallèle à CD et à une distance
OH de cette droite, donc il est au
point de concours de ces deux parallèles. Quant aux distances OI et
OH, elles sont faciles à déterminer,
car dans les triangles rectangles
AOI, COH, connaissant AO = CO,

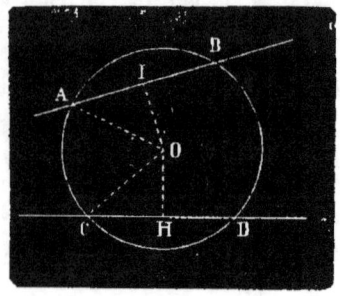

Fig. 61.

égale au rayon donné, et AI = ½ AB, CH = ½ CD, on peut construire ces triangles et par suite avoir les longueurs OI, OH.

80. *Décrire un cercle qui intercepte une même corde donnée sur
trois droites données.*

Puisque les cordes sont égales, le centre O de la circonférence
cherchée est à la même distance de chacune de ces cordes. il se
trouve donc sur les bissectrices
des angles formées par les droites
données. Je mène les bissectrices
des angles A et B, j'obtiens ainsi
le centre du cercle demandé :
j'abaisse la perpendiculaire OI
sur AB et à partir du point I je
prends une longueur ID égale à
la moitié de la corde donnée. Le
cercle décrit avec OD pour rayon
répond évidemment à la question,
et DE = FG = KH.

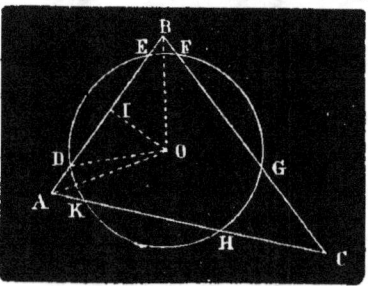

Fig. 62.

Le problème serait insoluble, si les droites données étaient parallèles.

81. *La plus longue corde et la plus petite qui passent par un
point intérieur à un cercle sont deux
droites perpendiculaires, dont l'une est
un diamètre.*

1° Le diamètre AB est la plus longue
corde (n° 134).

2° La corde KL perpendiculaire sur AB
au point I est plus courte que toute autre
MN passant par le même point ; car la

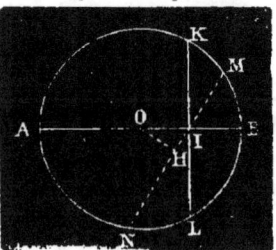

Fig. 63.

perpendiculaire OI à KL est plus longue que la perpendiculaire OH à MN ; or les cordes les plus éloignées du centre sont les plus petites. Donc on a KL $<$ MN.

148   **82.** *Lieu géométrique des centres des cercles d'un rayon donné et tangent à une droite donnée.*

Ce lieu se trouve évidemment sur deux droites menées parallèlement à la proposée, et de chaque côté à une distance égale au rayon donné.

83. *Tracer deux tangentes parallèles dont l'une passe par un point marqué sur une circonférence donnée.*

Il est évident que les deux tangentes demandées sont deux perpendiculaires aux extrémités du diamètre passant par le point donné.

84. *Tracer une tangente qui soit perpendiculaire à une droite donnée.*

Il y a deux solutions. Ce sont deux perpendiculaires aux extrémités d'un diamètre parallèle à la droite donnée.

85. *Tracer une tangente à un cercle donné parallèlement à une droite donnée.*

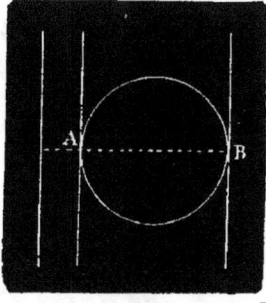

On fera passer par le centre une perpendiculaire à la droite donnée. Cette perpendiculaire rencontrera la circonférence en deux points A et B. Par ces points on mènera deux tangentes qui répondront évidemment à la question.

Fig. 64.

86. *Quel est le lieu des centres des circonférences tangentes deux droites concourantes ?*

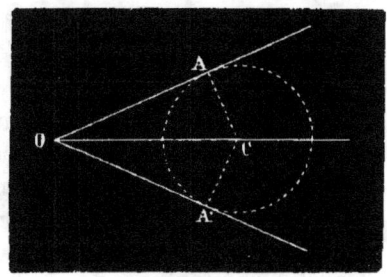

C'est la bissectrice de l'angle de ces droites. En effet, les perpendiculaires AC, A'C, étant égales comme rayons d'un même cercle, le point C est situé sur la bissectrice de l'angle AOA'; de même pour toute autre circonférence; donc le lieu cherché est la bissectrice de l'angle AOA'.

Fig. 65.

87. *Inscrire un cercle dans un triangle donné* ABC.

Le centre O du cercle ins-crit se trouve sur la bissec-trice de l'angle A (n° 81), mais il se trouve aussi sur la bissectrice de l'angle B ; donc il est au point de con-cours O de ces deux bissec-trices.

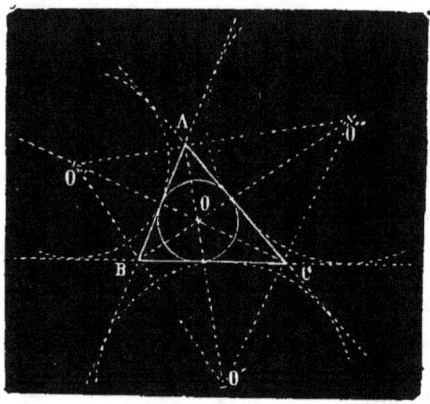

Fig. 66.

REMARQUE. Les bissectrices BO′, CO′. CO″, AO″... des angles extérieurs d'un trian-gle concourent aux points O′, O″... qui sont les centres des cercles ex-inscrits (voir le Cours p. 164). Il existe donc quatre circonférences tangentes à trois droites concourantes données.

88. *Mener une circonférence d'un rayon donné* R *tangente à deux droites données.*

1° Les deux droites sont parallèles. Il est évident que le pro-blème ne sera soluble que dans le cas où la distance entre les parallèles sera 2 R.

2° Les droites AB, AC sont concou-rantes. Soit AD la bissectrice de l'an-gle A. En un point quelconque de AB élevons une perpendiculaire FE = R, et par le point E menons une parallèle à AB. Le point O, où cette parallèle rencontre la bissectrice, est le centre de la circonférence demandée, car (n° 81) OM = ON = EF = R.

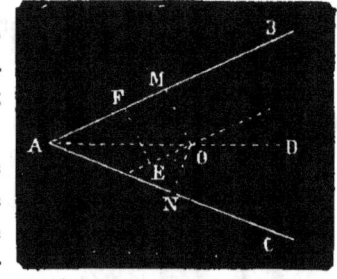

Fig. 67.

89. *Décrire une circonférence tang te en un point* P *d'une droite donnée et passant par un autre point* M *également donné.*

Le centre devra se trouver sur un point de la perpendiculaire PO, et sur un point de la perpendiculaire élevée sur le milieu de la corde MP : donc ce centre se trou-vera au point O, lieu de rencontre des perpendiculaires.

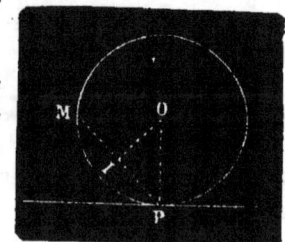

Fig. 68.

90. *Mener dans un cercle une sécante passant par un point* **P** *et telle que la corde interceptée soit égale à une longueur donnée.*

Avec un rayon égal à la longueur donnée et d'un point quelconque C pris sur la circonférence, je décris un arc de cercle qui la coupe en D, je tire CD, et du point O j'abaisse la perpendiculaire OE sur CD. Puis, avec OE pour rayon et O pour centre, je décris une circonférence qui est tangente à CD. Enfin du point P je mène deux tangentes à cette circonférence, et les cordes AB, A'B'

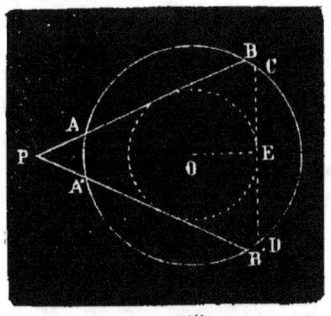

Fig. 69.

égales à CD (n° 145) répondent l'une et l'autre à la question.

91. *Mener à un cercle une tangente qui fasse* **un** *angle donné avec une droite donnée.*

Soient O l'angle donné et KL la droite donnée. Je fais un angle L égal à l'angle O et du centre je tire CN parallèlement à ML, puis je mène le diamètre AB perpendiculaire à CN. Enfin j'élève les perpendiculaires AE, BF à ce diamètre qui sont l'une et l'autre des tangentes répondant évidemment à la question.

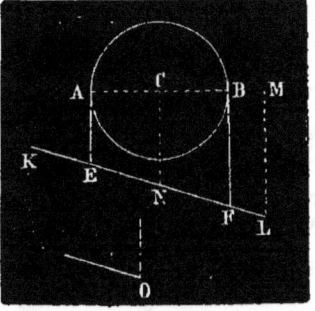

Fig. 70

92. *Décrire une circonférence d'un rayon connu, qui passe par un point donné et soit tangente à une droite tracée.*

Soient r le rayon connu, P le point donné et AB la droite donnée. En un point quelconque de AB j'élève une perpendiculaire égale à r et par son extrémité je mène une parallèle DE à AB. Le centre cherché est sur DE, mais il est aussi sur l'arc décrit du point P avec r pour rayon : donc il est aux points O et O' où cet arc coupe DE. Les centres O et O' répondent l'un et l'autre à la question.

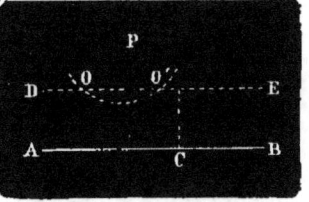

Fig. 71.

Il y a deux solutions, une ou point, suivant que la distance du point P à DE est plus petite, ou égale ou plus grande que r.

93. *Deux points* A *et* B *sont à une distance* d : *on demande de faire passer par ces deux points deux parallèles qui soient à une distance* m *l'une de l'autre.*

Du point B comme centre, avec *m* pour rayon, décrivons une circonférence, et par le point A menons une tangente AK à cette circonférence ; enfin par le point B tirons une parallèle à AK : les droites AK, BL répondent évidemment à la question.

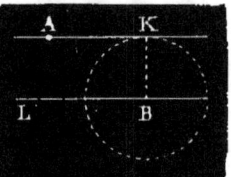

Fig. 72.

94. *On prolonge le rayon* AB *d'un cercle d'une longueur* BC *égale à* AB; *on mène une tangente quelconque* MD, *sur laquelle on élève les perpendiculaires* BN, OD; *prouver que l'angle*

$$BDC = \frac{ABD}{3}.$$

Pour le démontrer, menons par le point N une parallèle IH à AC. IN et NH étant respectivement égaux à AB et à BC, comme parallèles comprises entre parallèles, il en résulte que NI = NH, et que les deux triangles NMI, NHD sont égaux. Par suite MN = ND, et BN perpendiculaire sur le milieu de MD est bissectrice de l'angle MBD. Or l'angle MBN est égal à AMB

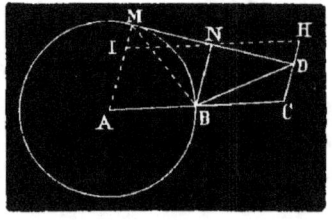

Fig. 73.

comme alternes internes, et ABM = AMB comme opposés aux côtés égaux d'un triangle isocèle, donc ABM = MBN = NBD, et par conséquent les droites MB, NB divisent l'angle ABD en trois parties égales, et comme BDC est égal à NBD comme alternes internes, il

en résulte que BDC est égal au tiers de ABD, ou $BDC = \dfrac{ABD}{3}$.

95. *Deux cordes parallèles* AC, BD, *menées des extrémités du même diamètre, sont égales*

On aura AC = BD.

En effet, on a AMC + CB = AD + DNB ; **mais** CB = AD : donc arc AMC = arc DNB et **par suite** corde AC = corde BD.

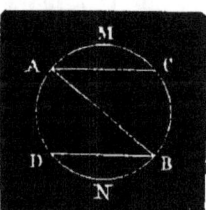

Fig. 74

162

96. *Lieu des centres des circonférences tangentes à une circon-férence donnée en un point donné* (fig. 76).

Soient O la circonférence donnée, B le point donné et C une des circonférences tangentes au point B. Les trois points O, B, C sont en ligne droite (n° 154) : le centre C se trouve par conséquent sur OB ou sur son prolongement. Le lieu demandé est donc sur OB prolongé dans les deux sens.

97. *Trouver le lieu des points situés à une distance donnée d'une circonférence donnée.*

Soient R le rayon de la circonférence donnée et l la longueur donnée. La distance d'un point à une circonférence se compte sur le diamètre qui passe par le point donné. Donc un point quelconque du lieu se trouvera sur une circonfé-rence concentrique à la première et ayant pour rayon $R + l$.

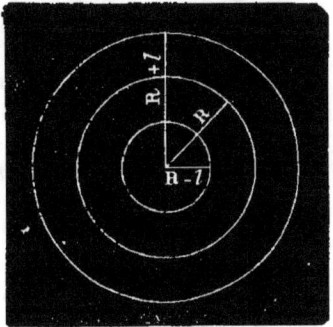

Si l'on a $R > l$, il existe encore une autre solution ; le lieu est une circonférence concentrique qui a $R - l$ pour rayon.

Fig. 75.

98. *Lieu des centres des circonférences d'un rayon donné r et tangentes à une circonférence donnée R.*

Le lieu est une circonférence concentrique au cercle R et ayant pour rayon R + r.

Considérons une de ces circonférences ; le point B de contact se trouve sur la ligne des centres et l'on a $OC = R + r$. Le lieu du point C est donc une circon-férence concentrique à la première et de rayon R + r.

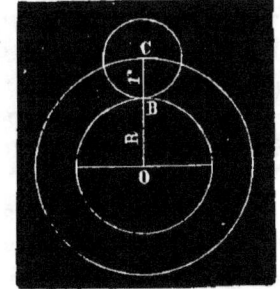

Dans le cas où l'on a $R > r$, il est évident que le lieu est encore une circon-férence ayant R — r pour rayon. Si l'on a r égal à R ou plus grand que R, il n'y a plus qu'une solution.

Fig. 76.

99. *Décrire, des sommets d'un trian-gle, comme centres, trois circonférences telles que chacune touche les deux autres.*

Supposons le problème résolu : AM = AN et CN = CP : donc les trois points M, N, P sont les points de con-tact du cercle inscrit dans le triangle ABC : d'où une construction facile.

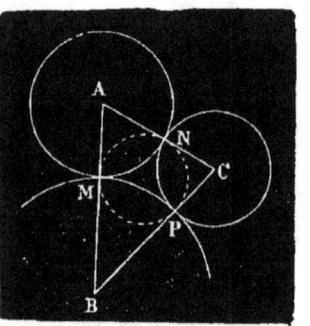

Fig. 77.

100. *Décrire une circonférence d'un rayon donné et tangente à une droite et à une circonférence données.*

Soient donnés le rayon r, la circonférence O et la droite AB. Sur un point quelconque de AB j'élève une perpendiculaire DE = r, et par le point E je mène une parallèle KL à AB.

Le centre de la circonférence tangente à AB, et ayant r pour rayon, se trouve sur KL. Mais cette circonférence devant être tangente à la circonférence O, son centre sera aussi sur l'arc décrit avec O + r pour rayon (n° 157) : donc il sera au lieu où l'arc coupe la droite KL, c'est-à-dire aux points C et C'. Il y a par conséquent deux solutions au plus, une ou aucune, selon que

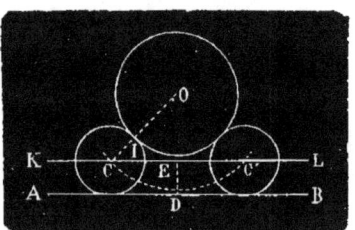

Fig. 78

l'on a OI + r plus grand que la distance du point O à la droite KL, ou égal à cette distance, ou plus petit que cette même distance.

101. *Tracer une circonférence de rayon connu qui en coupe une autre en deux points marqués.*

De chacun des points donnés A et B comme centres, et avec le rayon connu décrivons des arcs qui se cou-pent en deux points O et O'. Il est évident que, si de chacun de ces points comme centre et avec le rayon donné, on décrit deux circonférences, elles répondent l'une et l'autre à la question.

Le problème ne sera possible qu'autant que le rayon donné sera plus grand ou au moins égal à la moitié de la distance des points marqués. Le problème admet donc deux solutions, une, ou point.

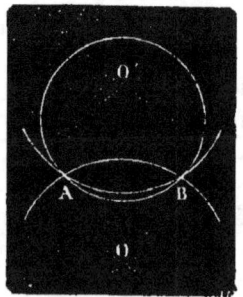

Fig. 79.

102. *Deux points* A *et* B *étant donnés, en trouver un troisième* O *qui soit à une distance* M *de* A *et à une distance* N *de* B.

Du point A comme centre et avec M, pour rayon, je décris un arc de cercle, du point B comme centre et avec N pour rayon, je décris un autre arc qui coupe le premier en O et O'. Ces deux points répondent évidemment à la question.

Donc, deux solutions si l'on a M + N > AB; une solution si l'on a M + N = AB et aucune solution si l'on a M + N < AB.

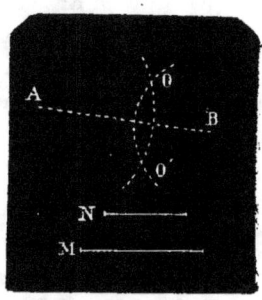

Fig. 80.

103. *Inscrire, entre deux circonférences extérieures données, une droite de longueur donnée, parallèle à une droite donnée.*

Supposons le problème résolu, et soit AB la droite égale et parallèle à MN. Par le centre O, menons OC parallèle et égale à AB, et tirons OA, CB. La figure OABC est un parallélogramme et l'on a CB = OA. De là cette construction facile : par le point O on mène OC parallèle et égale à MN, puis du point C et avec OA pour rayon on décrit un arc de cercle qui coupe O' en deux points B et B'. On joint ces points à C ; puis de O on mène

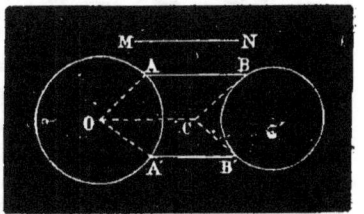

Fig. 81.

à CB et CB' les deux parallèles OA et OA'. En joignant A et B A' et B', on a deux solutions répondant à la question

104. *Par l'un des points d'intersection de deux circonférences mener une sécante commune qui ait son milieu en ce point.*

Prenons le milieu M de la ligne des centres, et joignons le point M au point P d'intersection des deux circonférences, puis menons la sécante AB perpendiculairement à PM : la droite AB est la sécante cherchée. En effet, abaissons les perpendiculaires OC, O'D sur

cette sécante, et menons O'F parallèle à AB : O'F est par suite perpendiculaire sur PM et sur OC,
et la figure CDO'F est un rectangle,
ainsi que CPEF et PEO'D. De plus
MP menée par le milieu M de OO'
et parallèlement à OC, passe par
le milieu E de FO' (ex. 49). Donc FE
= EO' et par suite PC = PD. Donc
enfin AP = PB.

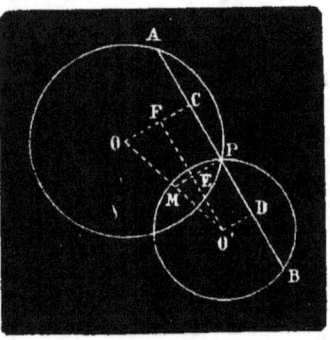

Fig. 82.

169

105. *On donne la corde* AB ; *sur le rayon* OB, *on élève la per-*
pendiculaire OD = AB, *et du point* D *on décrit un arc avec un*
rayon égal à OB. *Démontrer que* C *est le milieu de l'arc* AB.

En effet, les deux triangles isocèles COD,
AOB sont égaux comme ayant leurs trois
côtés égaux chacun à chacun, donc COD =
ABO. Or COD a pour complément COB ;
d'ailleurs 2 ABO + AOB = 2^{dr}, ou ABO
+ $\dfrac{AOB}{2}$ = 1^{dr}, par suite ABO a pour com-

plément $\dfrac{AOB}{2}$. Donc COB = $\dfrac{AOB}{2}$, et le point
C est le milieu de l'arc AB.

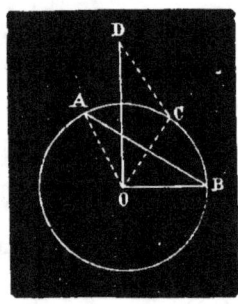

Fig. 83

106. *Un cercle étant donné, combien faut-il de cercles de même*
rayon pour l'entourer ?

Il en faut 6.

En effet, considérons deux circonférences O' O'' tangentes entre
elles et à la circonférence don-
née. Le triangle OO'O'' est
évidemment équilatéral, puisque
chacun de ses côtés est égal à 2 r,
r étant le rayon de la circonférence proposée. L'angle O'O O''
est donc égal à 2/3 d'angle droit,
par conséquent la circonférence
O sera entièrement entourée
quand on aura $\dfrac{4}{2/3}$ circonférences égales à la proposée, ou 6.

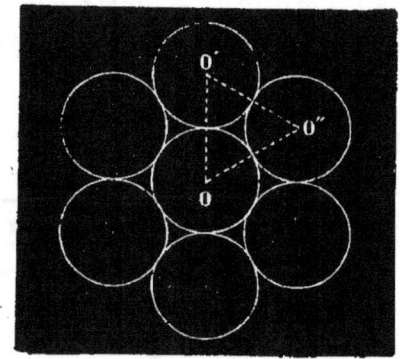

Fig 84

107. *Si l'on divise la corde d'un arc de cercle en trois parties égales, les rayons qui passent par les points de division ne partagent pas l'arc en trois parties égales.*

On aura EF $>$ AE.

En effet, le triangle OAB étant isocèle, les angles OAB et OBA sont égaux; donc les triangles OAC, OBD qui ont un angle égal compris entre deux côtés égaux, sont égaux et l'on a OC $=$ OD.

Le triangle OCD est isocèle et par suite l'angle à la base ODC est aigu. Son supplément CDF est par conséquent obtus et CF est le plus grand côté du triangle CDF, et l'on a : CF $>$ CD ou CF $>$ AC. Donc les triangles AOC, COF ayant deux côtés égaux et le troisième côté de l'un plus grand que le troisième côté de l'autre, au plus grand côté est opposé le plus grand angle et l'on a : COF $>$ AOC. Mais au plus grand angle correspond le plus grand arc, donc on a EF $>$ AE.

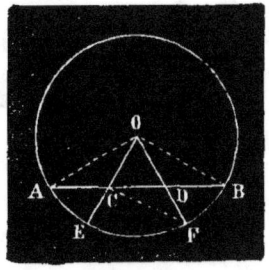

Fig. 85.

174

108. *Par le point de contact de deux circonférences tangentes intérieurement ou extérieurement, on mène deux sécantes, puis on joint leurs points de rencontre avec la même circonférence, les cordes ainsi menées sont parallèles.*

AC et BD sont parallèles.

En effet, menons la tangente commune KIL. L'angle ACI $=$ AIL, car l'un et l'autre ont pour mesure la moitié de l'arc IA; de même BDI $=$ BIK, car l'un et l'autre ont pour mesure la moitié de l'arc IB; or AIL $=$ BIK, donc les angles ACI et BDI sont aussi égaux, et comme ces angles sont alternes-internes, les droites AC, BD sont parallèles.

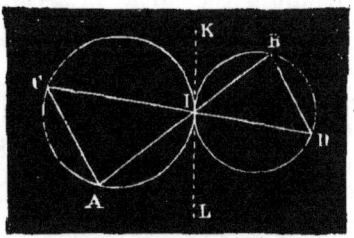

Fig. 86.

109. *Si l'on ne mène qu'une sécante et des tangentes à ses extrémités, ces deux tangentes sont parallèles.*

AD et BE sont parallèles.

En effet, je mène la tangente commune KIL. Les angles DAI et AIK sont égaux comme ayant la même mesure. Il en est de même des angles EBI et BIL. Mais BIL $=$ AIK : donc DAI $=$ EBI, or, ces angles sont alternes internes : donc AD et BE sont parallèles.

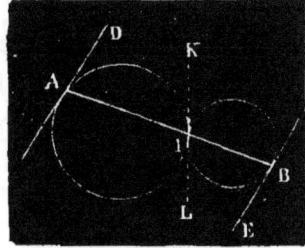

Fig. 87.

4

110. *Si d'un point quelconque pris dans l'intérieur d'un angie on abaisse des perpendiculaires sur les côtés de cet angle, le quadrilatère que déterminent les perpendiculaires sera inscriptible.*

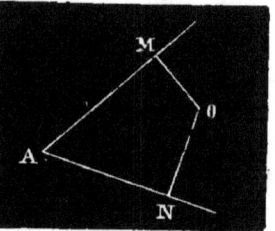

En effet, on a par construction OMA + ONA = 2^{dr}, et par suite on a aussi O + A = 2^{dr} : donc le quadrilatère OMAN est inscriptible.

Fig. 88.

111. *Le rectangle et le carré sont les seuls parallélogrammes inscriptibles.*

En effet, pour qu'un parallélogramme soit inscriptible, il faut que deux angles opposés fassent une somme égale à **deux droits** ; or, dans un parallélogramme, les angles opposés sont égaux, il faut donc que chacun des angles du parallélogramme inscriptible soit égal à un droit : donc ce parallélogramme ne sera inscriptible qu'autant qu'il sera un rectangle ou un carré.

112. *Un trapèze dont les deux côtés non parallèles sont égaux (trapèze isocèle) est inscriptible dans un cercle.*

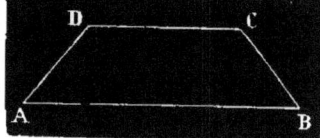

A cause des parallèles, on a A + D = 2^{dr}, et B + C = 2^{dr} ; mais A = B, donc B + D = 2^{dr}, et par suite le trapèze ABCD est inscriptible.

Fig. 89.

113. *Dans tout triangle rectangle, la droite qui joint le sommet de l'angle droit au milieu de l'hypoténuse est égale à la moitié de l'hypoténuse.*

On aura AO = $\frac{1}{2}$BC.

Soit le triangle rectangle ABC auquel je circonscris (n° 144) une circonférence. L'angle A étant droit, BC est un diamètre, et par suite AO = $\frac{1}{2}$BC.

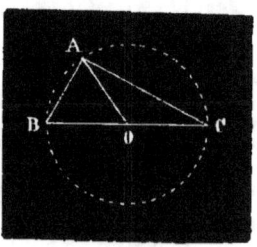

Fig. 90.

114. *Sur deux droites rectangulaires* OA, OB *on fait glisser une droite de longueur donnée* AB : *on demande le lieu des milieux des hypoténuses des triangles rectangles ainsi formés.*

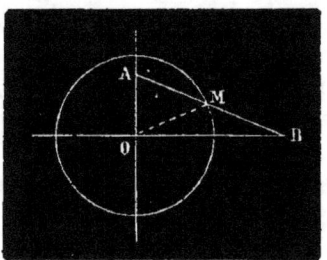

Soit OAB l'un de ces triangles On aura toujours OM = $\frac{1}{2}$AB (ex. 113) Donc OM aura une longueur constante et le lieu du point M sera une circonférence décrite avec le point O comme centre et OM pour rayon.

Fig. 91.

115. *Soient un triangle rectangle* ABC *et une perpendiculaire quelconque* OH *sur l'hypoténuse* BC. *On prolonge* OH *jusqu'à sa rencontre en* D *avec* AC *et l'on tire* BD, *puis on prolonge* CO *jusqu'en* E. *Trouver le lieu du point* E.

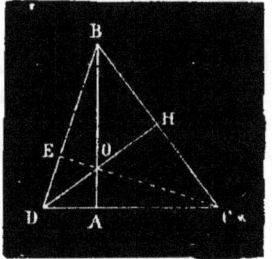

Si nous considérons le triangle DBC, **les deux droites** AB et DH sont deux hauteurs de ce triangle dont le point de rencontre est en O ; conséquemment la troisième hauteur passera par le point O ; donc cette troisième hauteur n'est autre chose que CE ; le lieu du point E est donc une circonférence décrite sur BC comme diamètre.

Fig. 92

116. *Étant donnés un cercle* BO *et un diamètre* AB, *on mène un rayon quelconque* OC, *puis on trace* CD *perpendiculairement sur* AB *et l'on prend* OM = CD. *Trouver le lieu du point* M

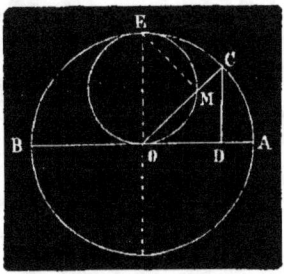

Considérons le triangle OEM obtenu en menant le rayon OE perpendiculaire à OA et en tirant EM ; ce triangle est égal au triangle COD, car on a OE = OC, OM = CD, et l'angle compris EOM = OCD comme alternes internes. On en déduit que l'angle en M est droit, et le lieu du point M est une circonférence décrite sur OE comme diamètre.

Fig. 93.

117. *Quand deux cordes égales se coupent à l'intérieur ou à l'extérieur d'une circonférence, les segments déterminés sur ces deux cordes par le point de rencontre sont respectivement égaux.*

On aura AP $=$ PD, PC $=$ PB.

En effet, les cordes AB, CD étant égales, les arcs sous-tendus sont égaux et on a : arc AB $=$ arc CD ; si de chacun de ces arcs on retranche la même quantité, arc AD, les deux restes seront encore égaux, et on aura : arc AC $=$ arc DB. Par suite on a : corde AC $=$ corde DB. D'ailleurs les angles inscrits ACD, ABD sont égaux comme ayant tous duex la même mesure ; les angles CAB, CDB sont égaux pour la même raison. donc les deux triangles ACP, BDP sont égaux comme ayant un côté égal adjacent à deux angles égaux chacun à chacun et l'on a AP $=$ PD, PC $=$ PB.

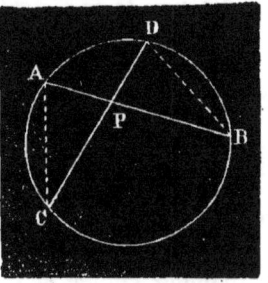

Fig. 94

118. *Si deux cercles se coupent en deux points* P *et* Q *et que par le point* P *on mène une droite* PAB *qui les rencontre en* A *et* B, *l'angle* AQB *est constant quelle que soit la direction de* AB.

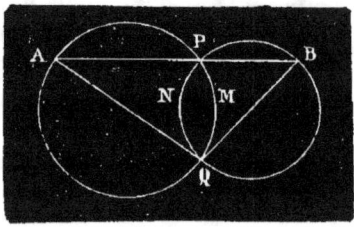

Fig. 95.

En effet, l'angle A est constant comme ayant constamment la même mesure, l'arc $\dfrac{PMQ}{2}$; de même B est constant comme ayant aussi même mesure $\dfrac{PNQ}{2}$: donc l'angle Q qui est égal à $2^{dr} - (A + B)$, est aussi constant.

119. *Les circonférences qui ont pour cordes les côtés d'un quadrilatère inscriptible* ABCD *donnent lieu, par leurs secondes intersections, à un quadrilatère inscriptible* EFGH.

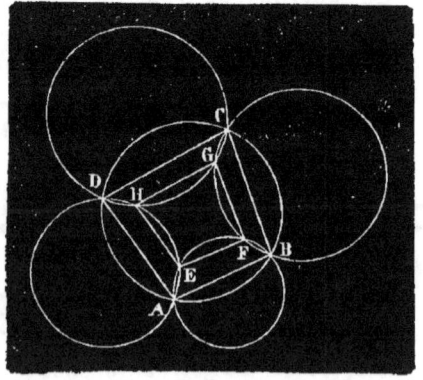

Fig. 96.

Nous avons en effet HEF $=$ $4^d - (AEH + AEF)$. Mais dans e quadrilatère inscrit AEHD nous avons AEH $= 2^d -$ ADH. De même dans le quadrilatère AEFB, AEF $= 2^d -$ ABF. Donc en substituant dans la valeur de HEF, il vient HEF $=$

ADH $+$ ABF. On aurait de même FGH $=$ CDH $+$ CBF. Donc enfin : E $+$ G $=$ B $+$ D $= 2^d$.

120. *Si l'on joint les pieds des hauteurs d'un triangle ABC, on obtient un second triangle dans lequel les angles ont pour bissectrices les hauteurs du premier.*

Par exemple la hauteur CF sera bissectrice de l'angle DFE et l'on aura DFO $=$ OFE. En effet, je remarque que le quadrilatère ADOF qui a deux angles droits en D et en F est inscriptible; de même pour le quadrilatère OEBF. Cela posé, je vois que les deux angles DFO et DAO qui ont respectivement pour mesure $\dfrac{DO}{2}$ sont égaux; il en est de même des angles OFE et OBE qui ont pour mesure $\dfrac{OE}{2}$. Or les angles DAO, OBE sont égaux comme complémen-

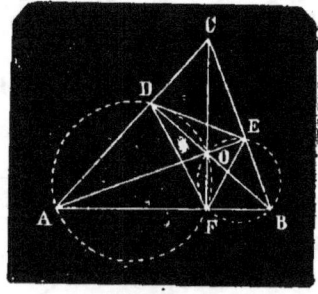

Fig. 97.

taires du même angle C, donc les deux angles DFO, OFE sont égaux et CF est bissectrice de l'angle DFE. Il en est de même pour les deux autres angles.

121. *Sur un rayon OA prolongé on élève une perpendiculaire DE; puis par le point A on mène la sécante ABC, et les tangentes CD, BE. Démontrer que AE $=$ AD.*

En effet, sur OD comme diamètre, décrivons une circonférence qui devra passer par les points C et A, puisque l'angle OCD est droit ainsi que l'angle OAD. Sur OE comme diamètre décrivons une seconde circonférence qui passera aussi par les points B et A. Or les angles CDO, CAO ayant pour mesure $\dfrac{CO}{2}$ sont égaux. De même CAO et BEO sont égaux comme ayant tous deux pour mesure $\dfrac{BO}{2}$. Donc les deux angles CDO et BEO sont égaux, et les deux triangles

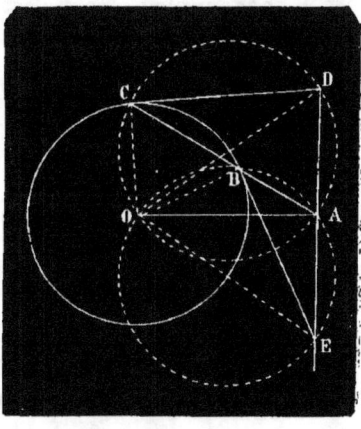

Fig. 98

rectangles CDO, BEO sont égaux comme ayant un côté égal CO = BO et un angle aigu égal : d'où OD = OE. Les obliques OD, OE étant égales, elles sont également éloignées du pied de la perpendiculaire, et AE = AD.

176

122. *On prend un point* P *quelconque sur le diamètre d'un cercle, on le joint à l'extrémité* A *du rayon* AO *perpendiculaire au diamètre* OP *, puis on prolonge* AP *jusqu'à sa rencontre avec la circonférence en* B *et l'on mène la tangente* BC. *Démontrer que* CB = CP.

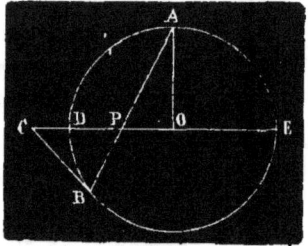

En effet, l'angle CPB a pour mesure $\frac{BD + AE}{2}$ ou $\frac{AB}{2}$. De même CBP a pour mesure $\frac{AB}{2}$. Donc le triangle CBP est isocèle et l'on a CB = CP.

Fig. 99.

123. *Si par le point* A, *milieu d'un arc* BAC *d'une circonférence, on mène deux cordes quelconques* AD *et* AE *qui coupent en* F *et en* G *la corde* BC, *le quadrilatère* DFGE, *ainsi obtenu, est inscriptible.*

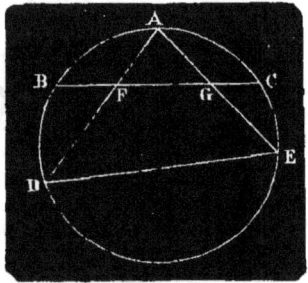

En effet, l'angle F a pour mesure $\frac{AB + CD}{2}$, ou bien $\frac{AC + CD}{2}$. L'angle E a pour mesure $\frac{AD}{2}$. Donc les angles F et E sont supplémentaires, et le quadrilatère DFGE est inscriptible.

Fig. 100.

124. *Les bissectrices* EF, GH *des angles formés par les côtés opposés d'un quadrilatère* ABCD *inscriptible sont perpendiculaires entre elles.*

Les angles en I sont droits.
En effet, à cause de la bissectrice EF, on a :
$$AF - BM = FD - MC.$$
La bissectrice GH donne de même :
$$AH - DN = BH - CN.$$

Ajoutant membre à membre, il vient

FH — BM — DN = FD + BH — MN, ou FH + MN = HM + FN.

La mesure des angles FIH, HIM est par conséquent la même; donc ces deux angles sont égaux et les bissectrices EF, GH sont perpendiculaires l'une à l'autre.

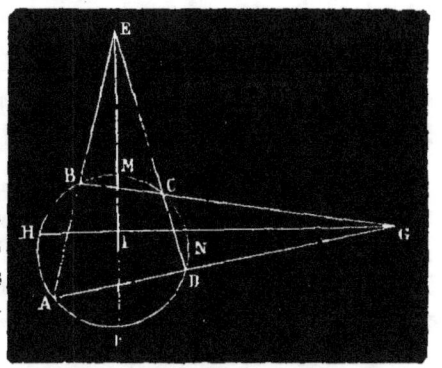

Fig. 101

125. *Si deux cordes* AB *et* CD *se coupent dans un cercle, la somme* AC + BD *des arcs qu'elles interceptent est égale à la somme des arcs interceptés par les deux diamètres parallèles à ces cordes.*

Ou aura AC + DB = KM + LN.

En effet, les angles BED et LON ayant leurs côtés parallèles et dirigés dans le même sens sont égaux. Or l'un a pour mesure $\dfrac{AC + DB}{2}$, tandis que l'autre a pour mesure KM, ou bien $\dfrac{KM + LN}{2}$; donc AC + DB = KM + LN.

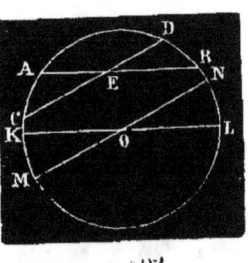

Fig. 102.

126. *Soient le cercle circonscrit à un triangle* ABC *et* H *le point de rencontre des hauteurs; si l'on prolonge la hauteur* CG *jusqu'en* F, *on aura* HG = GF.

Je tire AF. L'angle AFC a pour mesure $\dfrac{AD + CD}{2}$; l'angle AHF a pour mesure $\dfrac{AF + CE}{2}$. Or les angles ACG, DBA étant égaux comme compléments du même angle CAB, les arcs DA, AF qui leur servent de mesure sont égaux; pour une raison analogue, les arcs CD et CE sont égaux aussi, et j'ai $\dfrac{AD + CD}{2} = \dfrac{AF + CE}{2}$. Donc enfin les angles AHG,

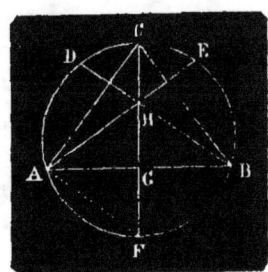

Fig. 103

AFG sont égaux et les deux triangles rectangles AGH, AGF sont égaux comme ayant un côté de l'angle droit commun et un angle aigu égal : donc HG = GF.

199

127. *Les côtés opposés d'un quadrilatère circonscrit à une circonférence, ajoutés deux à deux, donnent des sommes égales.*

On aura AB + CD = AD + BC.

En effet, les tangentes égales issues des points A et B donnent : AF + BF = AE + BG. De même les tangentes issues des points C et D donnent :

CH + DH = DE + CG.

En ajoutant membre à membre, il vient.

AF + BF + CH + DH =
AE + BG + DE + CG,

ou enfin AB + CD = AD + BC.

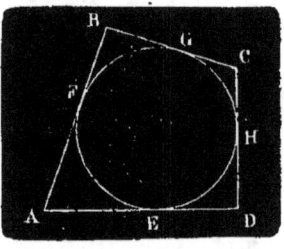

Fig. 104.

128. *Indiquer le lieu des points de départ des tangentes à une circonférence donnée égales à une droite donnée.*

Ce lieu est une circonférence qui a OA pour rayon et le point O pour centre.

Menons les tangentes AB, A'B' égales entre elles et à la droite donnée MN ; tirons ensuite OA, OB, OA' OB'. Les triangles rectangles OAB, OA' B' sont égaux. AB = A'B' et OB = OB' : donc OA = OA' ; les points A, A'... sont à égale distance du point O, et par conséquent le lieu de ces points est une circonférence décrite avec OA pour rayon.

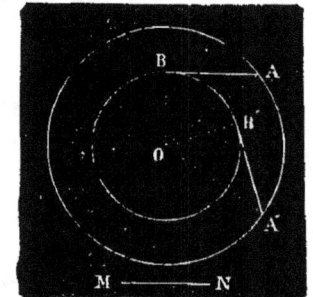

Fig. 105.

129. *Le diamètre de la circonférence inscrite dans un triangle rectangle est égal à l'excès de la somme des côtés de l'angle droit sur l'hypoténuse.*

On a 2 r = AC + AB — BC.

En effet, AC + AB — BC = AD + CD + AE + BE — CF — BF ; mais CD = CF et BE = BF ; donc AC + AB — BC = AD + AE.

Or, le quadrilatère ADOE est un rec-

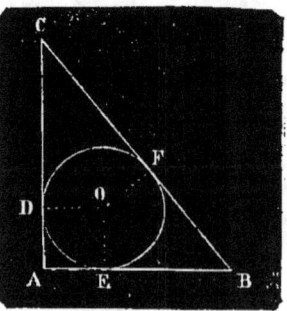

Fig. 106.

tangle et l'on a AD + AE = DO + OE = 2 *r*, en appelant *r* le rayon de la circonférence inscrite.

Donc enfin, on a : 2 *r* = AC + AB — BC.

130. 1° *Les segments déterminés sur les côtés d'un triangle par les points de contact du cercle inscrit et d'un des cercles ex-inscrits sont égaux, chacun au demi-périmètre moins un côté ;* 2° *la somme de ces segments est égale au demi-périmètre.*

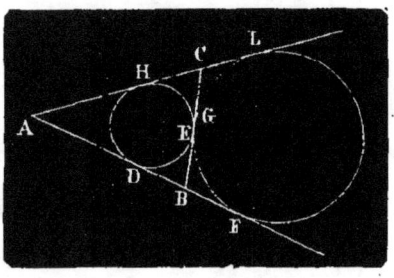

Fig. 107

Soit le côté AB. Les trois segments à considérer sont AD, BD et BF. Si donc on représente les trois côtés par *a*, *b*, *c* (*a* est opposé à l'angle A, etc.) et le périmètre par 2 *p* on aura :

AD = *p* — *a*, BD = *p* — *b*, BF = *p* — *c*, et AD + DB + BF = *p*.

En effet, 1°   2 AD + 2 BE + 2 CE = 2 *p*
    2 AD = 2 *p* — 2 BC = 2 *p* — 2 *a*
    AD = *p* — *a*.

De même   2 BD + 2 AH + 2 BC = 2 *p*
    2 BD = 2 *p* — 2 AC = 2 *p* — 2 *b*
    BD = *p* — *b*.

On a BF = BG, par conséquent
    2 BF + 2 BD + 2 AD = 2 AF = 2 *p*.
    2 BF = 2 *p* — 2 AB = 2 *p* — 2 *c*
    BF = *p* — *c*.

2° Si l'on fait la somme des trois segments, il vient   AD + BD + BF = *p* — *a* + *p* — *b* + *p* — *c*,
ou   AD + BD + BF = 3 *p* — 2 *p* = *p*.

131. *Deux circonférences O et O' étant tangentes intérieurement au point A, et BC étant une corde de la grande circonférence tangente en D à la petite, la droite AD est la bissectrice de l'angle BAC.*

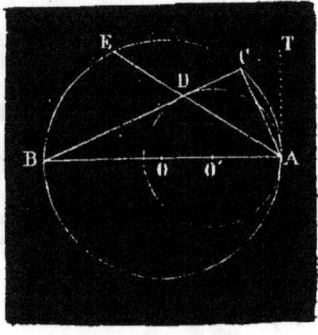

En effet, les tangentes issues du même point T donnent l'angle TAD = TDA. Or l'angle TAD a pour mesure $\dfrac{AC + CE}{2}$, tandis que TDA a pour mesure $\dfrac{AC + BE}{2}$.

Fig. 108.

Donc on a : $\dfrac{AC + CE}{2} = \dfrac{AC + BE}{2}$ ou $CE = BE$.

Donc les angles inscrits CAD, BAD qui ont pour mesure $\dfrac{CE}{2}$ et $\dfrac{BE}{2}$, sont égaux, et AD est la bissectrice de l'angle BAC.

132. *Une circonférence étant tangente aux deux côtés d'un angle* ABC, *si on mène une troisième tangente* DF *à l'arc* AC, 1° *le triangle* DBF *a un périmètre constant quelque soit le point* G *pris à volonté sur l'arc;* 2° *l'angle* DOF *est aussi constant.*

On aura : $BD + BF + DF = 2\,AB$, et
$$DOF = \frac{AOC}{2}.$$

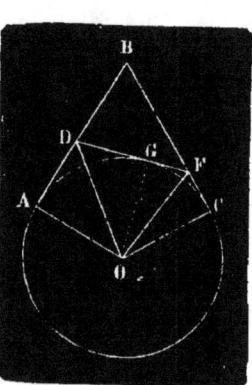

1° A cause des tangentes égales issues des points D et F, on a :
$$DG + GF \text{ ou } DF = AD + FC,$$
ou enfin $BD + BF + DF = 2\,AB$.

2° D'ailleurs, DO étant la bissectrice de l'angle AOG et FO étant celle de l'angle COG, on a $DOG + GOF$ ou
$$DOF = \frac{AOC}{2}.$$

Fig. 109.

200

133. *Deux cercles étant donnés,* **mener** *une sécante telle que les cordes interceptées par les deux cercles aient des longueurs données.*

J'inscris dans les circonférences données des cordes KL, MN égales aux longueurs données, puis je décris une circonférence con-

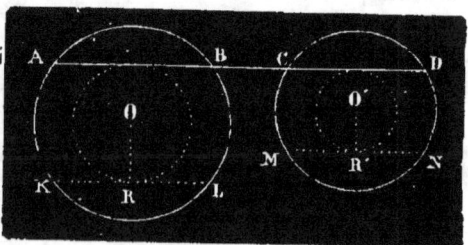

centrique tangente à à chaque corde; enfin je mène une tangente AD commune aux deux cir- conférences intérieures, cette tangente détermine deux cordes AB, CD égales aux cordes don- nées (n° 145). Il y a évi-

Fig. 110.

demment autant de solutions que l'on peut mener de tangentes communes aux deux circonférences intérieures, c'est-à-dire 4

01 **134.** *Lieu des sommets des triangles ayant la même base et l'angle au sommet égal à un angle donné.*

On donne BC et l'angle A. Le lieu cherché est le segment capable de l'angle A décrit sur BC comme corde : car les triangles ABC, A'BC, A''BC.... ont tous la même base BC ; on a d'ailleurs A' = A'' = ... = A l'angle donné.

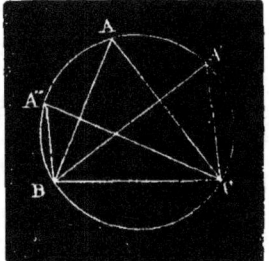

Fig. 111.

135. *Lieu des centres des cercles inscrits dans ces mêmes triangles.*

Menons les bissectrices des angles ABC, A'BC...; ACB, A'CB... Ces bissectrices déterminent les centres des cercles inscrits, dont il s'agit. Or chacun des angles O, O'... égale $1^{dr} + \frac{1}{2}A$ (ex. 28), et comme A est donné, $1^{dr} + \frac{1}{2}A$ est connu.

Le lieu des points O, O'... est donc le segment capable d'un angle égal à $1^{dr} + \frac{1}{2}A$ décrit sur BC comme corde.

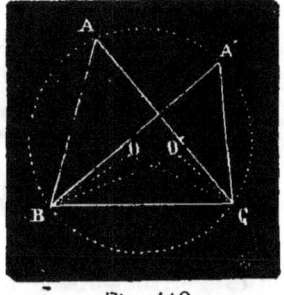

Fig. 112.

136. *Lieu des points de concours des hauteurs de ces mêmes triangles.*

Soient ABC l'un de ces triangles, BOD, COE deux de ses hauteurs. On connaît l'angle A et la base BC.

Dans le quadrilatère EODA il est facile de voir que l'angle $EOD = 2^{dr} - A = BOC$. Le lieu des points O est donc le segment capable d'un angle égal à $2^{dr} - A$ (c'est le supplément de l'angle donné) et décrit sur la base donnée BC.

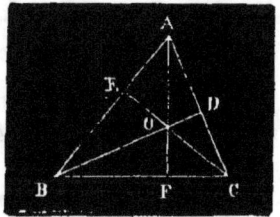

Fig. 113.

137. *De tous les triangles inscrits dans le même segment de cercle, le triangle isocèle a le plus grand périmètre.*

Considérons le triangle isocèle ABC, et un triangle ADB inscrit dans la même segment et ayant pour base AB. Prolongeons

AC d'une longueur CC$'$ = BC et AD d'une longueur DD$'$ = BD.

L'angle ACB extérieur au triangle BCC$'$ égale 2 C$'$, d'où C$' = \dfrac{ACB}{2}$.

De même D$' = \dfrac{ADB}{2}$. Mais ACB = ADB.

Donc C$'$ = D$' = \dfrac{ACB}{2}$. Donc les points C$'$ et

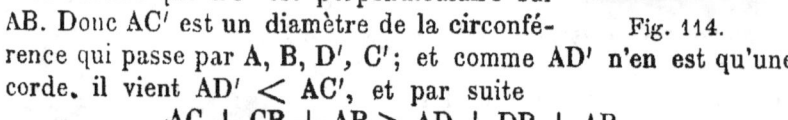

D$'$ se trouvent sur le segment de cercle décrit

sur AB et capable de $\dfrac{ACB}{2}$. D'ailleurs, la hau-

teur CI étant parallèle à C$'$B, puisqu'elle joint
les milieux C et I des côtés AC$'$, AB (ex. 49),
il en résulte que BC$'$ est perpendiculaire sur
AB. Donc AC$'$ est un diamètre de la circonfé-

Fig. 114.

rence qui passe par A, B, D$'$, C$'$; et comme AD$'$ n'en est qu'une
corde, il vient AD$' <$ AC$'$, et par suite

$$AC + CB + AB > AD + DB + AB.$$

138. *Les positions* A, B, C *de trois clochers étant marquées
sur une carte, indiquer sur cette carte la position* M *d'une maison
de laquelle ont été observés les angles* AMB, BMC *que forment entre
elles les droites horizontales menées de la maison aux trois clochers.*

Tirons AB, BC : Sur AB comme
corde décrivons un segment capable
de l'angle AMB ; décrivons de même
sur BC un segment capable de l'angle BMC : la maison se trouve évidemment sur l'arc AMB, elle se
trouve aussi sur l'arc BMC : donc
elle est au point M, intersection de
ces deux arcs.

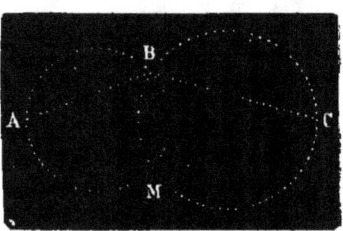

Fig. 115.

139. *Les circonférences qui passent par
deux sommets d'un triangle* ABC *et par le
point de concours* H *des hauteurs sont égales
à la circonférence circonscrite au triangle.*

Les angles BAC et BHC ayant leurs côtés
respectivement perpendiculaires, sont supplémentaires ; par conséquent l'arc BMC est
capable d'un angle égal à BAC : donc les
arcs BAC, BMC sont égaux et par suite les
circonférences O, O$'$.

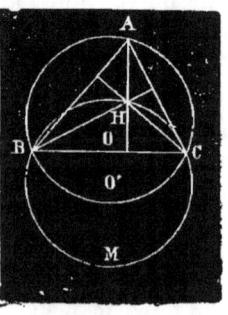

Fig. 116.

140. *Trouver dans le plan d'un triangle un point d'où l'on voie les trois côtés sous des angles égaux.*

Supposons le problème résolu. Soit O le point cherché. On a AOB + AOC + BOC = 4 dr., et comme on doit avoir AOB = AOC = BOC, il en résulte que chacun de ces angles doit être égal à 4/3 d'angle droit. Il suffira donc de décrire sur chacun des côtés du triangle des segments capables de 4/3 d'angle droit.

Le problème sera impossible si l'un des angles du triangle est supérieur à 4/3 d'angle droit, car

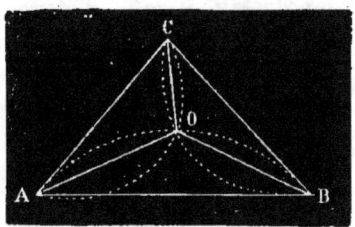

Fig. 117.

alors les trois segments se couperont en un point O' extérieur au triangle ABC, et l'un des trois angles comprendra les deux autres.

CONSTRUCTIONS DE POLYGONES.

TRIANGLES ISOCÈLES.

Avis. — Le lecteur rétablira la première ligne du premier énoncé pour chacun des exercices suivants jusqu'au n° 145 inclusivement.

Construire un triangle isocèle connaissant

141. — *la base et l'angle du sommet.*

Il suffit évidemment de décrire sur AB un segment capable de l'angle donné, et d'élever sur le milieu D de AB une perpendiculaire jusqu'à la rencontre en C du segment, puis on tire AC, BC et l'on a le triangle demandé.

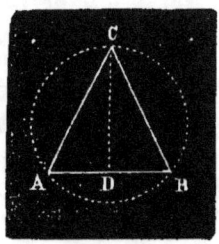

Fig. 118.

142. — *L'angle au sommet et la hauteur.*

Je prends sur la bissectrice de l'angle donné B une longueur BD égale à la hauteur donnée, et au point D j'élève une perpendiculaire qui rencontre les côtés de l'angle B en A et en C. Le triangle ABC ainsi obtenu répond à la question.

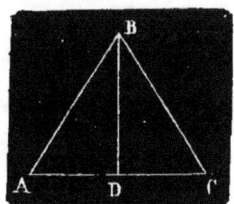

Fig. 119.

143. — *la base et le rayon du cercle inscrit.*

Supposons le problème résolu. Soit ABC le triangle demandé. A l'inspection de la figure on voit que pour obtenir le triangle ABC il suffit d'élever sur le milieu d'une droite AB égale à la base donnée une perpendiculaire DO = *r*, rayon du cercle inscrit, de décrire ce cercle et de lui mener deux tangentes par les points A et B.

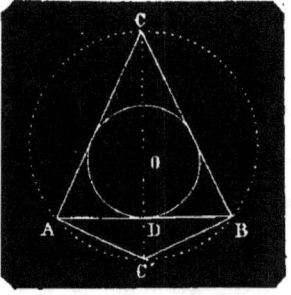

Fig. 120.

144. — *la base et le rayon du cercle circonscrit* (fig. 120).

Supposons le problème résolu. Soit ABC le triangle cherché. On voit que pour obtenir ce triangle il suffit de tracer une droite AB égale à la base donnée puis de décrire avec le rayon du cercle circonscrit une circonférence passant par les points A et B, d'élever une perpendiculaire sur le milieu de la base jusqu'à la rencontre en C de la circonférence, enfin de tirer AC, BC. Il est évident que le triangle ABC' répond également à la question.

145. — *le périmètre et la hauteur*

Soit ABC le triangle demandé. La hauteur CD doit évidemment être sur le milieu du perimètre EF. Je mène cette hauteur. Il ne s'agit plus que de connaître les points A et B. Or, les triangles EAC, CBF sont isocèles : donc pour déterminer les points A et B, il suffit d'élever des perpendiculaires sur les milieux de EC, CF jusqu'à la rencontre en A et en B de la droite EF.

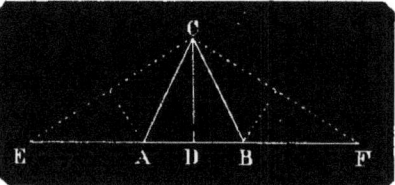

Fig. 121.

TRIANGLES RECTANGLES.

Avis. — Le lecteur rétablira la première ligne du premier énoncé **pour chacun** **les** exercices suivants jusqu'au n° 154 inclusivement.

Construire un triangle rectangle connaissant

146. — *l'hypoténuse et un angle aigu.*

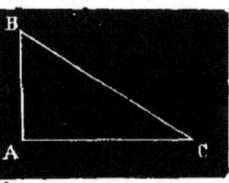

On connaît l'hypoténuse BC et l'angle B. On tracera BC, au point B on fera un angle égal à l'angle donné. Enfin du point C on abaissera une perpendiculaire sur BA, et le triangle ABC sera le triangle demandé.

Fig. 122.

147. — *l'hypoténuse et un côté de l'angle droit.*

On fait un angle droit BAC, du point A on prend AB égal au côté donné, et du point B comme centre et avec BC pour rayon on décrit un arc de cercle qui coupe AC en C. On tire BC et l'on a le triangle demandé ABC.

148. — *l'hypoténuse et la hauteur correspondante.*

Soit BC l'hypoténuse donnée. Sur BC comme diamètre décrivons une demi-circonférence et en un point B quelconque de BC élevons une perpendiculaire BL égale à la hauteur donnée, puis

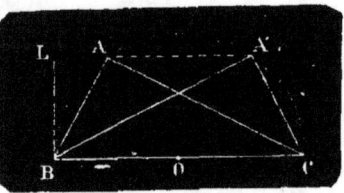

par le point L menons une parallèle à BC, enfin du point A où cette parallèle rencontre la circonférence tirons AB, AC. Il est évident que le triangle ABC répond à la question; il en est de même du triangle BA'C. Cependant il n'y a qu'une solution, car BAC est égal à BA'C.

Fig. 123.

REMARQUE. Le problème ne sera soluble qu'autant qu'on aura BL = BO ou BL < BO : d'où il résulte que la hauteur *maximum* correspondant à l'angle droit d'un triangle rectangle est égale au rayon du cercle circonscrit, ou à la moitié de l'hypoténuse.

149. — *un côté de l'angle droit A et la hauteur issue de A.*

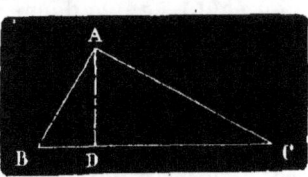

On connaît AC et AD. On peut construire le triangle rectangle ADC (ex. 147). Au point A on fait un angle droit dont le côté AB rencontrera DC prolongé.

Fig. 124.

150. — *la médiane et la hauteur issues de l'angle droit.*

Soit ABC le triangle demandé. On connaît la hauteur AD et la médiane AE. BC est le diamètre **du** cercle circonscrit puisque l'angle A est droit, par suite BE, EC, AE sont des rayons. On construira donc le triangle rectangle DAE, on prolongera DE d'une quantité EC = AE, on joindra le point C au point A, et enfin on fera un angle droit en A : le côté AB rencontrera DC prolongé.

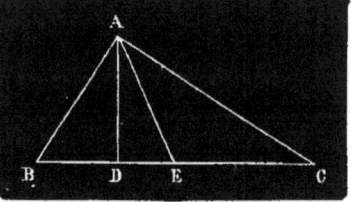

Fig. 125.

151. — *un côté de l'angle droit et le rayon r du cercle inscrit.*

Supposons le problème résolu. Soit ABC rectangle en A le triangle demandé. Nous connaissons AB et OD = r, mais OD = AE ; d'ailleurs le centre O se trouve sur la bissectrice de l'angle A. D'où cette construction facile : on fera un angle droit, sur l'un des côtés on portera une longueur AB égale au côté donné, on mènera la bissectrice AO de l'angle A, on prendra AE = DO = r, au point E on élèvera une perpendiculaire qui déterminera le centre O du cercle inscrit, enfin par le point B on mènera une tangente à ce cercle, laquelle rencontrant AC déterminera le triangle.

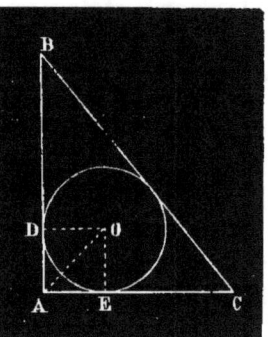

Fig. 126.

152. — *le rayon r du cercle inscrit et un angle aigu.*

Supposons le problème résolu. Soit ABC rectangle en **A le** triangle demandé. Nous connaissons l'angle aigu B et r = OD. Le centre du cercle inscrit se trouvera sur la bissectrice de l'angle B et à une distance OD donnée du côté BA. De là cette construction : on fera un angle aigu égal à l'angle donné, on mènera la bissectrice de cet angle, en un point quelconque B de BA on élèvera une perpendiculaire BE = OD = r, du point E on tirera une parallèle à BA qui détermine le centre O du cercle inscrit. La tangente CA perpendiculaire sur BA détermine le triangle ABC.

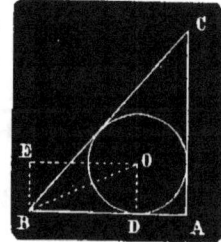

Fig. 127.

153. — *un angle aigu et la somme des deux côtes de l'angle droit.*

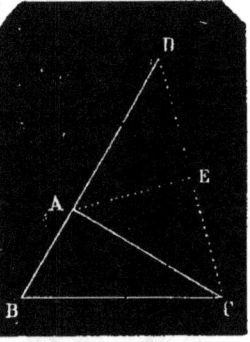

Supposons le problème résolu. Soit ABC, rectangle en A, le triangle demandé. Nous connaissons l'angle aigu B et la somme AB + AC. Prolongeons AB d'une quantité AD = AC et tirons DC. Le triangle ADC étant isocèle, $D = \frac{1}{2}^{dr}$. Nous pouvons donc construire le triangle BDC, car nous connaissons dans ce triangle le côté BD = AB + AC, et les angles B et D : du milieu de DC, il suffira d'élever une perpendiculaire EA pour avoir le sommet A.

Fig. 128.

154. — *un angle aigu et la différence des deux côtés de l'angle droit.*

Supposons le problème résolu. Soit ABC, rectangle en A, le triangle demandé. Nous connaissons l'angle B et la différence AB — AC. Faisons AD = AC et tirons DC. L'angle ADC = $\frac{1}{2}^{dr}$ et par suite BDC = $\frac{3}{2}^{dr}$.

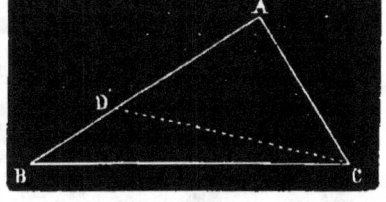

Nous pouvons donc construire le triangle BDC, car l'angle B est donné, l'angle BDC est connu, et BD = AB — AC est donné. Du point C on abais-

Fig. 129.

sera une perpendiculaire sur BD prolongé, et le problème sera résolu.

155. *Construire sur une base donnée AB un triangle CAB rectangle en A tel que l'hypoténuse CB et le côté CA fassent ensemble une somme double du côté AB.*

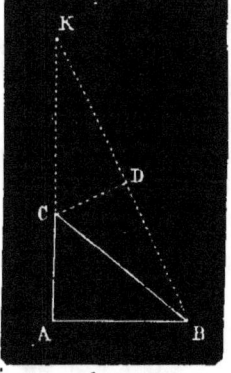

Soit ABC le triangle demandé. Je prolonge CA jusqu'en K de telle sorte que CK = CB. Par suite AK = 2 AB. De plus le triangle BCK est isocèle. Donc si par le point D, milieu de BK, on élève une perpendiculaire DC, elle passera par le sommet C du triangle ABC. De là résulte la construction suivante : on construira le triangle rectangle ABK, dans lequel on connaît les deux côtés de l'angle droit, et au milieu D de BK on élèvera une perpendiculaire qui déterminera le sommet C du triangle cherché.

Fig. 130.

5

TRIANGLES QUELCONQUES.

Avis. — Le lecteur rétablira la première ligne du premier énoncé pour chacun des exercices suivants jusqu'au n° 183 inclusivement.

Construire un triangle connaissant

156. — *les milieux des trois côtés.*

Soit ABC le triangle demandé. Je joints les points milieux D, E, F. DE est parallèle à AC, DF à CB et EF à AB (ex. 49). Donc il suffit de mener par les points D, E, F des parallèles à EF, DE, ED : ces parallèles en se coupant détermineront le triangle ABC.

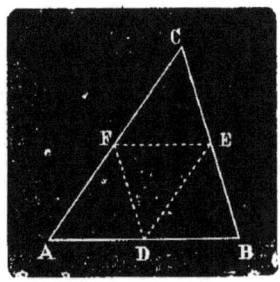

Fig. 131.

157. — *deux côtés et l'angle opposé à l'un d'eux.*

Supposons l'angle donné aigu.

Faisons un angle A égal à l'angle donné et prenons une longueur AC égale à l'un des côtés donnés. Cela fait, décrivons du point C comme centre et avec l'autre côté donné pour rayon un arc de cercle qui coupera généralement AB en B et en B'.

Si nous tirons CB et CB', nous obtenons ainsi deux triangles ACB, ACB' qui répondent l'un et l'autre à la question. Dans le cas supposé il y a donc deux solutions.

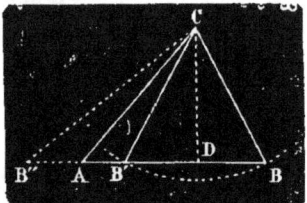

Fig. 132.

DISCUSSION. — 1° A est un angle aigu.

Si l'on a BC = AC, l'arc décrit du point C avec CB pour rayon coupe AB en A et en B : dans ce cas, il n'y a donc que la solution ACB.

Si l'on a BC > AC, l'arc coupe AB à droite et à gauche de A en B' et en B''; il n'y a également que la solution ACB. On ne peut prendre ACB'' car CB'' répond à un angle obtus B''AC, ce qui est contre l'hypothèse.

Il n'y a encore qu'une solution si CB égale la perpendiculaire CD.

Enfin le problème n'admet aucune solution si l'on a CB < CD.

2° A est droit.

On obtient comme l'indique la figure
deux triangles rectangles ABC, AB'C
égaux, et il n'y a par conséquent qu'une
seule solution.

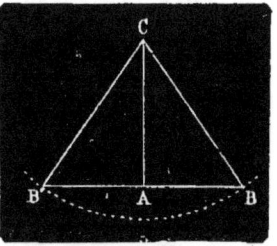

Fig. 133.

3° A est obtus.

Il n'y a que la solution ACB. On ne
peut admettre ACB', car CB' est opposé
à un angle aigu, ce qui est contre
l'hypothèse. D'ailleurs, pour que le
triangle soit possible, il faut évidemment que l'on ait CB > CA.

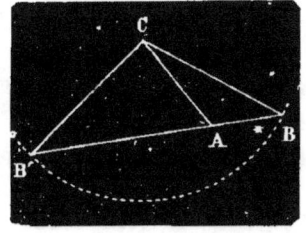

Fig. 134.

158. — *le périmètre et les angles.*

Soit ABC le triangle demandé. Sur AB prolongé je prends
AC' = AC et BC'' = BC. C'C'' est égal au périmètre donné. De
plus, dans le triangle isocèle AC'C, l'angle extérieur CAB est égal
au double de CC'A ou bien
CC'A est égal à $\frac{CAB}{2}$. De là
la construction suivante : je
prends une longueur C'C''
égale au périmètre donné ;

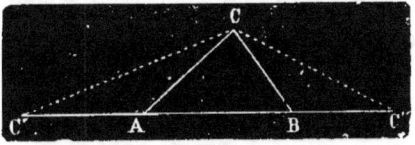

Fig. 135.

au point C' je fais un angle égal à $\frac{A}{2}$; au point C'' un angle égal
à $\frac{B}{2}$: ce qui me donne le sommet C. Au point C je fais l'angle
ACC' égal à l'angle C', ce qui me donne le sommet A ; de même
pour le sommet B, et le problème est résolu.

159. — *le périmètre, un angle en grandeur et un point du troisième côté.*

Soit O l'angle donné. Je prends à partir de O deux longueurs

OA, OB égales chacune à la moitié du périmètre donné, et je décris
une circonférence tangente en A et en B aux
côtés OA et OB. Toute tangente telle que DE
détermine sur les côtés de l'angle O un
triangle ODE dont le périmètre est constant
et égal au périmètre donné (ex. 132). Il suffira
donc de mener du point donné P une tangente
à la circonférence, et le triangle ODE sera
le triangle cherché. Il est évident que le triangle OD'E' répond encore à la question.

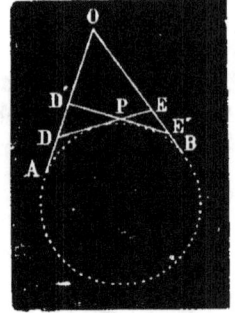

Fig. 136.

160. — un côté, un angle adjacent et la somme des deux autres

Supposons le problème résolu et soit ABC le triangle demandé.
Nous connaissons le côté BC, l'angle B et la somme BA + AC.

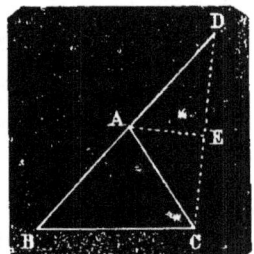

Prolongeons AB d'une quantité AD = AC
et tirons DC. Le triangle ADC est isocèle.
D'ailleurs, nous pouvons construire le
triangle BDC ; car l'angle B est donné, le
côté BC et le côté BD = BA + AC. Ce
triangle étant construit, nous aurons le
sommet A en élevant une perpendiculaire
sur le milieu de DC jusqu'à la rencontre
en A de BD, il suffira de mener AC pour
que le problème soit résolu.

Fig. 137.

**161. — un côté, l'angle adjacent et la différence des deux
autres côtés.**

Supposons le problème résolu, et soit
BAC le triangle demandé. Nous connaissons B, BC et BD = AB — AC. Nous
pouvons donc construire le triangle BDC.
La perpendiculaire élevée sur le milieu
de DC rencontrera BD prolongé et déterminera ainsi le sommet A ; on mènera AC
et le problème sera résolu.

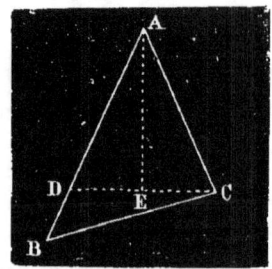

Fig. 138.

**162. — un côté, l'angle opposé et la somme des deux autres
côtés.**

Supposons le problème résolu, et soit ABC le triangle demandé.
Nous connaissons BC, l'angle opposé A et la somme AB + AC.
Prolongeons AB d'une quantité AD = AC. Le triangle DAC est
isocèle, par suite l'angle BAC
2 D, = d'où D = 1/2 BAC.

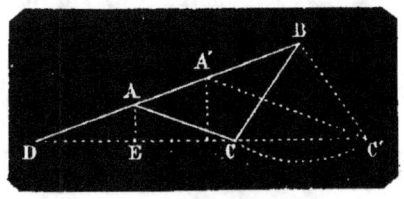
Fig. 139.

De là cette construction : je
fais un angle D = 1/2 BAC ;
je prends DB = BA + AC et
du point B comme centre avec
BC pour rayon je décris un
arc qui rencontre DC en C.
La perpendiculaire EA élevée sur le milieu de DC détermine le
sommet A. Je tire AC, BC, et le problème est résolu.

Remarque. — Si l'on élève une perpendiculaire sur le milieu de
DC' et qu'on la prolonge en A' jusqu'à la rencontre de BD, puis
qu'on tire A'C', il semble que le triangle A'BC' soit une seconde
solution, car le triangle DA'C' étant isocèle, l'angle BA'C' est égal
à l'angle donné A, BC' = BC et BA' + A'C' = BD = AB + AC.
Le triangle BA'C' répond donc à la question. Mais le triangle
BA'C' = BAC, car A = A', BC' = BC et A'BC' = ACB, puisque
ACB = 2^{dr} — D — BC'D et que l'on a aussi DBC' ou A'BC' = 2^{dr}
— D — BC'D : il n'y a donc en réalité qu'une solution.

163. — *un côté, l'angle opposé et la différence des deux autres
côtés.*

Soit ABC le triangle demandé. On donne le côté BC, l'angle A
et la différence BA — AC. Je prends une longueur AD = AC et
je tire DC. Dans le triangle isocèle ADC
j'ai 2 ADC = 2^{dr} — A : d'où ADC =
1^{dr} — 1/2 A. Mais BDC = 2^{dr} — ADC =
2^{dr} — 1^{dr} + 1/2 A = 1^{dr} + 1/2 A. De
là cette construction : je fais un angle
BDC = 1^{dr} + 1/2 A ; je prends DB =
BA — AC et du point B comme centre
avec BC pour rayon, je décris un arc
qui coupe DC en C. Je prolonge BD, et

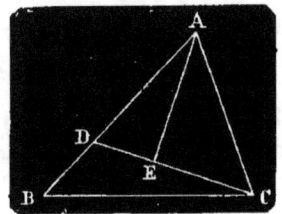
Fig. 140.

sur le milieu de DC j'élève une perpendiculaire qui détermine le
sommet A, enfin je tire AC et le problème est résolu.

164. — *les angles et la somme de deux côtés* (fig. 137).

Soit ABC le triangle cherché. On connait la somme AB + AC et
les trois angles. Je prolonge AB d'une quantité AD = AC. Le

triangle ADC est isocèle et par suite $D = \dfrac{BAC}{2}$; d'ailleurs on connait l'angle A et le côté BD, le triangle BDC peut donc être construit. Je le construis et sur le milieu de DC j'élève une perpendiculaire EA qui détermine le sommet A, enfin je tire AC.

165. — *le rayon du cercle circonscrit, un côté et un angle adjacent* (fig. 141).

Soit ABC le triangle demandé. On connait AC, l'angle CAB et le rayon du cercle circonscrit. On décrit un cercle avec le rayon donné, on inscrit la corde AC, puis on fait un angle CAB égal à l'angle donné. Le côté AB de cet angle rencontre la circonférence au point B. On tire CB et le problème est résolu.

166. — *le rayon du cercle circonscrit et les angles.*

Je décris une circonférence avec le rayon donné. En un point quelconque je mène une tangente quelconque EAD. Je fais en A un angle CAD égal à l'angle donné ABC et un angle BAE égal à l'angle BCA. Je tire CB. D'après la *mesure* de ses angles, le triangle ABC répond à la question.

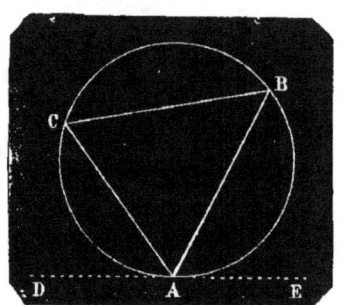

Fig. 141

167. — *le rayon du cercle circonscrit, un côté et une hauteur* (2 cas).

1er CAS. — *La hauteur correspond au côté donné.* Soit ABC le triangle demandé. On connait AB, la hauteur CD et le rayon du cercle circonscrit. Je décris un cercle avec le rayon donné ; j'inscris la corde AB et je mène une parallèle à AB à une distance CD. Cette parallèle rencontre la circonférence en C et en C'. Je tire CA, CB, et le triangle ACB répond à la question. Le triangle AC'B égalant le triangle ACB, n'est pas une seconde solution.

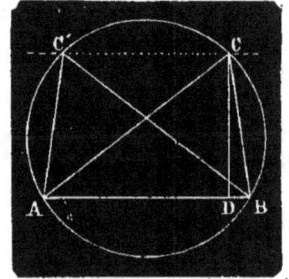

Fig. 142.

2ᵉ Cas. — *La hauteur correspond à l'un des côtés inconnus.*
— Soit ABC le triangle demandé. On connaît AB, la hauteur AD et le rayon du cercle circonscrit. Je décris une circonférence avec le rayon donné ; j'inscris la corde AB, et du point **A** comme centre avec AD pour rayon, je décris un arc de cercle, puis du point B je mène les tangentes BD, BD' qui rencontrent les cercles en C et C', j'ai ainsi deux triangles ACB, AC'B qui répondent l'un et l'autre à la question.

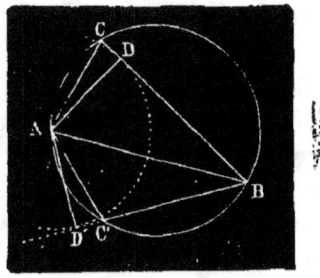

Fig. 143

168. — *le rayon du cercle inscrit et les angles.*

Soit ABC le triangle cherché. On connaît A, B, C et le rayon OD. Je construis l'angle A, et j'inscris dans cet angle le cercle dont le rayon est OD. Je puis construire le triangle rectangle OBD, car je connais OD et l'angle O, puisque OB est bissectrice de l'angle donné B Ce triangle détermine le point B, de ce point je mène une tangente au cercle de rayon OD et le triangle ABC que j'obtiens répond à la question.

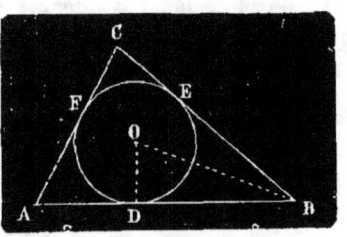

Fig. 144.

169. — *le rayon r du cercle inscrit, un côté et un angle* (2 cas).

1ᵉʳ Cas. — *L'angle est adjacent au côté donné.* Soit ABC le triangle cherché (fig. 144). On connaît l'angle A, le côté AB et le rayon du cercle inscrit. Je construis l'angle donné CAB et j'inscris dans cet angle le cercle de rayon *r*. A partir du point A je porte une longueur AB égale au côté donné, puis du point B je mène une tangente BE qui prolongée rencontre le côté AC. Le triangle ACB obtenu répond à la question.

2ᵉ Cas. — *L'angle est opposé au côté donné.* Soit ABC le triangle demandé. On connaît l'angle C, le côté AB et le rayon du cercle inscrit. Je construis l'angle C et j'inscris dans cet angle le cercle dont le rayon est donné. J'ai (n° 199) $AD = AF$ et $BD = BE$, donc $AD + BD$ ou $AB = AF + BE$.

Si l'on ajoute par conséquent $CF + CE$ à AB, on aura $CA + CB$, et alors on connaîtra l'angle C, le côté AB et la somme $AC + BC$, c'est le cas de l'exercice 162.

170. — *le rayon* r *du cercle inscrit, un angle et la hauteur correspondante.*

On connaît le rayon **r** du cercle inscrit, l'angle A et la hauteur correspondante AD.

On construit un angle A égal à l'angle donné. Dans cet angle on inscrit un cercle de rayon *r*. Puis de A comme centre avec un rayon égal à la hauteur donnée on décrit un arc *mn*. A cet arc et à la circonférence O on mène une tangente commune qui est le troisième côté et qui limite les deux premiers. On a ainsi le triangle ABC satisfaisant à toutes les conditions de l'énoncé.

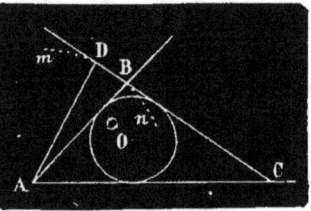

Fig. 145.

171. — *le rayon* r *du cercle inscrit, le rayon* r' *du cercle ex-inscrit et un angle* A (2 cas).

1er Cas. — *Le cercle ex-inscrit est dans l'angle donné.* — Soit ABC le triangle cherché. Je fais un angle CAB égal à l'angle donné; j'inscris dans cet angle successivement un cercle de rayon *r* et un cercle de rayon *r'*. Je mène à ces deux cercles la tangente commune BC et j'ai le triangle ABC qui répond à la question.

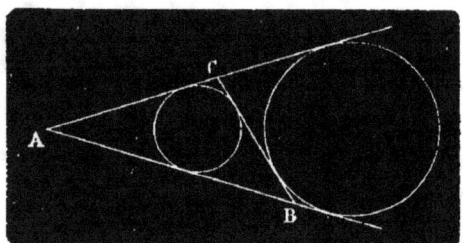

Fig. 146.

2e Cas. — *Le cercle ex-inscrit est dans l'angle adjacent à l'angle donné.*

Je construis l'angle donné A. J'inscris dans cet angle le cercle de rayon *r*, j'inscris dans l'angle DAC le cercle de rayon *r'*, je mène à ces deux cercles une tangente extérieure ECB qui détermine le triangle cherché.

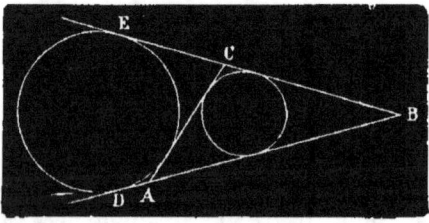

Fig. 147.

172. — *les centres des trois cercles ex-inscrits.*

Soit ABC le triangle cherché. On connaît O, O', O''. D'ailleurs OC,

O'C étant les bissectrices de deux angles ECA, FCB opposés par le sommet, sont en ligne droite, et OCA, O'CB sont égaux ; mais CO'' est bissectrice de l'angle ACB (ex. 87), et par conséquent perpendiculaire sur OO' : donc si du point O''on mène une perpendiculaire sur OO' elle déterminera le sommet C. Les sommets A et B se détermineront de même.

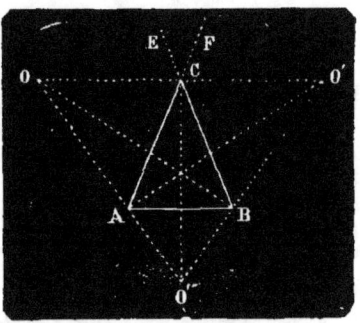

Fig. 148.

173. — *les trois angles et l'une des hauteurs* (fig. 151).

Supposons le problème résolu et soit ACB le triangle demandé. Si par le sommet C je mène une parallèle au côté AB, elle sera à la distance donnée CD = *h* du côté AB. Il suffira donc de construire d'abord l'angle ABC, de mener au côté AB une parallèle située à une distance *h* de cette droite, puis de faire au point C un angle égal à l'angle donné ACB.

Comme on peut prendre indifféremment l'un des trois angles, il en résulte que le problème aura trois solutions.

174. — *un angle, la hauteur et la bissectrice issue de l'angle donné.*

Soit ABC le triangle cherché. On connait l'angle C, la hauteur CD et la bissectrice CE. On peut par conséquent construire le triangle rectangle CDE. Je le construis, puis je fais de chaque côté de la bissectrice des angles ECB, ECA egaux à la moitié de l'angle donné. J'ai ainsi le triangle ACB qui répond à la question.

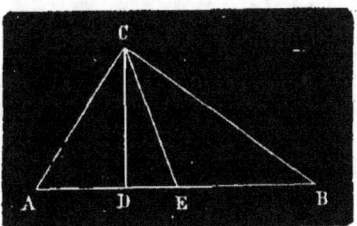

Fig. 149.

175. — *les pieds des trois hauteurs.*

Supposons le problème résolu, et soit ABC le triangle cherché. Si l'on considère le triangle MNP formé par les pieds des trois hauteurs, les hauteurs du triangle ABC sont les bissectrices des angles du triangle MNP (ex. 120). Donc il suffira pour avoir les côtés AC, BC, AR, de mener par les points M, N, P des per-

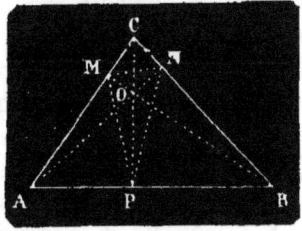

Fig 150

pendiculaires aux bissectrices des angles M, N, P du triangle MNP, lesquelles détermineront par leurs intersections le triangle ABC.

176. — *un côté, un angle et une hauteur* (5 cas).

L'angle donné peut être adjacent ou opposé au côté donné : de là deux cas principaux.

1er CAS PRINCIPAL. — L'angle donné **A** est adjacent au côté donné AB. Alors la hauteur donnée *h* peut correspondre : 1° au côté donné ; 2° au côté inconnu de l'angle donné ; 3° au côté opposé à l'angle donné.

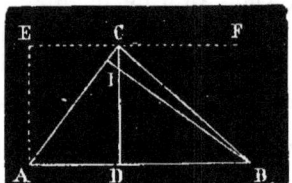

Fig. 151.

1° *La hauteur* h *correspond au côté donné*. — Soit ABC le triangle demandé. On connaît l'angle A, le côté AB et la hauteur CD = *h*. Je trace AB, au point A je fais un angle CAB égal à l'angle donné, et en un point quelconque A de AB j'élève une perpendiculaire AE = *h* ; puis je tire EF parallèle à AB. Le troisième sommet se trouve évidemment sur cette parallèle : donc il est au point C où EF rencontre AC, je mène enfin CB.

2° *La hauteur donnée* h *correspond au côté inconnu de l'angle donné*. — Soit ABC le triangle demandé. On connaît l'angle A, le côté AB et la hauteur BI. Comme du point B on ne peut mener à AC que la seule perpendiculaire BI, le problème est impossible si la hauteur *h* est plus grande ou plus petite que BI ; si l'on a *h* = BI le problème est indéterminé, car en joignant un point quelconque de AC au point B on obtient un triangle qui répond à la question. Cette indétermination tient à ce que l'une des données est une conséquence des deux autres : ainsi l'angle A et le côté AB étant donnés, par cela même la hauteur l'est aussi ; en réalité il n'y a donc que deux données.

3° *La hauteur donnée* h *correspond au côté opposé à l'angle donné*. — Soit ABC le triangle demandé. On connaît l'angle CAB, le côté AB et la hauteur AD = *h*. Je construis l'angle CAB. Je prends AB égal au côté donné, et du point A comme centre avec *h* pour rayon, je décris un arc de cercle, enfin du point B je mène à cet arc deux tangentes que je prolonge jusqu'à leur rencontre avec AC, j'obtiens ainsi deux triangles ACB, AC'B qui satisfont l'un et l'autre aux données de la question.

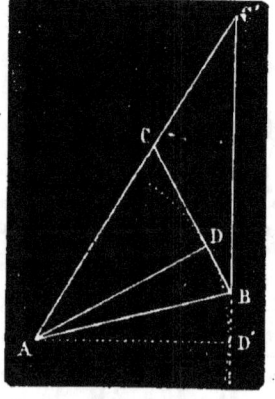

Fig 152.

2ᵉ Cas principal. — L'angle donné C est opposé au côté donné AB. Alors la hauteur donnée h peut correspondre : 1° au côté donné ; 2° à un des côtés inconnus.

1° *La hauteur h correspond au côté donné.* — Soit ABC le triangle demandé. On connait AB, l'angle C et la hauteur CD. Je trace AB ; l'angle C est sur le segment capable de l'angle donné, construit sur AB. Je construis ce segment. Le sommet C est à une distance CD = *h* de AB. Je mène une parallèle à AB qui soit à cette distance. Cette parallèle rencontre la circonférence en C et en C′. Je tire CA et CB. Le triangle ACB répond à la question. Si l'on trace C′A,

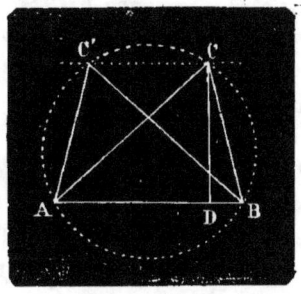

Fig. 153.

C′B on obtient un second triangle C′AB qui, étant égal au 1ᵉʳ, n'est pas une 2ᵉ solution.

2° *La hauteur h correspond à un côté inconnu.* — Soit ABC le triangle demandé. On connait le côté AB, l'angle C et la hauteur AD. L'angle C est sur un segment capable de l'angle donné et décrit sur AB. Je construis ce segment. Du point A comme centre, avec *h* pour rayon, je décris un arc de cercle. Par le point B je mène une tangente à cet arc, tangente que je limite à la circonférence. J'ai ainsi le côté BC et par suite le triangle ABC qui satisfait à l'énoncé.

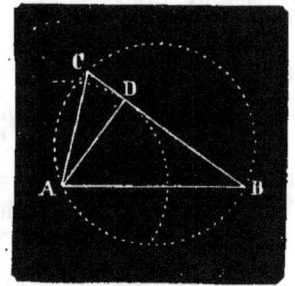

Fig. 154.

177. — *deux côtés et une hauteur* (2 cas).

1ᵉʳ Cas. — *La hauteur h correspond à un des côtés donnés.* — Soit ABC le triangle demandé. On connait AB, AC et la hauteur CD = *h*. Je trace AB. Le sommet C est sur une parallèle à AB et à une distance *h*. Je mène cette parallèle. Comme AC est donné, du point A comme centre et avec AC pour rayon, je décris un arc qui coupe la parallèle CC′ en C et C′. Je tire AC, BC ; AC′, BC′. J'ai ainsi deux triangles qui répondent l'un et l'autre à la question. Il y aura par con-

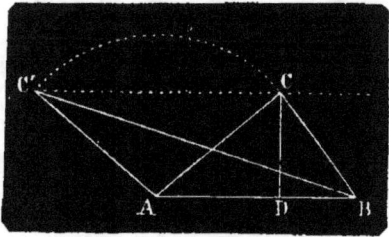

Fig. 155.

séquent deux solutions, une solution, ou aucune selon qu'on aura
AC $>$ h, AC $=$ h et AC $<$ h.

2ᵉ Cᴀs. — *La hauteur h correspond au côté inconnu.* — Soit
ABC le triangle demandé. On connait AB, AC et la hauteur
h $=$ AD. Je trace AB, du point A comme centre avec h pour
rayon, je décris un arc de cercle et du point B je mène deux tangentes à cet arc. Le sommet C est sur
la tangente BC. Or on connait AC. Du
point A comme centre et avec AC pour
rayon je décris un arc qui coupe BD en
C et en C'. Je mène AC et AC'; les
triangles ACB, AC'B satisfont l'un et
l'autre aux données de la question. La
tangente BD' donnerait deux solutions
de même que la tangente BD, mais ce
ne sont point de nouvelles solutions,
car les deux triangles ABC'', ABC'''
que l'on obtiendrait seraient respectivement égaux aux triangles ABC et ABC'.

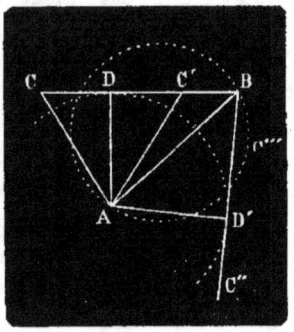

Fig. 156

178. — *un angle et deux hauteurs* (2 cas).

1ᵉʳ Cᴀs. — *Les deux hauteurs correspondent aux deux côtés
de l'angle donné.* — Soit ABC le triangle demandé. On connait
l'angle A, la hauteur CD $=$ h et
la hauteur BF $=$ h'. Je construis
un angle CAB égal à l'angle
donné; à une distance h de AB
je mène une parallèle qui en rencontrant AC détermine le sommet
C; à une distance h' de AC je
mène à cette droite une parallèle

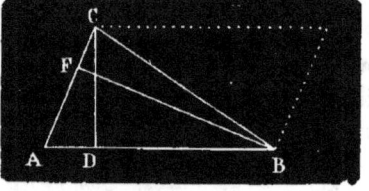

Fig. 157.

qui en rencontrant AB détermine le point B, on a ainsi le triangle
ABC qui satisfait aux conditions de l'énoncé.

2ᵉ Cᴀs. — *Une des hauteurs correspond au côté opposé à
l'angle donné.* — Soit ABC le triangle
demandé. On connait l'angle A, la hauteur BE et la hauteur AD. Je trace
l'angle CAB, et je détermine le point
B comme dans le 1ᵉʳ cas. Puis de A
comme centre, avec un rayon égal à la
hauteur AD, je décris un arc de cercle
auquel je mène une tangente passant

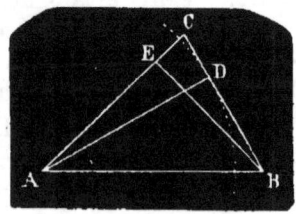

Fig. 158.

par le point B. Sa rencontre avec le côté AC de l'angle **A** me donne le 3ᵉ sommet du triangle qui est ainsi déterminé.

Pour que le problème soit possible, il faut que le 1ᵉʳ côté déterminé, AB, soit au moins égal à la hauteur AD.

179. — *un côté et deux hauteurs* (2 cas).

1ᵉʳ CAS. — *Une des hauteurs correspond au côté donné.* — Soit ABC le triangle demandé. On connaît AB, la hauteur CE et la hauteur AD. Je trace AB. Le sommet C se trouve sur une parallèle à AB et à une distance CE de AB. Je construis cette parallèle. Du point A comme centre, avec AD pour rayon, je décris un arc de cercle et du point B je mène les tangentes BD, BD' à cet arc. Ces tangentes prolongées rencontrent la parallèle à AB en C et C', je tire AC, AC' et j'ai ainsi les deux triangles ACB, AC'B qui répondent à la question.

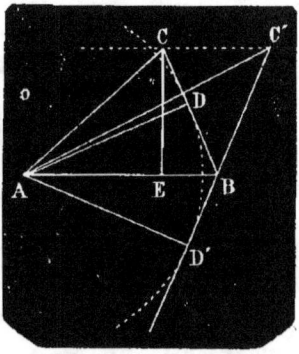

Fig. 159.

2ᵉ CAS. — *Les deux hauteurs correspondent aux côtés inconnus.* — Soit ABC le triangle cherché. On connaît le côté AB, la hauteur AD et la hauteur BE. Du point A comme centre et avec AD pour rayon, je décris un arc de cercle ; du point B comme centre et avec BE pour rayon, je décris un autre arc de cercle. Le point C se trouve évidemment sur chacune des tangentes à ces arcs menées de A et de B, donc il est à l'intersection de ces tangentes et l'on a le triangle ABC qui répond à la question. La tangente BD' prolongée donne un second triangle ABC, qui répond également à la question.

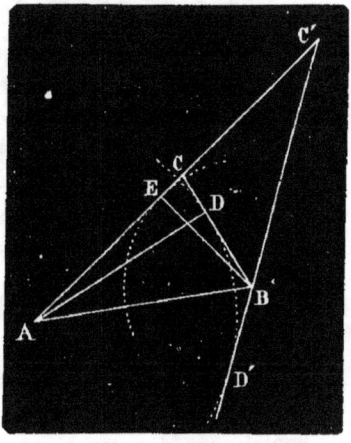

Fig. 160.

180. — *deux côtés et une médiane* (2 cas).

1ᵉʳ CAS. — *La médiane correspond à l'un des deux côtés*

donnés. — Soit ABC le triangle demandé. On connaît AC, CB et
la médiane BM. Je trace AC. Du point
C comme centre avec CB pour rayon,
je décris un arc de cercle, puis du point
M, milieu de AC, avec MB pour rayon
je décris un second arc qui coupe le
premier en B, je tire CB, AB, et le
problème est résolu.

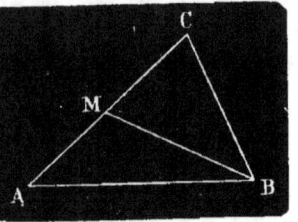

Fig. 161.

2ᵉ Cas. — *La médiane correspond au côté inconnu.* — Soit
ABC le triangle demandé. On connaît
AC, CB et la médiane CM. Prolongeons
CM d'une longueur DM = CM. Le quadrilatère ABCD ainsi obtenu, et dans
lequel les diagonales se coupent en
parties égales, est un parallélogramme,
et l'on a : AD = CB. Donc le triangle
ACD dont on connaît les trois côtés,
peut être construit, ce qui donnera les deux sommets A et C. Pour
avoir le sommet B, on n'aura évidemment qu'à prolonger AM d'une quantité
BM = AM.

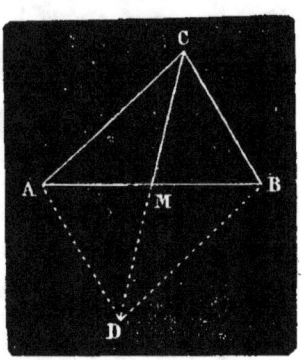

Fig. 162.

181. — *les trois médianes.*

Soit ABC le triangle demandé. On sait que les médianes se
coupent aux 2/3 de leur longueur à partir du sommet. On connaît
donc dans le triangle BOC les côtés OB, OC et la médiane OD,
on peut construire le triangle (ex. 180,
2ᵉ cas). Si l'on prolonge BO d'une
quantité $OE = \dfrac{OB}{2}$ et OC d'une quan-

tité $OF = \dfrac{OC}{2}$, on aura les points E et

F ; enfin si l'on tire BF, CE, ces droites
prolongées détermineront le point A et
le problème sera résolu.

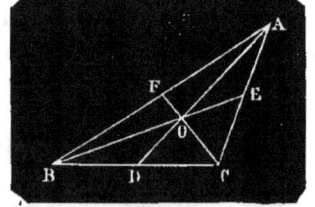

Fig. 163.

182. — *l'angle, la hauteur et la médiane issues du même sommet.*

Soit ABC le triangle demandé. On connaît l'angle C, la hauteur

CH et la médiane CM : on peut par conséquent construire le triangle rectangle CMH. D'ailleurs, si l'on prolonge CM d'une quantité MD = CM, et si l'on achève le parallélogramme ABCD, l'angle CAD sera supplémentaire de l'angle C, et par suite pour avoir le sommet A, il suffira de décrire sur CD un segment capable de l'angle CAD, qui par son intersection avec le prolongement de MH donnera le point A. Pour avoir le sommet B, il suffira de prolonger AM d'une quantité égale à elle-même.

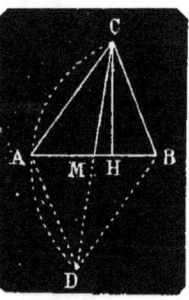

Fig. 164

183. — *les angles et une médiane.*

Supposons le problème résolu. Soient ABC le triangle cherché et CM la médiane donnée. Pro-longeons CM d'une quantité égale à elle-même jusqu'en D et achevons le parallélogramme ADBC. L'angle A est connu et le sommet A doit se trouver sur un segment capable de l'angle A décrit sur CM. L'an-gle BAD étant égal à l'angle CBA comme alternes internes, l'angle CAD est égal à CAB + CBA, c'est-à-dire qu'il est connu, et le sommet A devra encore se trouver sur un seg-

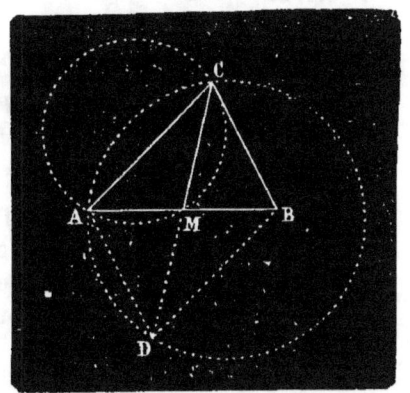

Fig. 165.

ment capable de l'angle CAD décrit sur CD : donc il devra se trouver à l'intersection des deux segments dont il s'agit. Pour avoir le sommet B, il suffira de prolonger la médiane AM du triangle ACD d'une longueur MB = AM; enfin on tirera AC, BC, et l'on aura le triangle ABC répondant a la question.

CONSTRUCTIONS DE DIVERS POLYGONES.

184. *Construire un carré connaissant sa diagonale* (fig. 166).

Ce problème revient évidemment à construire un triangle isocèle dans lequel on donne la base BD et l'angle au sommet qui est droit. Le triangle ABD étant construit, on mène par les points D et B des parallèles à AB et à AD qui déterminent le point C.

185. *Construire un carré connaissant la somme ou la différence de son côté et de la diagonale.*

1° *On donne* BD + DC. D'ailleurs les angles du triangle BCD sont connus. On peut par conséquent construire ce triangle (ex. 164). On achève ensuite le carré (ex. 184).

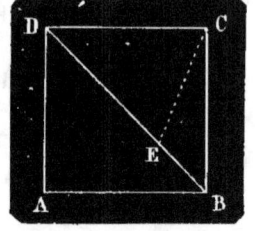

2° *On donne* BD — DC = EB. De cette égalité il résulte que DC = DE : or EDC = $1/2^{dr}$, donc 2 DEC = 2^{dr} — $1/2^{dr}$ = $3/2^{dr}$: d'où DEC = $3/4^{dr}$; par suite CEB = 2^{dr} — $3/4^{dr}$ = $5/4^{dr}$. Dans le triangle CEB on connaît donc le côté EB, l'angle CEB et l'angle CBE. On peut construire ce triangle et achever ensuite facilement le carré.

Fig. 166.

Construire un rectangle connaissant

186. — *un de ses côtés et l'angle des diagonales.*

On construit le triangle isocèle AOB dans lequel on connaît l'angle O et la base AB. On prolonge AO d'une quantité OC = AO, et OB d'une quantité OD = OB, puis on tire AD, BC, DC.

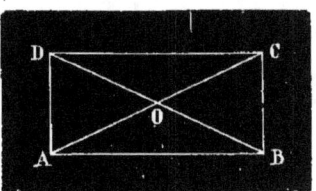

Fig. 167.

187. — *son périmètre et sa diagonale.*

Dans le triangle rectangle ABC, on connaît AC, la somme AB + BC et l'angle droit ABC, donc on peut construire ce triangle (ex. 162), et par suite le rectangle.

188. — *son périmètre et l'angle des diagonales.*

Connaissant l'angle des diagonales, on connaît l'angle OAB et par suite l'angle OCB. Dans le triangle ABC on connaît donc les angles CAB, ACB et la somme AB + BC ; on peut donc construire ce triangle (ex. 164), et par suite le rectangle.

189. — *la différence de deux côtés et l'angle des diagonales.*

Soit ABCD le rectangle demandé. On connaît EB et l'angle O, par suite OBA est aussi connu. Mais puisque EB est la différence de deux côtés, AE = AD et l'angle AED = 1/2^{dr} : donc DEB = 2^{dr} — 1/2^{dr} = 3/2^{dr}. Dans le triangle EBD, on connaît par conséquent l'angle DBE, l'angle DEB et le côté EB. On construit ce triangle, et du point D on abaisse une perpendiculaire DA sur le prolongement de EB; puis on achève le rectangle.

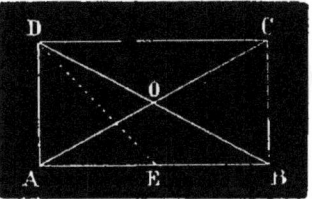

Fig. 168.

Construire un losange connaissant

190. — *ses diagonales.*

Il est facile de construire cette figure en se rappelant que les diagonales d'un losange se coupent à angles droits et en parties égales.

191. — *le côté et le rayon du cercle inscrit.*

Les diagonales BD, AC sont les bissectrices des angles du losange. Le centre du cercle inscrit est donc au point de concours de ces diagonales en O. La perpendiculaire OE sur AB est par conséquent le rayon du cercle inscrit. Dans le triangle rectangle ABO, je connais l'hypoténuse AB et la hauteur correspondante OE, je puis construire ce triangle (ex. 148); il me sera alors facile d'achever le losange, puisque je connaîtrai ses demi-diagonales AO, BO.

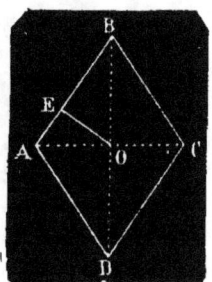

Fig. 169.

192. — *un angle et le rayon du cercle inscrit.*

Je fais un angle A égal à l'angle donné, j'inscris dans cet angle le cercle donné. AO est bissectrice de l'angle A et perpendiculaire à DB, il est donc facile de construire le triangle ABD, et par suite le losange entier.

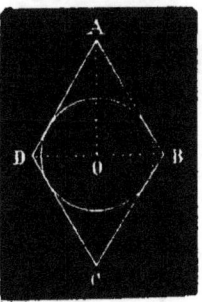

Fig. 170.

6

193. — *un angle et une diagonale.*

Connaissant un angle, on les connaît tous. Supposons le problème résolu et soit ABCD (fig. 170) le losange cherché. Dans le triangle rectangle AOB, je connais l'angle ABO = ½B et le côté BO = ½BD, je puis construire ce triangle, et par suite le losange.

Construire un parallélogramme connaissant

194. — *les diagonales et un côté.*

On donne les diagonales et le côté AB. On connaît donc les trois côtés du triangle AOB. On construit ce triangle : on prolonge AO d'une quantité OC = AO et OB d'une quantité OD = OB, puis on tire AD, DC, BC.

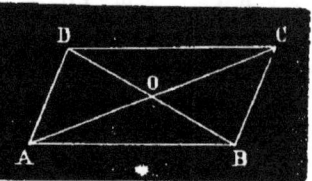

Fig. 171.

195. — *les diagonales et leurs angles.*

On construit le triangle AOB dans lequel on connaît l'angle O et les côtés OA, OB, puis on achève le parallélogramme (ex. 194).

196. — *un côté, un angle et une diagonale.*

Quand on connaît un angle d'un parallélogramme on les connaît tous, puisque A = C, B = D. D'ailleurs si A est donné, on a B = 2^{dr} — A. Dans le triangle ABC on connaît donc l'angle B et les côtés AC et AB, on construit ce triangle (ex. 157), puis par les points C et A on mène les parallèles CD et AD à AB et à BC.

197. — *un côté, une hauteur et un angle* (2 cas).

1er CAS. — *La hauteur correspond au côté donné.* — Soit ABCD le parallélogramme cherché. On connaît AB, l'angle A et la hauteur DE. On construit le triangle rectangle ADE ; on prolonge AE jusqu'en B de manière à avoir AB égal au côté donné ; du point D on mène DC parallèle et égale à AB, enfin on tire BC.

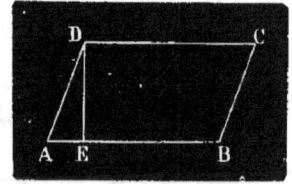

Fig. 172.

2e CAS. — *La hauteur donnée ne correspond pas au côté donné.* — On connaît AD, l'angle A et la hauteur DE, on peut construire le triangle rectangle ADE ; mais le problème n'en reste pas moins indéterminé, car la longueur de AB n'est point connue. Cette indétermination tient à ce que la hauteur dépend de l'angle A et du côté AD et qu'on n'a en réalité que deux données.

198. — *une diagonale, un angle et le périmètre* (fig. 171).

On donne AC, la somme AB + BC et l'angle B, on construit le triangle ABC (ex. 162), puis on achève le parallélogramme.

Construire un trapèze isocèle connaissant

199. — *les bases et un angle.*

Soit ABCD le trapèze cherché. On connaît l'angle A ou B et les

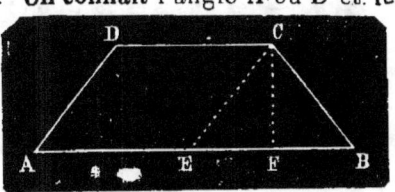

bases AB et CD. Aux points A et B je mène deux lignes AD et BC faisant avec AB des angles A et B, égaux à l'angle donné. A partir de A on porte AE = DC. Puis par E on mène une parallèle à AD, qui ren-

Fig. 173.

contre BC en un point C ; on mène DC parallèle à AB, et on a le trapèze ABCD qui satisfait aux données de la question.

200. — *les bases et la hauteur* (fig. 173).

Soit ABCD le trapèze cherché. Je mène CE parallèle à DA. Dans le triangle isocèle ECB je connais la base et la hauteur, je puis construire ce triangle et achever le trapèze comme dans l'exercice précédent.

201. — *les bases et le rayon du cercle circonscrit.*

Soit ABCD le trapèze cherché inscrit dans le cercle O. Si je suppose aux cordes AB et DC une perpendiculaire EOI passant

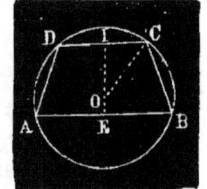

par le centre, cette perpendiculaire divisera les cordes AB et DC chacune en deux parties égales. Dans le triangle rectangle OIC je connais donc OC, c'est le rayon donné et IC = ½DC. Je construis à part ce triangle, ce qui me donne OI. J'inscrirai donc AB dans un cercle décrit avec le rayon donné, j'élèverai en son milieu une perpendiculaire, sur cette perpendiculaire, à partir

Fig. 174.

du centre O je porterai OI donné par le triangle OIC, au point I je mènerai DC parallèle à AB, enfin j'achèverai le trapèze en tirant AD, BC.

202. — *une base, la hauteur et un des côtés égaux.*

Soit ABCD le trapèze cherché. On connait AB, DE et AD. Je construis le triangle rectangle ADE, je
prends sur la droite AE prolongée
une longueur AB égale au côté
donné. Je porte la longueur de AE
B en F, par le point F je mène FC
égale et parallèle à ED, puis je
tire DC et CB.

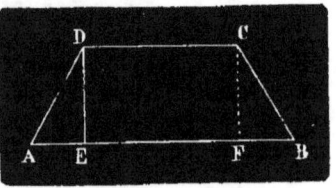

Fig. 175.

203. — *les bases et la diagonale.*

Soit ABCD le trapèze cherché. Je mène la hauteur CE et une
parallèle CF à AD. J'ai BF = AB — DC
et par suite EF = $\frac{1}{2}$ (AB — DC). Je puis
alors construire le triangle rectangle
ACE, car le côté AC m'est donné et
AE = DC + FE = DC + $\frac{1}{2}$ (AB—DC).
Ce triangle étant construit, il est facile
d'achever le trapèze.

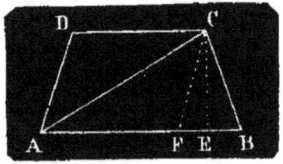

Fig. 176.

204. *Construire un trapeze quelconque connaissant les quatre
côtés.*

Soit ABCD le trapèze cherché. Je mène une parallèle CE à AB.
Je connais les trois côtés du triangle
DCE : car CD est donné, CE est
égale au côté AB, également donné,
et ED = AD — BC. Je construis
le triangle DCE, je prolonge EA de
manière à avoir AD égale au côté
donné, par le point A je mène AB
égale et parallèle à CE, puis je tire BC.

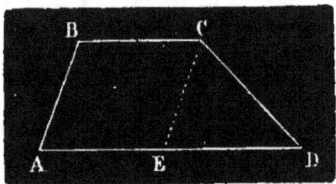

Fig. 177.

205. *Construire un trapèze connaissant les bases et les diagonales.*

Soit ABCD le trapèze de-
mandé. Je construis le triangle AEC ayant pour côtés la
somme des bases AB + DC
= AE et les diagonales AC et
EC = DB. Par le point B je
mène une diagonale paral-

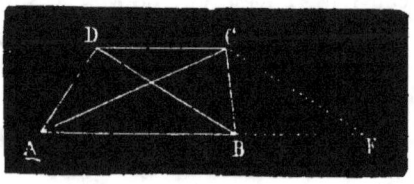

Fig. 178.

lèle et égale à EC. Je tire DC, AD, BC, et j'ai le trapèze ABCD qui répond à la question.

206. *Construire un pentagone connaissant les milieux des cinq côtés.*

Supposons le problème résolu. Soit ABCDE le pentagone dont

on connaît les milieux F, G, H, K, L des cinq côtés. La droite FL qui joint les milieux des côtés AB et AE du triangle ABE est parallèle à BE et égale à sa moitié; donc on connaît BE. On connaît de même BD, qui est égale au double de GH et lui est parallèle. De plus, l'angle EBD, dont les côtés sont parallèles à FL, GH, se trouve connu. Donc le triangle BED

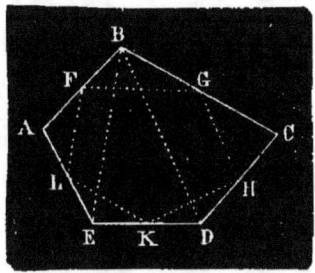

Fig. 179.

dans lequel on connaît deux côtés et l'angle compris peut être construit, ce qui fera connaître le côté ED du pentagone cherché. Dès lors il n'y a plus de difficulté pour déterminer tous les sommets du pentagone.

EXERCICES DU LIVRE III.

207. *Trouver une 4ᵉ proportionnelle à trois lignes qui ont* 25ᵐ, 32ᵐ *et* 48ᵐ.

$$\text{On a } \frac{x}{25} = \frac{32}{48},$$

$$\text{d'où } x = \frac{32 \times 25}{48} = 16^m,666.$$

208. *Trouver une moyenne proportionnelle à deux lignes qui ont* 28ᵐ *et* 45ᵐ.

$$\text{On a } x^2 = 28 \times 45,$$
$$\text{d'où } x = \sqrt{28 \times 45} = 35^m,49.$$

209. *On demande une 3ᵉ proportionnelle à deux lignes qui ont* 36ᵐ *et* 24ᵐ.

$$\text{On a } \frac{x}{36} = \frac{36}{24},$$
$$\text{d'où } x = \frac{36 \times 36}{24} = 54^m.$$

213

210. *Dans un triangle* ABC, *on a* AB = 20^m, AC = 22^m, BC = 30^m : *quels sont les deux segments déterminés sur* BC *par la bissectrice* AD.

Rép. BD = 14^m,28 ; CD = 15^m,71.

Le n° 212 du Cours donne :

$$\frac{BD}{BC - BD} = \frac{AB}{AC}, \text{ ou } \frac{BD}{30 - BD} = \frac{20.}{22}:$$

Chassant les dénominateurs, il vient ;
22 BD = 600 — 20 BD : d'où

$$BD = \frac{600}{42} = 14^m,28.$$

On trouve de même :

$$CD = \frac{660}{42} = 15^m,71.$$

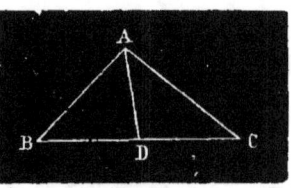

Fig. 180.

215

211. *Toute transversale* DEF *détermine sur les côtés d'un triangle* ABC *six segments tels que le produit de trois segments non consécutifs est égal au produit des trois autres.*

On aura :

AE$\times$BF$\times$CD = AF$\times$BD$\times$EC.

En effet, je mène CG parallèle à DF. Le triangle ACG donne

$$\frac{AE}{EC} = \frac{AF}{FG},$$

et le triangle BFD,

$$\frac{BF}{FG} = \frac{BD}{CD}.$$

Multipliant membre à membre, il vient

$$\frac{AE \times BF}{EC \times FG} = \frac{AF \times BD}{FG \times CD},$$

ou en chassant les dénominateurs et en supprimant FG,

AE $\times$ BF $\times$ CD = AF $\times$ BD $\times$ EC.

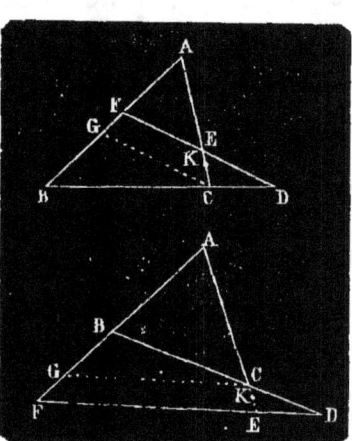

Fig. 181.

212. *Trois points* D, E, F *sont en ligne droite lorsqu'ils déterminent sur les côtés d'un triangle* ABC *six segments tels que le produit de trois segments non consécutifs soit égal au produit des trois autres* (fig. 181).

On a AE $\times$ BF $\times$ CD = AF $\times$ BD $\times$ EC : je dis que les trois points D, E, F sont en ligne droite.

En effet, je tire DF, cette droite coupera AC en un certain point K, puisque les points D et F sont de chaque côté de AC, et j'aurai (ex. 211)

$$AK \times BF \times CD = AF \times BD \times CK.$$

Mais j'ai par hypothèse

$$AE \times BF \times CD = AF \times BD \times EC.$$

Divisant membre à membre, il vient

$$\frac{AK}{AE} = \frac{CK}{EC} \text{ ou } \frac{AK}{CK} = \frac{AE}{EC}.$$

Or une droite AC ne peut être partagée à partir du point **A** en deux segments proportionnels à **AE** et **EC** que d'une seule manière ; donc **AK = AE**, et les trois points D, E, F sont en ligne droite.

213. *On joint les trois sommets* A, B, C *d'un triangle à un point quelconque* O, *et on prolonge* AO, BO, CO *jusqu'à la rencontre des côtés opposés. Le produit de trois segments non consécutifs est égal au produit des trois autres.*

On aura :

$$AE \times BF \times CD = AF \times BD \times CE.$$

En effet, le triangle BAD donne, à cause de la transversale CF (ex. 211)

$$AO \times BF \times CD = AF \times BC \times DO,$$

et le triangle ADC donne, à cause de la transversale BE

$$AE \times DO \times BC = AO \times BD \times CE$$

Multipliant membre à membre et supprimant les facteurs communs aux produits, on a

$$AE \times BF \times CD = AF \times BD \times CE.$$

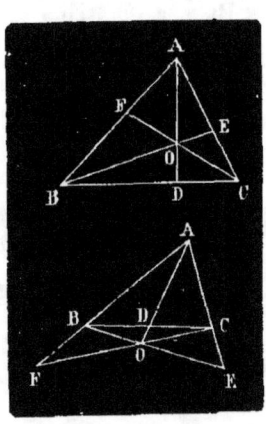

Fig. 182.

214. *Les trois côtés d'un triangle sont* 120^m, 80^m, 75^m : *quels seront les trois côtés d'un triangle semblable dont le côté homologue à* 120^m *doit avoir* 90^m ?

Rép. 90^m, 60^m et 56^m,25.

Les triangles semblables ayant leurs côtés homologues proportionnels, on a

$$\frac{120}{90} = \frac{80}{x} = \frac{75}{y} :$$

d'où $x = \dfrac{80 \times 90}{120} = 60^m$, et $y = \dfrac{75 \times 90}{120} = 56^m,25$.

215. *Deux obliques partant d'un même point B rencontrent deux parallèles, la 1re coupe les parallèles en D et en A, et la 2e en E et en C, de manière que DA = 4^m, DE = 12^m, AC = 18^m, BC = 16^m : on demande la valeur de BD, BE, CE.*

Rép. : BD = 8^m, BE = 10^m,66, CE = 5^m,33.

Les triangles semblables BDE, BAC donnent

$$\frac{BD}{BD + DA} = \frac{DE}{AC}; \quad \frac{BD}{BD + 4} = \frac{12}{18} :$$

d'où, en chassant les dénominateurs,

$$18\ BD = 12\ BD + 4 \times 12$$
$$6\ BD = 4 \times 12$$
$$BD = \frac{4 \times 12}{6} = 8^m$$

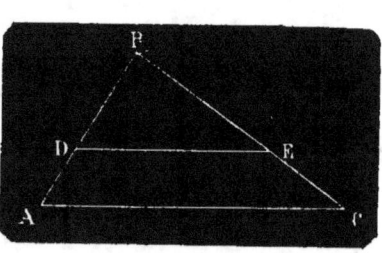

$$\frac{BE}{BC} = \frac{DE}{AC}; \quad \frac{BE}{16} = \frac{12}{18}$$
$$BE = \frac{12 \times 16}{18} = 10^m,66$$

Fig. 183.

$$CE = BC - BE = 16 - 10,66 = 5^m,33.$$

216. *On donne les bases B et b d'un trapèze et sa hauteur h : on demande de déterminer la hauteur du triangle formé par les prolongements des côtés non parallèles du trapèze.*

Hauteur $x = \dfrac{bh}{B - b}$.

Les triangles DOC, AOB étant semblables donnent

$$\frac{x}{x + h} = \frac{b}{B}.$$

Chassant les dénominateurs, il vient,

$$Bx = bx + bh,$$
$$\text{ou } x = \frac{bh}{B - b}.$$

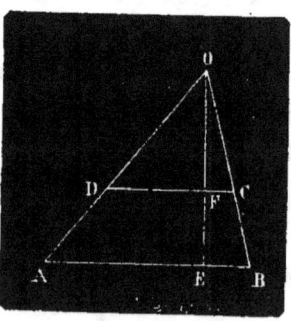

Fig. 184.

217. *Dans le problème précédent, calculer x pour le cas où l'on a* B = 25^m, b = 18^m *et* h = 12^m,20.

On a $x = \dfrac{bh}{B - b} = \dfrac{18 \times 12,20}{25 - 18} = 31^m,37$.

218. *Des extrémités d'une droite AB partent en sens opposés deux droites parallèles AM, BN; si l'on joint par une autre droite les points M et N, la droite AB se trouvera partagée en deux segments proportionnels aux lignes AM, BN.*

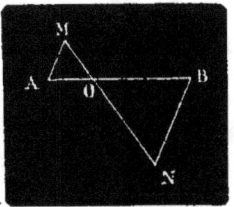

En effet, les triangles AOM, BON étant semblables, on a $\dfrac{AM}{BN} = \dfrac{AO}{BO}$.

Fig. 185.

219. *Partager une droite AB en parties réciproquement proportionnelles à deux droites M, N, parallèles placées aux points A, B, et dirigées dans le même sens.*

Je prolonge AM d'une quantité MN' de manière à avoir AN' = BN; puis je porte AM de B en M' sur le prolongement de BN, enfin je tire N'M', et la ligne AB se trouve partagée au point O comme il est demandé : car les triangles semblables AN'O, BM'O donnent

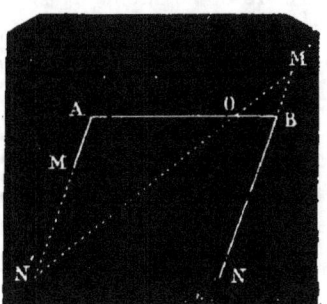

$$\frac{AO}{BO} = \frac{AN'}{BM'} \text{ ou } \frac{AO}{BO} = \frac{BN}{AM},$$

puisque BN = AN' et AM = BM'.

Fig. 186.

220. *Des droites issues du même point A déterminent sur deux droites parallèles des segments proportionnels.*

Les triangles semblables ABC, AIH, et ACD, AHG, etc. donnent

$$\frac{IH}{BC} = \frac{AH}{AC} = \frac{HG}{CD} = \frac{AG}{AD} = \frac{GF}{DE}.$$

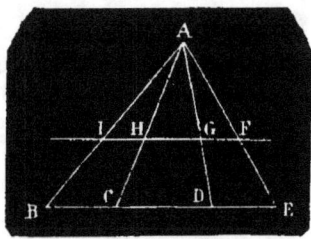

En négligeant les rapports $\dfrac{AH}{AC}$, $\dfrac{AG}{AD}$, on aura les égalités demandées.

Fig. 187

221. *Inscrire dans une circonférence un triangle semblable à un triangle donné.*

Le triangle donné et le triangle demandé sont équiangles. On connaît donc le cercle circonscrit et les angles du triangle cherché. On opère alors comme dans l'exercice 166, livre II.

222. *Lorsque deux droites* AB, CD, *prolongées s'il est neces-saire, se coupent en un point* E *de manière à avoir* EA $\times$ EB = ED $\times$ EC, *les quatre points* A, B, C, D *sont situés sur la même circonférence.*

Je mène BC, BD, AC et AD.

L'égalité EA $\times$ EB = ED $\times$ EC, donne $\dfrac{EA}{ED} = \dfrac{EC}{EB}$. Les triangles AEC, BED

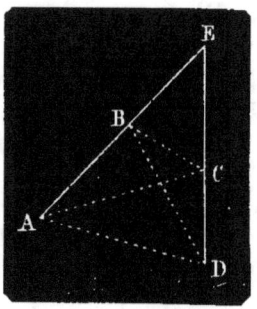

ayant un angle égal compris entre côtés proportionnels sont semblables, et les angles EAC, BDE sont égaux : si donc, je décris sur BC un segment capable de l'angle EAC, l'arc de ce segment passera aussi en D Les quatre points A, B, C, D appartiennen donc à la même circonférence

Fig. 188.

223. *Dans un triangle quelconque, le produit de deux côtés est égal au produit du diamètre du cercle circonscrit par la hauteur abaissée sur le troisième.*

On aura : AB $\times$ BC = BE $\times$ BD.

Je mène CE. Les angles A et E sont égaux, par suite les deux triangles rec-tangles ABD, BEC sont semblables et donnent

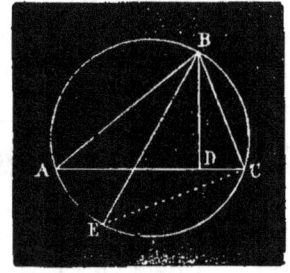

$\dfrac{AB}{BE} = \dfrac{BD}{BC}$, d'où AB $\times$ BC = BE $\times$ BD.

Fig. 189.

224. *La droite qui joint les milieux des diagonales d'un tra-pèze est égale à la demi-différence des bases.*

On aura MN = $\frac{1}{2}$ (AB — DC).

En effet, par le point K milieu de DA menons une parallèle KI à AB. Cette parallèle ren-contre AC en son milieu (triangle ADC), DB en son milieu (triangle ADB), et en-fin BC en son milieu (triangle BCD). Or le triangle ADB donne KN = $\dfrac{AB}{2}$; le triangle

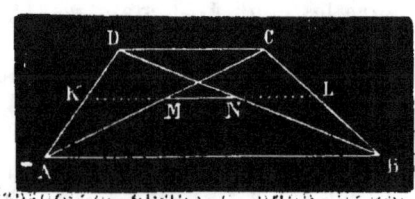

Fig. 190.

ADC donne $KM = \dfrac{DC}{2}$:

d'où $KN - KM = MN = \dfrac{AB}{2} - \dfrac{DC}{2} = \frac{1}{2}(AB - DC)$.

225. *Inscrire un carré dans un triangle donné.*

Je suppose que le **carré** inscrit doive être appuyé sur BC. Je construis sur ce côté un carré BCDE. Je joins le sommet A aux points E et D ; les droites AE, AD coupent le côté BC en F et en G, j'élève les perpendiculaires FL, GK, je tire KL et le quadrilatère LKGF ainsi obtenu est le carré demandé. En effet, les triangles AED, AFG sont semblables ; il en est de même des triangles ABE, ALF, ADC, AGK. La similitude de ces triangles donne

$$\frac{ED}{FG} = \frac{AE}{AF} = \frac{BE}{LF} = \frac{AD}{AG} = \frac{DC}{GK}.$$

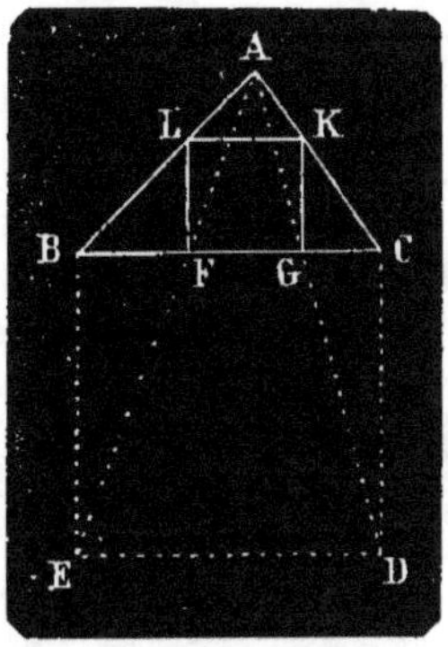

Or on a ED = BE = DC, donc aussi

Fig. 191.

FG = LF = GK : d'où LK = FG. Le quadrilatère FGKL ayant ses côtés égaux et ses angles droits est un carré.

226. *Le périmètre d'un triangle ABC multiplié par le rayon de la circonférence inscrite est égal au produit d'un côté quelconque par la hauteur correspondante.*

On aura $(AB + AC + BC) \times OF = BC \times AD$.

En effet, les triangles EAD, EOF donnent

$$\frac{AD}{OF} = \frac{AE}{OE}.$$

D'ailleurs BO étant bissectrice de l'angle B, on a (n° 212)

$$\frac{AO}{OE} = \frac{AB}{BE}, \text{ ou } \frac{AO + OE}{OE} = \frac{AB + BE}{BE},$$

ou encore $\dfrac{AE}{OE} = \dfrac{AB + BE}{BE}$.

On a par conséquent

Fig. 192.

$$\frac{AD}{OF} = \frac{AB + BE}{BE}$$

ou $(AB + BE) \times OF = BE \times AD$.

On prouverait de même que

$$(AC + CE) \times OF = CE \times AD.$$

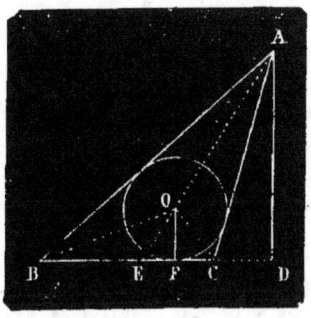

Ajoutant membre à membre, il vient
$$(AB + AC + BC) \times OF = BC \times AD.$$

227. *Dans tout quadrilatère inscrit, le produit des diagonales est égal à la somme des produits des côtés opposés.*

On aura : $AB \times CD = AD \times BC + AC \times DB.$

En effet, l'angle ABC = l'angle ADC. Si nous faisons BCE = ACD, les deux triangles ACD, BCE seront semblables et donneront
$$\frac{CD}{BC} = \frac{AD}{EB} :$$

d'où (1) $CD \times EB = AD \times BC.$

D'ailleurs les triangles BCD, ACE sont aussi semblables, car l'angle CDB = CAE et BCD = ACE. Ces triangles donnent
$$\frac{CD}{AC} = \frac{DB}{AE} :$$

d'où (2) $CD \times AE = AC \times DB.$

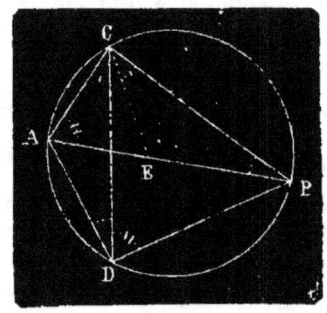

Fig. 193.

Ajoutant membre à membre les égalités (1) et (2), nous aurons
$$CD \times EB + CD \times AE = AD \times BC + AC \times DB,$$
$$\text{mais } CD \times EB + CD \times AE = CD \times AB,$$
$$\textbf{donc enfin } CD \times AB = AD \times BC + AC \times DB.$$

224

228. *Si l'on joint un point O à tous les sommets d'un polygone* ABCDE *et que l'on prenne sur les droites* OA, OB, OC,... *des grandeurs* OA', OB', OC'... *de telle sorte que*
$$\frac{OA'}{OA} = \frac{OB'}{OB} = \frac{OC'}{OC} = \frac{OD'}{OD} = \frac{OE'}{OE},$$
le polygone A'B'C'D'E' *est semblable au polygone* ABCDE.

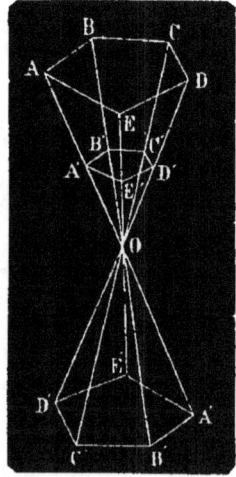

En effet, puisque $\dfrac{OA'}{OA} = \dfrac{OB'}{OB}$, et que de plus l'angle AOB est égal à l'angle A'OB', les deux triangles OAB, OA'B', sont semblables et A'B' est parallèle à AB. De même A'E' est parallèle à AE et ainsi de suite. Les deux polygones ABCDE et A'B'C'D'E' ayant leurs côtés proportionnels et leurs angles égaux (n° 95) sont semblables.

Fig. 194.

REMARQUE. Le point O est appelé *centre de similitude.*

229. *Un polygone a un périmètre de* 280^m *et un côté qui a* 15^m; *un polygone semblable a un périmètre de* 160^m : *on demande la longueur du côté homologue au côté de* 15^m.

Rép. 8^m,57.

Les périmètres de deux polygones semblables étant dans le même rapport que deux côtés homologues, on a

$$\frac{280}{160} = \frac{15}{x} : \text{d'où } x = \frac{15 \times 160}{280} = 8^m,57.$$

230. *Connaissant* **a** *et* **b,** *trouver une droite* x *telle qu'on ait* x^2 = a^2 + b^2.

Puisqu'on a $x^2 = a^2 + b^2$, la droite x est l'hypoténuse d'un triangle rectangle dont les côtés de l'angle droit sont *a* et *b*.

231. *Les droites* a *et* b *étant données, trouver une autre droite* x *telle que* x^2 = a^2 — b^2.

Il est évident que x est un côté de l'angle droit d'un triangle rectangle dont *a* est l'hypoténuse et *b* l'autre côté de l'angle droit.

232. *Des perpendiculaires à une droite donnée AB sont telles que le carré de la longueur de chacune est égal au produit des segments qu'elle détermine sur la droite donnée : trouver le lieu des extrémités de ces perpendiculaires.*

Ce lieu est une circonférence décrite sur AB comme diamètre (fig. 196), car à cause des triangles rectangles AMB, ANB, on a toujours $\overline{MK}^2 = AK \times KB$; $\overline{NL}^2 = AL \times LB$, etc.

233. *On donne une ligne droite de* 8^m, *sur le milieu de cette ligne on élève une perpendiculaire de* 2^m,20 : *on demande de calculer la longueur de la circonférence passant par les trois extrémités.*

Rép. 29^m,73.

Soient AB la droite donnée et CE la perpendiculaire élevée en son milieu. Faisons passer une circonférence par les trois points A, B, C. Nous aurons :

$$\overline{AE^2} = CE \times ED$$

d'où $ED = \dfrac{\overline{AE}^2}{CE} = \dfrac{16}{2,20} = 7^m,27$

$CD = 2\,R = CE + ED =$
$2^m,20 + 7^m,27 = 9^m,47.$

Circonférence ou
$2\pi R = 3,14 \times 9,47 = 29^m,73.$

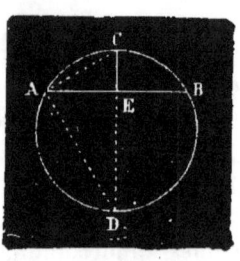
Fig. 195.

234. *Les carrés de deux cordes AM, AN, issues du même point A de la circonférence sont entre eux dans le même rapport que les projections de ces cordes sur le diamètre AB.*

On aura : $\dfrac{\overline{AM}^2}{\overline{AN}^2} = \dfrac{AK}{AL}.$

En effet, on a :

$$\overline{AM}^2 = AB \times AK$$
et $\overline{AN}^2 = AB \times AL.$

Divisant membre à membre, il vient

$$\dfrac{\overline{AM}^2}{\overline{AN}^2} = \dfrac{AB \times AK}{AB \times AL},$$

ou $\dfrac{\overline{AM}^2}{\overline{AN}^2} = \dfrac{AK}{AL}.$

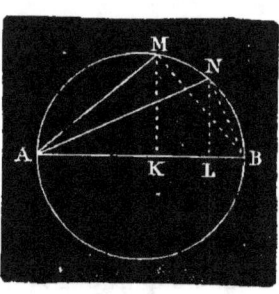
Fig. 196.

235. *Dans un cercle ayant* $1^m,20$ *de rayon, on mène une corde ayant* 1^m : *on demande sa distance du centre.*

Rép. $1^m,09.$

On a $\overline{OI}^2 = \overline{AO}^2 - \overline{AI}^2$

où $\overline{OI}^2 = (1,20)^2 - (\tfrac{1}{2})^2$

$OI = \sqrt{1,44 - \tfrac{1}{4}} = 1^m,09.$

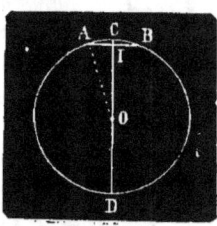
Fig. 197.

236. *On donne un cercle dont le rayon a* 8^m, *on y inscrit une corde ayant* 3^m. *On demande de calculer les deux segments déterminés par cette corde sur le diamètre qui lui est perpendiculaire*

Rép. $ID = 15^m,858$ et $IC = 0^m,142.$

Calculons la valeur de OI. Nous avons :

$$OI^2 = \overline{AO}^2 - \overline{AI}^2$$

ou $\overline{OI}^2 = 64 - \tfrac{9}{4} = \tfrac{247}{4}$

$$OI = \sqrt{\dfrac{247}{4}} = 7^m,858.$$

$$\text{Or ID} = \text{OI} + \text{OD} = 7,858 + 8 = 15^m,858;$$
$$\text{et IC} = \text{CO} — \text{OI} = 8 — 7,858 = 0^m,142.$$

237. *Connaissant les rayons* AO, ao *de deux cercles et la distance* Oo *de leurs centres, savoir* AO $= 8^m$, ao $= 3^m$, Oo $= 15^m$, *trouver la longueur* Aa *de la tangente commune menée extérieurement à ces cercles.*

Rép. Aa $= 14^m,142$.

Par le point o je mène une parallèle Mo à Aa; j'ai Mo $=$ Aa, d'ailleurs MO $=$ OA $—$ oa; j'ai donc

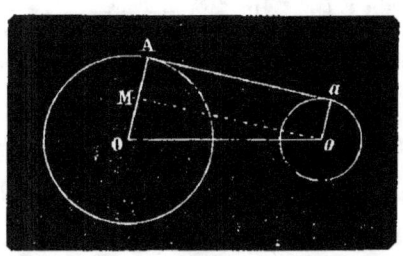

$$\overline{\text{Mo}}^2 = \overline{\text{Oo}}^2 — (\text{OA} — \text{oa})^2$$
$$\text{ou } \overline{\text{Mo}}^2 = 15^2 — (8 — 3)^2$$
$$\overline{\text{Mo}}^2 = 225 — 25$$
$$\text{Aa} = \text{Mo} = \sqrt{200} = 14^m,142.$$

Fig. 198.

238. *Les rayons de deux cercles concentriques sont* R *et* r ; *dans le cercle* R *on mène une corde tangente au cercle* r : *calculer la longueur de cette corde.*

Représentant la corde cherchée par x, on aura : $x = 2 \sqrt{(R + r)(R — r)}$.

En effet, OA $=$ R, OB $= r$, AB $= \dfrac{x}{2}$;

d'où

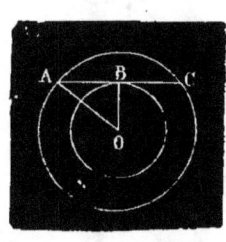

$$\left(\frac{x}{2}\right)^2 = R^2 — r^2$$
$$x^2 = 4(R^2 — r^2)$$
$$x = 2\sqrt{R^2 — r^2},$$

Fig. 199.

ou (Alg. N° 302) $x = 2 \sqrt{(R + r)(R — r)}.$

239. *Dans un triangle rectangle* ABC *un côté* AB *de l'angle droit a* 15^m, *l'hypoténuse* BC *a* 25^m : *on demande la longueur de la perpendiculaire* AD *abaissée du sommet de l'angle droit sur l'hypoténuse* (fig. 200).

Rép. AD $= 12^m$.

On a $\dfrac{\text{BD}}{\text{AB}} = \dfrac{\text{AB}}{\text{BC}}$ ou BD $= \dfrac{225}{25} = 9$. Mais $\overline{\text{AD}}^2 = \overline{\text{AB}}^2 — \overline{\text{BD}}^2$,

par suite $\overline{\text{AD}}^2 = 225 — 81 = 144$: d'où AD $= 12$ mètres.

240. *Dans un triangle rectangle, un côté de l'angle droit a* 3^m, *le segment adjacent à ce côté, déterminé sur l'hypoténuse par la perpendiculaire qui part du sommet de l'angle droit, a* 1,^m80 : *on demande les deux côtés inconnus.*

Rép. BC = 5^m, AC = 4^m.

On connait AB = 3^m, BD = 1^m,80 : il s'agit de déterminer BC et AC. Or, on a (n° 226, 3°) $\dfrac{BD + DC}{AB} = \dfrac{AB}{BD}$ ou

$$\frac{1,80 + DC}{3} = \frac{3}{1,80} :$$

d'où DC $= \dfrac{9}{1,80} - 1,80 = 3^m,20.$

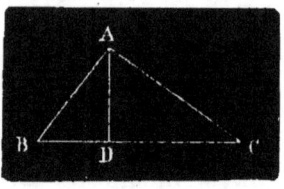

Fig. 200.

Par conséquent BC = 1^m,80 + 3^m,20 = 5^m.

D'ailleurs on a $\overline{AC^2} = \overline{BC^2} - \overline{AB^2}$, ou AC² = 25 — 9 = 16 : d'où AC = 4^m.

241. *Trouver un triangle rectangle dont les trois côtés soient trois nombres entiers consécutifs.*

Rép. 3, 4, 5.

Si l'on désigne par x l'un d'eux, les trois côtés seront x, $x + 1$ et $x + 2$, ou encore $x - 1$, x, et $x + 1$. On aura alors

$$(x - 1)^2 + x^2 = (x + 1)^2$$
$$x^2 - 2x + 1 + x^2 = x^2 + 2x + 1$$
$$x^2 = 4x$$
$$x = 4.$$

Les trois côtés sont donc 3, 4 et 5.

242. *Dans un triangle rectangle les deux côtés de l'angle droit diffèrent de* 7^m, *l'hypoténuse a* 13^m : *on demande les deux côtés de l'angle droit.*

Rép. 5^m et 12^m.

Appelons x le plus petit côté de l'angle droit, l'autre sera $x + 7$, et nous aurons

$$x^2 + (x + 7)^2 = 13^2$$
$$x^2 + x^2 + 14x + 49 = 169$$
$$2x^2 + 14x = 120$$
$$x^2 + 7x = 60,$$

d'où (Algèbre, p. 85) $x = -\frac{7}{2} + \sqrt{60 + \frac{49}{4}}$

$$x' = -\frac{7}{2} + \frac{17}{2} = 5.$$

La valeur de $x'' = -\frac{7}{2} - \frac{17}{2} = -12$ n'est point admissible. Les côtés cherchés sont 5^m et 5 + 7 ou 12^m.

243. *Dans un triangle rectangle, l'hypoténuse surpasse les côtés de l'angle droit de 1 et de 8 : quels sont les trois côtés du triangle?*

Rép. 13^m, 12^m et 5^m.

Si nous représentons l'hypoténuse par x, les trois côtés du triangle seront x, $x - 1$ et $x - 8$.

Nous aurons par conséquent

$$x^2 = (x - 1)^2 + (x - 8)^2$$
$$x^2 = x^2 - 2x + 1 + x^2 - 16x + 64$$
$$x^2 - 18x + 65 = 0,$$

d'où (alg. p. 85) $x = 9 \pm \sqrt{81 - 65}$

$$x = 9 \pm 4$$
$$x' = 13$$
$$x'' = 5.$$

Les côtés cherchés sont donc 13^m, 12^m et 5^m.

244. *L'hypoténuse d'un triangle rectangle est égale à 55^m, la somme des deux côtés de l'angle droit est 77 : on demande les deux côtés.*

Rép. 44^m et 33^m.

Si x représente l'un des côtés de l'angle droit, l'autre sera 77 — x et l'on aura

$$x^2 + (77 - x)^2 = 55^2$$
$$x^2 + 5929 - 154x + x^2 = 3025$$
$$2x^2 - 154x + 2904 = 0$$
$$x^2 - 77x + 1452 = 0$$
$$x = \frac{77}{2} \pm \sqrt{\left(\frac{77}{2}\right)^2 - 1452}$$
$$x = \frac{77}{2} \pm \sqrt{\frac{121}{4}}$$
$$x' = \frac{77}{2} + \frac{11}{2} = 44$$
$$x'' = \frac{77}{2} - \frac{11}{2} = 33.$$

Les deux côtés de l'angle droit sont donc 44^m et 33^m.

245. *La somme des trois côtés d'un triangle rectangle est égale à 60^m, la différence entre les deux côtés de l'angle droit est 5^m : on demande les trois côtés du triangle rectangle.*

Rép. 15^m, 20^m et 25^m.

Soit x l'un des côtés de l'angle droit, l'autre sera $x + 5$ et l'hypoténuse $60 - (x + x + 5) = 55 - 2\,x$. On aura donc

$$x^2 + (x + 5)^2 = (55 - 2\,x)^2$$
$$x^2 + x^2 + 10\,x + 25 = 3025 - 220\,x + 4\,x^2$$
$$- 2\,x^2 + 230\,x - 3000 = 0$$
$$x^2 - 115\,x + 1500 = 0$$
$$x = \tfrac{115}{2} \pm \sqrt{(\tfrac{115}{2})^2 - 1500}$$
$$x = \tfrac{115}{2} \pm \tfrac{85}{2}.$$

On ne peut admettre la valeur de x' car on aurait

$$x' = \tfrac{115}{2} + \tfrac{85}{2} = 100,$$

nombre plus grand que la somme des trois côtés du triangle.

On a $x'' = \tfrac{115}{2} - \tfrac{85}{2} = 15$. De sorte que les trois côtés sont 15^m, $15 + 5$ ou 20^m et $55 - 30$ ou 25^m.

246. *Trouver les trois côtés d'un triangle rectangle dont la somme des côtés égale* 30^m, *et la somme de leurs carrés* 338^m.

Rép. 13^m, 12^m et 5^m.

Si nous désignons les trois côtés par x, y et z, l'énoncé donne

$$x + y + z = 30$$
$$x^2 + y^2 + z^2 = 338$$
$$x^2 + y^2 = z^2.$$

Mais $x^2 + y^2 = 338 - z^2$, on a par suite
$$338 - z^2 = z^2 : \text{d'où } z^2 = 169 \text{ et } z = 13^m;$$
$$\text{donc } x + y = 30 - 13 = 17,$$
$$x = 17 - y,$$
$$x^2 = (17 - y)^2 \text{ et } x^2 + y^2 = 338 - 169 = 169.$$

Substituant la valeur de x^2, il vient

$$(17 - y)^2 + y^2 = 169$$
$$289 - 34\,y + y^2 + y^2 = 169$$
$$2\,y^2 - 34\,y + 120 = 0$$
$$y^2 - 17\,y + 60 = 0$$
$$y = \tfrac{17}{2} \pm \sqrt{(\tfrac{17}{2})^2 - 60}$$
$$y' = \tfrac{17}{2} + \tfrac{7}{2} = 12^m$$
$$y'' = \tfrac{17}{2} - \tfrac{7}{2} = 5^m.$$

Les trois côtés du triangle rectangle ont donc 13^m, 12^m et 5^m.

247. *Dans un triangle ABC, on a* AB $= 10^m$, AC $= 14^m$, BC $= 20^m$: *calculer la longueur des segments du côté* BC *déterminés par la perpendiculaire partant du point A.*

Rép. BD $= 7^m,60$; DC $= 12^m,40$.

Faisons pour abréger $AB = 10 = c$; $AC = 14 = b$; $BC = 20 = a$; $BD = x$ et $AD = h$; nous aurons $DC = a - x$: d'où ces deux valeurs de h^2 :

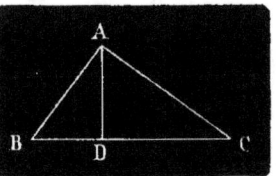

$$h^2 = b^2 - (a - x)^2$$
$$\text{et } h^2 = c^2 - x^2;$$

nous avons donc $b^2 - (a - x)^2 = c^2 - x^2$,
$$b^2 - a^2 + 2\,a\,x - x^2 = c^2 - x^2,$$
d'où $2\,a\,x = a^2 + c^2 - b^2$,
$$x = \frac{a^2 + c^2 - b^2}{2\,a}.$$

Fig. 201.

Remplaçant les lettres par leurs valeurs il vient
$$x = \frac{400 + 100 - 196}{40} = 7^m,60;$$
$$DC = BC - x = 20 - 7,60 = 12^m,40.$$

248. *Trouver les hauteurs* h, h′, h″ *d'un triangle dont on connaît les trois côtés.*

On aura $h = \dfrac{2\sqrt{p\,(p - a)\,(p - b)\,(p - c)}}{a}$;

$h' = \dfrac{2\sqrt{p\,(p - a)\,(p - b)\,(p - c)}}{b}$;

$h'' = \dfrac{2\sqrt{p\,(p - a)\,(p - b)\,(p - c)}}{c}$.

Si pour abréger nous appelons les trois côtés du triangle a, b, c, nous aurons
$$h^2 = c^2 - \overline{DB}^2;$$
mais (n° 233) la relation
$$b^2 = a^2 + c^2 - 2\,a \times DB \text{ donne}$$
$$DB = \frac{a^2 + c^2 - b^2}{2\,a},$$

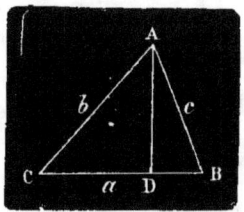

Fig. 202.

et en substituant,
$$h^2 = c^2 - \left(\frac{a^2 + c^2 - b^2}{2\,a}\right)^2$$

ou
$$h^2 = \frac{4\,a^2\,c^2 - (a^2 + c^2 - b^2)^2}{4\,a^2}.$$

Appliquons le principe : la différence des carrés de deux quantités est égale à la somme de ces quantités multipliée par leur différence (alg. 302).

$$h = \frac{\sqrt{(2\,ac + a^2 + c^2 - b^2)\,(2\,ac - a^2 - c^2 + b^2)}}{2\,a}$$

$$\text{ou } h = \frac{\sqrt{[(a + c)^2 - b^2]\,[(b^2 - (a - c)^2]}}{2\,a}.$$

Appliquons le principe précédent

$$h = \frac{\sqrt{(a + c + b)\,(a + c - b)\,(b + a - c)\,(b - a + c)}}{2\,a}.$$

En faisant $a + b + c = 2\,p$, on a $a + c - b + 2\,b = 2\,p$ et $a + c - b = 2\,p - 2\,b = 2\,(p - b)$. De même $b + a - c = 2\,(p - c)$ et $b - a + c = 2\,(p - a)$. Substituant ces valeurs dans la dernière de h, il vient

$$h = \frac{\sqrt{2\,p \times 2\,(p - b) \times 2\,(p - c) \times 2\,(p - a)}}{2\,a};$$

$$h = \frac{4\sqrt{p\,(p - a)\,(p - b)\,(p - c)}}{2\,a};$$

$$h = \frac{2\sqrt{p\,(p - a)\,(p - b)\,(p - c)}}{a};$$

$$h' = \frac{2\sqrt{p\,(p - a)\,(p - b)\,(p - c)}}{b};$$

$$h'' = \frac{2\sqrt{p\,(p - a)\,(p - b)\,(p - c)}}{c}.$$

249. *Trouver le rayon du cercle circonscrit à un triangle dont on connaît les trois côtés* (fig. 189).

$$\text{On aura R} = \frac{ac}{2\,h}.$$

En effet, (ex. 223) : $AB \times BC = 2\,R \times h$

d'où
$$2\,R = \frac{c \times a}{h}$$

$$R = \frac{ac}{2\,h}.$$

On sait calculer h, on trouvera R facilement.

250. *Trouver le rayon* r *du cercle inscrit en fonction des côtés* a, b, c *du triangle.*

On aura $r = \sqrt{\dfrac{(p-a)\,(p-b)\,(p-c)}{p}}$.

Je construis dans l'angle B le **cercle** ex-inscrit. Les triangle semblables BOE, BO'F donnent

$$\frac{OE}{O'F} = \frac{r}{r'} = \frac{BE}{BF}.$$

Mais (n° 199, Rem.),

$$2\,BE + 2\,CI + 2\,AI = a + b + c = 2\,p$$
$$d'où \quad BE + CI + AI = p$$
$$BE + b = p$$
$$BE = p - b.$$

Or (ex. 130) BF $= p$. On a par suite

$$\frac{r}{r'} = \frac{p-b}{p} \quad (1).$$

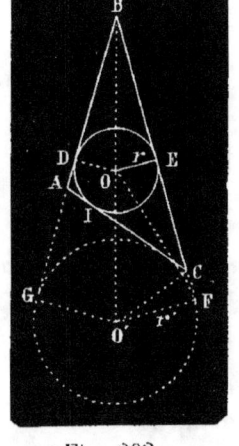

D'ailleurs, les bissectrices OC, O'C sont perpendiculaires l'une à l'autre (ex. 3). Il en résulte que les deux triangles OCE, O'CF sont semblables comme ayant leurs côtes perpendiculaires. Ces triangles donnent

$$\frac{OE}{CF} = \frac{CE}{O'F}.$$

Fig. 203.

Mais CF $=$ BF $-$ BC $= p - a$, et CE $=$ BC $-$ BE $=$ $a - (p - b) = a + b - p = 2\,p - c - p = p - c$.

On a donc $\dfrac{OE}{p-a} = \dfrac{p-c}{O'F}$, ou $\dfrac{r}{p-a} = \dfrac{p-c}{r'}$:

d'où $\qquad r = \dfrac{(p-a)\,(p-c)}{r'} \quad (2).$

Multipliant membre à membre les égalités (1) et (2), il vient

$$\frac{r^2}{r'} = \frac{(p-a)\,(p-b)\,(p-c)}{p\,r'},$$

d'où on tire enfin $r = \sqrt{\dfrac{(p-a)\,(p-b)\,(p-c)}{p}}$.

251. *Dans les problèmes précédents calculer* h, h', h'', R *et* r *pour le cas où l'on a :* a $= 8^m$, b $= 9^m$, *et* c $= 12^m$.

Rép $h = 9^m$; $h' = 8^m$; $h'' = 6^m$; R $= 6^m$; r $= 2^m,48$.

En remplaçant les lettres par leurs valeurs dans les égalités suivantes trouvées plus haut (ex. 248, 249, 250).

$$h = \frac{2\sqrt{p\,(p-a)\,(p-b)\,(p-c)}}{a}$$

$$h' = \frac{2\sqrt{p\,(p-a)\,(p-b)\,(p-c)}}{b}$$

$$h'' = \frac{2\sqrt{p\,(p-a)\,(p-b)\,(p-c)}}{c}$$

$$R = \frac{ac}{2h},$$

$$r = \sqrt{\frac{(p-a)\,(p-b)\,(p-c)}{p}}$$

on a $h = 9^m$, $h' = 8^m$, $h'' = 6^m$, $R = 6^m$, $r = 2^m,48$.

252. *La somme des carrés des segments formés par deux cordes qui se coupent rectangulairement est égale au carré du diamètre.*

On aura : $\overline{AI}^2 + \overline{IC}^2 + \overline{BI}^2 + \overline{ID}^2 = \overline{CE}^2$.

Soient AB et CD les deux cordes : je tire BD, AC et le diamètre CE. Les triangles rectangles ACI, BID donnent :

$$\overline{AI}^2 + \overline{IC}^2 + \overline{BI}^2 + \overline{ID}^2 = \overline{AC}^2 + \overline{BD}^2.$$

Les angles en I étant droits, l'arc AC plus l'arc BD égale une demi-circonférence et par suite, l'arc BD est égal à l'arc AE, et la corde BD égale la corde AE; l'égalité précédente devient donc

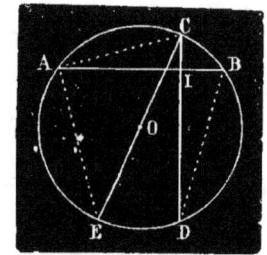

Fig. 204.

$$\overline{AI}^2 + \overline{IC}^2 + \overline{BI}^2 + \overline{ID}^2 = \overline{AC}^2 + \overline{AE}^2 = \overline{CE}^2.$$

253. *Les trois côtés d'un triangle sont* 8^m, 9^m, 15^m : *de quelle espèce est le plus grand angle de ce triangle?*

Il est obtus, car on a $8^2 + 9^2 < 15^2$.

254. *Les rayons de deux cercles sont* 7^m *et* 8^m, *la distance de leurs centres est de* 12^m : *on demande la longueur de la corde commune.*

Rép. $8^m,96$.

Le triangle OAO′ donne

$$OA^2 = \overline{O'A}^2 + \overline{OO'}^2 - 2\,OO' \times IO' ;$$

d'où $IO' = \dfrac{\overline{O'A}^2 + \overline{OO'}^2 - \overline{OA}^2}{2\,OO'} =$

$$\dfrac{49 + 144 - 64}{24} = 5,375$$

$$\overline{AI}^2 = 7^2 - (5,375)^2$$

$$AI = \sqrt{49 - 28,8906} = 4,48$$

$$2\,AI \text{ ou } AA' = 8^{\mathrm{m}},96.$$

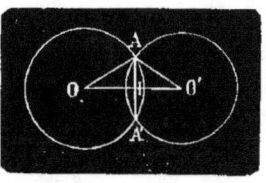

Fig. 205.

255. *Lorsqu'on mène la médiane* AM *dans un triangle* ABC,

on a $\overline{AC}^2 + \overline{AB}^2 = 2\,\overline{AM}^2 + \dfrac{\overline{BC}^2}{2}.$

En effet, le triangle ACM donne

$$\overline{AC}^2 = \overline{AM}^2 + \overline{MC}^2 + 2\,MC \times DM$$

et le triangle ABM,

$$\overline{AB}^2 = \overline{AM}^2 + \overline{BM}^2 - 2\,BM \times DM.$$

Mais comme $BM = MC = \dfrac{BC}{2}$, si

l'on additionne ces égalités membre
à membre, il vient

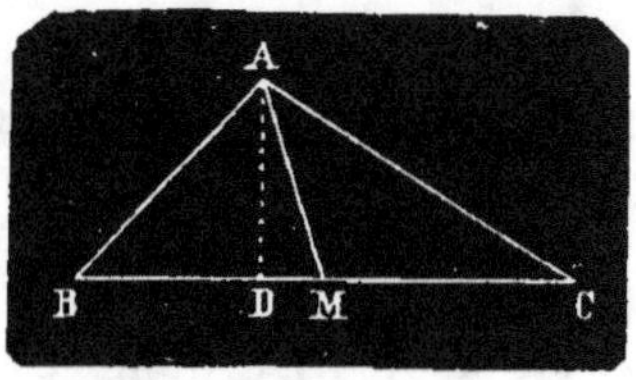

Fig. 206.

$$\overline{AC}^2 + \overline{AB}^2 = 2\,\overline{AM}^2 + 2\,\overline{BM}^2$$

ou
$$\overline{AC}^2 + \overline{AB}^2 = 2\,\overline{AM}^2 + \dfrac{\overline{BC}^2}{2}.$$

256. *Un triangle* ABC *dont les côtés sont* a, b, c, *et les médianes* m, m′, m″ (m *est issue du sommet* A, m′ *du sommet* B *et* m″ *du sommet* C) *donne*

$$m = \sqrt{\dfrac{b^2}{2} + \dfrac{c^2}{2} - \dfrac{a^2}{4}}, \ m' = \sqrt{\dfrac{a^2}{2} + \dfrac{c^2}{2} - \dfrac{b^2}{4}},$$

$$m'' = \sqrt{\dfrac{a^2}{2} + \dfrac{b^2}{2} - \dfrac{c^2}{4}}.$$

En effet de l'égalité $\overline{AC}^2 + \overline{AB}^2 = 2\,\overline{AM}^2 + \dfrac{\overline{BC}^2}{2}$ on tire

$$\overline{AM}^2 = \dfrac{\overline{AC}^2}{2} + \dfrac{\overline{AB}^2}{2} - \dfrac{\overline{BC}^2}{4}.$$

Les côtés étant a, b, c et les médianes m, m', m'', on a par conséquent

$$m = \sqrt{\frac{b^2}{2} + \frac{c^2}{2} - \frac{a^2}{4}}, \quad m' = \sqrt{\frac{a^2}{2} + \frac{c^2}{2} - \frac{b^2}{4}},$$

$$m'' = \sqrt{\frac{a^2}{2} + \frac{b^2}{2} - \frac{c^2}{4}}.$$

257. *Les côtés* a, b, c, *d'un triangle sont* 10^m, 8^m *et* 9^m; *calculer les trois médianes.*

Ces médianes étant m, m', m'', on a (ex. 256),

$$m = \sqrt{\frac{64}{2} + \frac{81}{2} - \frac{100}{4}} = 6,89$$

$$m' = \sqrt{\frac{100}{2} + \frac{81}{2} - \frac{64}{4}} = 8,63$$

$$m'' = \sqrt{\frac{100}{2} + \frac{64}{2} - \frac{81}{4}} = 7,85.$$

258. *La somme des carrés des côtés d'un parallélogramme est égale à la somme des carrés des diagonales.*

On aura : $\overline{AD}^2 + \overline{DC}^2 + \overline{AB}^2 + \overline{BC}^2 = \overline{BD}^2 + \overline{AC}^2$.
Le triangle ADC donne :

(1) $\overline{AD}^2 + \overline{DC}^2 = 2\,\overline{DO}^2 + 2\,\overline{AO}$
(ex. 255),

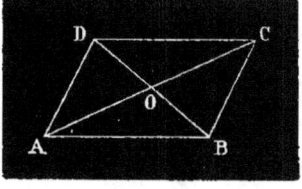

   et le triangle ABC,

(2) $\overline{AB}^2 + \overline{BC}^2 = 2\,\overline{OB}^2 + 2\,\overline{AO}^2$.
Additionnant les égalités (1) et (2), il vient

Fig. 207.

$$\overline{AD}^2 + \overline{DC}^2 + \overline{AB}^2 + \overline{BC}^2 =$$
$$4\,\overline{DO}^2 + 4\,\overline{AO}^2 = (2\,DO)^2 + (2\,AO)^2 = \overline{BD}^2 + \overline{AC}^2.$$

259. *La somme des carrés des côtés d'un quadrilatère quelconque est égale à la somme des carrés des diagonales augmentée de quatre fois le carré de la droite qui joint les milieux des diagonales.*

On aura : $\overline{AB}^2 + \overline{BC}^2 + \overline{AD}^2 + \overline{DC}^2 = \overline{AC}^2 + \overline{BD}^2 + 4\,\overline{EF}^2$.
En effet, les triangles ABC, ADC donnent

$\overline{AB}^2 + \overline{BC}^2 = 2\,\overline{BF}^2 + 2\,\overline{AF}^2$, et $\overline{AD}^2 + \overline{DC}^2 = 2\,\overline{DF}^2 + 2\,\overline{AF}^2$.
Additionnant membre à membre, il vient

(a) $\overline{AB}^2 + \overline{BC}^2 + \overline{AD}^2 + \overline{DC}^2 = 2\,\overline{BF}^2 + 2\,\overline{DF}^2 + 4\,\overline{AF}^2$.

Mais le triangle BDF donne

$$\overline{BF}^2 + \overline{DF}^2 = 2\,\overline{EF}^2 + 2\,\overline{DE}^2,$$

d'où $2\,\overline{BF}^2 + 2\,\overline{DF}^2 = 4\,\overline{EF}^2 + 4\,\overline{DE}^2$

Si dans l'égalité (a) on remplace $2\,\overline{BF}^2 + 2\,\overline{DF}^2$ par la valeur $4\,\overline{EF}^2 + 4\,\overline{DE}^2$, on obtient

$$\overline{AB}^2 + \overline{BC}^2 + \overline{AD}^2 + \overline{DC}^2 =$$
$$4\,\overline{AF}^2 + 4\,\overline{DE}^2 + 4\,\overline{EF}^2,$$

d'où $\overline{AB}^2 + \overline{BC}^2 + \overline{AD}^2 + \overline{DC}^2 = \overline{AC}^2 + \overline{BD}^2 + 4\,\overline{EF}^2.$

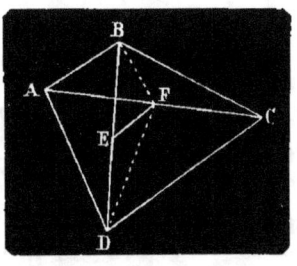

Fig. 208.

REMARQUE. L'égalité trouvée dans l'exercice précédent peut être considérée comme une conséquence de ce qui précède, car dans le parallélogramme $4\,\overline{EF}^2 = 0$.

260. *La somme des carrés des diagonales d'un trapèze est égale à la somme des carrés des côtés non parallèles plus deux fois le produit des côtés parallèles.*

On aura $\overline{AC}^2 + \overline{BD}^2 = \overline{BC}^2 + \overline{AD}^2 + 2\,AB \times DC.$
En effet, d'après l'exercice précédent, on a

(1) $\overline{AB}^2 + \overline{BC}^2 + \overline{DC}^2 +$
$\overline{AD}^2 = \overline{AC}^2 + \overline{BD}^2 + 4\,\overline{MN}^2$.
Mais (ex. 224) $2\,MN = AB -$
DC, par suite, $4\,MN^2 =$
$(AB - DC)^2 = \overline{AB}^2 -$
$2\,AB \times DC + \overline{DC}^2$.
Si dans l'équation (1) on

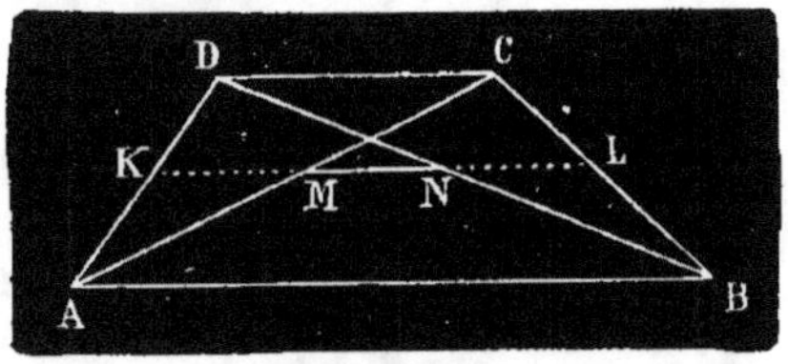

Fig. 209.

remplace $4\,\overline{MN}^2$ par sa valeur, il vient après toutes réductions

$$\overline{AC}^2 + \overline{BD}^2 = \overline{BC}^2 + \overline{AD}^2 + 2\,AB \times DC.$$

261. *La somme des carrés des côtés d'un triangle est triple de la somme des carrés des lignes qui joignent ses sommets au point de concours des médianes.*

On aura $\overline{AB}^2 + \overline{BC}^2 + \overline{AC}^2 = 3\,(\overline{AO}^2 + \overline{BO}^2 + \overline{CO}^2).$
En effet, on a (ex. 255)

$$\overline{AB}^2 + \overline{AC}^2 = 2\,\overline{AD}^2 + \frac{\overline{BC}^2}{2}\,;\; \overline{AB}^2 + \overline{BC}^2 = 2\,\overline{BE}^2 + \frac{\overline{AC}^2}{2}.$$

$$\overline{AC}^2 + \overline{BC}^2 = 2\,\overline{CF}^2 + \frac{\overline{AB}^2}{2}.$$

Additionnant membre à membre ces égalités et réduisant, on obtient

$$\tfrac{3}{2}\,\overline{AB}^2 + \tfrac{3}{2}\,\overline{BC}^2 + \tfrac{3}{2}\,\overline{AC}^2 =$$
$$2\,\overline{AD}^2 + 2\,\overline{BE}^2 + 2\,\overline{CF}^2,$$

d'où
$$\overline{AB}^2 + \overline{BC}^2 + \overline{AC}^2 =$$
$$\tfrac{4}{3}\,\overline{AD}^2 + \tfrac{4}{3}\,\overline{BE}^2 + \tfrac{4}{3}\,\overline{CF}^2,$$
$$\overline{AB}^2 + \overline{BC}^2 + \overline{AC}^2 =$$
$$3\,(\tfrac{4}{9}\,\overline{AD}^2 + \tfrac{4}{9}\,\overline{BE}^2 + \tfrac{4}{9}\,\overline{CF}^2).$$

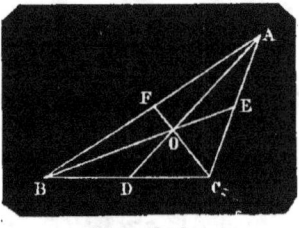

Fig. 210.

Mais $AO = \tfrac{2}{3}\,AD$, par suite $\overline{AO}^2 = \tfrac{4}{9}\,\overline{AD}^2$; de même $\overline{BO}^2 = \tfrac{4}{9}\,\overline{BE}^2$, et $\overline{CO}^2 = \tfrac{4}{9}\,\overline{CF}^2$. Donc enfin on a

$$\overline{AB}^2 + \overline{BC}^2 + \overline{AC}^2 = 3\,(\overline{AO}^2 + \overline{BO}^2 + \overline{CO}^2).$$

262. *La somme des carrés des diagonales d'un quadrilatère est double de la somme des carrés des lignes qui joignent les milieux des côtés opposés.*

On aura : $\overline{AC}^2 + \overline{BD}^2 = 2\,\overline{EG}^2 + 2\,\overline{HF}^2.$

En effet, le parallélogramme EFGH donne (ex. 258)

$$\overline{EF}^2 + \overline{FG}^2 + \overline{GH}^2 + \overline{EH}^2 =$$
$$\overline{EG}^2 + \overline{HF}^2$$

ou $2\overline{EF}^2 + 2\,\overline{FG}^2 + 2\,\overline{GH}^2 + 2\overline{EH}^2$
$$= 2\,\overline{EG}^2 + 2\,\overline{HF}^2.$$

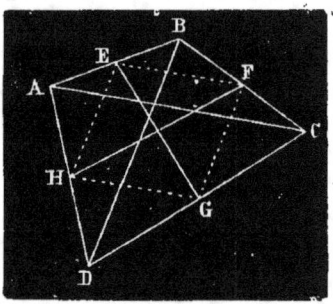

Mais $AC = 2\,EF$, par suite $\overline{AC}^2 = 4\,\overline{EF}^2 = 2\,\overline{EF}^2 + 2\,\overline{GH}^2$

De même $\overline{BD}^2 = 2\overline{EH}^2 + 2\,\overline{FG}^2.$

Fig. 211.

Additionnant membre à membre les deux dernières égalités, on a

$$\overline{AC}^2 + \overline{BD}^2 = 2\overline{EF}^2 + 2\,\overline{GH}^2 + 2\overline{EH}^2 + 2\overline{FG}^2 = 2\,\overline{EG}^2 + 2\,\overline{HF}^2.$$

236

263. *Deux sécantes à un cercle partent d'un même point, l'une a une longueur de* 3^m, *et son segment extérieur a* 2^m; *l'autre a* 5^m *de longueur : on demande de déterminer son segment extérieur.*

Rép. $1^m,20.$

$AD = 3^m$, $AE = 2^m$, $AB = 5^m$: on demande la valeur de AF.

On a : $AF \times AB = AD \times AE,$

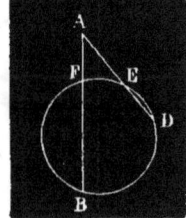

Fig. 212.

d'où
$$AF = \frac{AD \times AE}{AB} = \frac{3 \times 2}{5} = 1^m,20.$$

264. *Trouver deux droites qui se coupent de manière que le produit des deux segments de l'une soit égal au produit des deux segments de l'autre.*

Si l'on prend un point quelconque dans l'intérieur d'un cercle et que par ce point on mène deux cordes AB, CD, on a
$$AP \times BP = CP \times DP.$$

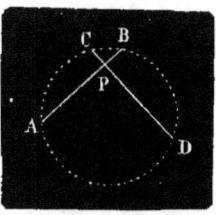

Fig. 213.

265. *Le produit de deux côtés* AB, BC *d'un triangle* ABC *est égal au carré de la bissectrice* BD *de l'angle* B *plus le produit des deux segments déterminés sur* AC *par la bissectrice.*

On aura $AB \times BC = \overline{BD}^2 + AD \times DC$.

En effet, circonscrivons une circonférence au triangle donné, prolongeons BD jusqu'en E à la rencontre de l'arc AC, enfin tirons EC. Les triangles ABD, EBC sont semblables, car les angles en B sont égaux et A = E. Ces triangles donnent :
$$\frac{AB}{BE} = \frac{BD}{BC},$$
$$AB \times BC = BE \times BD$$
$$= (BD + DE)\, BD$$
$$= \overline{BD}^2 + DE \times BD.$$

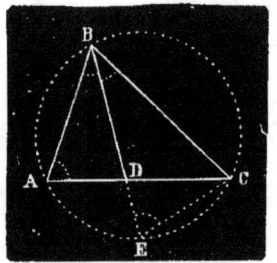

Fig. 214.

Mais $DE \times BD = AD \times DC$,

donc $AB \times BC = \overline{BD}^2 + AD \times DC$.

266. *Dans un triangle* ABC, *on a* $AB = 20^m$, $AC = 22^m$, $BC = 30^m$: *quelle est la longueur de la bissectrice* AD (fig. 180).

Rép. $14^m,68$.

On a (ex. 265) $AB \times AC = \overline{AD}^2 + BD \times DC$,

d'où $\overline{AD}^2 = AB \times AC - BD \times DC$.

Or (ex. 210) $BD = 14^m,28$ et $DC = 15^m,71$; par conséquent,

$AD = \sqrt{20 \times 22 - 14,28 \times 15,71} = 14^m,68$.

237

267. *Dans un cercle qui a* 2^m *de rayon, une sécante passe par le centre, la partie extérieure de cette sécante a* 5^m : *on demande la longueur de la tangente qui se terminerait à l'extrémité de cette sécante* (fig. 215).

$$\text{Rép. AD} = 6^m,71.$$

On a DF $= 5$, EF $= 4$, par conséquent DE $= 9$; on demande AD.
$$\text{Or } \overline{\text{AD}}^2 = \text{DE} \times \text{DF} = 9 \times 5 = 45$$
$$\text{AD} = \sqrt{45} = 6,71.$$

268. *On donne un cercle de* $2^m,20$ *de rayon, on demande de déterminer sur la tangente au point A un point D, tel que si par ce point on mène une sécante passant par le centre, la partie extérieure de la sécante soit égale au diamètre du cercle.*

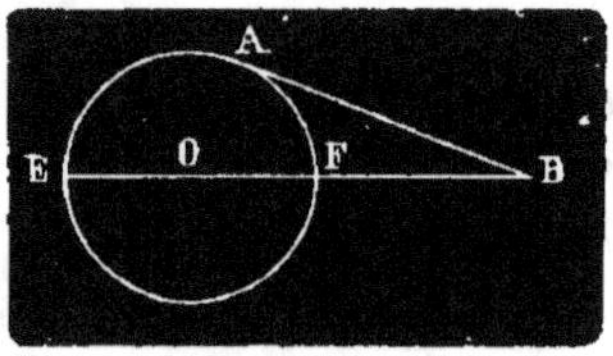

Fig. 215.

$$\text{Rép. AD} = 6^m,22.$$

Supposons le problème résolu. Nous avons

$$\overline{\text{AD}}^2 = \text{DE} \times \text{DF} = 4\,\text{R} \times 2\,\text{R} = 4 \times 2\,\text{R}^2$$
$$\text{AD} = 2\,\text{R} \sqrt{2}$$
$$\text{AD} = 2 \times 2,20 \times 1,414 = 6^m,22.$$

269. *On donne une circonférence de rayon R, on mène un diamètre que l'on prolonge d'une quantité égale à* $\frac{11}{5}$ R ; *par l'extrémité de cette droite on mène une tangente : on demande sa valeur en fonction de R dans le cas où R* $= 2^m$ (fig. 215).

$$\text{Rép. AD} = 6^m,08.$$

On a DE $= 2\,\text{R} + \frac{11}{5}\,\text{R} = \frac{21}{5}\,\text{R}$. D'ailleurs la figure donne
$$\overline{\text{AD}}^2 = \frac{21}{5}\,\text{R} \times \frac{11}{5}\,\text{R} = \frac{21}{5} \times \frac{11}{5} \times \text{R}^2$$
$$\text{AD} = \text{R} \sqrt{\frac{231}{25}}$$
$$\text{AD} = \frac{2}{5} \sqrt{231} = 6^m,08.$$

270. *Étant donné un cercle, on mène un diamètre AB et la tangente au cercle au point B. Du point A avec un rayon égal au double de AB on décrit un arc qui coupe la tangente en C, on tire AC, cette ligne coupe le cercle en D : on demande la longueur du segment AD.*

Rép. AD = R.

D'après les données, AC = 2 AB = 4 R. Le triangle rectangle ACB donne

$$\overline{CB}^2 = 16\,R^2 - 4\,R^2 = 12\,R^2.$$

D'ailleurs la sécante CA et la tangente CB donnent

$$\overline{CB}^2 = 12\,R^2 = 4\,R \times CD,$$

d'où $CD = \dfrac{12\,R^2}{4\,R} = 3\,R$:

par suite AD = R.

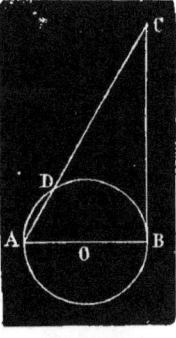

Fig. 216.

271. *On sait que la tangente est moyenne proportionnelle entre la sécante et sa partie extérieure : démontrer, d'après ce théorème, que d'un même point extérieur à un cercle on peut mener deux tangentes à ce cercle, et que les tangentes partant d'un même point sont égales.*

On a $\overline{AB}^2 = AC \times AD = AC' \times AD' = AC'' \times AD''$.... Mais lorsque les points C'' et D'' se confondent, l'égalité existe encore et de plus AC'' = AD'' : ce qui donne

$$\overline{AB}^2 = \overline{AC''}^2, \text{ ou } AB = AC''.$$

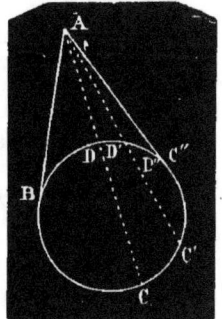

Fig. 217.

272. *Construire une droite* x *telle qu'on ait* x = a ± b.

La droite x se construira en ajoutant la longueur *b* à la longueur *a,* ou en retranchant *b* de *a*.

273. *Construire une droite dont on connaît les* $\frac{4}{5}$.

Soit l la ligne donnée et x la ligne cherchée. On a

$$\tfrac{4}{5}\,x = l : \text{ d'où } x = \frac{5\,l}{4}.$$

Je divise l en 4 parties et je prends 5 de ces parties.

274. *Construire une droite qui soit à une droite donnée dans le rapport de* $\frac{2}{3}$ *à* $\frac{3}{4}$.

Le rapport de $\frac{2}{3}$ à $\frac{3}{4}$ est égal à celui de $\frac{8}{12}$ à $\frac{9}{12}$. Par conséquent la droite donnée contient 9 parties et celle que l'on cherche 8. Je divise l en 9 parties et je prends 8 de ces parties.

275. *Construire deux droites* x, y *dont on connaît la somme et la différence.*

On a $x + y = l$ et $x - y = d$. Additionnant membre à membre, il vient $2x = l + d$, d'où $x = \dfrac{l + d}{2}$.

On construit x, ensuite $y = l - x$.

240

276. *Construire une droite* x *telle qu'on ait* $x = \dfrac{l^2}{m}$ (l, m : *lignes données*).

On a : $x = \dfrac{l^2}{m} = \dfrac{l}{m} \times l$.

La droite x est donc une 4e proportionnelle aux 3 lignes l, l et m.

REMARQUE. — Dans le cas où l'on a $x = \dfrac{l^2}{m}$, on sait (n° 206) que x prend généralement le nom de 3e proportionnelle.

277. *Construire deux droites* x, y *connaissant leur rapport et leur somme.*

On a (1) $\dfrac{x}{y} = \dfrac{m}{n}$ et (2) $x + y = l$. L'égalité (2) donne $x = l - y$.

Si l'on porte cette valeur dans l'égalité (1) on a : $\dfrac{l - y}{y} = \dfrac{m}{n}$:

d'où $y = \dfrac{nl}{m + n}$. On construit y 4e proportionnelle à n, l et $m + n$; puis la ligne $x = l - y$. Exemple : Si l'on avait $\dfrac{x}{y} = \dfrac{2}{3}$,

il viendrait $y = \dfrac{3l}{2 + 3} = \dfrac{3l}{5}$ et $x = l - \dfrac{3l}{5} = \dfrac{2l}{5}$.

278. *Construire deux droites* x, y *connaissant leur rapport et leur différence.*

On a $\dfrac{x}{y} = \dfrac{m}{n}$ et $x - y = l$; $x = l + y$; $\dfrac{l + y}{y} = \dfrac{m}{n}$:

d'où $y = \dfrac{nl}{m - n}$. On construit y et l'on a $x = l + y$.

Exemple : $\dfrac{x}{y} = \dfrac{3}{5}$; $y = \dfrac{5\,l}{5-3} = \dfrac{5\,l}{2}$, et $x = l + \dfrac{5\,l}{2} = \dfrac{7\,l}{2}$.

279. *Par un point* P *intérieur à un angle* A *mener une droite inscrite* MPN *de manière que* PN $= \tfrac{2}{3}$ PM, *ou* $\dfrac{PN}{MP} = \dfrac{2}{3}$.

Soit MPN la droite demandée. Je mène PD parallèle à AC. J'ai alors $\dfrac{PN}{PM} = \dfrac{AD}{DM}$. Le segment PN égale 2 parties et le segment PM en égale 3. De même AD égale 2 parties et DM en égale 3. Donc par le point donné P on mène PD parallèle à AC, on divise AD en 2 parties, puis on porte 3 de ces parties de D en M. Enfin on tire MPN.

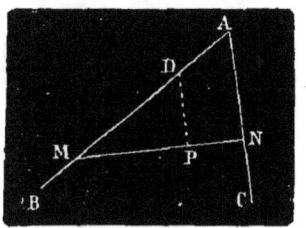

Fig 218.

REMARQUE. Si MPN devait être divisée dans le rapport de m à n, ou ce qui revient au même, si l'on devait avoir $\dfrac{PN}{PM} = \dfrac{m}{n} = \dfrac{AD}{MD}$, on calculerait MD de manière à avoir MD $=$ AD $\times \dfrac{n}{m}$. La ligne MD serait donc une **4**e **propor**tionnelle à AD, n et m.

280. *Par un point* P *extérieur à un angle, mener une droite* PNM *qui rencontre les côtés en* N *et en* M *de manière à avoir* $\dfrac{PN}{PM} = \dfrac{2}{5}$.

Soit PNM la droite demandée. Je mène PD parallèle à AC jusqu'au prolongement de BA; j'ai alors $\dfrac{PN}{PM} = \dfrac{DA}{DM}$. Le segment PN égale 2 parties et PM en égale 5. Donc par le point P je mène PD parallèle à AC, je divise DA en 2 parties, je porte 5 de ces parties de D en M, et je tire PNM.

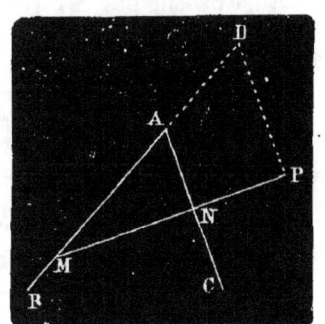

Fig. 219.

REMARQUE. Si PNM devait être divisée dans le rapport de m à n, ou ce qui revient au même si l'on devait avoir $\dfrac{PN}{PM} = \dfrac{m}{m+n} = \dfrac{DA}{DM}$, on calculerait DM de manière à avoir

$DM = \dfrac{DA \times (m+n)}{m}$. La ligne DM serait une 4e proportionnelle à DA, $m+n$ et m.

281. *Par un point* P *mener une droite qui passe par le point de concours de deux droites concourantes qu'on ne peut prolonger.*

Supposons le problème résolu et soit PO la ligne demandée. Il suffit de déterminer le point H, car PH prolongée passe en O. Tirons une droite quelconque PNM et menons-lui une parallèle LKH également quelconque. Nous aurons $\dfrac{LH}{MP} = \dfrac{LK}{MN}$: égalité dans laquelle 3 terme sont connus ; il est par conséquent facile de déterminer le 4e LH.

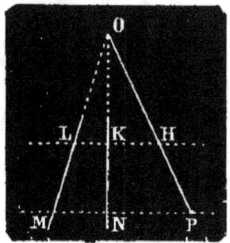

Fig. 220.

282. *Décrire une circonférence passant par deux points donnés* A *et* B *et telle qu'une tangente menée par un troisième point donné* C *ait une longueur* l.

Supposons le problème résolu. Soient A et B les points donnés et la tangente CD $= l$. La figure donne

$CD^2 = l^2 = CB \times CE$, d'où $CE = \dfrac{l^2}{CB}$

La longueur CE est donc une 3e proportionnelle à la longueur connue l et à la distance CB. Connaissant CE, la circonférence astreinte à passer par les trois points A, B, E est facile à décrire.

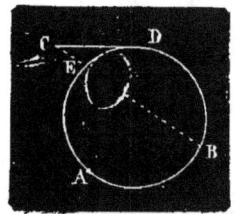

Fig. 221.

283. *Un polygone étant donné, son périmètre* P, *ainsi que a un de ses côtés, construire un second polygone, semblable au 1er, connaissant* P' *son périmètre.*

Si l'on désigne par x le côté homologue de a, on a

$$\dfrac{P}{P'} = \dfrac{a}{x}, \text{ d'où } x = \dfrac{P'a}{P}.$$

On construit x, et sur cette ligne homologue de a on construit un polygone semblable au 1er.

284. *Par l'un des points d'intersection de deux circonférences, mener une sécante telle que les deux cordes résultantes soient entre elles dans un rapport donné.*

Soient les circonférences C et C' et le rapport donné $\dfrac{m}{n}$. Je devrai avoir $\dfrac{BD}{AD} = \dfrac{m}{n}$. Je divise la ligne des centres en deux parties proportionnelles à m et à n; je joins le point de division E au point d'intersection D; je mène la perpendiculaire ADB à DE, qui détermine les deux cordes demandées AD, BD; car si des points C et C' j'abaisse les perpendiculaires CG et C'F et que je mène la parallèle C'IL à AB, j'aurai (ex. 104) les rapports suivants :

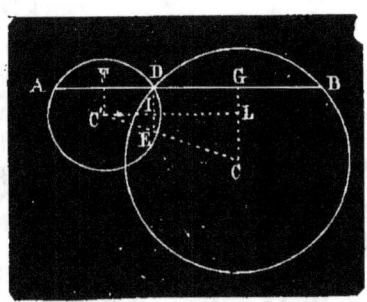

Fig. 222.

$$\frac{CE}{EC'} = \frac{LI}{IC'} = \frac{GD}{DF} = \frac{m}{n}$$

d'où

$$\frac{2\,GD}{2\,DF} = \frac{m}{n}$$

et enfin

$$\frac{BD}{AD} = \frac{m}{n}.$$

285. *Construire un triangle connaissant deux côtés et la bissectrice de leur angle.*

Soit ABC le triangle demandé. Je connais AB, BC et la bissectrice BD. Par le point C je mène CE parallèle à BD, et je prolonge AB jusqu'à la rencontre de CE. J'ai $\dfrac{CE}{BD} = \dfrac{AE}{AB}$. Je puis déterminer CE, car BD, AE = AB + BC et AB sont des quantités données. Connaissant CE je construis le triangle isocèle BCE, je prolonge BE d'une longueur égale à BA, enfin je tire AC et le triangle ABC est le triangle demandé.

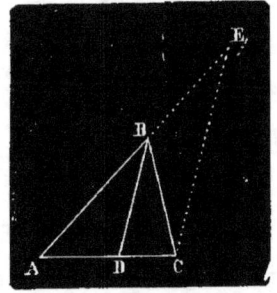

Fig. 223.

8

285. *Construire un triangle connaissant un côté, la bissectrice de l'angle opposé et le rapport des deux autres côtés.*

Soit ABC le triangle demandé. **Je connais AC, BD et le rapport** $\frac{m}{n} = \frac{AB}{BC}$. J'ai donc $\frac{m}{n} = \frac{AB}{BC} = \frac{AD}{DC}$. Je partage AC en parties proportionnelles à m et à n : ce qui me donne AD et DC. Si je mène CE parallèle à BD, et que je prolonge AB jusqu'à la rencontre de CE, j'aurai $\frac{CE}{BD} = \frac{AC}{AD}$: je

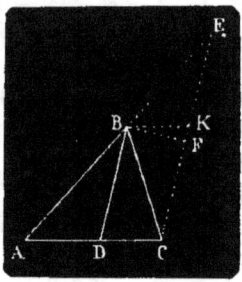

Fig. 224.

puis déterminer CE puisque je connais BD, AC, AD. Or le sommet B est sur la perpendiculaire FB élevée sur le milieu de CE. Si d'ailleurs je prends CK $=$ BD et que du point K comme centre avec DC pour rayon, je décrive un arc, il coupera la ligne FB au

point B, et le sommet B sera déterminé. Je tire alors BC, puis BD égale et parallèle à CK. Enfin je mène CDA et je joins B et A.

241.   **287.** *Construire une droite* x *telle qu'on ait* $x^2 = m (m + n)$ *et* n *sont des lignes données).*

La droite x est une moyenne **proportionnelle** entre m et $m + n$, elle est donc facile à construire.

288. *Une droite* m *étant donnée, trouver une autre droite* x *telle que* $x^2 = \frac{3}{5} m^2$.

On a $x^2 = \frac{3}{5} m^2 = \frac{3}{5} m \times m$: par conséquent x est une moyenne proportionnelle entre $\frac{3}{5} m$ et m.

289. *Construire une droite* x *telle qu'on ait* $\frac{3}{4} x^2 = l^2$ (l *est une ligne donnée).*

L'égalité $\frac{3}{4} x^2 = l^2$ donne $x^2 = \frac{4}{3} l^2 = \frac{4}{3} l \times l$. La droite x est une moyenne proportionnelle entre $\frac{4}{3} l$ et l.

290. *On donne* l, m, n : *trouver une autre droite* x *telle qu'on ait* $\frac{x^2}{l^2} = \frac{m}{n}$.

J'ai $\frac{x^2}{l^2} = \frac{m}{n}$ ou $x^2 = \frac{m}{n} \times l^2 = \frac{ml}{n} \times l$. Je fais $k = \frac{ml}{n}$. k est une 4e proportionnelle que je puis construire. J'ai alors $x^2 = kl$.

La droite x est une moyenne proportionnelle entre k et l.

291. *Construire une droite* x *telle qu'on ait* $x^2 = \dfrac{l^2\,m}{m+n}$ (l, m,

n : *lignes données*).

On fait $m + n = s$ et l'on a $x^2 = \dfrac{m}{s} \times l^2$. (ex. 290).

292. *Mener par un point* P, *intérieur à un cercle, une corde qui soit divisée à ce point dans un rapport donné* $\frac{5}{8}$.

Je suppose que $\dfrac{AP}{PB} = \frac{5}{8}$, ou $AP = \dfrac{5\,PB}{8}$ (a). Par le point P je mène MP perpendiculaire au diamètre DPC, ce qui donne

$$DP \times PC = \overline{MP}^2 \text{ ou } AP \times PB = \overline{MP}^2 \ (b).$$

Multipliant membre à membre les égalités (a) et (b), il vient

$$\overline{AP}^2 \times PB = \tfrac{5}{8}\,PB \times \overline{MP}^2,$$
$$\text{ou } \overline{AP}^2 = \tfrac{5}{8}\,\overline{MP}^2.$$

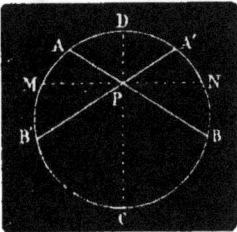

La ligne MP étant connue, je construis AP (ex. 288) et du point P comme centre avec AP pour rayon, je décris un arc qui coupe la circonférence donnée en A et A', et les droites APB, A'PB' répondent l'une et l'autre à la question.

Fig. 225.

Remarque. Si le rapport donné était $\dfrac{m}{n}$, on aurait $\overline{AP}^2 = \dfrac{m}{n}\,\overline{MP}^2$.

On construirait AP (ex. 290); puis on achèverait comme il vient d'être indiqué.

293. *Mener par un point* A *extérieur à un cercle une sécante de manière que la partie extérieure soit* $\frac{4}{9}$ *de la sécante totale.*

Soit ADC la sécante demandée : j'ai

$$\dfrac{AD}{AC} = \tfrac{4}{9} \text{ ou } AD = \dfrac{4\,AC}{9}.$$

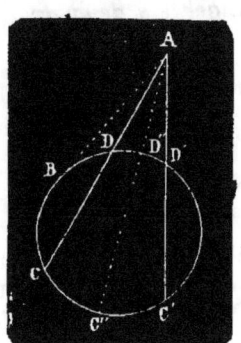

J'ai d'ailleurs $AD \times AC = \overline{AB}^2$. Multipliant membre à membre, j'obtiens $\overline{AD} \times AC^2 = \overline{AB}^2 \times \tfrac{4}{9}\,AC$ ou $\overline{AD}^2 = \tfrac{4}{9}\,\overline{AB}^2$. AD est donc une moyenne proportionnelle entre $\frac{4}{9}$ AB et AB (la tangente AB est évidemment connue). Cette moyenne proportionnelle étant connue, du point A comme centre, avec AD pour rayon, je décris un arc qui coupe le cercle donné en D et D', j'ai ainsi deux solutions.

Fig. 226.

Si ADC passe par le centre il n'y a qu'une solution.

REMARQUE. — Si le rapport donné était $\frac{m}{n}$ on aurait $\overline{AD}^2 = \frac{m}{n} \overline{AB}^2$.

294. *Décrire une circonférence passant par deux points donnés et tangente à une droite donnée.*

Soient A et B les points donnés et CD la droite donnée.

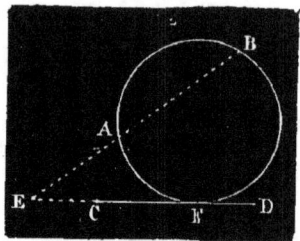

Fig. 227.

1er CAS. — *Les lignes* AB, CD *se rencontrent en* E. — Je suppose le problème résolu. Le cercle touchant CD en F, j'ai $EF^2 = EA \times EB$. De là cette construction. Je prolonge les droites AB et CD jusqu'à leur rencontre en E ; je construis une moyenne proportionnelle l entre EA et EB, je porte sur ECD une longueur EF $= l$. Le point F est le point de contact de la circonférence et de la droite donnée. Je fais passer une circonférence par les trois points A, B, F.

2e CAS. — *Les droites* AB, CD *sont parallèles.* — Il est évident que pour déterminer le point de contact F, il suffit d'élever sur le milieu de AB une perpendiculaire IF jusqu'à la rencontre de la droite CD, on a alors à faire passer une circonférence par les trois points A, B, F.

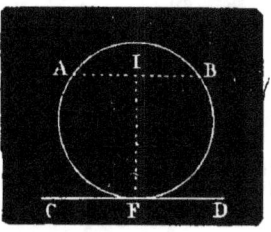

Fig. 228.

295. *Décrire une circonférence passant par un point donné et tangente à deux droites données.*

Soient M le point, AB et CD les droites données.

1er CAS. — *Les droites se rencontrent en un point* O. — La circonférence tangente aux deux droites a son centre sur la bissectrice OE ; et, passant par le point M, elle passera par un point M' symétrique de M. Donc le problème est ramené à faire passer une circonférence par deux points donnés M et M' et tangente à une droite donnée, OB ou OD (ex. 294).

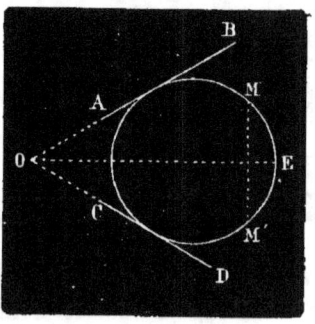

Fig. 229.

2e CAS. — *Les droites* AB, CD *sont parallèles.* — Le centre se trouve sur la parallèle EF équidistante des droites données (ex. 82). Quant au rayon, il est égal à la distance de EF à AB ou à CD. Du point M comme centre avec cette distance pour rayon, je décris un arc qui coupe EF en O et O' : ces points sont les centres de deux circonférences répondant à la question.

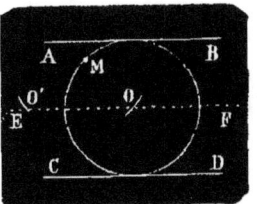

Fig. 230.

296. *Construire un losange dont le côté ait une longueur donnée et soit moyenne proportionnelle entre les deux diagonales.*

Soit ABCD le losange demandé. D'après l'énoncé on a :

$$AB^2 = 2OA \times 2OB = 4OA \times OB.$$

Si du point O on abaisse une perpendiculaire OE sur AB, on obtient deux triangles rectangles AOB, BOE qui sont semblables et donnent

$$\frac{OE}{OA} = \frac{OB}{AB}$$

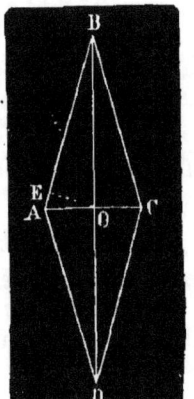

d'où $AB \times OE = OA \times OB$. Mais on a

$$\overline{AB}^2 = 4\,OA \times OB \text{ ou } \frac{\overline{AB}^2}{4} = OA \times OB : \text{donc}$$

$$AB \times OE = \frac{\overline{AB}^2}{4}, \text{ d'où } OE = \frac{AB}{4}.$$

Dans le triangle rectangle ABO, on connaît donc l'hypoténuse AB et la hauteur correspondante OE, on peut le construire (ex. 148) et ensuite achever le losange.

Fig. 231

297. *Diviser une droite a en moyenne et extrême raison et trouver les rapports de la droite aux deux segments.*

$$\text{Rép. } x = \frac{a}{2}\left(\sqrt{5} - 1\right),$$

$$a - x = \frac{a}{2}\left(3 - \sqrt{5}\right); \quad \frac{a}{x} = \frac{2}{\sqrt{5} - 1},$$

$$\frac{a}{a - x} = \frac{2}{3 - \sqrt{5}}.$$

Si l'on désigne par x le plus grand segment de la droite, le plus petit sera $a - x$ et l'on aura

$$x^2 = a(a - x) = a^2 - ax$$

d'où $x^2 + ax = a^2$

$$x = -\frac{a}{2} \pm \sqrt{a^2 + \frac{a^2}{4}}$$

$$x = -\frac{a}{2} \pm \sqrt{\frac{5\,a^2}{4}}$$

$$x = \pm \frac{a}{2} \sqrt{5} - \frac{a}{2}$$

$$x = \frac{a}{2} \left(\sqrt{5} - 1 \right)$$

L'autre segment sera

$$a - x = a + \frac{a}{2} - \frac{a}{2} \sqrt{5} = 3\frac{a}{2} - \frac{a}{2} \sqrt{5} = \frac{a}{2} (3 - \sqrt{5})$$

Les rapports demandés seront

$$a : \frac{a}{2} (\sqrt{5} - 1) \text{ ou } \frac{2a}{a(\sqrt{5} - 1)} = \frac{2}{\sqrt{5} - 1}$$

$$\text{et } a : \frac{a}{2} (3 - \sqrt{5}) \text{ ou } \frac{2a}{a(3 - \sqrt{5})} = \frac{2}{3 - \sqrt{5}}$$

298. *Diviser une ligne de* 60^m *en moyenne et extrème raison.*

D'après les formules trouvées (ex. 297), on aura pour le plus grand segment $\frac{60}{2}(\sqrt{5} - 1) = 37^m,08$, et pour le plus petit $\frac{60}{2}(3 - \sqrt{5}) = 22^m,92$.

299. *Les segments de deux droites divisées en moyenne et extrême raison sont proportionnels.*

En effet, pour une droite AB divisée au point C en moyenne et extrème raison, AC étant le grand segment, on a (ex. 297).

$$\frac{AC}{BC} = \frac{\sqrt{5} - 1}{3 - \sqrt{5}}.$$

Une autre droite A'B' donne

$$\frac{A'C'}{B'C'} = \frac{\sqrt{5} - 1}{3 - \sqrt{5}};$$

d'ou

$$\frac{AC}{BC} = \frac{A'C'}{B'C'}.$$

300. *Connaissant AB, grand segment d'une droite divisée e moyenne et extrème raison, retrouver la droite.*

Je fais sur AB la construction indiquée au n° 242, puis je prolonge AB en F, de manière à avoir AF = AE, et AF est la ligne demandée. On a en effet

$$\frac{AE}{AB} = \frac{AB}{AD} \text{ ou } \frac{AF}{AB} = \frac{AB}{BF};$$

car AD = BF, puisque AE = AF et DE = AB.

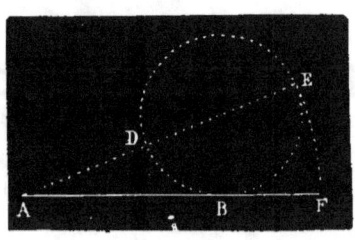

Fig. 232.

301. *Inscrire dans un angle* A *une droite* MPN *telle qu'elle soit divisée au point* P *en moyenne et extrême raison.*

Il s'agit de déterminer le point M. On mènera la parallèle PD à AC ce qui donnera AD.

On divisera ensuite une ligne quelconque en moyenne et extrême raison; si les segments sont *m* et *n*, on devra avoir (ex. 299)

$$\frac{m}{n} = \frac{PN}{PM} = \frac{AD}{DM},$$

d'où $DM = AD \times \dfrac{n}{m}$; c'est le cas de l'exercice 279.

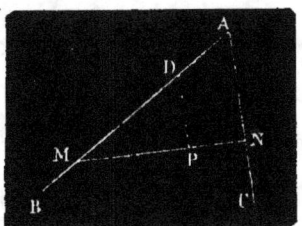

Fig. 233.

302 *Par un point* P *extérieur à un angle, mener une droite* PNM *qui rencontre les côtés en* N *et en* M, *de manière que la ligne* PNM *soit divisée en moyenne et extrême raison au point* N.

On divisera une ligne quelconque en moyenne et extrême raison; si les segments sont *m* et *n*, on devra avoir

$$\frac{m}{n+m} = \frac{PN}{PM} = \frac{AD}{DM},$$

d'où $DM = AD \times \dfrac{n+m}{m}$.

C'est le cas de l'exercice 280.

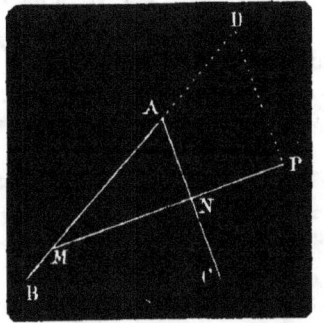

Fig. 234.

303. *Par un point* P *intérieur à un cercle, mener une corde qui soit divisée à ce point en moyenne et extrême raison.*

On divise une droite quelconque en moyenne et extrême raison; si les segments sont *m* et *n*, on doit avoir (ex. 292)

$$\overline{AP}^2 = \frac{m}{n} \times \overline{MP}^2$$

C'est le cas de l'exercice 290.

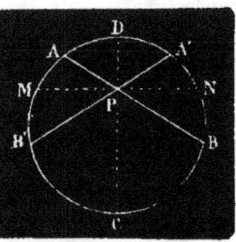

Fig. 235.

304. *Par un point* A *extérieur à un cercle, mener une sécante qui soit divisée par la circonférence en moyenne et extrême raison.*

On divise une droite quelconque en moyenne et extrême raison ; les segments étant m et n on aura, d'après l'exercice 293

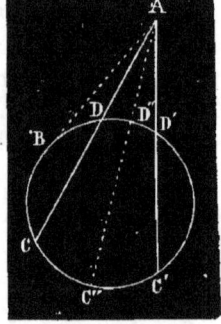

$$\overline{AD}^2 = \frac{m}{n} \times \overline{AB}^2.$$

On construit AD (ex. 290), puis on opère comme dans l'exercice cité.

Fig. 236.

305. *Les diagonales d'un pentagone régulier se coupent mutuellement en moyenne et extrême raison.*

On aura $\overline{CO}^2 = AC \times AO$.

Circonscrivons une circonférence au polygone. L'angle BOC est égal à OBC, car ils ont même mesure, le triangle BOC est par conséquent isocèle et BC = OC.

D'autre part les triangles AOB et BAC étant équiangles sont semblables, et donnent

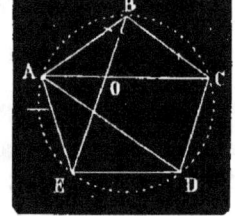

$$\frac{AB}{AC} = \frac{AO}{BC}, \text{ donc } \overline{BC}^2 = AC \times AO$$

ou $\overline{CO}^2 = AC \times AO$, puisque CO = BC.

La droite AOC est par conséquent partagée au point O en moyenne et extrême raison.

Fig. 237.

306. *Une diagonale d'un pentagone régulier inscrit a* 4^m : *calculer le côté du pentagone.*

Le côté demandé est égal au grand segment de la diagonale divisée en moyenne et extrême raison (**ex. 305**).

On a donc $c = \frac{4}{2} (\sqrt{5} - 1) = 2,47$.

243. **307.** *Les tangentes extérieures communes à deux cercles rencontrent la ligne des centres en un même point* O, *et les tangentes intérieures la rencontrent aussi en un même point* o.

Je mène les quatre tangentes communes et je joins les centres aux points de contact. Les rayons CA, C'A' sont parallèles ; s'ils ne sont pas égaux, la tangente AA' rencontrera la ligne des centres au point O*.

Les triangles semblables CAO, C'A'O donnent

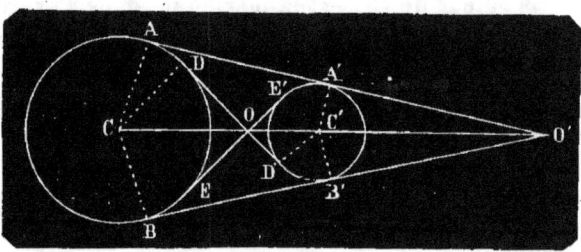

Fig. 238.

$$\frac{CO}{CA} = \frac{C'O}{C'A'} : \text{d'où **} \frac{CO - C'O}{CA - C'A'} = \frac{CO}{CA} \text{ ou } \frac{CC'}{CA - C'A'} = \frac{CO}{CA}.$$

Par conséquent $CO = \dfrac{CA \times CC'}{CA - C'A'}$.

La tangente BB' rencontre aussi la ligne des centres en **O**.

Si la rencontre avait lieu en un autre point O', on aurait

$$\frac{CO'}{CB} = \frac{C'O'}{C'B'} : \text{d'où } \frac{CO' - C'O'}{CB - C'B'} = \frac{CO'}{CB} \text{ ou } \frac{CC'}{CA - C'A'} = \frac{CO'}{CA}.$$

Ce qui donnerait $CO' = \dfrac{CA \times CC'}{CA - C'A'} :$ donc $CO' = CO$.

On prouverait de même que les tangentes communes intérieures se rencontrent en un point o; mais pour avoir CC' on ajouterait les numérateurs et les dénominateurs au lieu de les retrancher.

308. *Dans deux cercles, les sécantes qui joignent les extrémités des rayons parallèles concourent en un même point O situé sur la ligne des centres.*

On mène les rayons parallèles CE, C'E' : si ces rayons ne sont point égaux, la droite EE' rencontrera la ligne des centres en un certain point O. On démontre comme dans l'exercice précédent que

$$CO = \frac{CE \times CC'}{CE - C'E'}$$

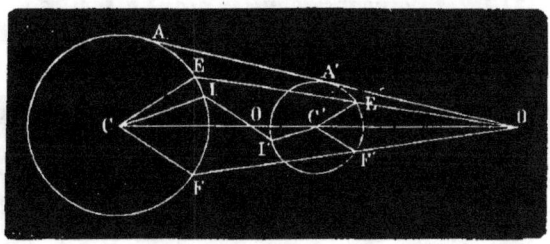

Fig. 239.

* Fig. 238 et 239, lisez o, O au lieu de O, O'.
** Algèbre, n° 100.

La valeur de CO est la même que dans l'exercice précédent, si l'on suppose que la distance CC' des centres est la même, et si l'on a CE = CA, C'E' = C'A'. Par conséquent, quels que soient les rayons parallèles CE, C'E', la ligne EE' rencontre la ligne des centres en un même point O que la tangente commune extérieure AA'. On démontre de même que si l'on mène deux rayons parallèles CI, C'I' dirigés en sens contraire, la droite II' qui les joint coupe la ligne des centres en un point o, qui est le lieu où les tangentes intérieures rencontrent la ligne des centres.

REMARQUE. Il est facile, d'après cet exercice, de mener les tangentes communes à deux cercles : pour la tangente extérieure, on mène deux rayons parallèles CE, C'E' dirigés dans le même sens, on tire EE' qu'on prolonge jusqu'à la rencontre en O de la ligne des centres, du point O on mène une tangente à l'une des circonférences, elle est tangente aussi à l'autre.

Pour avoir la tangente intérieure, on mène deux rayons parallèles CI, C'I' dirigés en sens contraire; puis on tire II'. Cette droite rencontre la ligne des centres en o, de ce point on mène une tangente à l'une des circonférences, elle est tangente aussi à l'autre.

258. **309.** *Prouver que dans un triangle équilatéral inscrit, le rayon est double de l'apothème.*

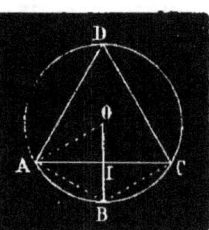

On doit avoir OB = 2 OI.

En effet, AO = AB = BC = le côté de l'hexagone. AO et AB étant deux obliques égales s'écartent également du pied de la perpendiculaire AI, et par suite OI = IB : d'où OB = 2 OI.

Fig. 240

259. **310.** *Un polygone régulier étant inscrit dans une circonférence, circonscrire un polygone régulier semblable.*

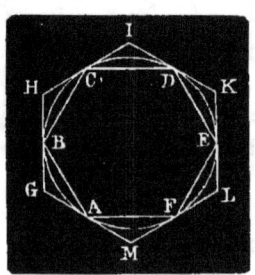

Il suffit de mener des tangentes par les sommets du premier polygone, ces droites se coupent en déterminant un polygone régulier semblable au premier. En effet, les angles GAB et GBA sont égaux comme ayant même mesure, on a par conséquent AG = GB. Les triangles AGB, BCH sont égaux, car AB = BC, et les angles adjacents au côté AB ont même mesure que ceux adjacents au côté BC, par suite,

Fig. 241.

BH = BG et H = G. Mais de ce que BG = BH = HC = CI.
il s'en suit que GH = HI : donc le 2ᵉ polygone est équiangle et
équilatéral, donc il est régulier, il est de plus semblable au 1ᵉʳ,
car ils ont le même nombre de côtés, puisqu'il y a autant de côtés
dans le 2ᵉ polygone que de sommets dans le 1ᵉʳ.

Autre méthode. — Par les points K, L, M, N, milieux des arcs
AB, BC..., je mène des tangentes qui, en se rencontrant, forment
le polygone demandé.

En effet, si l'on mène du centre, à tous les angles du nouveau
polygone, des droites OE, OF..., ces droites passeront par les

sommets du polygone ABCD : ainsi OF
passera par le sommet B ; car les triangles
rectangles FOK, FOL ayant l'hypoténuse
commune et OK = OL, sont égaux ; OF
divise donc l'angle KOL en deux parties
égales et passe par conséquent au point
B milieu de l'arc KL. Les deux polygones
ABCD, EFGH seront alors composés de
triangles semblables AOB, EOF ; BOC,
FOG..., et semblablement placés ; donc
ils seront semblables (n° 224).

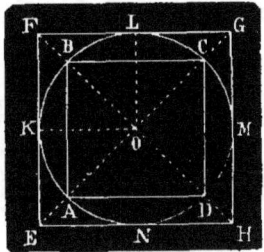

Fig. 242.

311. *Le périmètre d'un triangle équilatéral circonscrit est
double de celui du triangle équilatéral inscrit.*

On aura DE = 2 AB.

Par les sommets A, B, C du premier
triangle équilatéral, je mène des tangentes
et j'obtiens le triangle équilatéral circonscrit DEF. L'angle DBA = C = $\frac{2}{3}$ dr ; il
en est de même de l'angle DAB. Le triangle DAB est par conséquent équilatéral et
DB = AB. De même BE = BC = AB :
donc DE = 2 AB.

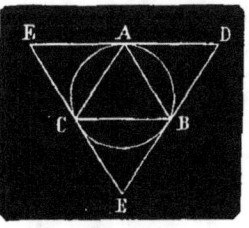

Fig. 243.

312. *Une circonférence est comprise entre les périmètres du
carré circonscrit et de l'hexagone inscrit : démontrer d'après
cette considération que le rapport de la circonférence au diamètre est compris entre 4 et 3.*

Soit D le diamètre d'une circonférence C. Le périmètre du carré
circonscrit sera 4 D, et celui de l'hexagone inscrit 3 D. On aura
donc

$$4\,D > C > 3\,D$$

ou $4 > \dfrac{C}{D} > 3.$

313. *Calculer le côté et l'apothème du décagone régulier inscrit dans un cercle de rayon donné.*

R étant le rayon donné, c et a le côté et l'apothème demandés, on aura : $c = \dfrac{R}{2}(\sqrt{5} - 1)$ et $a = \dfrac{R}{4}\sqrt{10 + 2\sqrt{5}}$.

En effet, l'exercice 297 donne

$$c = \frac{R}{2}(\sqrt{5} - 1);$$

d'ailleurs $a^2 = R^2 - \dfrac{c^2}{4}$. Mais $c = \dfrac{R}{2}(\sqrt{5} - 1) = \dfrac{R}{2}\sqrt{5} - \dfrac{R}{2}$

$$c^2 = \frac{5R^2}{4} - 2 \times \frac{R}{2}\sqrt{5} \times \frac{R}{2} + \frac{R^2}{4} = \frac{5R^2}{4} - \frac{R^2}{2}\sqrt{5} + \frac{R^2}{4}$$

$$c^2 = \frac{6R^2}{4} - \frac{R^2}{2}\sqrt{5} = \frac{3R^2}{2} - \frac{R^2}{2}\sqrt{5} = \frac{R^2}{2}(3 - \sqrt{5})$$

Par suite $\dfrac{c^2}{4} = \dfrac{R^2}{8}(3 - \sqrt{5})$

donc

$$a^2 = R^2 - \frac{R^2}{8}(3 - \sqrt{5}) = R^2 - \frac{3R^2}{8} + \frac{R^2}{8}\sqrt{5} = \frac{5R^2}{8} + \frac{R^2}{8}\sqrt{5}$$

$$a^2 = \frac{R^2}{8}(5 + \sqrt{5}) = \frac{2R^2}{16}(5 + \sqrt{5}) = \frac{R^2}{16}(10 + 2\sqrt{5})$$

$$a = \frac{R}{4}\sqrt{10 + 2\sqrt{5}}.$$

314, *Trouver le périmètre du décagone inscrit dans un cercle de 4^m de rayon.*

Le côté du décagone étant égal au grand segment du rayon divisé en moyenne et extrême raison, on a (ex. 297).

Côté du décagone $= \frac{4}{2}(\sqrt{5} - 1) = 2\sqrt{5} - 2 = 2,472$, et par conséquent périmètre du décagone $= 10 \times 2,472 = 24^m,72$.

315. *Le carré du côté d'un pentagone régulier inscrit est égal à la somme des carrés du rayon et du côté du décagone.*

On aura : $\overline{AB}^2 = \overline{OB}^2 + \overline{BC}^2$.

En effet, soient CB = OD = DB égal le côté du décagone, N le milieu du rayon OC, et AB le côté du pentagone.

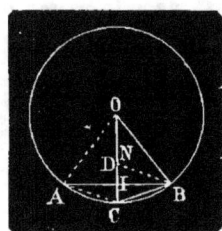

On a $NC = \dfrac{OD + DC}{2} = \dfrac{BC}{2} + CI$,

d'où $NC - CI = NI = \dfrac{BC}{2}$.

D'ailleurs le quadrilatère AOBC donne (ex. 259)

Fig. 244.

$$2\,\overline{OB}^2 + 2\,\overline{BC}^2 = AB^2 + \overline{OC}^2 + 4\,\frac{\overline{BC}^2}{4} : \text{car } 4\,\frac{\overline{BC}^2}{4} = 4\,\overline{NI}^2.$$

D'où on tire $\overline{AB}^2 = 2\,\overline{OB}^2 + 2\,\overline{BC}^2 - \overline{OC}^2 - \overline{BC}^2$

ou $\overline{AB}^2 = \overline{OB}^2 + \overline{BC}^2$.

316. *Quel est le périmètre d'un pentagone régulier inscrit dans un cercle de 2^m de rayon?*

$$\text{Rép. } P = 11^m,79.$$

Soient c le côté du pentagone, et R le rayon du cercle. Le côté du décagone étant égal à

$$\frac{R}{2}\,(\sqrt{5} - 1), \text{ on a (ex. 315)}$$

$$c^2 = R^2 + \left(\frac{R}{2}\,(\sqrt{5} - 1)\right)^2 = R^2 + \left(\frac{R}{2}\sqrt{5} - \frac{R}{2}\right)^2$$

$$c^2 = R^2 + \frac{5\,R^2}{4} - 2 \times \frac{R}{2}\sqrt{5} \times \frac{R}{2} + \frac{R^2}{4}$$

$$c^2 = R^2 + \frac{3\,R^2}{2} - \frac{R^2}{2}\sqrt{5}$$

$$c^2 = \frac{R^2}{2}\,(5 - \sqrt{5})$$

$$c = R\sqrt{\frac{5 - \sqrt{5}}{2}}$$

$$5\,c \text{ ou } P = 5\,R\sqrt{\frac{5 - \sqrt{5}}{2}} = 10\sqrt{\frac{5 - \sqrt{5}}{2}} = 11^m,79.$$

262. **317.** *Les circonférences* C *et* C' *étant données, construire une circonférence égale à* C + C'.

Représentant par r et r' les rayons des circonférences données, et par x le rayon de la circonférence cherchée, on a

$$C = 2\pi r$$
$$C' = 2\pi r'$$

Circonf. $x = 2\pi x = C + C' = 2\pi r + 2\pi r'$
$$2\pi x = 2\pi r + 2\pi r'$$

d'où
$$x = r + r'$$

On construit le rayon x, puis on décrit la circonférence.

318. *Les circonférences* C *et* C', *étant données, trouver une circonférence égale à* C — C'.

Conservant les mêmes notations, on a
$$2\pi x = 2\pi r - 2\pi r'$$

d'où
$$x = r - r'.$$

319. *Les circonférences* C, C' *et* C'' *étant données, construire une circonférence égale à* $\frac{1}{3}$ C + $\frac{1}{4}$ C' — $\frac{1}{5}$ C''.

On a
$$2\pi x = \frac{2\pi r}{3} + \frac{2\pi r'}{4} - \frac{2\pi r''}{5}$$

d'où
$$x = \tfrac{1}{3} r + \tfrac{1}{4} r' - \tfrac{1}{5} r''$$

320. *On a une circonférence* O, *sur le rayon* OA *comme diamètre on décrit une autre circonférence, et on mène un rayon quelconque* OB *qui coupe la petite circonférence en* C. *On demande de démontrer que les arcs* AB *et* AC *sont égaux.*

On aura : AB = AC.

Les circonférences sont proportionnelles à leurs rayons, par suite la circonférence extérieure est double de la circonférence intérieure ; un degré de la 1re répond donc aussi à un arc double de celui d'un degré de la 2e. Mais l'angle AOB a pour mesure l'arc AB ou la moitié de l'arc AC. Le dernier arc contient par conséquent un nombre double de degrés que le 1er ; donc **ils ont même longueur.**

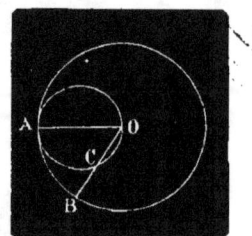

Fig. 245.

267.   **321.** *Calculer le côté et l'apothème de l'octogone régulier ins-crit dans un cercle de rayon donné.*

R étant le rayon donné, c et a le côté et l'apothème demandés on aura :

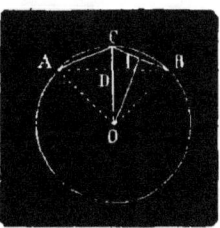

$$c = R \sqrt{2 - \sqrt{2}} \text{ et } a = \frac{R}{2} \sqrt{2 + \sqrt{2}}.$$

En effet, soient AB le côté du carré ins-crit, AC le côté de l'octogone régulier inscrit, OI l'apothème et OC un rayon. Le triangle AOC donne (n° 233)

Fig. 246.

$$c^2 = R^2 + R^2 - 2 R \times OD = 2 R^2 - 2 R \times OD.$$

Or $OD = \dfrac{AB}{2}$, mais (n° 254), $AB = R \sqrt{2}$; par suite

$$OD = \frac{R \sqrt{2}}{2}$$

donc
$$c^2 = 2 R^2 - 2 R \times \frac{R \sqrt{2}}{2}$$
$$c^2 = 2 R^2 - R^2 \sqrt{2}$$
$$c^2 = R^2 (2 - \sqrt{2})$$
$$c = R \sqrt{2 - \sqrt{2}}.$$

Quant à la valeur de $OI = a$, elle est facile à calculer, puisque dans le triangle rectangle COI, l'hypoténuse $OC = R$, et $CI = \dfrac{c}{2}$, on a par conséquent

$$a^2 = R^2 - \frac{c^2}{4}, \text{ mais } c^2 = R^2 (2 - \sqrt{2}), \text{ par suite } \frac{c^2}{4} = \frac{R^2}{4}(2 - \sqrt{2}):$$

donc
$$a^2 = R^2 - \frac{R^2}{4}(2 - \sqrt{2}) = R^2 - \frac{2 R^2}{4} + \frac{R^2 \sqrt{2}}{4} = \frac{2 R^2}{4} + \frac{R^2 \sqrt{2}}{4}$$

$$a^2 = \frac{R^2}{4}(2 + \sqrt{2})$$

$$a = \frac{R}{2} \sqrt{2 + \sqrt{2}}.$$

REMARQUE. Il est évident que, pour obtenir les valeurs de c et de a, on aurait pu se baser entièrement sur ce qui est dit au n° 266.

277. **322.** *Dans une circonférence, 5° répondent à une longueur de 0^m,20 : quelle est la longueur du rayon qui a servi à construire cette circonférence?*

Si 5° répondent à 0^m,20, 1° répond à $\dfrac{0^m,20}{5}$ et 360° à $\dfrac{0,20 \times 360}{5}$

$= 14^m,40$

On a donc
$$C = 14^m,40 = 2\pi R$$

d'où
$$R = \frac{14,40}{2\pi} = \frac{7,20}{\pi} = 2^m,29.$$

323. *Combien vaut en mètres une seconde du méridien?*

$$360° = 360 \times 60 \times 60 = 1296000''$$
Un méridien vaut 40000000^m, par conséquent une seconde vaut
$$\frac{40000000}{1296000} = 30^m,86$$

324. *Quelle est en kilomètres la distance moyenne d'un point d'un méridien au centre de la terre?*

On a
$$2\pi R = 40000^{km}$$
d'où
$$R = \frac{40000}{2\pi} = \frac{20000}{\pi} = 6369^{km},42.$$

325. *Deux arcs ont même longueur, l'un qui a 20°30′ a été décrit avec un rayon de 0^m,60, l'autre a 12° 40′ : on demande la longueur du rayon qui a servi à le décrire.*

Rép. 0^m,96.

La longueur de la première circonférence ou
$$C = 2\pi R = 2 \times 3,1416 \times 0,60 = 3^m,77$$
Si 360° répondent à une longueur de 3^m,77

1° répond à une longueur de $\dfrac{3^m,77}{360}$

et 20°30′ ou 20°,5 répondent à une longueur de
$$\frac{3^m,77 \times 20,5}{360} = 0^m,214.$$

Cette longueur $0^m,214$ répond dans la seconde circonférence à $12°,40'$ ou $12°,66$: $1°$ répond à une longueur égale à $\dfrac{0,214}{12,66}$ et $360°$ à $\dfrac{0,214 \times 360}{12,66} = 6,085$.

Appelant C' cette seconde circonférence et R' son rayon on a

$$C' = 2\pi R' = 6,085,$$

d'où

$$R = \frac{6,085}{2 \times 3,1416} = 0^m,96$$

EXERCICES DU LIVRE IV.

287. **326.** *Calculer l'aire d'un rectangle dont les dimensions son 58^m,45 et 24^m,60.*

Aire demandée ou $R = 58^m,45 \times 24^m,60 = 14^a,37$.

327. *Un embranchement de chemin de fer doit avoir 40^km de long sur 12^m de large ; on demande combien coûtera le terrain à acquérir, si l'on paye, prix moyen, 4500^f l'hectare.*

Rép. 216000^f.

$R = B \times H$, or $B = 40^{km}$ ou 40000^m

$R = 40000 \times 12 = 480000^{m_q} = 48^{ha}$. Un hectare se paye 4500^f, 48^{ha} se payeront $4500^f \times 48 = 216000^f$.

328. *Combien vaut un pré rectangulaire dont les dimensions sont : 75^m,30 et 35^m,20 ? Les 2/3 de ce pré sont estimés à raison de 70^f l'are, et l'autre 1/3, 60^f l'are.*

Rép. $1766^f,65$.

$R = 75,30 \times 35,20 = 26^a,50$.

Le prix des 2/3 à 70^f l'are sera $\dfrac{26,50 \times 2 \times 70}{3} = 1236^f,60$,

le prix du 1/3 à 60^f l'are sera $\dfrac{26,50 \times 1 \times 60}{3} = 305$

Total $\overline{\qquad 1766^f,66.}$

329. *Quelle est la hauteur d'un rectangle dont la base a 65^m et la surface 1430^{mq} ?*

R ou $1430 = 65 \times H$

d'où $H = \dfrac{1430}{65} = 22^m$.

9

530. *Un rectangle a une surface de* 756^{mq}, *on demande ses dimensions sachant qu'elles sont entre elles dans le rapport de 7 à 3*

$$\text{Rép. } H = 18^m \text{ et } B = 42^m.$$

On a :

$$\text{Surface du rectangle R ou } 756 = B \times H.$$

Or, $\dfrac{B}{H} = \dfrac{7}{3}$ et par suite $B = \dfrac{7}{3}$ H. Alors il vient

$$756 = \frac{7}{3} H \times H = \frac{7}{3} H^2$$

d'où $\quad H = \sqrt{\dfrac{756 \times 3}{7}} = 18$

et $\quad B = 42.$

331. *Un propriétaire qui a anticipé sur son voisin, doit rendre sur une longueur de* 60^m *une parcelle rectangulaire ayant* 38^{ca} *de surface : quelle largeur doit-on prendre ?*

Soit x la largeur. On a surface 38 centiares ou 38^{ca} $= 60 \times x$:

$$\text{d'où} \quad x = \frac{38}{60} = 0^m,63.$$

332. *Un terrain de forme rectangulaire est estimé* 60^f *l'are : on demande sa surface et ses dimensions, sachant qu'il a été vendu* 3725^f, *et que la hauteur est le $\frac{1}{5}$ de la base.*

$$\text{Rép. } S = 62^a,08 ; B = 176^m,20 ; H = 35^m,24.$$

Le prix total divisé par le prix d'un are égale la surface demandée ou $\qquad \dfrac{3725}{60} = 62^a,0833.$

La hauteur étant le 1/5 de la base, si l'on désigne la hauteur par x, la base sera $5x$ et l'on aura

$$R = 62^a,0833 = 5x \times x = 5x^2$$

d'où $\quad x = \sqrt{\dfrac{6208,33}{5}} = 35^m,24$

donc $\quad H = 35^m,24$ et $B = 176^m,20.$

333. *La surface d'un rectangle est 108^{mq},60 ; son périmètre est 48^m,20 : quelles sont ses deux dimensions ?*

Rép. 6^m et 18^m,10.

Soient x et y les dimensions du rectangle, on a
$$xy = 108,60$$
et
$$x + y = 24,10 :$$
d'où l'on tire
$$x = 24,10 - y$$
et
$$(24,10 - y)\, y = 108,60.$$
On trouve (alg. 144)
$$y = 18,10$$
$$x = 6.$$

334. *La surface d'un rectangle est 284^{mq} et la différence des deux côtés adjacents 16^m,40 : on demande sa base et sa hauteur.*

Rép. 10^m,54 ; 26^m,94.

On a
$$xy = 284$$
et
$$x - y = 16,40 :$$
d'où l'on tire
$$x = 16,40 + y$$
et
$$(16,40 + y)\, y = 284.$$
On trouve (Alg. 144)
$$y = 10,54$$
et
$$x = 26,94.$$

N. B. — On peut encore résoudre les deux questions précédentes en suivant une marche analogue à celle suivie dans l'exercice 353.

335. *Quelle est la surface d'un rectangle dont la diagonale a 75^m, sachant que les côtés sont dans le rapport de 3 à 4 ?*

Rép. 2700^{mq}.

Soient $3x$ et $4x$ les côtés du rectangle ; on a
$$9x^2 + 16x^2 = 75^2$$
$$x = \sqrt{\frac{5625}{25}} = 15$$
d'où
$$3x = 45$$
et
$$4x = 60$$
La surface du rectangle sera $45 \times 60 = 2700^{mq}$.

336. *Combien faut-il de carreaux pour paver une cuisine qui a 3^m,40 sur 3^m de large ? On sait qu'un carreau a 0^m,16 de côté.*

Rép. 398 carreaux.

La surface de la cuisine égale $\quad 3,40 \times 3 = 10^{mq},20,$
celle d'un carreau égale $\quad 0,16 \times 0,16 = 0^{mq},0256$

Le nombre demandé est évidemment égal à $\dfrac{10,20}{0,0256} = 398.$

337. *Trouver la surface S du carré inscrit dans un cercle de rayon* R.

Le côté du carré inscrit $= R \sqrt{2}$ $\qquad\qquad$ (254) :

donc $\qquad\qquad S = R \sqrt{2} \times R \sqrt{2} = 2R^2.$

338. *Trouver la surface S du carré circonscrit au même cercle.*

Le côté du carré circonscrit est évidemment égal à 2R : donc
$$S = 2R \times 2R = 4R^2.$$

D'où il résulte que la surface du carré circonscrit est double de la surface du carré inscrit.

339. *On a deux carrés : la diagonale de l'un est égale au côté de l'autre ; quel est le rapport des surfaces de ces deux carrés ?*

Rép. $\frac{1}{2}$.

Soit *c* le côté du premier carré ; sa surface sera c^2. La surface du second est le carré de la diagonale du premier. Or (228), ce carré $= 2c^2$. Le rapport demandé est donc $\dfrac{c^2}{2c^2} = \dfrac{1}{2}.$

340. *Trouver la surface d'un carré, sachant que la différence entre le côté du carré et sa diagonale est égale à* 6^m.

Rép. $209^{mq},96.$

Soient *c* le côté du carré et *d* sa diagonale. On a (n° 228)
$$d = c \sqrt{2},$$
par conséquent $d - c = c \sqrt{2} - c = 6 :$

d'où $\qquad c (\sqrt{2} - 1) = 6 ; c = \dfrac{6}{\sqrt{2} - 1} = 14,49.$

Donc la surface du carré $= 14,49 \times 14,49 = 209^{mq},96.$

341. *Construire un carré dans lequel la différence entre la diagonale et le côté soit égale à* 6^m, *quel sera le rayon du cercle circonscrit à ce carré ?*

Rép. Le côté du carré a $20^m,485$ et le rayon $10^m,242.$

Soit x la diagonale du carré, on a
$$x^2 = 2(x - 6)^2\text{; d'où l'on tire } x = 20^m,485,$$
l'autre racine ne convenant pas à la question. Le carré sera facile à construire puisque l'on connaît son côté.

La diagonale du carré inscrit étant égale au diamètre, le rayon demandé sera $\dfrac{20,485}{2} = 10^m,242.$

342. *On joint le $\frac{1}{3}$ du côté d'un carré au $\frac{1}{4}$ du côté adjacent; on demande de trouver en fonction du côté a du carré : 1° la surface du triangle ainsi déterminé ; 2° la surface de la partie restante du carré.*

$$\text{Rép. } 1° \ \frac{a^2}{24}; \quad 2° \ \frac{23a^2}{24}$$

On a un triangle rectangle dont les côtés de l'angle droit ont : l'un $\dfrac{a}{3}$, l'autre $\dfrac{a}{4}$; par conséquent

$$T = \frac{1}{2} \times \frac{a}{3} \times \frac{a}{4} = \frac{a^2}{24}$$

Ainsi la surface du triangle $= \frac{1}{24}$ de la surface du carré; la partie restante sera donc $\dfrac{23\,a^2}{24}.$

343. *Sur chaque côté d'un carré renfermant* 36^{mq} *de superficie, on prend alternativement deux longueurs égales à* $4^m,25$ *et* $1^m,75$. *On joint les points 2 à 2. On obtient un carré dont on demande la surface, et le rapport avec le* 1er.

On obtient un carré (ex. 38). On a d'ailleurs :
Surface du carré $= \text{EFGH} = \overline{\text{EF}}^2 = \overline{\text{BE}}^2 + \overline{\text{BF}}^2$
$$= 4,25^2 + 1,75^2 = 21^{mq},125.$$

Le rapport des deux carrés est donc $\dfrac{21,125}{36}.$

344. *Calculer la surface d'un triangle dont la base a* $54^m,65$ *et la hauteur* $19^m,25$.

$$\text{Aire demandée ou } T = \frac{54,65 \times 19,25}{2} = 10^a,52.$$

345. *Un triangle a* 378^{mq} *de surface et* 42^m *de base ; on demande sa hauteur.*

$$\text{On a} \quad T = 378 = \frac{42 \times H}{2}$$

d'où $\qquad H = \dfrac{378 \times 2}{42} = 18^m.$

346. *Un triangle ABC a 875^{mq} de surface; on demande ses dimensions, sachant que le rapport de la base AC à la hauteur BD = $\frac{14}{5}$.*

Rép. 70^m et 25^m.

On a: $\qquad T = 875 = \dfrac{B \times H}{2}$

or, $\dfrac{B}{H} = \dfrac{14}{5}$, et par suite $B = \dfrac{14}{5} H$. D'après cela on a

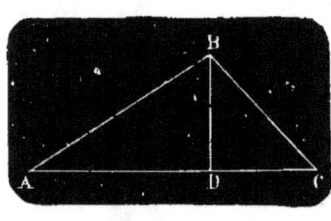

Fig. 247.

$$875 = \frac{14}{5} H \times \frac{H}{2} = \frac{14}{10} H^2$$

d'où $H = \sqrt{\dfrac{875 \times 10}{14}} = 25$

et par conséquent

$$B = \frac{14}{5} \times 25 = 70.$$

347. *Dans le même triangle ABC on détache un triangle de 60^{mq} et qui a même sommet B; quelle est la longueur de sa base que l'on prend à partir de A?*

Rép. 4^m,80.

Soit x la longueur cherchée. La base de ce triangle étant une partie de la base du triangle donné et son sommet étant au même point, il a même hauteur et l'on a

$$\frac{25 \times x}{2} = 60 : \text{d'où } x = \frac{60 \times 2}{25} = 4^m,80.$$

348. *Déterminer le côté a du carré équivalent à la surface d'un triangle T de 62^m de base et 24^m de hauteur.*

On a $\qquad T = \dfrac{62 \times 24}{2}$

on a aussi $\qquad a^2 = \dfrac{62 \times 24}{2}$

donc $\qquad a = \sqrt{\dfrac{62 \times 24}{2}} = 27^m,27.$

349. *Trouver la surface du dodécagone régulier inscrit en fonction du rayon.*

$$\text{Rép. } S = 3R^2.$$

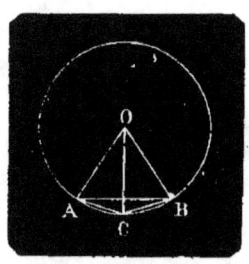

Fig. 248.

On a

$$\text{surface COB} = \frac{CO}{2} \times \frac{AB}{2}$$

c'est-à-dire $\quad = \dfrac{R}{2} \times \dfrac{R}{2}, \quad$ ou $= \dfrac{R^2}{4}.$

Mais $\text{COB} =$ le $\frac{1}{12}$ du dodécagone, donc la

$$\text{surface du dodécagone} = \frac{12\,R^2}{4} = 3\,R^2.$$

350. *On donne un trapèze dont la grande base a* 36ᵐ, *la petite* 22 *et la hauteur* 16 ; *on demande de calculer la surface du triangle limité par le prolongement des côtés non parallèles du trapèze et la petite base.*

Soit x la hauteur du triangle. On a (ex. 216)

$$x = \frac{bh}{B-b} = \frac{22 \times 16}{36 - 22} = 25^m,14$$

donc $\quad T = \dfrac{22 \times 25,14}{2} = 276^{mq},54.$

351. *Calculer la surface d'un triangle rectangle dont un côté de l'angle droit a* 15ᵐ *et la perpendiculaire abaissée du sommet sur l'hypoténuse* 9ᵐ.

$$\text{Rép. } 84^{mq},37.$$

Déterminons la longueur de la base AC, nous avons

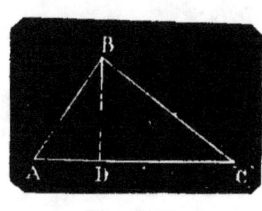

Fig. 249.

$$DC = \sqrt{\overline{BC}^2 - \overline{BD}^2} = 12$$

et $\quad AD = \dfrac{\overline{BD}^2}{DC} = 6,75 \qquad (\text{n}^\circ \ 226)$

d'où $\quad AC = 18,75$

et surf. $ABC = \dfrac{18,75 \times 9}{2} = 84,375.$

352. *Calculer à* 0ᵐ,01 *près la hauteur d'un triangle dont la base a* 60ᵐ *et dont la surface doit être moyenne proportionnelle entre celles de deux rectangles ayant* 4ᵐ *de hauteur et pour bases* 46ᵐ,80 *et* 54ᵐ,60.

$$\text{Rép. } 6^{m},73.$$

Soit x la hauteur cherchée.

Les surfaces de T, R, R' sont :

$$T = \frac{60}{2} \times x = 30x$$
$$R = 46,80 \times 4$$
$$R' = 54,60 \times 4.$$

Le triangle devant être une moyenne proportionnelle entre R, R'

on a
$$\frac{46,80 \times 4}{30x} = \frac{30x}{54,60 \times 4}$$

d'où
$$30^2 x^2 = 46,80 \times 4 \times 54,60 \times 4$$

$$x = \frac{\sqrt{46,80 \times 4 \times 54,60 \times 4}}{30}.$$

Si l'on extrait la racine carrée du numérateur à 0,1 près, on aura la valeur de x à $\frac{0,1}{30}$ ou à $\frac{1}{300}$ près, et à *fortiori* à $\frac{1}{100}$ près ;
$$x = 6^{m},73.$$

353. *La surface d'un triangle rectangle est de* 726^{mq}, *l'hypoténuse a* 55^{m} ; *on demande les deux côtés de l'angle droit.*

Rép. 44^{m} et 33^{m}.

Soient **b** et c les deux côtés de l'angle droit. L'énoncé donne

$$\frac{b \times c}{2} = 726 (1)$$

et $\quad b^2 + c^2 = 55^2 (2).$

Si à l'égalité (2) on ajoute $2bc$, on obtiendra le carré de $b + c$, c'est-à-dire $b^2 + c^2 + 2bc$. Or, on trouve la valeur de $2bc$ en multipliant par 4 la relation (1). Ainsi on a

$$2bc = 726 \times 4 (3)$$

et par suite, en additionnant (2) et (3), il vient

$$b^2 + c^2 + 2bc = (b + c)^2 = 55^2 + 726 \times 4$$

d'où $\quad b + c = \sqrt{55^2 + 726 \times 4} = 77$ (4)

D'ailleurs, si à l'égalité (2) on retranche $2bc$, on obtient le carré de $b - c$, c'est-à-dire $b^2 + c^2 - 2bc$. On trouve ainsi

$$b^2 + c^2 - 2bc = (b - c)^2 = 55^2 - 726 \times 4$$

d'où $\quad b - c = \sqrt{55^2 - 726 \times 4} = 11 (5).$

Actuellement on connait la somme et la différence de deux nombres, il est facile d'en déduire ces nombres. On trouve, par la méthode connue (alg. n° 65):

$$b = 44$$
et $\quad c = 33.$

354. *L'aire d'un triangle équilatéral étant* 4^{mq},50, *on demande l'aire du carré inscrit dans le cercle circonscrit au triangle.*

Rép. 6^{mq},93.

Le côté *a* du triangle équilatéral (n° 256) inscrit dans le **cercle de** rayon R = R$\sqrt{3}$(1). Mais à cause du triangle rectangle BDC, on a

$$h^2 = a^2 - \frac{a^2}{4}.$$ Substituant la valeur de *a* (1)

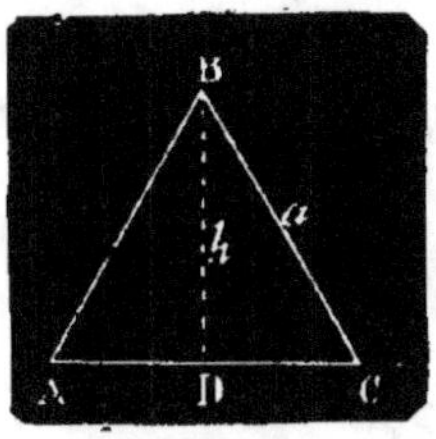

il vient $h = \sqrt{3R^2 - \frac{3R^2}{4}} = \sqrt{\frac{9R^2}{4}} = \frac{3R}{2}.$

Or, l'aire du triangle équilatéral ou

$$T = \frac{a \times h}{2} = \frac{1}{2} R\sqrt{3} \times \frac{3}{2} R = \frac{3\sqrt{3}}{4} R^2$$

Fig. 250.

D'où l'on tire $R^2 = \frac{4T}{3\sqrt{3}}.$

Mais (ex. 337) l'aire du carré inscrit = 2R²

donc $2R^2 = \frac{8T}{3\sqrt{3}} = \frac{8 \times 4,50}{3\sqrt{3}} = 6^{mq},93.$

355. *Trouver le côté d'un carré équivalent à un triangle donné, en supposant que la base du triangle ait* 4^m,80 *et la hauteur* 5^m,40.

Rép. 3^m,60.

Soit *x* le côté du carré demandé, B et H la base et la hauteur du triangle, on a

$$x^2 = B \times \frac{H}{2} = \frac{4,80 \times 5,40}{2}$$

$$x = \sqrt{\frac{4,80 \times 5,40}{2}} = 3^m,60.$$

356. *On joint un point quelconque O pris dans l'intérieur d'un parallélogramme aux 4 sommets. Démontrer qu'il existe un rapport constant entre la surface du parallélogramme et la somme des surfaces de deux triangles opposés.*

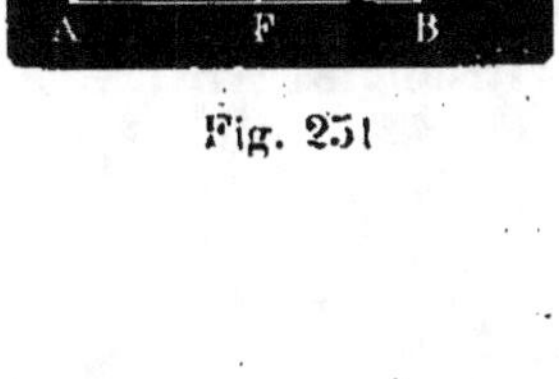

Soit EOF la hauteur du parallélogramme ;

on a triangle AOB = AB $\times \dfrac{OF}{2}$,

Fig. 251.

et triangle DOC = AB $\times \dfrac{OE}{2}$

donc surface de ces deux triangles $= AB \left(\dfrac{OF + OE}{2} \right) = AB \times \dfrac{EF}{2}$
$=$ moitié de la surface du parallélogramme.

On a aussi $AOD + BOC = \dfrac{BC \times MN}{2} =$ moitié du parallélogramme.

REMARQUE. Supposons le point O à l'extérieur du parallélogramme, mais compris entre deux côtés parallèles.

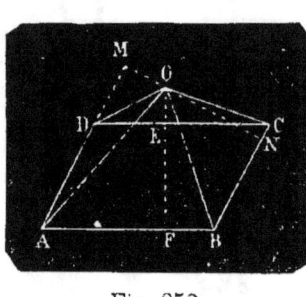

Fig. 252.

Nous aurons $AOD + BOC = \dfrac{BC \times MN}{2}$
$= \dfrac{AB \times EF}{2} =$ moitié du parallélogramme. D'autre part $AOB - DOC$
$= \dfrac{AB \times OF}{2} - \dfrac{AB \times OE}{2} = \dfrac{AB \times EF}{2}$
$=$ moitié du parallélogramme ; dans ce cas, la différence des deux triangles AOB, DOC est égale à la somme des deux autres AOD, BOC ; de plus cette somme et cette différence sont l'une et l'autre égales à moitié du parallélogramme.

Prenons enfin le point O en dehors des 4 parallèles ; nous aurons

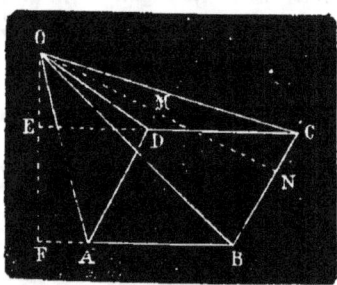

Fig. 253.

$BOC - AOD = \dfrac{BC (ON - OM)}{2}$
$= \dfrac{AB \times EF}{2} =$ moitié du parallélogramme. De même $AOB - DOC$
$= \dfrac{AB \times EF}{2} =$ moitié du parallélogramme ; dans ce cas la différence des triangles AOB, DOC est égale à la différence des deux autres BOC, AOD, et ces deux différences sont chacune égales à moitié du parallélogramme.

357. *Trouver dans l'intérieur d'un triangle **un point** tel qu'en le joignant aux trois sommets, le **triangle donné soit décomposé** en trois triangles équivalents** *.

Supposons le problème résolu. Soient O le point demandé et OD, OH, OE, trois perpendiculaires. Les triangles ABO, AOC

* Voir la *division des terrains*, p. 436 et suivantes.

étant équivalents, on peut écrire DO $\times$ AB = OH $\times$ AC

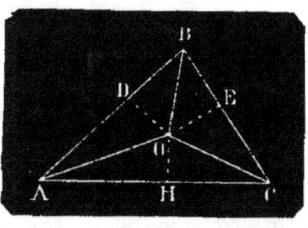

$$\text{ou } \frac{DO}{OH} = \frac{AC}{AB}.$$

Donc la ligne AO est le lieu des points dont les distances à AB et à AC sont dans le rapport $\dfrac{AC}{AB}$.

On prouverait de même que la ligne OC est le lieu des points dont les dis-

Fig. 254.

tances aux côtés AC, BC sont dans le rapport $\dfrac{BC}{AC}$.

Le point O se trouvera par conséquent être l'intersection de ces deux lignes. (Voir à la fin du volume la note de la page 129).

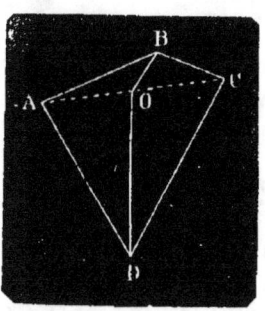

358. *Partager un quadrilatère quelconque en deux parties équivalentes.*

Soit le quadrilatère ABCD.

Si par le milieu O de la diagonale AC, on mène OB et OD on divise les deux triangles ABC et ADC en deux parties équivalentes, et par suite (n° 293), la ligne BOD divise le quadrilatère en deux parties équivalentes ABOD et BODC.

Fig. 255.

359. *Les aires de deux triangles* ABC, DEF *qui ont un angle égal sont dans le même rapport que les produits des côtés de ces angles.*

$$B = E, \text{ on aura } \frac{ABC}{DEF} = \frac{BC \times AB}{EF \times DE}.$$

En effet, AH et DI étant les hauteurs des deux triangles, on a

$$\frac{ABC}{DEF} = \frac{BC \times AH}{EF \times DI} = \frac{BC}{EF} \times \frac{AH}{DI} \quad (1).$$

Or les triangles semblables BAH, EDI donnent

$$\frac{AH}{DI} = \frac{AB}{ED}$$

Remplaçant dans l'égalité (1) le rapport $\dfrac{AH}{DI}$ par sa valeur,

il vient

$$\frac{ABC}{DEF} = \frac{BC \times AB}{EF \times DE} \quad \text{c. q. f. d.}$$

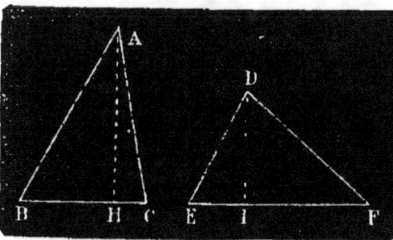

Fig. 256.

294

360. *Trouver l'aire d'un losange dont les diagonales sont* 3ᵐ *et* 2ᵐ.

Aire demandée ou $L = \dfrac{3 \times 2}{2} = 3^{mq}$.

295

361. *Diviser un carré, un rectangle, un parallélogramme, un losange en parties égales par des parallèles aux côtés.*

Si l'on divise la base d'un parallélogramme en un nombre quelconque de parties égales et que par les points de division on mène des parallèles aux autres côtés on obtient des parallélogrammes de même base et de même hauteur, et qui sont par conséquent équivalents.

On procède de même pour diviser en parties égales un carré, un rectangle et un losange.

362. *Quelle est la surface d'un trapèze dont la hauteur a* 12ᵐ, *et les bases* 48ᵐ,50 *et* 25ᵐ ?

Aire demandée ou $T = 12 \times \dfrac{48,50 + 25}{2} = 4^{a},41$.

297

363. *Diviser un trapèze en deux parties équivalentes par une droite partant d'un point donné sur une base.*

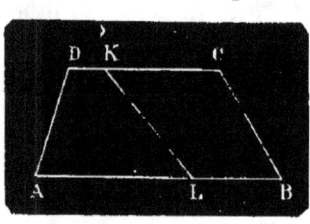

Fig. 257.

Soit K le point donné et KL la ligne cherchée. Puisque les deux trapèzes ADKL, KLBC sont équivalents et ont même hauteur, AL + DK = ½ (AB + CD); d'où AL = ½ (AB + CD) — DK. Je construis AL, je porte cette longueur de K en L, enfin je tire KL.

364. *Un trapèze a un côté* AD = 80ᵐ,68 *perpendiculaire sur les deux bases, la base supérieure a* 90ᵐ,75, *le côté* BC *fait avec la base supérieure un angle de* 135° ; *on demande la surface de ce trapèze.*

Rép. 105ᵃ,76ᶜᵃ.

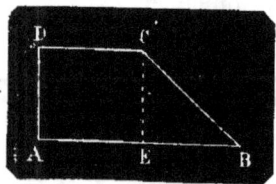

Fig. 258.

Si l'on abaisse la perpendiculaire CE sur AB, l'angle ECB vaut 45° ; son complément B vaut aussi 45° et le triangle CBE est isocèle, ce qui donne CE = BE : d'où AB = DC + AD = 80,68 + 90,75 = 171,43. On aura donc

$$T = \dfrac{171,43 + 90,75}{2} \times 80,68 = 105^{a},76^{ca}.$$

365. *Un triangle* ABC *a* 52^m,7 *de base et* 28^m,4 *de hauteur; à* 17^m *du sommet on mène une parallèle* DE *à la base; calculer la surface du trapèze* ADEC *ainsi obtenu.*

Rép. 480^{mq},17.

Les deux triangles semblables DBE, ABC donnent

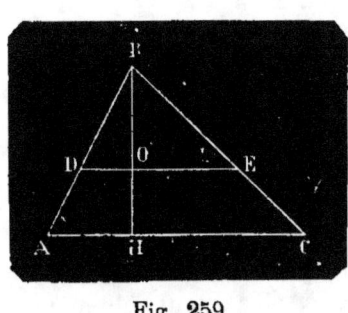

Fig. 259.

$$\frac{DE}{AC} = \frac{BO}{BH}$$

d'où $$DE = \frac{AC \times BO}{BH}$$

$$DE = \frac{52,7 \times 17}{28,4} = 31,54.$$

On aura donc

$$\text{Trapèze} = \frac{52,7 + 31,54}{2} \times 11,4$$

$$= 480^{mq},17.$$

366. *Un trapèze a* 42^m *de grande base,* 28^m *de petite et* 12^m *de hauteur; calculer la longueur de la droite menée dans l'intérieur du trapèze parallèlement aux bases et à* 3^m,60 *de la grande.*

Rép. 37^m,80.

Menons la parallèle BF à CD et la hauteur BH; si d'ailleurs nous supposons que GK soit la parallèle demandée, nous aurons à déterminer GI, car IK = BC. Or les triangles semblables ABF, GBI donnent

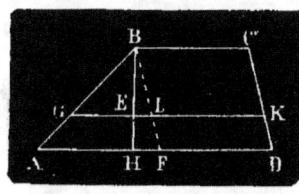

Fig. 260.

$$\frac{GI}{AF} = \frac{BE}{BH} \text{ ou } \frac{GI}{14} = \frac{8,4}{12}.$$

d'où GI = 9,8, GK = 9,8 + 28 = 37,80.

367. *L'une des bases d'un trapèze égale* 10^m, *la hauteur est de* 4^m, *la surface de* 32^{mq}. *A une distance de* 1 *mètre de la base donnée on lui mène une parallèle; on demande la longueur de la partie de cette droite comprise dans l'intérieur du trapèze* (fig. 260).

Rép. 9^m.

Si nous supposons que GK soit la parallèle demandée nous aurons à déterminer GI et BC car GK = GI + BC. Or les triangles semblables ABF, GBI donnent

$$\frac{GI}{AF} = \frac{BE}{BH}: \text{ d'où } GI = \frac{BE \times AF}{BH}.$$

Mais, d'après l'énoncé

$$32 = \frac{4\,(10 + BC)}{2} = 20 + 2BC :$$

d'où $\qquad\qquad\qquad\qquad BC = 6.$

Par suite $\qquad\qquad\quad AF = AD - BC = 10 - 6 = 4$

donc $\qquad\qquad\qquad GI = \dfrac{3 \times 4}{4} = 3$

et $\qquad\qquad\qquad\quad GK = 3 + 6 = 9.$

368. *Les deux côtés parallèles d'un trapèze ont pour valeurs* $3^{m},121$ *et* $5^{m},17$; *les deux autres côtés sont également inclinés sur les bases et ont pour valeur* $2^{m},2$: *trouver la surface du trapèze.*

Rép. $8^{mq},06.$

Déterminons la hauteur du trapèze ; pour cela menons la parallèle BE à CD, nous obtenons un triangle isocèle ABE dont la base $AE = 5,17 - 3,121 = 2^{m},049$ et la

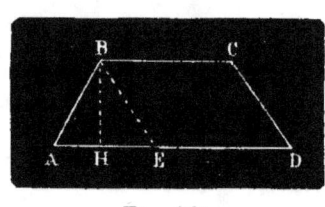

Fig. 261.

hauteur $BH = \sqrt{2,2^{2} - \left(\dfrac{2,049}{2}\right)^{2}}$ $= 1,944,$ d'où surface du trapèze $= \dfrac{3,121 + 5,17}{2} \times 1,944 = 8^{mq},06.$

369. *Un terrain a la forme d'un trapèze isocèle ; les bases sont* 100^{m} *et* 40^{m} ; *les deux autres côtés sont égaux à* $50^{m}.$ *On demande :* 1° *la surface de ce terrain en ares ;* 2° *la surface du terrain triangulaire qu'on obtiendrait en ajoutant au trapèze le triangle partiel formé par les prolongements des côtés non parallèles.*

Rép. $1^{o}\ 21^{a}$; $2^{o}\ 33^{a},33.$

1° Abaissons des points D et C les perpendiculaires DE, CF, nous aurons $EF = 40^{m}$ et $AE + FB = 60^{m},$ mais $AE = FB = 30^{m},$ par suite,

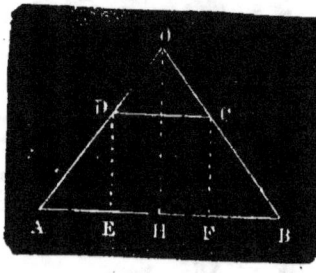

Fig 262

$DE = \sqrt{50^{2} - 30^{2}} = 40^{m}$

donc surface du trapèze

$= \left(\dfrac{100 + 40}{2}\right) \times 40 = 2100^{mq} = 21^{a}.$

2° Il nous reste à déterminer la surface du triangle AOB. Les deux triangles semblables ADE, AOH donnent $\dfrac{OH}{DE} = \dfrac{AH}{AE}$ ou $OH = \dfrac{40 \times 50}{30} = \dfrac{200}{3}$

Donc triangle $AOB = \dfrac{100}{2} \times \dfrac{200}{3} = 33^a,33$.

370. *Démontrer que dans tout trapèze le triangle qui a pour base un des côtés non parallèles et pour sommet le milieu du côté opposé, a une surface égale à la moitié de celle du trapèze.*

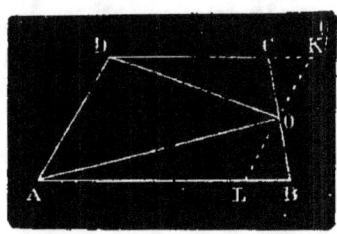

On doit avoir $AOD = \dfrac{ABCD}{2}$.

En effet, si par le point O, milieu de BC, on mène KL parallèle à AD, on obtient un parallélogramme ALKD équivalent au trapèze ABCD; or, le triangle AOD est égal à la moitié du parallélogramme ALKD, donc il est

Fig. 263.

aussi égal à la moitié du trapèze ABCD.

371. *La surface d'un trapèze est égale au produit d'un côté non parallèle par la distance de ce côté au milieu du côté opposé*

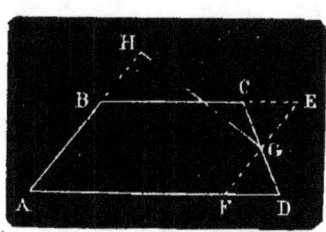

On aura : $T = AB \times GH$.

En effet, menons par le milieu de CD la parallèle FE et la perpendiculaire GH à AB. Les deux triangles DFG et CEG étant égaux, si nous substituons le second au premier, nous aurons le parallélogramme ABEF dont la surface sera égale à celle du

Fig. 264.

trapèze. Or, ce parallélogramme a pour mesure $AB \times GH$; le trapèze aura aussi même mesure, ou $T = AB \times GH$.

372. *Calculer l'aire d'un trapèze sachant que sa hauteur est égale à la demi-somme de ses bases; que la différence entre les deux bases est 1ᵐ; et que la plus grande base est égale à l'hypoténuse d'un triangle rectangle dont les deux côtés de l'angle droit seraient la petite base et la hauteur du trapèze.*

Rép. 4ᵐᵩ.

Soient x la grande base, y la petite et h la hauteur, on a

$$(1) \qquad \frac{x+y}{2} = h$$

$$(2) \qquad x - y = 1$$

$$(3) \qquad x^2 = y^2 + h^2.$$

L'équation (3) peut se transformer en celle-ci

$$x^2 - y^2 = (x + y)(x - y) = h^2 \quad \text{(Alg. n° 33)}$$

en multipliant membre à membre les deux premières, il vient

$$(x + y)(x - y) = 2h$$

d'où
$$h^2 = 2h$$
$$h = 2$$

Si l'on substitue la valeur de h dans la relation (1), les équations (1) et (2) donnent :

$$x = 2,5$$
et $$y = 1,5.$$

On aura donc Trapèze $= \dfrac{2,5 + 1,5}{2} \times 2 = 4^{m}$.

373. *La hauteur d'un trapèze a 10^m et sa surface est égale au rectangle fait sur ses deux bases parallèles. De plus, le double de la base supérieure plus le triple de la base inférieure égale 6 fois la hauteur. Quelles sont les deux bases ?*

Rép. 15^m et $7^m,50$ ou bien $6^m,\frac{2}{3}$ et 20^m.

Soient x et y les deux bases parallèles, l'énoncé donne les deux équations

$$(x + y) \times 5 = xy \quad (1)$$
$$3x + 2y = 60 \quad (2)$$
$$y = \frac{60 - 3x}{2}$$

$$\left(x + \frac{60 - 3x}{2}\right) 5 = x \left(\frac{60 - 3x}{2}\right)$$
$$10x + 300 - 15x = 60x - 3x^2$$
$$3x^2 - 65x + 300 = 0$$
$$x^2 - \frac{65x}{3} + 100 = 0$$

d'où (alg. n° 144) $\quad x = \dfrac{65}{6} + \sqrt{-100 + \left(\dfrac{65}{6}\right)^2}$

$$x' = 15$$
$$x'' = 6\tfrac{2}{3}.$$

Substituant ces valeurs dans l'équation (2), on obtient

$$y' = 7,50$$
$$y'' = 20.$$

Comme on peut s'en assurer, les deux réponses satisfont l'une et l'autre à la question.

374. *Connaissant dans un trapèze* B, b *et* h, *trouver la formule :*

$$T = \frac{(B + b)}{2} \, h,$$

en considérant le trapèze comme étant la différence entre deux triangles, dont le sommet commun serait au point de rencontre des côtés non parallèles du trapèze, et dont l'un des triangles aurait pour base B *et l'autre* b.

Si l'on désigne par x la hauteur du triangle, qui a *b* **pour base** (fig. 184), on a pour la surface du trapèze

$$T = \frac{B \, (h + x)}{2} - \frac{bx}{2}$$
$$2T = Bh + Bx - bx.$$

Mais (ex. 216)
$$x = \frac{bh}{B - b};$$

d'où
$$2T = Bh + \frac{Bbh}{B - b} - \frac{b^2 h}{B - b}$$
$$2T = Bh + \frac{bh \, (B - b)}{B - b}$$
$$2T = Bh + bh$$

donc
$$T = \frac{(B + b) \, h}{2}.$$

375. *Étant donné un trapèze* ABCD, *dont les deux bases parallèles* AB *et* CD *sont respectivement égales à* 5ᵐ *et à* 3ᵐ, *on demande par quel point* I *de la diagonale* AC *passe la droite* EF, *parallèle au côté* AD, *qui divise le trapèze en deux parties* AEFD *et* EBCF *qui sont dans le rapport de* 2 *à* 3.

Supposons le problème résolu et soit I le point cherché.

La ligne EF partage le trapèze proposé en deux autres de même hauteur et qui sont entre eux comme la somme de leurs bases.

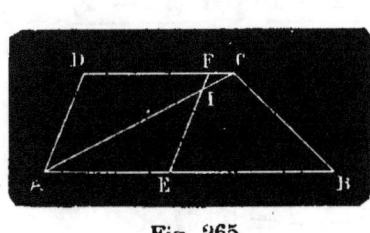

Fig. 265

On a donc
$$\frac{2AE}{BE + FC} = \frac{2}{3}$$

ou
$$\frac{2AE}{AB + DC - 2AE} = \frac{2}{3}$$

ou
$$6AE = 2AB + 2DC - 4AE$$
$$5AE = AB + DC = 5 + 3$$
$$AE = \tfrac{8}{5} = 1,6$$
$$FC = DC - AE = 1,4$$

10

Les deux triangles semblables AIE, ICF donnent

$$\frac{AI}{IC} = \frac{AE}{FC} = \frac{1,6}{1,4} = \frac{8}{7}$$

Le point I se trouve déterminé, puisqu'il est sur EF en un point qui divise cette droite dans un rapport donné (ex. 279).

376. *Les deux bases d'un trapèze ont respectivement pour longueur* 12^m *et* 7^m; *on demande de calculer la position de la droite, parallèle aux bases, qui diviserait le trapèze en deux parties équivalentes.*

Rép. 0^m,564 $\times$ H.

Soit FO la parallèle divisant le trapèze en deux parties équivalentes. Faisons BC $= b$, FO $= x$, AD $= a$, BL $=$ H, BI $= h$, nous aurons

$$(1) \qquad \frac{b+x}{2} \times h = \frac{a+x}{2} (H - h)$$

La parallèle BE à CD détermine les deux triangles semblables FBG et ABE qui donnent

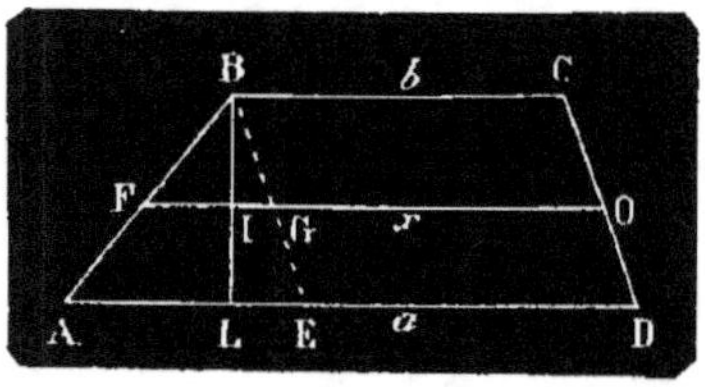

Fig. 266.

$$\frac{h}{x-b} = \frac{H}{a-b}$$

d'où $\quad h = \dfrac{H(x-b)}{a-b}$

et $\quad \dfrac{H}{h} = \dfrac{a-b}{x-b}$

$$\frac{H-h}{H} = \frac{a-b-x+b}{a-b}$$

$$H - h = \frac{H(a-x)}{a-b}.$$

Portant les valeurs de h et de H $- h$ dans l'équation (1), il vient

$$\frac{b+x}{2} \times \frac{H(x-b)}{a-b} = \frac{a+x}{2} \times \frac{H(a-x)}{a-b}$$

ou $\quad \dfrac{7+x}{2} \times \dfrac{H(x-7)}{5} = \dfrac{12+x}{2} \times \dfrac{H(12-x)}{5}$

$$(7+x)(Hx - 7H) = (12+x)(12H - Hx)$$

$$Hx^2 - 49H = 144H - Hx^2$$

$$x^2 = 96,5$$

$$x = 9,82$$

$$h = \frac{H(9,82 - 7)}{5} = 0,564 \times H.$$

377. *Un trapèze est donné dans lequel les deux bases paral-*
lèles et la hauteur sont représentées par a, b, h; *on divise les*
côtés en trois parties égales par des parallèles aux bases, ce qui
partage le trapèze donné en trois trapèzes partiels. On propose
de trouver la surface de chacun de ces trapèzes exprimée au
moyen des données a, b, h.

Rép. $T = \dfrac{h}{18}(a + 5b)$; $T' = \dfrac{h}{6}(a + b)$; $T'' = \dfrac{h}{18}(5a + b)$.

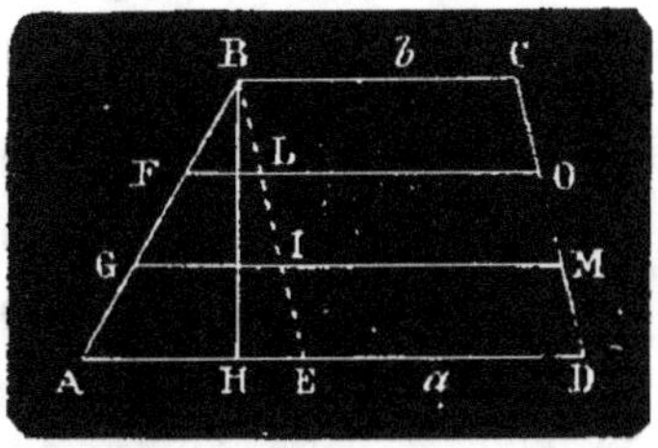

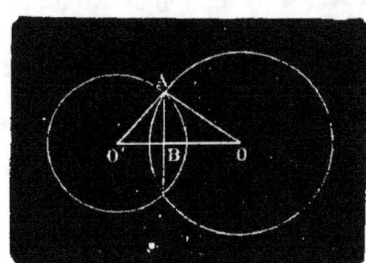

Fig. 267.

La parallèle BE à CD détermine
avec les droites FL, GI, trois triangles semblables qui donnent

$$FL = \tfrac{1}{3} AE = \tfrac{1}{3}(a - b)$$
$$GI = \tfrac{2}{3} AE = \tfrac{2}{3}(a - b)$$

d'où $FO = \tfrac{1}{3} a - \tfrac{1}{3} b + b$
$$= \tfrac{1}{3} a + \tfrac{2}{3} b = \tfrac{1}{3}(a + 2b)$$
$$GM = \tfrac{2}{3} a - \tfrac{2}{3} b + b$$
$$= \tfrac{2}{3} a + \tfrac{1}{3} b = \tfrac{1}{3}(2a + b)$$

Appelons **T**, **T'**, **T''** les surfaces des trois trapèzes partiels,

nous aurons $\qquad T = \dfrac{h}{3}\left(\dfrac{b + \tfrac{1}{3}(a + 2b)}{2}\right) = \dfrac{h}{18}(a + 5b)$;

de même $\qquad T' = \dfrac{h}{6}(a + b)$;

enfin $\qquad T'' = \dfrac{h}{18}(5a + b)$.

378. *Calculer la longueur de la corde commune à deux cercles*
dont les rayons ont 12ᵐ *et* 15ᵐ *de longueur, sachant que la distance*
de leurs centres est 18ᵐ.

Rép. 19ᵐ,84.

Il faut calculer le double de AB. Pour cela, je représente AB par
y et BO par **x**. Les deux triangles rectangles ABO, ABO' donnent

$$y^2 = \overline{15}^2 - x^2$$
$$\text{et } y^2 = \overline{12}^2 - (18 - x)^2 \cdot$$

par suite
$$\overline{15}^2 - x^2 = \overline{12}^2 - (18 - x)^2$$

c. à. d. $\quad 36x = 405$

$$x = \frac{405}{36} = 11,25$$

Portant cette valeur dans la première équation, on trouve

$$y = 9,92$$

La corde commune $= 2y = 19,84$.

Fig. 268.

379. *On demande l'aire d'un losange dont la grande diagonale a* 5ᵐ *et le côté* 3ᵐ.

Dans le triangle rectangle ABO (fig. 231), on connaît

$$BO = \frac{BD}{2} = \frac{5}{2} \text{ et } AB = 3^m, \text{ d'où } AO = \sqrt{9 - 6,25} = 1^m,65.$$

On aura donc : L = BD × AO = 5 × 1,65 = 8ᵐᑫ,25.

380. *Le carré construit sur la diagonale d'un carré est le double du carré donné.* (Démonstration graphique.)

Soit le carré ABCD, je construis **sur sa diagonale AC le carré** ACEF. Je dis que ACEF = 2ABCD.

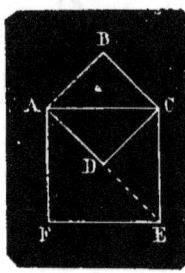

En effet, je mène DE, ce qui détermine un triangle CDE égal au triangle ACD comme ayant un angle égal en C compris entre côtés égaux (AC = CE et DC commun). Les angles en D sont donc droits et la ligne ADE est droite, et, comme elle est diagonale, elle divise le carré ACEF en deux triangles égaux chacun à deux fois ACD ; on a donc ACE = ABCD, et par suite ACEF = 2ABCD.

Fig. 269.

Démonstration algébrique. On a (n° 228)   AC = AB √2,
d'où   AC² = 2AB².

381. *Trouver la superficie d'un triangle rectangle isocèle dont la base a* 25ᵐ.

Rép. 156ᵐᑫ,25.

Le triangle isocèle rectangle ABC (fig. 269) est évidemment égal à la moitié du carré ABCD, et sa base, à la diagonale AC de ce carré ; or (ex. précédent), la surface de ce carré ou $a^2 = \frac{D^2}{2}$,

donc surface du triangle ou $\frac{a^2}{2} = \frac{D^2}{4} = \frac{25^2}{4} = 156^{mq},25.$

310

382. *La somme des perpendiculaires abaissées d'un point intérieur I sur les côtés d'un polygone régulier est égale à l'apothème OK multiplié par le nombre des côtés.*

On doit avoir *ih* + *il* + *im* + *in* + *ip* = 5KO

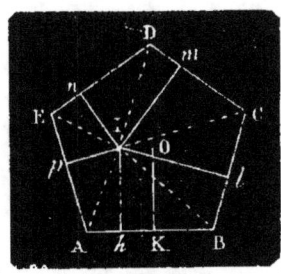

Fig. 270.

En effet,

$$\text{Surface ABCDE} = \frac{AB}{2} \times (ih + il + im + in + ip).$$

On a également

$$\text{surface ABCDE} = \frac{5AB}{2} \times KO$$

d'où $\quad \dfrac{AB}{2} \times (ih + il + im + in + ip) = \dfrac{5AB}{2} \times KO$

divisant les deux membres par $\dfrac{AB}{2}$, il vient

$$ih + il + im + in + ip = 5KO.$$

383. *Un polygone irrégulier a un périmètre de 320^m; on demande le côté du carré équivalant à ce polygone, sachant que les côtés du polygone sont tous tangents à un cercle de 40^m de rayon.*

Rép. 80^m.

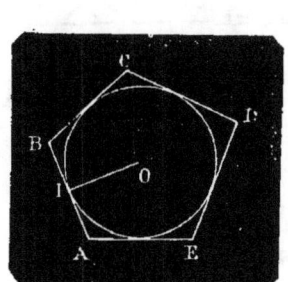

Fig. 271.

Soit S la surface du polygone. On a

$$S = \frac{OI}{2} \times AB + \frac{OI}{2} \times BC + \frac{OI}{2} \times CD + \frac{OI}{2} \times DE + \frac{OI}{2} \times EA$$

ou $S = \dfrac{OI}{2} (AB + BC + CD + DE + EA)$

$$S = 20 \times 320 = 6400^{mq}$$

Le côté du carré étant x, on a

$$x^2 = 6400$$

et $\quad x = 80.$

384. *Trouver l'aire S d'un pentagone régulier inscrit dans un cercle de 2^m de rayon.*

Rép. 9^{mq},52.

Désignant par 5c le périmètre du pentagone et par a son apothème, on a

$$S = \frac{5c}{2} \times a$$

Or (ex. 316) $\qquad \dfrac{5c}{2} = \dfrac{11,79}{2};$

$$\text{et} \quad c = \frac{11,79}{5} = 2,358.$$

D'ailleurs $a = \sqrt{R^2 - \frac{c^2}{4}} = \sqrt{4 - 1,39} = 1,615$.

Par suite $S = \frac{5c}{2} \times a = \frac{5 \times 2,358 \times 1,615}{2} = 9^{mq},52$.

385. *Si l'on désigne par* c *le côté d'un polygone régulier de* n *côtés, inscrit dans un cercle de rayon* R, *on aura pour l'aire* S *d'un polygone de* 2n *côtés.*

$$S = \frac{2n \times c \times R}{4}$$

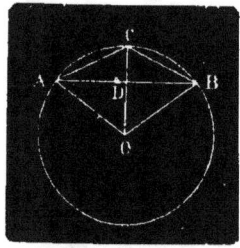

Fig. 272.

En effet, soient $AB = c$, $AC = CB$ = le côté du polygone de $2n$ côtés. Le polygone se compose de $2n$ AOC. Or, on a

$$AOC = AD \times \frac{OC}{2} = \frac{c}{2} \times \frac{R}{2} = \frac{c \times R}{4}$$

Par suite $2n$ AOC ou $S = \frac{2n \times c \times R}{4}$.

386. *Trouver dans un cercle de rayon* R, *l'aire de l'octogone régulier inscrit.*

$$\text{Rép. } S = 2 R^2 \sqrt{2}.$$

Faisons usage de la formule précédente :

$2n = 8$, $c =$ le côté du carré inscrit $= R \sqrt{2}$, par conséquent

$$\text{Surface octog.} = \frac{8 \times R \sqrt{2} \times R}{4} = 2R^2 \sqrt{2}.$$

387. *Quelle est l'aire d'un octogone régulier inscrit dans un cercle de* $3^m,20$ *de rayon?*

On a (ex. 386) :

$$S = 2R^2 \sqrt{2} = 2 \times 3,20 \times 3,20 \times 1,414 = 28^{mq},95.$$

388. *Trouver la surface d'un octogone régulier en fonction de son côté* c.

$$\text{Rép. } S = \frac{2c^2 \sqrt{2}}{2 - \sqrt{2}}$$

La surface d'un octogone régulier en fonction du **rayon du cercle circonscrit** est égale à $2R^2 \sqrt{2}$ (ex. 386).

Mais on a (ex. 321) $c = R \sqrt{2 - \sqrt{2}}$:

d'où $$R^2 = \frac{c^2}{2 - \sqrt{2}},$$

donc surface octogone $$S = \frac{2c^2 \sqrt{2}}{2 - \sqrt{2}}.$$

(Voir d'autres méthodes, n° 498).

389. *On a deux octogones réguliers, qui ont respectivement* 54^{mq} *et* 62^{mq} : *trouver le côté d'un troisième octogone régulier dont la surface soit égale à la somme des surfaces des deux premiers.*

Rép. $4^m,902$.

Si l'on désigne par c le côté de l'octogone cherché, on aura (ex. 388):

$$54 + 62 = 116 = \frac{2c^2 \sqrt{2}}{2 - \sqrt{2}} = \frac{2 \times c^2 \times 1,414}{0,586}$$

d'où $$c^2 = \frac{116 \times 0,586}{2 \times 1,414} = 24,03$$

$$c = \sqrt{24,03} = 4^m,902.$$

390. *L'aire d'un octogone régulier est de* 20^{mq}, *calculer le rayon du cercle circonscrit et du cercle inscrit.*

Rép. $2^m,66$ et $2^m,47$.

Si l'on désigne par R le rayon du cercle circonscrit, par c le côté de l'octogone et par a son apothème, on a (ex. 386) :

$$20 = 2R^2 \sqrt{2}, \text{ d'où } R = \sqrt{\frac{10}{\sqrt{2}}} = 2,66,$$

et (ex. 321) $20 = 8c \times \dfrac{a}{2} = 8R \sqrt{2 - \sqrt{2}} \times \dfrac{a}{2}$,

ou $$20 = 4 \times 2,66 \times \sqrt{2 - \sqrt{2}} \times a :$$

d'où⋅⋅⋅⋅ $$a = \dfrac{20}{4 \times 2,66 \times \sqrt{2 - \sqrt{2}}} = 2,47.$$

Or a égale le rayon du cercle inscrit.

391. *Trouver l'aire d'un décagone régulier en fonction du rayon* R *du cercle circonscrit.*

Rép. $S = \dfrac{5R^2}{4} \sqrt{10 - 2\sqrt{5}}.$

Dans ce cas $2n = 10$, $c =$ le côté du pentagone régulier. Or (ex. 316)

$$c = R \sqrt{\dfrac{5 - \sqrt{5}}{2}};$$

et (ex. 385) $S = \dfrac{2n \times c \times R}{4} = 10 \times R \sqrt{\dfrac{5 - \sqrt{5}}{2}} \times \dfrac{R}{4},$

$$S = 10 \times \dfrac{R^2}{4} \sqrt{\dfrac{5 - \sqrt{5}}{2}},$$

$$S = \dfrac{5R^2}{2} \sqrt{\dfrac{10 - 2\sqrt{5}}{4}},$$

$$S = \dfrac{5R^2}{4} \sqrt{10 - 2\sqrt{5}}.$$

392. *Trouver l'aire du polygone régulier de* 20 *côtés inscrit dans un cercle de rayon* R.

Rép. $S = \dfrac{5R^2}{2} (\sqrt{5} - 1).$

On a $2n = 20$, $c =$ côté du décagone régulier inscrit (n° 257). Or (ex. 297): $c = \dfrac{R}{2} (\sqrt{5} - 1)$ par suite (ex. 385) :

$$S = \dfrac{20}{4} \times \dfrac{R}{2} (\sqrt{5} - 1) \times R = \dfrac{5R^2}{2} (\sqrt{5} - 1).$$

393. *Trouver à* 0^mq,01 *près l'aire du décagone régulier, et l'aire du polygone régulier de* 20 *côtés inscrits dans un cercle de* 1^m,80 *de rayon.*

On a $R^2 = 1,80 \times 1,80 = 3,24.$

1° Surface du décagone (ex. 391).

$$= \frac{5R^2 \sqrt{10 - 2\sqrt{5}}}{4} = \frac{5 \times 3,24 \sqrt{10 - 2\sqrt{5}}}{4} = 9^{mq},51.$$

2° Surface du polygone de 20 côtés (ex. 392)

$$= \frac{5R^2 (\sqrt{5} - 1)}{2} = \frac{5 \times 3,24 (\sqrt{5} - 1)}{2} = 10^{mq}.$$

311   **394.** *Les aires* a, A *de deux polygones réguliers semblables, l'un inscrit et l'autre circonscrit, étant données, calculer les aires* a', A' *des polygones réguliers, inscrits et circonscrits, d'un nombre double de côtés.*

On aura : $a' = \sqrt{A \times a}$ et $A' = \dfrac{2 \times A \times a}{A + a'}$.

Soit AB le côté du polygone dont l'aire est a. Par le point M, milieu de l'arc AB, je mène une tangente qui rencontre les prolongements des rayons OA, OB aux points C et D. La droite DC est le côté du polygone dont l'aire est A (ex. 310, 2e méthode). Je tire ensuite la corde AM et les tangentes AE, BF. Il est évident que AM est le côté

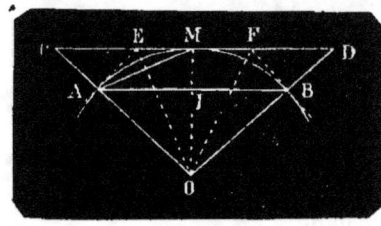

du polygone dont l'aire est a', et EF le côté du polygone dont l'aire est A' : car l'angle au centre AOM $= \dfrac{1}{2}$ AOB, et l'angle

Fig. 273.

EOF $= \dfrac{1}{2}$ COD. Cela posé, je remarque que AOI est une certaine fraction de l'aire **a**, que COM, AOM et EOF sont respectivement les mêmes fractions des aires A, a', A'.

D'après cela, pour comparer les quatre polygones, je pourrai comparer les triangles correspondants de chacun d'eux.

Or, les triangles AOI et AOM ayant même hauteur, sont entre eux comme leurs bases : donc

$$\frac{AOI}{AOM} = \frac{a}{a'} = \frac{OI}{OM}$$

Les triangles AOM, COM ayant aussi même hauteur, donnent

$$\frac{AOM}{COM} = \frac{a'}{A} = \frac{OA}{OC}$$

Mais à cause des parallèles AI, CM

$$\frac{OI}{OM} = \frac{OA}{OC};$$

donc

$$\frac{a}{a'} = \frac{a'}{A};$$

d'où

$$a' = \sqrt{A \times a}.$$

Je cherche maintenant la valeur de A'. Les triangles AOE, COE ayant même hauteur, donnent

$$\frac{AOE}{COE} = \frac{OA}{OC} = \frac{a'}{A};$$

d'où

$$\frac{AOE + COE}{AOE} = \frac{a' + A}{a'}.$$

or, triangle AOE = tr. EOM, d'après cela,

j'ai

$$\frac{COM}{2AOE} = \frac{a' + A}{2a'} = \frac{COM}{2EOM} = \frac{A}{A'}$$

et de

$$\frac{a' + A}{2a} = \frac{A}{A'}$$

je déduis

$$A' = \frac{2 \times A \times a}{A + a'}.$$

395. *Déterminer π d'après ces formules.*

Rép. $\pi = 3,1415926...$

Soit R, rayon du cercle $= 1$; le côté du carré inscrit $= R\sqrt{2}$ $= \sqrt{2}$ (n° 254) et sa surface $= 2$. Le côté du carré circonscrit $= 2$ (ex. 338) et sa surface $= 4$. On a donc $a = 2$ et $A = 4$, si l'on substitue ces valeurs dans les formules

$$a' = \sqrt{A \times a} \quad \text{et} \quad A' = \frac{2A \times a}{A + a'}$$

il vient

$$a' = \sqrt{8} = 2,8284271$$

$$A' = \frac{16}{4 + \sqrt{8}} = 3,3137085.$$

Connaissant les octogones inscrit et circonscrit, on trouvera les polygones d'un nombre double de côtés. A cet effet, il suffira de supposer dans les formules : $a = 2,8284271$ et $A = 3,3137085$. Ces polygones de **16** côtés serviront à déterminer ceux de **32** et ainsi de suite, jusqu'à ce que les aires des deux polygones ne diffèrent que d'une quantité aussi petite que l'on voudra. On pourra conclure alors que le dernier résultat est égal à l'aire du cercle, puisqu'en effet cette aire est toujours comprise entre celles des deux polygones.

Ainsi les deux polygones inscrit et circonscrit de 32768 côtés, ont pour valeur, jusqu'à la 7ᵉ décimale inclusivement, 3,1415926. Donc la surface du cercle est 3,1415926 ; et comme la surface d'un cercle de rayon R est πR^2 on a

$$\pi R^2 = 3,1415926 :$$

d'où
$$\pi = \frac{3,1415926}{R^2} = 3.1415926....,$$

car on a fait
$$R = 1.$$

396. *Etant donnés le rayon r et l'apothème a d'un polygone régulier, calculer le rayon r' et l'apothème a' d'un polygone régulier équivalent au premier et d'un nombre double de côtés.*

$$\text{Rep. } r' = \sqrt{r \times a} \text{ et } a' = \sqrt{\frac{a\,(r + a)}{2}}.$$

Soit AB le côté du polygone régulier donné. Je mène le diamètre CD perpendiculaire à la corde AB. J'ai OI $= a$ et OA $= r$.

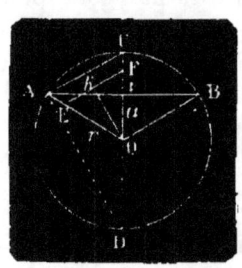

Fig. 274

Pour construire un polygone régulier équivalent au polygone donné et d'un nombre double de côtés, je suppose le triangle rectangle AOI, moitié du triangle AOB, transformé en un triangle isocèle équivalent EOF. Le sommet O de ce triangle et sa base EF sont le centre et le côté du polygone demandé, car l'angle EOF est la moitié de l'angle au centre AOB. J'ai donc à calculer OE $= r'$ et OK $= a'$. Les triangles AOI, EOF ayant l'angle AOI commun et de plus étant équivalents, donneront (ex. 359)

$$\frac{AOI}{EOF} = \frac{OA \times OI}{OE \times OF} = \frac{OA \times OI}{OE^2} : \text{ d'où } \overline{OE}^2 = OA \times OI$$

donc
$$r' = \sqrt{r \times a} \qquad (1).$$

En second lieu les triangles semblables KOF, ADC donnent

$$\frac{OK}{AD} = \frac{OF}{CD} \qquad (2)$$

Or,
$$\overline{AD}^2 = CD \times DI = 2r \times (r + a) \qquad (\text{n}^\circ 226)$$
$$AD = \sqrt{2r\,(r + a)}$$

Donc, d'après cela, la relation (2) devient

$$\sqrt{\dfrac{a'}{2r\,(r+a)}} = \dfrac{r'}{2r}$$

$$\dfrac{a'^2}{2r\,(r+a)} = \dfrac{r'^2}{4r^2}$$

$$a'^2 = \dfrac{r'^2\,(r+a)}{2r} = \dfrac{r \times a\,(r+a)}{2r} = \dfrac{a\,(r+a)}{2} \quad \text{à cause de (1)};$$

d'où
$$a' = \sqrt{\dfrac{a\,(r+a)}{2}}.$$

397. *Déterminer π d'après les formules précédentes.*

A l'inspection de la figure on voit que l'on a $OE < OC$ ou $r' < r$ et $OK > OI$ ou $a' > a$, par conséquent on a $r' - a' < r - a$: donc si l'on continue à calculer, au moyen de ces formules, les rayons et les apothèmes des polygones réguliers de même aire et dont le nombre des côtés devient de plus en plus grand, les apothèmes se rapprochent de plus en plus des rayons et en diffèrent aussi peu qu'on veut, puisque la multiplication des côtés des polygones réguliers de même aire peut être poussée à l'infini. Or, lorsque les apothèmes et les rayons ne diffèrent plus qu'à la 10e ou 12e décimale, il est évident que le périmètre du polygone peut être considéré comme une véritable circonférence, et l'aire du polygone comme celle du cercle. Si donc le dernier rayon déterminé est R on a

$$\pi R^2 = \text{aire demandée} = \text{cercle :}$$

d'où
$$\pi = \dfrac{\text{cercle}}{R^2}.$$

398. *Quelle est la surface d'un cercle dont la circonférence a* $25^m,13.$

Rép. $50^{mq},26.$

En appelant C la circonférence et R le rayon

on a
$$S = C \times \dfrac{R}{2},$$

mais (n° 262)
$$R = \dfrac{C}{2\pi}$$

$$\dfrac{R}{2} = \dfrac{C}{4\pi}$$

d'où
$$S = C \times \dfrac{C}{4\pi} = \dfrac{C^2}{12,56} = 50^{mq},26.$$

L'aire d'un cercle est donc égale au carré de la circonférence divisé par le nombre constant 4π.

399. *Trouver le rayon d'un cercle équivalent à un trapèze dont les bases ont :* 80^m,50, 70^m,80 *et la hauteur* 18^m,40.

Rép. 21^m,05.

L'aire du trapèze est égale à

$$\frac{80,5 + 70,8}{2} \times 18,4 = 1391^{mq},96.$$

Le rayon du cercle cherché étant désigné par R, on a

$$\pi R^2 = 1391,96 :$$

d'où

$$R = \sqrt{\frac{1391,96}{3,14}} = 21^m,05.$$

400. *Trouver le rayon d'un cercle dont la surface est de* 28^{mq},62.

On a surface du cercle ou 28^{mq}, 62 $= \pi R^2$

d'où

$$R = \sqrt{\frac{28,62}{3,14}} = 3^m,01.$$

401. *Deux cercles concentriques ont l'un,* 3^m *de rayon, et l'autre,* 5^m : *on demande la surface de la couronne.*

Rép. 50^{mq}, 24.

La surface de la couronne est égale à la surface du grand cercle moins la surface du petit.

On a alors : Surface de la couronne ou $S = \pi R^2 - \pi r^2$,

ou

$$S = \pi (R^2 - r^2)$$

En appliquant les données on a

$$S = 3,14 (5^2 - 3^2) = 50^{mq}, 24.$$

402. *Deux circonférences concentriques laissent entre elles une couronne circulaire de* 25^{mq},1328 ; *l'épaisseur de cette couronne est de* 2^m : *on demande le rayon de chaque circonférence.*

Rép. $r = 1^m$, R $= 3^m$.

On a (ex. 401)

$$S = \pi (R^2 - r^2),$$

mais

$$R = r + 2,$$

donc

$$S = \pi [(r + 2)^2 - r^2]$$

$$\frac{S}{\pi} = 4r + 4$$

$$\frac{S}{\pi} - 4 = 4r :$$

d'où

$$r = \frac{S}{4\pi} - 1.$$

En appliquant les données, on a

$$r = \frac{25,1328}{4 \times 3,1416} - 1 = 1^m.$$

$$R = 3^m.$$

403. *La surface d'une couronne est* $37^{mq},68$; *le grand rayon est* 10^m : *quelle est l'épaisseur de la couronne ?*

Rép. $0^m,62$.

Cherchons la valeur de r dans l'équation suivante

$$\pi (R^2 - r^2) = 37,68,$$

nous aurons
$$R^2 - r^2 = \frac{37,68}{\pi} :$$

d'où
$$r^2 = R^2 - \frac{37,68}{\pi} = 100 - 12$$

c'est-à-dire
$$r = \sqrt{88} = 9,38$$

L'épaisseur de la couronne sera $10 - 9,38 = 0^m,62$.

313

404. *Calculer à 0,01 près le rayon d'un cercle sachant que, si ce rayon augmentait d'un centimètre, l'aire du cercle augmenterait de* 1^{mq}.

Rép. $15^m,91$.

Appelons x le rayon du cercle cherché, nous avons, en prenant le centimètre carré pour unité

$$\pi (x + 1)^2 - \pi x^2 = 10000,$$
$$\pi [(x + 1)^2 - x^2] = 10000 :$$

d'où
$$x = \frac{5000}{\pi} - 0,5,$$

$$x = 1591,5 - 0,5 = 1591^{cm} = 15^m,91.$$

405. *Lorsque deux circonférences sont concentriques, la corde tangente à la petite est le diamètre d'un cercle dont la surface est égale à celle de la couronne.*

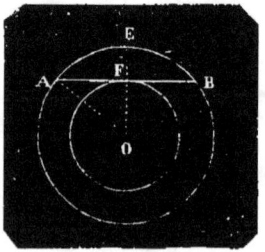

La surface de la couronne $= \pi \ (\overline{EO}^2 - \overline{FO}^2)$ ou encore à $\pi \ (\overline{AO}^2 - \overline{FO}^2)$ ou $\pi \ \overline{AF}^2$.

Si AF est égal au rayon il s'ensuit que AB est égal au diamètre.

Fig. 275.

406. *Calculer la surface d'une couronne, sachant qu'une corde du grand cercle tangente au petit a 8ᵐ.*

On a (ex. 405)
$$S = \pi 4^2 :$$
d'où
$$S = 3,14 \times 16 = 50^{mq},24.$$

407. *Si l'on divise le diamètre AB d'un cercle O en deux segments AC, CB et que sur chacun de ces segments de part et d'autre de AB on décrive deux demi-circonférences, la ligne formée par l'ensemble de ces demi-circonférences partage le cercle en deux parties proportionnelles aux segments du diamètre.*

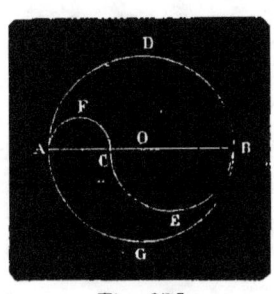

Fig. 276.
(alg. nº 33, ex. 111)

On aura $\dfrac{\text{ADBECF}}{\text{AGBECF}} = \dfrac{\text{BC}}{\text{AC}}.$

En effet, les aires des demi-cercles dont les diamètres sont AB, BC et AC, étant
$$\tfrac{1}{8}\pi\overline{AB}^2,\ \tfrac{1}{8}\pi\overline{BC}^2 \text{ et } \tfrac{1}{8}\pi\overline{AC}^2, \text{ on a :}$$
aire ADBECF $= \tfrac{1}{8}\pi\ (\overline{AB}^2 + \overline{BC}^2 - \overline{AC}^2$
et aire AGBEFC $= \tfrac{1}{8}\pi\ (\overline{AB}^2 + \overline{AC}^2$
$- \overline{BC}^2) = \tfrac{1}{8}\pi\ [\overline{AB}^2 - (\overline{BC}^2 - \overline{AC}^2)].$

Divisant membre à membre, il vient

$$\frac{\text{ADBECF}}{\text{AGBECF}} = \frac{\overline{AB}^2 + \overline{BC}^2 - \overline{AC}^2}{\overline{AB}^2 - (\overline{BC}^2 - \overline{AC}^2)} = \frac{\overline{AB}^2 + (BC+AC)(BC-AC)}{\overline{AB}^2 - (BC+AC)(BC-AC)}.$$

Mais $\quad BC + AC = AB$ et $BC - AC = 2CO :$

donc $\quad\dfrac{\text{ADBECF}}{\text{AGBECF}} = \dfrac{\overline{AB}^2 + AB \times 2CO}{\overline{AB}^2 - AB \times 2CO} = \dfrac{AB + 2CO}{AB - 2CO}.$

$= \dfrac{2OB + 2OC}{2OB - 2OC} = \dfrac{OB + OC}{OB - OC} = \dfrac{BC}{AC} : \text{c. q.f.d.}$

408. *Si l'on divise le diamètre AB en quatre parties égales AC, CO, OD, DB, et qu'on décrive des demi-circonférences en procédant comme dans l'exercice précédent, le cercle sera divisé en quatre parties équivalentes.*

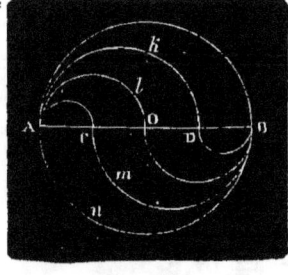

Fig. 277.

En effet, on a (ex. 407) $\dfrac{k + l + m}{n}$

$= \dfrac{BC}{AC} = \dfrac{3}{1}$: la partie n vaut donc $\dfrac{1}{4}$ du cercle.

$\dfrac{k + l}{m + n} = \dfrac{BO}{AO} = \dfrac{2}{2}$: la partie m

vaut donc encore $\dfrac{1}{4}$ du cercle. Il en est
de même pour l et k.

409. *Dans l'exercice précédent, si l'on fait* AB $= 42^m$, *calculer les surfaces* k, l, m, n, *sachant qu'elles sont proportionnelles aux nombres* 2, 3, 4 *et* 5.

Rép. $k = 197^{mq},82$; $l = 296^{mq},73$; $m = 395^{mq},64$; $n = 494^{mq},55$.

Les segments déterminés sur AB et les surfaces *k*, *l*, *m*, *n* étant proportionnels aux nombres 2, 3, 4, 5, il s'agit de partager la surface du cercle de 42^m de diamètre proportionnellement aux nombres 2, 3, 4, 5 ; cette surface $\pi 21^2 = 1384^{mq},74$.

On trouve
$$k = \frac{1384,74 \times 2}{14} = \overset{mq.}{197,82}$$
$$l = 296,73$$
$$m = 395,64$$
$$n = 494,55$$
$$k + l + m + n = \overline{1384,74}$$

316

410. *Trouver la surface d'un secteur dont l'arc a* 25° 33' *dans un cercle de* 3^m *de rayon.*

D'après la formule $\pi R^2 \times \dfrac{n}{360}$, on a

surface du secteur ou $S = 3,14 \times 3^2 \times \dfrac{25°33'}{360} = 2^{mq}$.

411. *La surface d'un secteur vaut* $20^{mq},6250$, *et l'arc qui lui sert de base* 65°15' : *quelle est la longueur de cet arc ?*

Rép. $6^m,875$.

On peut écrire : Surface du secteur ou

$$20^{mq},6250 = 3,14 \times R^2 \times \frac{65°15}{360} :$$

d'où
$$R = \sqrt{\frac{20,6250 \times 360}{3,14 \times 65°15}} = 6;$$

mais d'autre part on a :

Surface du secteur ou $20^{mq},6250 =$ longueur de l'arc $\times \dfrac{6}{2}$,

donc on a : longueur de l'arc $= \dfrac{20,6250 \times 2}{6} = 6^m,875$.

412. *La surface d'un secteur vaut* 48^{mq} *dans un cercle de* 25^m *de rayon : on demande, à moins d'une seconde, la graduation de l'arc qui sert de base au secteur.*

On a : surface du secteur ou $48 = \pi R^2 \times \dfrac{n}{360}$

d'où $\qquad n = \dfrac{48 \times 360}{3,14 \times 25 \times 25} = 8^\circ\, 48'\, 18''.$

413. *Les aires de deux secteurs terminés par des arcs ayant le même nombre de degrés sont proportionnelles aux carrés de leurs rayons.*

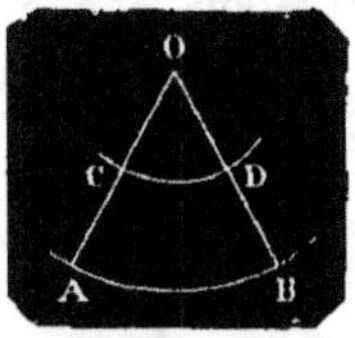

On a $\qquad \dfrac{\text{Sect. AOB}}{\text{Sect. COD}} = \dfrac{\dfrac{\pi R^2 n}{360}}{\dfrac{\pi R'^2 n}{360}}$

Fig. 278. d'où $\qquad \dfrac{\text{Sect. AOB}}{\text{Sect. COD}} = \dfrac{R^2}{R'^2}.$

414. *On a deux cercles concentriques dont les rayons sont* 5^m,30 *et* 3^m,20 ; *on mène par le centre* O *de ces deux cercles deux rayons* OA *et* OB *faisant entre eux un angle de* 42° : *on demande de calculer la surface de la plus petite partie du plan, comprise entre les rayons et les circonférences des deux cercles.*

Rép. 6^{mq}, 50.

La surface est égale à la différence des secteurs compris entre les arcs de 42° des circonférences et les rayons qui aboutissent aux extrémités de ces arcs. On a donc

$$S = \pi R^2 \times \frac{42}{360} - \pi r^2 \times \frac{42}{360}$$

ou $\qquad S = \dfrac{\pi 42}{360} \times (R^2 - r^2)$

En appliquant les données, on a

surface demandée $= \dfrac{3,14 \times 42}{360} \times (5,30^2 - 3,20^2) = 6,50.$

415. *Trouver la surface du segment de cercle dont l'arc a* 45°.

Rép. **Surface du segment** $= \dfrac{R^2 (\pi - 2\sqrt{2})}{8}.$

11

Soit R ie rayon du cer.le. L'arc donné ayant 45°, sa corde est le côté de l'octogone régulier inscrit.

Or (ex. 386), la surface de l'octogone $= 2R^2 \sqrt{2}$ et celle du cercle $= \pi R^2$; donc la surface d'un segment compris entre le côté de l'octogone et l'arc sous-tendu est égal à

$$\frac{\pi R^2 - 2R^2 \sqrt{2}}{8} = \frac{R^2 (\pi - 2 \sqrt{2})}{8}.$$

318

416. *Si l'on double, triple, etc., les dimensions d'un triangle que deviendra la surface?*

Si l'on double, triple, etc., les dimensions d'un triangle, on obtient une série de triangles semblables qui sont entre eux comme le carré de leurs côtés homologues. Donc si l'on multiplie les côtés par 2, par 3, etc., les triangles sont 2^2, 3^2, etc. fois plus grands.

417. *La superficie d'un terrain triangulaire dont la base a 40^m est de 12 ares 20 centiares : on demande la superficie d'un second terrain triangulaire semblable au premier dont la base a 28^m. On demande aussi sa valeur à raison de 25^f l'are.*

Rép. 5^a,978 ; 149^f,45.

On a en désignant par x la superficie demandée

$$\frac{12,2}{x} = \frac{40^2}{28^2}$$

d'où $$x = \frac{12,2 \times 28^2}{40^2} = 5^a,978.$$

L'are étant estimé 25^f, 5^a,978 vaudront $25 \times 5,978 = 149^f,45$.

418. *Diviser un triangle* ABC *par une parallèle à l'un des côtés, en 2 parties qui soient dans le rapport de* m *à* n.

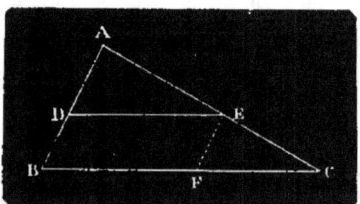

Fig. 279.

Les triangles semblables ABC, ADE, ou $m + n$, n, donnent la proportion $\dfrac{m + n}{n} = \dfrac{\overline{BC}^2}{\overline{DE}^2}$: d'où

$$\overline{DE}^2 = \frac{\overline{BC}^2 \times n}{m + n}.$$

La longueur DE s'obtient en opérant comme dans l'exercice 291. On porte alors cette longueur sur BC de B en F, et par le point F en mène FE parallèle à AB; enfin, par le point E on mène ED parallèle à BC.

Voir une autre méthode, *Mathématiques appliquées*, n° 159.

419. *On mène par le milieu* M *de la hauteur d'un triangle* ABC *une parallèle* DE *à la base* AC : *quel est le rapport du triangle* DBE *au trapèze* ADEC?

Rép. $\frac{1}{3}$.

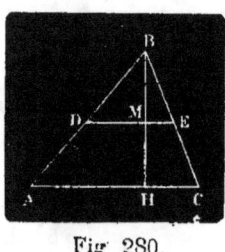

Les deux triangles semblables DBE, ABC

donnent $\dfrac{\text{DBE}}{\text{ABC}} = \dfrac{\overline{\text{DE}}^2}{\overline{\text{AC}}^2} = \dfrac{\overline{\text{BM}}^2}{\overline{\text{BH}}^2} = \dfrac{1}{4}$,

d'où l'on voit que le triangle DBE est le $\frac{1}{4}$ du triangle ABC, par conséquent DBE est le $\frac{1}{3}$ du trapèze ADEC.

Fig. 280.

420. *On a deux triangles équilatéraux dont les côtés sont* $43^{\text{m}},57$ *et* $68^{\text{m}},35$. *On demande de calculer le côté d'un troisième triangle équilatéral, dont la surface serait égale à la somme des surfaces des deux premiers.*

Rép. $x = 81^{\text{m}},05$.

Représentant par x le côté du triangle demandé, et par T, T', X les surfaces des triangles, on a

$$\frac{\text{T}}{43,57^2} = \frac{\text{T}'}{68,35^2} = \frac{\text{X}}{x^2}$$

mais $\qquad\qquad \text{T} + \text{T}' = \text{X}$

par conséquent $\qquad 43,57^2 + 68,35^2 = x^2$

d'où $\qquad\qquad x = \sqrt{43,57^2 + 68,35^2} = 81,05$.

421. *On partage le triangle* ABC *en deux parties équivalentes par une droite* DF *parallèle à la base* AC : *trouver la hauteur* GK *du trapèze* ADFC *en fonction de la hauteur* H *du triangle.*

Rép. $\text{GK} = \dfrac{\text{H}\,(2 - \sqrt{2})}{2}$.

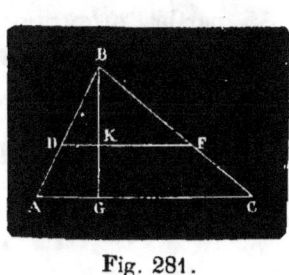

Désignons par h la hauteur BK du triangle DBF, nous aurons

$$\frac{\text{ABC}}{\text{DBF}} = \frac{\text{H}^2}{h^2} = \frac{2}{1}$$

Fig. 281.

d'où $\qquad h = \dfrac{\text{H}}{\sqrt{2}}$.

Il est facile de voir (228) que h est égal au côté d'un carré dont la diagonale est H ou BG. La construction de ce carré (ex. 184) donnera h qu'on portera de B en K. D'où la hauteur du trapèze

ou $GK = H - h = H - \dfrac{H}{\sqrt{2}} = H - \dfrac{H\sqrt{2}}{2} = \dfrac{2H - H\sqrt{2}}{2}$

$= \dfrac{H(2 - \sqrt{2})}{2}$.

422. *Déterminer les longueurs* Ba, Ba', Ba'' *à prendre sur le côté* BA *d'un triangle* BAC *pour que ce triangle soit divisé 1° en 4 parties équivalentes par les droites* ac, a'c', a''c'' *parallèles à* AC; 2° *en 4 parties proportionnelles aux grandeurs* m, n, p, q.

1° Soit a le premier point de division à partir du sommet, on a

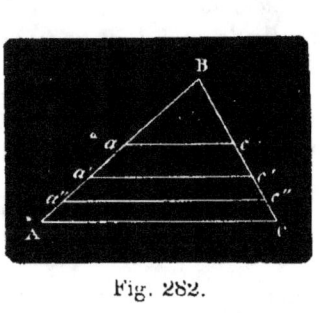

Fig. 282.

$$\frac{Bac}{BAC} = \frac{\overline{Ba}^2}{\overline{BA}^2} = \frac{1}{4}$$

d'où $\quad \overline{Ba}^2 = \dfrac{1 \times BA}{4} \times BA.$

Si a' est le deuxième point, on a

$$\frac{\overline{Ba'}^2}{\overline{BA}^2} = \frac{2}{4}$$

d'où $\quad \overline{Ba'}^2 = \dfrac{2 \times BA}{4} \times BA.$

Si a'' est le troisième point, on a

$$\frac{\overline{Ba''}^2}{\overline{BA}^2} = \frac{3}{4}$$

d'où $\quad \overline{Ba''}^2 = \dfrac{3 \times BA}{4} \times BA.$

Les longueurs Ba, Ba', Ba'' sont donc moyennes proportionnelles aux grandeurs respectives BA, et $\frac{1}{4}$ BA, BA et $\frac{2}{4}$ BA, BA et $\frac{3}{4}$ BA (ex. 288).

2° S'il s'agit de diviser le triangle en 4 parties proportionnelles aux grandeurs m, n, p, q, on aura en faisant $m + n + p + q = s$

$$\frac{Bac}{BAC} = \frac{m}{s} = \frac{Ba^2}{BA^2}$$

d'où $\quad \overline{Ba}^2 = \dfrac{m}{s} \times \overline{BA}^2 = \dfrac{m \times BA}{s} \times BA,$

posant (ex. 290) $\quad \dfrac{m \times BA}{s} = l,$

on aura $\quad \overline{Ba}^2 = l \times BA.$

De même
$$\frac{Ba'c'}{BAC} = \frac{m+n}{s} = \frac{\overline{Ba'^2}}{\overline{BA^2}},$$

d'où
$$\overline{Ba'^2} = \frac{m+n}{s} \times \overline{BA^2} = \frac{(m+n)\,BA}{s} \times BA,$$

faisant
$$\frac{(m+n)\,BA}{s} = l'$$

il vient
$$\overline{Ba'^2} = l' \times BA.$$

Enfin
$$\frac{Ba''c''}{BAC} = \frac{m+n+p}{s} = \frac{\overline{Ba''^2}}{\overline{BA^2}},$$

$$\overline{Ba''^2} = \frac{m+n+p}{s} \times \overline{BA^2} = \frac{(m+n+p)\,BA}{s} \times BA,$$

d'où $\overline{Ba''^2} = l'' \times BA$, en faisant $\dfrac{(m+n+p)\,BA}{s} = l''$.

Les longueurs Ba, Ba', Ba'' seront moyennes proportionnelles aux grandeurs respectives BA et l, BA et l', BA et l''.

Voir *Mathématiques appliquées* nᵒˢ 153 et suivants.

423. *Dans l'exercice précédent, on fait* AB $= 90^m$; *calculer les longueurs* Ba, Ba', Ba'' *pour que le triangle soit divisé, par les parallèles* ac, $a'c'$, $a''c''$ *à la base* AC, *en 4 parties proportionnelles aux nombres* 2, 3, 5, 8.

Rép. 30^m; $47^m,43$; $67^m,05$.

Le triangle BAC devra contenir $2 + 3 + 5 + 8 = 18$ parties; $Bac = 2$ parties; $Ba'c' = 2 + 3$; $Ba''c'' = 2 + 3 + 5 = 10$.

On aura (ex. précédent) :

$$\frac{Bac}{BAC} = \frac{2}{18} = \frac{\overline{Ba^2}}{\overline{BA^2}},$$

d'où
$$Ba = BA \sqrt{\frac{2}{18}} = 90 \times \sqrt{\frac{2}{18}} = 30^m.$$

De même
$$\frac{Ba'c'}{BAC} = \frac{5}{18} = \frac{\overline{Ba'^2}}{\overline{BA^2}},$$

d'où
$$Ba' = BA \sqrt{\frac{5}{18}} = 47^m,43$$

Enfin
$$\frac{Ba''c''}{BAC} = \frac{10}{18} = \frac{\overline{Ba''^2}}{\overline{BA^2}},$$

d'où
$$Ba = BA \sqrt{\frac{10}{18}} = 67^m,05.$$

424. *Diviser un trapèze, par une parallèle à la base, en 2 parties équivalentes ou qui soient dans le rapport de deux lignes
m et* n.

Le problème résolu donne 3 triangles semblables dont les bases
respectives sont b, x, B, après qu'on a prolongé les côtés non
parallèles jusqu'à leur point de concours. La question revient à
déterminer la longueur de x. A cet effet, on remarque que les
triangles t, t', T, qui ont pour bases respectives b, x, B, donnent

$$\frac{t}{b^2} = \frac{t'}{x^2} = \frac{T}{B^2} = r \qquad (1)$$

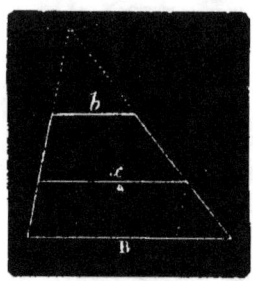

Fig. 283.

en représentant par r la valeur commune de
ces rapports.

De là, on tire

$$\left. \begin{aligned} t &= b^2 r ; \\ t' &= x^2 r ; \\ T &= B^2 r. \end{aligned} \right\} \qquad (2)$$

En exprimant chaque partie du trapèze,
on trouve $t' - t$ et $T - t'$. Or, par hypothèse on doit avoir

$$\frac{t' - t}{T - t'} = \frac{m}{n}, \qquad (3)$$

et si l'on porte dans (3) les valeurs de t, t', T tirées de (2), il
vient, après avoir supprimé le facteur commun r,

$$\frac{x^2 - b^2}{B^2 - x^2} = \frac{m}{n}. \qquad (4)$$

Cette équation donne

$$nx^2 - nb^2 = mB^2 - mx^2$$
$$nx^2 + mx^2 = mB^2 + nb^2$$

d'où

$$x^2 = \frac{mB^2 + nb^2}{m + n}. \qquad (5)$$

Pour construire x, on fait $m + n = s$, on a alors

$$x^2 = \frac{mB^2 + nb^2}{s} = \frac{mB^2}{s} + \frac{nb^2}{s} = \frac{mB \times B}{s} + \frac{nb \times b}{s}.$$

en faisant $\dfrac{mB}{s} = k$ et $\dfrac{nb}{s} = l$, il vient

$$x^2 = kB + lb ;$$

enfin, posant $kB = d^2$ et $lb = f^2$, on obtient

$$x^2 = d^2 + f^2 ,$$

donc x est l'hypoténuse d'un triangle rectangle dont les côtés de
l'angle droit sont d et f.

Pour déterminer la position de x on opère comme dans l'ex. 418.

Si les parties devaient être équivalentes on ferait dans l'équation (5) $m = n$.

REMARQUE. On peut arriver plus promptement à l'équation (4) en considérant que chacun des triangles semblables t, t', T peut être représenté par le carré d'un de ses côtés (1). De sorte que la partie supérieure du trapèze serait représentée par $x^2 - b^2$ et la partie inférieure par $B^2 - x^2$. Or, ces deux valeurs sont dans le rapport de $\dfrac{m}{n}$; on a donc l'équation (4).

425. *Les deux bases d'un trapèze sont* 36^m *et* 48^m. *On demande la longueur d'une droite parallèle aux bases et qui divise le trapèze en deux parties proportionnelles aux nombres* 3 *et* 5.

Rép. $x = 40^m,71$.

En remplaçant les lettres par leurs valeurs dans la **formule (5)** de l'exemple précédent, il vient :

$$x^2 = \tfrac{3}{8} \times 48^2 + \tfrac{5}{8} \times 36^2$$

d'où $\qquad x = \sqrt{\dfrac{3 \times 48^2}{8} + \dfrac{5 \times 36^2}{8}} = 40^m,71.$

426. *Diviser un trapèze en 4 parties équivalentes par des parallèles aux bases.*

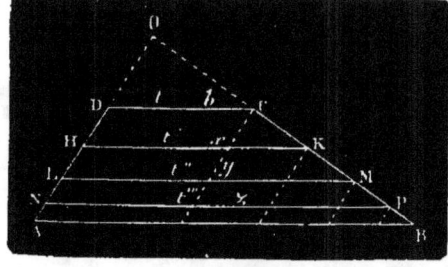

Fig. 284.

Si l'on pose ODC $= t$, OHK $= t'$, OLM $= t''$, ONP $= t'''$, OAB $=$ T, DC $= b$, HK $= x$, LM $= y$, NP $= z$, on a (ex. 424).

$$\frac{t}{b^2} = \frac{t'}{x^2} = \frac{t''}{y^2} = \frac{t'''}{z^2} = \frac{T}{B^2} = r,$$

d'où l'on tire $t = b^2 r$; $t' = x^2 r$; $t'' = y^2 r$; $t''' = z^2 r$; T $= B^2 r$; mais $t' - t = \tfrac{1}{4}(T - t)$; $t'' - t = \tfrac{2}{4}(T - t)$; $t''' - t = \tfrac{3}{4}(T - t)$.

Remplaçant dans ces dernières égalités les quantités t, t', t'', t''', T par leurs valeurs, il vient

$x^2 r - b^2 r = \tfrac{1}{4}(B^2 r - b^2 r)$, ou $x^2 - b^2 = \tfrac{1}{4} B^2 - \tfrac{1}{4} b^2$;

$y^2 r - b^2 r = \tfrac{2}{4}(B^2 r - b^2 r)$, ou $y^2 - b^2 = \tfrac{2}{4} B^2 - \tfrac{2}{4} b^2$;

$z^2 r - b^2 r = \tfrac{3}{4}(B^2 r - b^2 r)$, ou $z^2 - b^2 = \tfrac{3}{4} B^2 - \tfrac{3}{4} b^2$;

d'où
$$x^2 = \tfrac{1}{4} B^2 + \tfrac{3}{4} b^2 ;$$
$$y^2 = \tfrac{2}{4} B^2 + \tfrac{2}{4} b^2 ;$$
$$z^2 = \tfrac{3}{4} B^2 + \tfrac{1}{4} b^2 ;$$

$$x^2 = \tfrac{1}{4} B \times B + \tfrac{3}{4} b \times b ;$$

faisant $\qquad \tfrac{1}{4} B \times B = d^2$ et $\tfrac{3}{4} b \times b = f^2 ;$

on a $\qquad\qquad x^2 = d^2 + f^2 :$

d'où l'on voit que x est l'hypoténuse d'un triangle rectangle dont les côtés de l'angle droit sont d et f.

On opère de même pour construire les lignes y et z. Enfin pour trouver la position de ces lignes on procède comme dans l'ex. 418.

427..... *en 4 parties proportionnelles aux nombres 3, 4, 5, 6.*

Dans ce cas, ABCD $= 18$ parties, par suite $t' - t = 3$ parties, $t'' - t = 7$, et $t''' - t = 12$; donc

$$t' - t = \tfrac{3}{18} (T - t); \quad t'' - t = \tfrac{7}{18} (T - t); \quad t''' - t = \tfrac{12}{18} (T - t).$$

D'ailleurs (ex. 424), on a

$$t = b^2 r, \quad t' = x^2 r, \quad t'' = y^2 r, \quad t''' = z^2 r, \quad T = B^2 r$$

remplaçant les quantités t, t'... etc., par leurs valeurs et supprimant le facteur commun r, il vient après réductions

$$x^2 = \tfrac{3}{18} B^2 + \tfrac{15}{18} b^2 ;$$
$$y^2 = \tfrac{7}{18} B^2 + \tfrac{11}{18} b^2 ;$$
$$z^2 = \tfrac{12}{18} B^2 + \tfrac{6}{18} b^2 ;$$

$$x^2 = \tfrac{3}{18} B \times B + \tfrac{15}{18} b \times b ;$$

en faisant $\qquad \tfrac{3}{18} B \times B = d^2$ et $\tfrac{15}{18} b \times b = f^2 ,$

on a $\qquad\qquad x^2 = d^2 + f^2 :$

donc x est l'hypoténuse d'un triangle rectangle, et d et f sont les deux autres côtés.

On opère de même pour déterminer les valeurs y, z et l'on a la position de ces droites en procédant comme on l'a fait dans l'ex. 418.

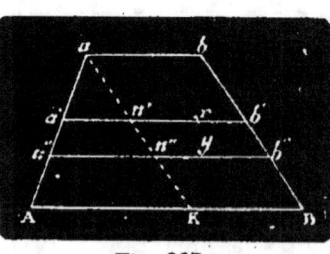

Fig. 285.

REMARQUE I. Si l'on demandait les longueurs à prendre sur $aA = 4^m$, pour que des parallèles aux bases AB $= 3^m$ et $ab = 2^m$, divisent le trapèze en parties de grandeurs données 3^{mq}, 2^{mq}, 4^{mq}, on aurait, en se servant des relations précédentes et en observant que Aa bB contient $3 + 2 + 4 = 9$ parties,

$$x^2 = \tfrac{3}{9} B^2 + \tfrac{6}{9} b^2 = \tfrac{1}{3} \times 9 + \tfrac{2}{3} \times 4 = \tfrac{17}{3}$$

$$x = \sqrt{\tfrac{17}{3}} = 2{,}38.$$

De même
$$y^2 = \tfrac{5}{9} B^2 + \tfrac{4}{9} b^2 = \tfrac{61}{9}$$

$$y = \sqrt{\frac{61}{9}} = 2,60.$$

Menant aK parallèle à bB, on aura

$$\frac{aa'}{aA} = \frac{a'n'}{AK} = \frac{x-b}{B-b} = \frac{2,38-2}{3-2} = 0,38,$$

d'où
$$aa' = 4 \times 0,38 = 1^m,52.$$

De même
$$\frac{aa'}{aA} = \frac{a''n''}{AK} = \frac{y-b}{B-b} = \frac{2,60-2}{3-2} = 0,60,$$

d'où
$$aa' = 4 \times 0,60 = 2^m,40.$$

Les longueurs à prendre à partir de a seraient donc $1^m,52$ et $2^m,40$.

REMARQUE II. On peut facilement généraliser les deux problèmes précédents.

Supposons qu'on ait à diviser le trapèze ABCD en parties proportionnelles aux grandeurs l, m, n, p...

on a
$$l + m + n + p... = s$$

or,
$$\frac{l}{b^2} = \frac{l'}{x^2} = \frac{l''}{y^2} = \frac{l'''}{z^2} .... = \frac{T}{B^2} = r,$$

ou
$$l = b^2 r; \; l' = x^2 r; \; l'' = y^2 r; \; l''' = z^2 r.... \; T = B^2 r;$$

mais
$$l' - l = \frac{l}{s} (T - l)$$

$$l'' - l = \frac{l+m}{s} (T - l)$$

$$l''' - l = \frac{l+m+n}{s} (T - l).$$

. . . .

Si l'on remplace les grandeurs l, l', l'' ... T, par leurs valeurs,

on a
$$x^2 r - b^2 r = \frac{l}{s} (B^2 r - b^2 r),$$

$$x^2 = \frac{l}{s} \times B^2 - \frac{l}{s} \times b^2 + b^2,$$

$$x^2 = \frac{lB^2 - lb^2 + sb^2}{s},$$

ou, en remplaçant s par sa valeur,

$$x^2 = \frac{lB^2 - lb^2 + lb^2 + mb^2 + nb^2 + pb^2 + \cdots}{s}$$

$$x^2 = \frac{lB^2}{s} + \frac{(m+n+p+\cdots) b^2}{s}. \qquad \text{(a)}$$

On obtient de même

$$y^2 = \frac{(l+m)\,B^2}{s} + \frac{(n+p+\ldots)\,b^2}{s}, \qquad \text{(b)}$$

$$z^2 = \frac{(l+m+n)\,B^2}{s} + \frac{(p+\ldots)\,b^2}{s}. \qquad \text{(c)}$$

L'équation (a) peut s'écrire

$$x^2 = l \times \frac{B^2}{s} + (m+n+p\ldots) \times \frac{b^2}{s}.$$

Pour construire x, on fait successivement

$$\frac{B^2}{s} = f, \; m+n+p\ldots = h, \; \frac{b^2}{s} = k,$$

on a alors $\qquad x^2 = l \times f + h \times k\,;$

enfin, faisant $\qquad l \times f = m^2$ et $h \times k = n^2$

il vient $\qquad x^2 = m^2 + n^2$

Donc x est l'hypoténuse d'un triangle rectangle dont les côtés de l'angle droit sont m et n. On opère de même pour construire les lignes y, $z\ldots$

319 **428.** *Les côtés de trois octogones réguliers sont respectivement* 3^m, 4^m *et* 12^m. *On demande quel devra être le côté d'un octogone, pour qu'il soit équivalent à la somme des trois octogones donnés?*

Rép. 13^m.

Si nous appelons O, O', O'' les surfaces des octogones donnés, c, c', c'', leurs côtés, X la surface de l'octogone cherché et x son côté, les surfaces des octogones réguliers étant entre elles comme le carré de leurs côtés, nous aurons

$$\frac{O}{c^2} = \frac{O'}{c'^2} = \frac{O''}{c''^2} = \frac{X}{x}$$

Or, $\qquad O + O' + O'' = X,$

donc $\qquad c^2 + c'^2 + c''^2 = x^2$

d'où $\quad x = \sqrt{c^2 + c'^2 + c''^2} = \sqrt{3^2 + 4^2 + 12^2} = 13.$

320 **429.** *Un cercle a* 3^m *de rayon; quel sera le rayon d'un cercle quadruple en surface?*

Rép. 6^m.

Le rapport des aires de deux cercles étant égal à celui des carrés de leurs rayons, on a

$$\frac{c}{4c} = \frac{3^2}{x^2}$$

d'où
$$x^2 = 4 \times 3^2 = 36,$$
$$x = \sqrt{36} = 6.$$

430. *Trouver le rayon d'un cercle équivalent en surface à trois cercles donnés.*

Si l'on appelle c, c', c'' les surfaces des cercles donnés, R, R', R'' leurs rayons, X la surface du cercle cherché, x son rayon, on a
$$\frac{c}{R^2} = \frac{c'}{R'^2} = \frac{c''}{R''^2} = \frac{X}{x^2};$$
or, $$c + c' + c'' = X,$$
on a donc aussi $$x^2 = R^2 + R'^2 + R''^2.$$
Pour construire x, on pose $R^2 + R'^2 = D^2$, et l'on a
$$x^2 = D^2 + R''^2.$$
Donc x est l'hypoténuse d'un triangle rectangle dont les deux autres côtés sont D et R''.

431. *Trouver le rayon d'un cercle dont la surface soit égale à la différence des surfaces de deux cercles donnés.*

On a (ex. 430) $$\frac{c}{R^2} - \frac{c'}{R'^2} = \frac{X}{x^2};$$
mais $$c - c' = X,$$
par suite $$x^2 = R^2 - R'^2.$$
Donc x est un côté de l'angle droit d'un triangle rectangle dont l'hypoténuse est R et l'autre côté R'.

432. *Diviser un cercle par une circonférence concentrique en deux parties équivalentes.*

On a $$\frac{\pi R^2}{2} = \pi r^2,$$
ou $$\frac{R^2}{2} = r^2,$$
d'où $$r = \frac{R}{\sqrt{2}} = \frac{R\sqrt{2}}{\sqrt{2} \times \sqrt{2}} = \frac{R\sqrt{2}}{2}.$$

C'est-à-dire que le rayon r est égal à la moitié du côté du carré inscrit dans le cercle de rayon R (n° 254).

433. *Diviser par des circonférences concentriques un cercle en 4 parties équivalentes.*

Soient r le rayon du cercle proposé, et r', r'', r''' les rayons des circonférences à construire. Cercle $r' = \frac{1}{4}$ de cercle r; cercle

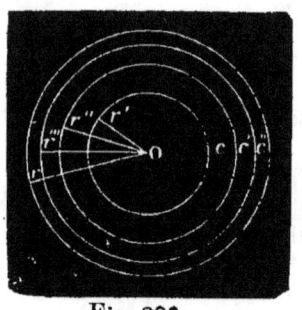

Fig. 286.

$r'' = \frac{2}{4}$ de cercle r, et cercle $r''' = \frac{3}{4}$ de cercle r. On a par conséquent $\pi r'^2 = \frac{1}{4}$ πr^2, $\pi r''^2 = \frac{2}{4} \pi r^2$, $\pi r'''^2 = \frac{3}{4} \pi r^2$; ou $r'^2 = \frac{1}{4} r^2$, $r''^2 = \frac{2}{4} r^2$, $r'''^2 = \frac{3}{4} r^2$. On construit r', r'', r''' comme il a été indiqué (ex. 290) et du centre O on décrit des circonférences avec les longueurs r', r'', r''' pour rayon, et le cercle est partagé comme on l'a demandé. En effet, on a

$$\frac{\text{cercle } r}{\text{cercle } r'} = \frac{r^2}{r'^2} = \frac{r^2}{\frac{1}{4} r^2} = \frac{4r^2}{r^2} = \frac{4}{1};$$

donc cercle r' vaut $\frac{1}{4}$ cercle r;

$$\frac{\text{cercle } r}{\text{cercle } r''} = \frac{r^2}{r''^2} = \frac{r^2}{\frac{2}{4} r^2} = \frac{4}{2};$$

donc cercle r'' vaut $\frac{2}{4}$ de cercle r et par suite la [couronne c vaut $\frac{1}{4}$ de cercle r. On prouverait de même que couronne $c' = \frac{1}{4}$ de cercle r, et couronne $c'' = \frac{1}{4}$ de cercle r.

434. *Diviser par des circonférences concentriques un cercle en 3 parties proportionnelles à 3, 5, 7.*

On additionne $3 + 5 + 7 = 15$. Conservant les mêmes notations que dans l'exercice précédent, on a: Cercle $r' = \frac{3}{15}$ de cercle r; cercle $r'' = \frac{8}{15}$ de cercle r. Donc $\pi r'^2 = \frac{3}{15} \pi r^2$, $\pi r''^2 = \frac{8}{15} \pi r^2$, ou $r'^2 = \frac{3}{15} r^2$, $r''^2 = \frac{8}{15} r^2$. On construit r', r'' comme il a été indiqué (ex. 290) et l'on opère comme dans l'exercice précédent.

435. *Diviser un cercle par des circonférences concentriques en 4 parties proportionnelles aux longueurs k, l, m, n.*

En suivant la même marche que dans les deux exercices précédents, on a

$$\text{cercle } r' \text{ ou } \pi r'^2 = \frac{k}{k + l + m + n} \times \pi r^2,$$

$$\text{cercle } r'' \text{ ou } \pi r''^2 = \frac{k + l}{k + l + m + n} \times \pi r^2,$$

$$\text{cercle } r''' \text{ ou } \pi r'''^2 = \frac{k + l + m}{k + l + m + n} \times \pi r^2.$$

Si l'on fait $k + l + m + n = S$. $k + l = s$, $k + l + m = s'$.

les trois équations précédentes deviennent, après avoir supprimé le facteur commun π:

$$r'^2 = \frac{k}{S} \times r^2,$$

$$r''^2 = \frac{s}{S} \times r^2,$$

$$r'''^2 = \frac{s'}{S} \times r^2.$$

On construira r', r'', r''' comme il est indiqué, ex. 290.

326

436. *Quelle est la surface de l'hexagone régulier inscrit dans un cercle qui a $18^{mq},28$?*

Rép. $15^{mq},11$.

Représentons par a le rayon du cercle, l'énoncé donne

$$\pi a^2 = 18,28,$$

$$a^2 = \frac{18,28}{\pi}.$$

Substituant cette valeur de a^2 dans l'expression de la surface de l'hexagone $\dfrac{3a^2 \sqrt{3}}{2}$, il vient, en représentant par S la surface cherchée,

$$S = \frac{3 \times 18,28 \sqrt{3}}{2 \times 3,1416} = 15^{mq},11.$$

437. *Trouver combien il faudrait de carreaux de forme hexagonale de $0^m,12$ de côté pour carreler une chambre ayant 4^m sur 5^m.*

Rép. 540 carreaux.

La surface de l'hexagone en fonction de son côté étant $\dfrac{3a^2 \sqrt{3}}{2}$ il vient, en substituant les données,

$$\text{Hex.} = \frac{3 \times 0,12^2 \sqrt{3}}{2} = 0^{mq},037,$$

il faudra autant de carreaux que la surface de la chambre 5×4 ou 20^{mq} contient la surface d'un carreau $0,037$

ou $\qquad \dfrac{20}{0,037} = 540$ carreaux à une unité près.

438. *On donne un côté AB d'un carré égal à n, sur le côté AB on construit un triangle équilatéral AFB; on joint FD. On de-*

mande : 1° *la surface du triangle AFD,* 2° *le rapport des lignes*
AG et AB.

Rép. 1° Surf. $AFD = \frac{1}{4} ABCD$; 2° $\dfrac{AG}{n} = 2 - \sqrt{3}$

ou $AG = n \,(2 - \sqrt{3}.)$

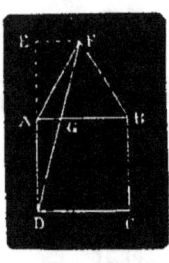

Fig. 287.

1° Le triangle **ADF** ayant pour base AD ou n, et pour hauteur EF ou $\dfrac{n}{2}$, sa surface est $\dfrac{n}{2} \times \dfrac{n}{2} = \dfrac{n^2}{4}$; ce triangle est donc le quart du carré ABCD.

2° Les deux triangles semblables DEF, DAG donnent $\dfrac{EF}{AG} = \dfrac{DE}{AD}.$ (1)

Or $EF = \dfrac{n}{2}$, AE est la hauteur du triangle équilatéral et est égal à :

$\dfrac{n\sqrt{3}}{2}$ (326), ce qui donne $DE = \dfrac{n\sqrt{3}}{2} + n = \dfrac{n\,(\sqrt{3} + 2)}{2}.$

Portant ces valeurs dans (1), on a :

$$\frac{\dfrac{n}{2}}{\overline{AG}} = \frac{\dfrac{n\,(\sqrt{3} + 2)}{2}}{n}$$

$$AG = \frac{n^2}{n\,(\sqrt{3} + 2)} = \frac{n}{\sqrt{3} + 2} = \frac{n\,(2 - \sqrt{3})}{(2 + \sqrt{3})\,(2 - \sqrt{3})}$$

$$AG = n\,(2 - \sqrt{3}).$$

439. *Trouver l'aire du segment compris entre l'arc de* 60° *et sa corde dans un cercle dont le rayon a* 2^m.

Rép. 0^{mq},36.

L'arc donné ayant 60°, sa corde est égale au côté de l'hexagone la surface demandée est donc celle du segment compris entre le côté de l'hexagone et l'arc de 60° qu'il sous-tend. Or, on a trouvé pour la surface S des **six** segments que détermine le cercle circonscrit à l'hexagone

$$S = \frac{a^2\,(2\pi - 3\sqrt{3})}{2} ;$$

donc la surface d'un seul segment

$$= \frac{a^2 (2\pi - 3\sqrt{3})}{12},$$

$$= \frac{4 (2\pi - 3\sqrt{3})}{12},$$

$$= \frac{2\pi - 3\sqrt{3}}{3} = 0^{mq},36.$$

440. *On a un hexagone régulier dont le côté est égal à* 1^m; *sur chacun des côtés on construit un carré extérieur à l'hexagone. Cela posé, on demande: 1° de démontrer que les sommets extérieurs à l'hexagone des six carrés dont il vient d'être question forment un polygone régulier de 12 côtés; 2° de calculer la surface de ce polygone régulier.*

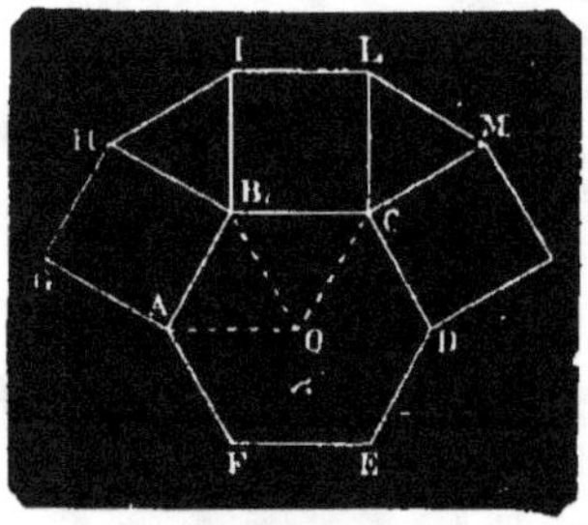

Fig. 288.

1° L'angle ABC de l'hexagone vaut $\frac{4}{3}$ d'angle droit, son supplément HBI vaut par conséquent $\frac{2}{3}$ d'angle droit, et comme HB = BI, le triangle HBI est équilatéral puisque ses trois angles sont égaux chacun à $\frac{2}{3}$ d'angle droit : donc GH = HI = IL = LM = . . ., les angles GHI, HIL . . . . sont égaux, et le polygone GHILM . . . . étant équilatéral et équiangle est régulier, c'est un dodécagone.

2° Le polygone se compose de 12 triangles équilatéraux égaux à AOB plus 6 carrés égaux à AGHB. Le côté de l'un de ces triangles étant 1, sa surface sera $\frac{\sqrt{3}}{4}$, les 12 triangles vaudront $\frac{12\sqrt{3}}{4} = 3\sqrt{3} = 5^{mq},196$; les 6 carrés ayant chacun 1^m de côté valent ensemble 6^{mq}.

La surface du dodécagone est donc $5,196 + 6 = 11^{mq},196$.

441. *La surface* S *d'un terrain, dont la forme est celle d'un hexagone régulier, est égale à* $34^a,19$. *Quelle est la longueur de son côté?*

Nous avons
$$\frac{3a^2\sqrt{3}}{2} = 3419.$$

d'où
$$a = \sqrt{\dfrac{2 \times 3419}{3\sqrt{3}}} = 36^m,27.$$

442. *Calculer, à moins de 0,01, la surface d'un cercle, sachant que cette surface surpasse de 62^{mq},25 celle de l'hexagone régulier qui lui est inscrit.*

Rép. 359^{mq},75.

Soit R le rayon du cercle, l'énoncé donne

$$\pi R^2 - \frac{3R^2 \sqrt{3}}{2} = 62,25.$$

d'où
$$2\pi R^2 - 3R^2 \sqrt{3} = 2 \times 62,25,$$

$$R^2 (2\pi - 3\sqrt{3}) = 2 \times 62,25,$$

$$R^2 = \frac{2 \times 62,25}{2\pi - 3\sqrt{3}},$$

enfin
$$\pi R^2 = \frac{\pi \times 2 \times 62,25}{2\pi - 3\sqrt{3}} = 359^{mq},75.$$

443. *On donne un triangle équilatéral dont la surface est 1024^{mq} : on demande son côté.*

Rép. $a = 48^m,62$.

La surface d'un triangle équilatéral en fonction de son côté *a*

est égale à
$$\frac{a^2 \sqrt{3}}{4},$$

On a donc
$$1024 = \frac{a^2 \sqrt{3}}{4},$$

$$1024 \times 4 = a^2 \sqrt{3},$$

d'où
$$a = \sqrt{\frac{4096}{\sqrt{3}}},$$

enfin
$$a = \sqrt{\frac{4096 \times \sqrt{3}}{3}} = 48^m,62.$$

444. *On a un polygone* ABCDE *composé d'un triangle équila-*
téral BCE *et d'un carré* ABED. *La surface de ce polygone est*
égale à 3^{ha},36^a. *On demande de trouver le côté* AB.

Rép. 153^m,12.

Appelons a le côté AB du carré et du triangle,

nous aurons $\qquad \dfrac{a^2 \sqrt{3}}{4} + a^2 = 33600^{mq}$.

d'où l'on tire $\quad a = \sqrt{\dfrac{4 \times 33600}{\sqrt{3} + 4}} = 153^m,12.$

445. 1° *Trouver en fonction de* a *côté d'un triangle équila-*
téral, la surface du carré inscrit dans ce triangle; 2° *inscrire*
un carré dans un triangle quelconque et dire sur quel côté s'ap-
puie le plus grand carré.

1° La surface demandée sera :

$$\frac{3a^2}{7 + 4\sqrt{3}}.$$

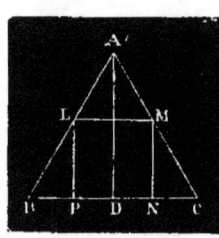

Fig 289.

2° Le plus grand carré s'appuie sur le plus
petit côté.

Soient x le côté du carré LMNP inscrit
dans le triangle équilatéral ABC et AD $= h$
la hauteur de ce triangle, la figure donne

$$\frac{LM}{BC} = \frac{AD - LP}{AD},$$

ou $\qquad \dfrac{x}{a} = \dfrac{h - x}{h},$

$$hx = ah - ax,$$

$$x = \frac{ah}{a + h}.$$

Or, dans le triangle équilatéral

$$h = \frac{a\sqrt{3}}{2},$$

par suite $\quad x = \dfrac{a \times \dfrac{a\sqrt{3}}{2}}{a + \dfrac{a\sqrt{3}}{2}} = \dfrac{a^2\sqrt{3}}{2a + a\sqrt{3}} = \dfrac{\sqrt{3}}{2 + \sqrt{3}}.$

donc
$$x^2 = \frac{3a^2}{4 + 3 + 2 \times 2\sqrt{3}} = \frac{3a^2}{7 + 4\sqrt{3}}.$$

2° Soit ABC un triangle quelconque. Désignant par c un côté BC quelconque, par h la hauteur AD correspondante et par x le côté du carré devant s'appuyer sur BC, nous aurons comme plus haut

$$\frac{x}{c} = \frac{h - x}{h},$$

et
$$x = \frac{ch}{c + h}.$$

D'où l'on voit que x est une 4e proportionnelle aux grandeurs c, h et $c + h$ (ex. 290).

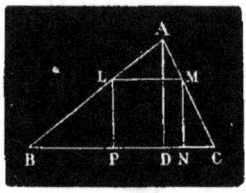
Fig. 290.

Désignons par c' un autre côté AC quelconque, par h' la hauteur correspondante à ce côté et par x' le côté du carré devant s'appuyer sur AC, nous aurons encore

$$x' = \frac{c'h'}{c' + h'}.$$

Enfin, soient c'' l'autre côté AB, h'' la hauteur correspondante et x'' le côté du carré devant s'appuyer sur AB, il vient

$$x'' = \frac{c''h''}{c'' + h''}.$$

Pour comparer les trois valeurs x, x' x'', nous ferons remarquer que $ch = c'h' = c''h'' = 2$ fois la surface du triangle. Les numérateurs de ces trois fractions étant égaux, nous comparerons les dénominateurs. Il est évident que la valeur de x sera plus grande dans la fraction qui aura le plus petit dénominateur.

L'égalité $ch = c'h'$ donne

$$\frac{c'}{c} = \frac{h}{h'} = \frac{c' - h}{c - h'} \qquad \text{(Alg. n° 180)}.$$

L'hypothèse $c' < c$ donne aussi $h < h'$ et $c' - h < c - h'$ ou $c' + h' < c + h$,

d'où
$$\frac{c'h'}{c' + h'} > \frac{ch}{c + h},$$

par suite nous aurons $x' > x$; le plus grand carré sera donc appuyé sur le plus petit côté.

446. *Calculer à 0,01 près le rapport des surfaces des deux segments de cercle CBD et CED, sachant que la corde CD passe par le milieu du rayon AB qui lui est perpendiculaire.*

$$\text{Rép. } \frac{\overline{CBD}}{\overline{CED}} = 0,24.$$

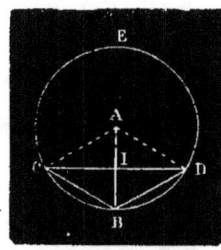

Fig. 291.

AI étant égal à IB on a AC = CB, d'où l'on voit que CD est le côté du triangle équilatéral inscrit. L'angle CAD vaut par conséquent 120° et (n° 256)

$$CD = AB \, \sqrt{3} = R \, \sqrt{3}.$$

On aura donc :

$$\text{Segm. CBD} = \tfrac{1}{3}\pi R^2 - CD \times \frac{AI}{2},$$

d'où on a, en substituant les valeurs de CD et de AI :

$$\text{Segm. CBD} = \tfrac{1}{3}\pi R^2 - R\,\sqrt{3} \times \frac{R}{4} = R^2\left(\tfrac{1}{3}\pi - \tfrac{1}{4}\sqrt{3}\right),$$

et segm. $CED = \tfrac{2}{3}\pi R^2 + R\,\sqrt{3} \times \dfrac{R}{4} = R^2\left(\tfrac{2}{3}\pi + \tfrac{1}{4}\sqrt{3}\right),$

donc

$$\frac{\overline{CBD}}{\overline{CED}} = \frac{4\pi - 3\sqrt{3}}{8\pi + 3\sqrt{3}} = 0,24.$$

447. *Trouver le rapport de l'hexagone régulier inscrit à l'hexagone régulier circonscrit.*

$$\text{Rép. } \tfrac{3}{4}.$$

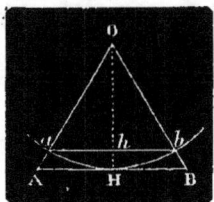

Fig. 292.

Soient l'hexagone régulier inscrit abcd... et l'hexagone régulier circonscrit ABCD... dans lesquels on a les triangles équilatéraux Oab, OAB qui donnent la proportion

$$\frac{Oab}{OAB} = \frac{Oh^2}{\overline{OH}^2};$$

mais

$$Oh = \frac{a\,\sqrt{3}}{2} \text{ et } OH = a,$$

donc on a
$$\frac{Oab}{\overline{OAB}} = \left(\frac{\frac{a \sqrt{3}}{2}}{a} \right)^2 ,$$

ou
$$\frac{Oab}{\overline{OAB}} = \frac{\frac{3a^2}{4}}{a^2} ,$$

ou encore
$$\frac{Oab}{\overline{OAB}} = \frac{3a^2}{4a^2} = \frac{3}{4} .$$

Tel est le rapport des deùx triangles, tel est aussi celui des hexagones.

448. *Le côté d'un triangle équilatéral est a ; quelle est en fonction de a la surface du cercle circonscrit à ce triangle ?*

$$\text{Rép. } \frac{\pi a^2}{3} .$$

On a (256)
$$a = R \sqrt{3}.$$

d'où
$$R = \frac{a}{\sqrt{3}} ,$$

par suite
$$\pi R^2 = \frac{\pi a^2}{3} .$$

449. *Trouver le rapport de la surface du cercle à celle du triangle équilatéral inscrit.*

$$\text{Rép. } \frac{4\pi}{3\sqrt{3}} .$$

La surface du triangle équilatéral en fonction de son côté égale
$$\frac{a^2 \sqrt{3}}{4} ,$$

celle du cercle circonscrit est (ex. 448)
$$\frac{\pi a^2}{3} .$$

On aura donc
$$\frac{C}{T} = \frac{4\pi}{3\sqrt{3}} .$$

450. *La surface d'un cercle et celle d'un triangle équilatéral inscrit valent ensemble* 3^{mq}. *On demande de calculer la surface du cercle et celle du triangle.*

Rép. $C = 2^{mq},122$; $T = 0,877$.

On a $$C + T = 3,$$

et (ex. précédent) $$\frac{C}{T} = \frac{4\pi}{3\sqrt{3}};$$

et aussi (Alg. 173) $$\frac{C+T}{T} = \frac{4\pi + 3\sqrt{3}}{3\sqrt{3}},$$

ou $$\frac{3}{T} = \frac{4\pi + 3\sqrt{3}}{3\sqrt{3}},$$

d'où $$T = \frac{9\sqrt{3}}{4\pi + 3\sqrt{3}} = 0^{mq},877,$$

$$C = \frac{12\pi}{3\sqrt{3} + 4\pi} = 2^{mq},122.$$

451. *Trouver la surface du triangle équilatéral inscrit en fonction de* R.

Rép. $t = \frac{3R^2\sqrt{3}}{4}$.

D'après le n° 256 le côté du triangle équilatéral inscrit est égal à $R\sqrt{3}$.

On aura donc :

$$t = \frac{(R\sqrt{3})^2 \times \sqrt{3}}{4},$$

$$t = \frac{3R^2\sqrt{3}}{4}.$$

452. *Calculer la surface d'un triangle équilatéral en fonction du rayon* R *du cercle inscrit.*

Rép. $T = 3R^2\sqrt{3}$.

Désignons par a le côté du triangle et par h sa hauteur, nous aurons

$$T = h \times \frac{a}{2}.$$

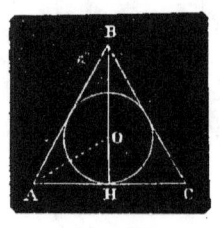

Fig. 293.

Or, OB étant le rayon du cercle circonscrit, on a (ex. 309)

$$h = 3R ;$$

d'ailleurs $\quad a^2 - \dfrac{a^2}{4} = h^2 = 9R^2,$

$$\frac{3a^2}{4} = 9R^2,$$

d'où $\qquad \dfrac{a}{2} = R \sqrt{3} ;$

par suite $\qquad T = 3R \times R \sqrt{3} = 3R^2 \sqrt{3}.$

453. *Trouver le rapport de l'aire du triangle équilatérai inscrit au triangle équilatéral circonscrit.*

Rép. $\frac{1}{4}$.

Soient t et T ces deux triangles,

on a (ex. 451) $\qquad t = \dfrac{3R^2 \sqrt{3}}{4},$

et (ex. 452) $\qquad T = 3R^2 \sqrt{3},$

d'où $\qquad \dfrac{t}{T} = \dfrac{1}{4}.$

454. *Trouver le rapport de l'aire de l'hexagone régulier inscrit dans un cercle à l'aire du triangle équilatéral circonscrit au même cercle.*

Rép. Le rapport est $\frac{1}{2}$.

La surface du triangle équilatéral circonscrit est égale à

$$3R^2 \sqrt{3}$$

et celle de l'hexagone régulier inscrit est

$$\frac{3R^2 \sqrt{3}}{2},$$

d'où l'on voit que le triangle équilatéral circonscrit est double de l'hexagone régulier inscrit.

455. *Trouver le rapport de la surface du triangle équilatéral à celle de l'hexagone inscrit dans le même cercle.*

Rép. Le rapport est $\frac{1}{2}$.

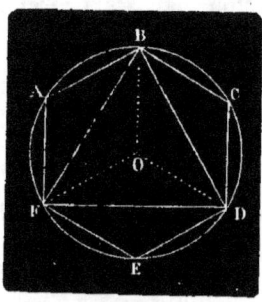

Fig. 294.

L'hexagone comprend 6 triangles isocèles égaux, puisqu'ils ont leurs côtés
égaux chacun à chacun, savoir : les rayons
et les côtés de l'hexagone sont égaux, et
les côtés du triangle équilatéral FBD sont
communs. Le triangle proposé FBD comprenant 3 seulement de ces mêmes
triangles, sa surface est moitié de celle de
l'hexagone.

456. *Dans le cas où l'on fait* R = 1, *quelle est la surface du
cercle, celle du triangle équilatéral et celle de l'hexagone régulier inscrit?*

La surface du cercle sera π,

    »   de l'hexagone $\dfrac{3\sqrt{3}}{2}$,

    »   du triangle $\dfrac{3\sqrt{3}}{4}$.

457. *Calculer à* 0^m,01 *près le rayon d'un cercle, sachant que
la surface de l'octogone régulier inscrit surpasse de* 1^{mq} *la surface
de l'hexagone régulier inscrit.*

$$\text{Rép. } 2^m,08.$$

On a (ex. 386 et ex. 436)

Surface de l'octogone $= 2R^2\sqrt{2}.$

Surface de l'hexagone $= \dfrac{3R^2\sqrt{3}}{2},$

d'où $\qquad 2R^2\sqrt{2} - \dfrac{3R^2\sqrt{3}}{2} = 1,$

$$R^2\left(2\sqrt{2} - \frac{3\sqrt{3}}{2}\right) = 1,$$

$$R^2\left(\frac{4\sqrt{2} - 3\sqrt{3}}{2}\right) = 1,$$

$$R^2 = \frac{2}{4\sqrt{2} - 3\sqrt{3}}.$$

Multipliant les deux termes de la fraction par l'expression $4\sqrt{2}+3\sqrt{3}$, il vient

$$R^2 = \frac{2(4\sqrt{2}+3\sqrt{3})}{(4\sqrt{2}-3\sqrt{3})(4\sqrt{2}+3\sqrt{3})},$$

d'où (Alg. n° 33) $R^2 = \dfrac{2(4\sqrt{2}+3\sqrt{3})}{(4\sqrt{2})^2-(3\sqrt{3})^2} = \tfrac{2}{5}(4\sqrt{2}+3\sqrt{3})$,

$$R = \sqrt{\tfrac{2}{5}(4\sqrt{2}+3\sqrt{3})} = 2^m,08.$$

458. *Trouver la surface d'un triangle dont le périmètre a* 14^m *et le rayon du cercle inscrit* $1^m,07$.

On aura $T = 7^{mq},49$.

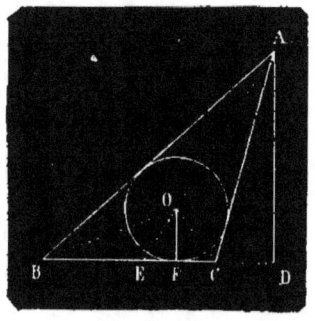

Fig. 295.

Soit ABC le triangle dont on demande la surface. En représentant le périmètre par $2p$, on a

$$2p = 14^m = AB + BC + CA\,;$$

et $\qquad OF = r = 1^m,07,$

or $\quad T = AOB + BOC + AOC$

$$= AB \times \frac{r}{2} + BC \times \frac{r}{2} + AC \times \frac{r}{2},$$

$$= (AB + BC + AC)\frac{r}{2} = 2p \times \frac{r}{2} = p \times r.$$

Remplaçant les lettres par leurs valeurs, il vient
$$T = 7 \times 1,07 = 7^{mq},49.$$

332

459. *Trouver une ligne dont la longueur soit égale à* $\sqrt{3}$: *on sait d'ailleurs que* $\sqrt{2}$ *est égale à la longueur de la diagonale du carré qui a* 1^m *de côté*

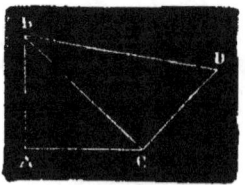

Fig 296.

Sur les côtés d'un angle droit A, je porte deux longueurs AB, AC représentant chacune une unité quelconque, je mène la ligne BC; au point C, j'élève la perpendiculaire CD égale à AC, et je tire BD, je dis que BD $= \sqrt{3}$

En effet : $$\overline{BC}^2 = 2\overline{AC}^2,$$

par suite $$\overline{BD}^2 = 2\overline{AC}^2 + \overline{CD}^2 = 3\overline{AC}^2,$$

or $$AC = 1,$$

donc $$\overline{BD}^2 = 3$$

et $$BD = \sqrt{3}.$$

460. *Sur une droite donnée, construire un triangle équivalent à un carré donné.*

Soient B la base donnée, x la hauteur du triangle et a le côté du carré donné. On a

$$\frac{B \times x}{2} = a^2,$$

d'où $$x = \frac{2a^2}{B} = \frac{a \times 2a}{B}.$$

La hauteur x est donc une 4ᵉ proportionnelle à a, $2a$ et B.

461. *Construire un carré qui soit les ¾ d'un carré donné.*

Soient a' le côté du carré demandé et a le côté du carré donné. On a d'après l'énoncé

$$a'^2 = \frac{3}{4} a^2 = a \times \frac{3a}{4}.$$

Le côté a' est donc une moyenne proportionnelle entre a et $\frac{3a}{4}$.

462. *Construire sur une base donnée B un triangle isocèle double d'un carré donné.*

Soient x la hauteur du triangle, et a le côté du carré donné, l'énoncé donne

$$\frac{Bx}{2} = 2a^2,$$

d'où $$x = \frac{4a^2}{B} = \frac{4a}{B} \times a.$$

On voit que x est une 4ᵉ proportionnelle à $4a$, a et B.

Le triangle devant être isocèle, la hauteur se construira sur le milieu de la base.

463. *Construire un carré équivalent à un trapèze donné.*

On a $$a^2 = H\left(\frac{B+b}{2}\right).$$

Le côté a du carré est une moyenne proportionnelle entre la hauteur et la demi-somme des bases.

464. *Sur une droite donnée, construire un rectangle équivalent à un rectangle donné.*

Soit B' la droite donnée et x la hauteur cherchée ;

on a
$$B' \times x = B \times H ;$$

d'où
$$x = \frac{B \times H}{B'},$$

La hauteur x est donc une 4e proportionnelle aux trois longueurs données B, H et B'.

465. *Sur une droite donnée, construire un rectangle équivalent à un triangle donné.*

Soient B' la droite donnée et x la hauteur cherchée, on a

$$B' \times x = \frac{B \times H}{2},$$

d'où
$$x = \frac{B \times H}{2B'}.$$

C'est-à-dire que x, la hauteur du rectangle, est une 4e proportionnelle aux lignes données B, H et 2B'.

466. *Construire un carré équivalent à la somme d'un triangle et d'un rectangle.*

Soit x le côté du carré, b, h, b', h' les dimensions du triangle et du rectangle ; on a

$$x^2 = \frac{bh}{2} + b'h'.$$

Si l'on fait (ex. 290) $\frac{b}{2} h = d^2$, et $b'h' = f^2$, on a

$$x^2 = d^2 + f^2.$$

Donc $x = $ l'hypoténuse d'un triangle rectangle dont les autres côtés sont d et f.

467. *Construire un carré équivalent à la différence d'un triangle et d'un trapèze dont les dimensions sont données.*

Représentons par x le côté du carré, par b, h, les dimensions du triangle et par b', b'', h' celles du trapèze, il vient

$$x^2 = \frac{bh}{2} - \frac{(b' + b'') h'}{2},$$

$$x^2 = \frac{bh}{2} - sh', \qquad \text{en faisant } \frac{b' + b''}{2} = s;$$

d'où $\quad x^2 = d^2 - f^2, \qquad \text{en faisant } \frac{bh}{2} = d^2, \text{ et } sh' = f^2.$

Donc x est un côté de l'angle droit d'un triangle rectangle dont l'hypoténuse est d et l'autre côté f.

468. *Construire sur une base donnée* a *un rectangle équivalent à la somme d'un triangle et d'un trapèze dont les dimensions sont données.*

Si nous représentons par x la hauteur du rectangle, par b, h, les dimensions du triangle et par b', b'', h' celles du trapèze, il vient

$$ax = \frac{bh}{2} + \frac{(b' + b'') h'}{2}.$$

Posant $b' + b'' = s$, et divisant les deux membres par a

on a $\qquad\qquad x = \frac{bh}{2a} + \frac{sh'}{2a} = d + f.$

en faisant (ex. 290) $\qquad \frac{bh}{2a} = d \text{ et } \frac{sh'}{2a} = f.$

La hauteur x est donc égale à la somme des deux grandeurs d et f.

469. *Sur une base donnée* a *construire un triangle équivalent à la différence d'un rectangle et d'un trapèze dont les dimensions sont données.*

Soient x la hauteur du triangle, b et h les dimensions du rectangle, b', b'', h' celles du trapèze, on a

$$\frac{ax}{2} = bh - \frac{(b' + b'') h'}{2} = \frac{2bh - (b' + b'') h'}{2},$$

$$x = \frac{2bh}{a} - \frac{(b' + b'') h'}{a} = \frac{2bh}{a} - \frac{sh'}{a},$$

en faisant $\qquad\qquad b' + b'' = s.$

Si l'on pose ensuite $\qquad \frac{2bh}{a} = d \text{ et } \frac{sh'}{a} = f,$

il vient $\qquad\qquad\qquad x = d - f.$

d'où la hauteur x est égale à la différence des deux longueurs d et f.

470. *Construire sur une base donnée a un triangle dont l'aire soit moyenne proportionnelle entre celle d'un rectangle et d'un trapèze.*

Si nous représentons par les mêmes lettres que plus haut les dimensions de chacune de ces figures, nous aurons

$$\left(\frac{ax}{2}\right)^2 = bh \times \frac{(b' + b'')\, h'}{2} \; ; \text{ fa sant } b' + b'' = s.$$

il viendra

$$\frac{a^2\, x^2}{4} = \frac{bh' \times sh'}{2},$$

$$a^2 x^2 = 2bh \times sh',$$

$$x^2 = \frac{2bh}{a} \times \frac{sh'}{a},$$

faisant

$$\frac{2bh}{a} = d \text{ et } \frac{sh'}{a} = f,$$

nous obtiendrons

$$x^2 = d \times f :$$

donc x sera une moyenne proportionnelle aux lignes d et f.

340

471. *Construire la racine da l'équation* $x = \dfrac{abc - def}{gh}$.

On a

$$x = \frac{abc - def}{gh} = \frac{abc}{gh} - \frac{def}{gh},$$

On pose

$$y = \frac{abc}{gh} \text{ et } z = \frac{def}{gh},$$

Les valeurs de y et de z se construisent comme il est indiqué n° 340 (4°).

Alors on a

$$x = y - z.$$

472. *Construire la racine de l'équation* $x = \dfrac{abc - def}{gh - kl}$.

On fait $gh = dy$ et $kl = dz$, d'où

$$x = \frac{abc - def}{dy - dz} = \frac{abc - def}{d\,(y - z)}.$$

---

* Les exercices qui suivent sont une application du n° 340, mais ils sont du reste identiques à diverses questions déjà résolues (287, 288,... 424, 426, 427. .).

Les deux égalités $gh = dy$ et $kl = dz$ donnent

$$y = \frac{gh}{d} \text{ et } z = \frac{kl}{d}.$$

Il est donc facile de construire y et z puisque les quantités g, h, d, k, l sont données. Faisant la différence $y - z = m$, on aura

$$x = \frac{abc - def}{dm};$$

c'est alors le cas de l'exercice précédent.

473. *Construire les racines de l'équation* $x = \sqrt{a^2 \pm b^2}$.

De $x = \sqrt{a^2 \pm b^2}$ on tire $x^2 = a^2 \pm b^2$. Séparant ces deux valeurs de x^2 on a :

$$x^2 = a^2 + b^2 \text{ ou } x^2 = a^2 - b^2.$$

On trouve les valeurs de x comme il a été indiqué (ex. 230, 231).

474. *Construire les racines de l'équation*

$$x = \sqrt{a^2 + b^2 + c^2 - d^2}.$$

On posera $a^2 + b^2 = m^2$ (ex. 473) et l'on aura

$$x = \sqrt{m^2 + c^2 - d^2}.$$

On posera ensuite $m^2 + c^2 = n^2$, d'où

$$x = \sqrt{n^2 - d^2} \text{ ou } x^2 = n^2 - d^2.$$

La valeur de x est alors facile à construire (ex. 473).

475. *Construire l'équation* $x = \dfrac{ab + c^2}{\sqrt{a^2 + b^2 - c^2}}$.

Si l'on fait $ab = d^2$, on a

$$x = \frac{d^2 + c^2}{\sqrt{a^2 + b^2 - c^2}},$$

ou

$$x = \frac{d^2 + c^2}{\sqrt{m^2 - c^2}}, \text{ en faisant } a^2 + b^2 = m^2;$$

ou encore

$$x = \frac{n^2}{r} \text{ en construisant } n^2 = d^2 + c^2$$

et

$$r^2 = m^2 - c^2.$$

Donc x est une 4e proportionnelle aux droites n, n et r.

476. *Construire l'équation* $x^2 = \dfrac{a^3 b}{c^2 d} \sqrt{a\left(d + \dfrac{c^2}{m}\right)}.$

Faisant successivement $\dfrac{c^2}{m} = n,\ d + n = r,$ et $\sqrt{ar} = s,$ l'équation devient :

$$x^2 = \frac{a^3 b}{c^2 d}\, s = \frac{a^3}{c^2} \times \frac{ab}{d} \times s,$$

ou $\qquad\qquad x^2 = \dfrac{a^2}{c^2}\, u^2,$ en faisant successivement

$$\frac{ab}{d} = t \text{ et } ts = u^2.$$

Enfin on a $\qquad\qquad x = \dfrac{a}{c}\, u,$

ou $x = $ une 4e proportionnelle aux lignes **a, c, u.**

EXERCICES DU LIVRE V.

347   **477.** *Une portion de courbe plane détermine-t-elle la position d'un plan ?*

Une portion de **courbe** plane détermine un plan, car on peut toujours prendre, sur cette courbe, 3 points qui ne sont pas en ligne droite.

350   **478.** *Par un point donné sur une droite, mener un plan perpendiculaire à cette droite.*

Il est évident que 2 perpendiculaires à la droite, au point donné, déterminent le plan demandé.

353   **479.** *Par un point donné hors d'une droite, faire passer un plan qui soit perpendiculaire à la droite.*

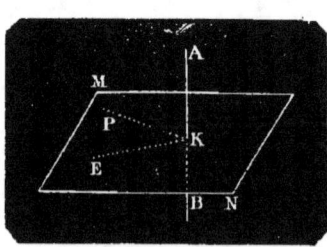

Fig. 297.

Soient donnés le point P et la droite AB. Dans le plan déterminé par P et AB, j'abaisse sur AB la perpendiculaire PK. Le plan demandé que je représente par MN, doit couper le plan ABP suivant une perpendiculaire à BA, et par suite, suivant KP, qui est la seule perpendiculaire qu'on puisse mener à BA par le point P dans le plan ABP. Le plan MN contient donc le point K et est le plan perpendiculaire cherché. Pour le construire, on élève par le point K la perpendiculaire KE dans un iutre plan que ABP, et les perpendiculaires PK, EK le déterminent.

480. *Trouver le lieu des perpendiculaires menées dans l'espace en un point donné d'une droite.*

Soient 2 perpendiculaires AC, AD, menees par le point A à la droite donnée AB. Ces perpendiculaires déterminent un plan MN qui contient toutes les autres. En effet, par la droite donnée, me-

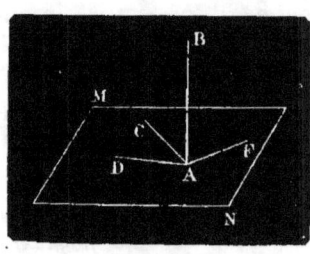

nons un plan quelconque BAF qui coupe MN suivant AF. Or, comme AB est, par hypothèse, perpendiculaire au plan MN, il en résulte que AB est également perpendiculaire à AF. Par conséquent, la perpendiculaire élevée par le point A sur AB, dans le plan BAF est dans le plan MN.

Réciproquement, toute droite, menée

Fig. 298.

par le point A dans ce plan, est perpendiculaire à AB; donc le plan MN est le lieu géométrique demandé.

481. *Une oblique AB ayant 4ᵐ de long rencontre un plan MN au point B, la perpendiculaire Aa, abaissée du point A sur MN a 3ᵐ; on demande la valeur de aB.*

Rép. $aB = 2^m,64$.

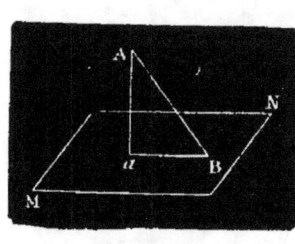

Dans le triangle rectangle ABa, on a :

$$AB = 4^m \text{ et } Aa = 3^m.$$

Or on a $\overline{aB}^2 = \overline{AB}^2 - \overline{Aa}^2,$

ou $\overline{aB}^2 = 16 - 9 = 7.$

Fig. 299.

D'où $aB = \sqrt{7} = 2^m,64$.

482. *A 6ᵐ d'un plan MN on décrit une circonférence sur ce plan avec un rayon de 8ᵐ; on demande la surface du cercle tracé sur MN.*

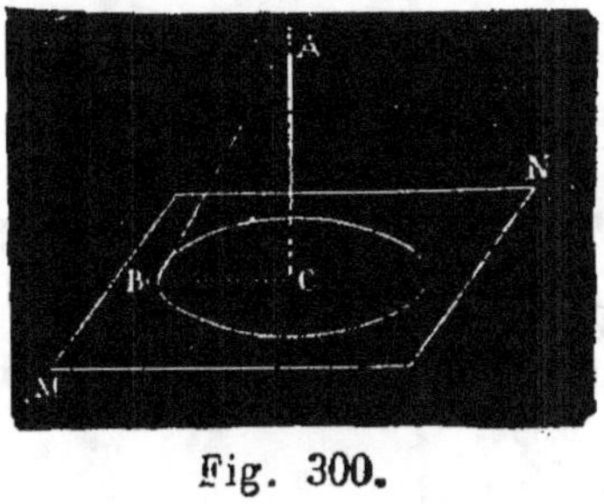

Rép. 87mq,9648.

Le triangle rectangle ABC donne

$$\overline{BC}^2 = R^2 = \overline{AC}^2 - \overline{AB}^2,$$

ou $R^2 = 28.$

La surface du cercle $= \pi R^2$

$= 3,1416 \times 28 = 87^{mq},9648.$

Fig. 300.

483. *Trouver une série d'obliques égales partant d'un même point* A *et telles que le carré de chacune d'elles soit égal à la somme des carrés de deux lignes données* AD, EF.

Sur la verticale du point A, je prends une longueur AC = AD.

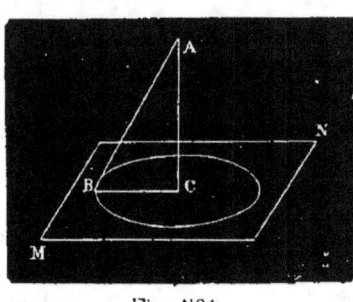

Je mène le plan MN perpendiculaire à la droite AC au point C. De ce point comme centre, avec EF pour rayon, je décris une circonférence. Si je joins un point quelconque B de cette circonférence au point A, j'obtiendrai un triangle rectangle dont l'hypoténuse répondra à la question, car j'aurai $\overline{AB}^2 = \overline{AC}^2 + \overline{BC}^2$.

Fig. 301.

484. *Un point* A *est à* 7^m *au-dessus du centre d'un cercle qui a* 20^{mq} *de surface: on demande la distance du point* A *à la circonférence du cercle* (fig. 301).

Rép. $7^m,44$.

La surface du cercle, $20^{mq} = \pi R^2$,

d'où $$R = \sqrt{\dfrac{20}{3,1416}} = 2^m,52.$$

Dans le triangle rectangle ACB,

$$AC = 7^m, \quad CB = 2^m,52.$$

AB est donné par la relation

$$\overline{AB}^2 = \overline{AC}^2 + \overline{CB}^2,$$

on $\overline{AB}^2 = 49 + 6,36$ et $AB = \sqrt{49 + 6,36} = 7,44$.

357

485. *Trouver le lieu des points de l'espace également distants de deux points donnés* A *et* B.

Le lieu cherché est le plan perpendiculaire au milieu de la droite AB.

486. *Trouver dans l'espace le lieu de tous les points également distants de trois points non en ligne droite.*

Ce lieu est la perpendiculaire élevée, par le centre, au plan du cercle passant par les trois points donnés.

187. *Trouver sur un plan le lieu de tous les points également distants d'un point donné A hors de ce plan.*

Le lieu cherché est un cercle décrit, sur le plan donné, avec A pour centre, et un rayon plus grand que la distance du point A au plan. Il est évident que ce problème admet une infinité de solutions.

488. *Une droite également inclinée sur trois droites qui passent par son pied dans le plan est perpendiculaire à ce plan.*

Soit la droite AO faisant des angles égaux avec les 3 droites OB, OC, OD, menées par son pied O dans le plan MN : je dis que AO est perpendiculaire au plan MN.

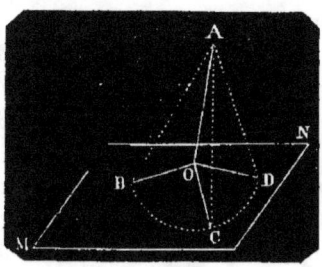

Fig. 302.

Pour le démontrer, je prends les 3 longueurs égales OB, OC, OD et je joins les points B, C, D à un point quelconque de AO. Les triangles AOB, AOC, AOD sont égaux comme ayant un angle égal compris entre côtés égaux chacun à chacun. Par suite AB, AC, AD sont trois obliques égales, et leurs pieds B, C, D sont également éloignés du pied de la perpendiculaire abaissée du point A sur le plan. Or, le point O est le seul point du plan MN également éloigné des trois points B, C, D ; donc AO est perpendiculaire au plan MN.

489. *Du point A hors d'un plan MN, on décrit une circonférence sur ce plan, puis on mène une tangente BC à la circonférence, et enfin on joint le point A au point C. Calculer AC à* $0^m,01$ *près, sachant que la distance du point A au plan MN ou AO égale* 12^m*, le rayon OB =* 7^m*, et la tangente BC —* 15^m*.*

Rép. AC = $20^m,44$.

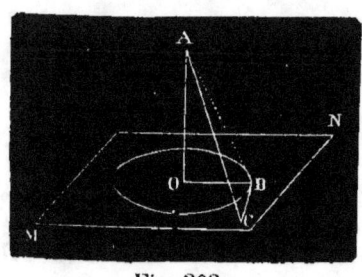

Fig. 303.

Joignons les points A et B. Dans le triangle rectangle AOB on a :

$$\overline{AB}^2 = \overline{AO}^2 + \overline{OB}^2,$$
$$\overline{AB}^2 = 144 + 49 = 193.$$

Le triangle rectangle ABC donne :

$$\overline{AC}^2 = \overline{AB}^2 + \overline{BC}^2$$
$$= 193 + 225 = 418,$$
$$AC = \sqrt{418} = 20,44.$$

13

363

490. *Trouver le lieu des parallèles menées à une droite* AB *par les points d'une autre droite* CD *. située dans un autre plan.*

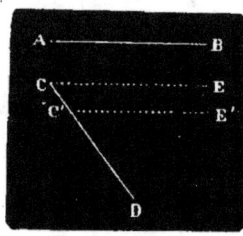

Fig. 304.

Je mène CE parallèle à AB et je conduis un plan par les droites CD, CE. Ce plan est le lieu demandé, car toute parallèle C'E' à CE est aussi parallèle à AB.

364

491. *Trouver la plus courte distance de deux droites* AB, CD, *données dans l'espace et non situées dans un même plan.*

Soient AB, CD les deux droites données. Par le point A je mène AE parallèle à CD ; le plan déterminé par EAB est parallèle à CD.

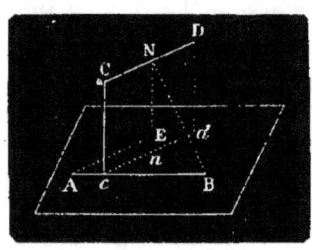

Fig. 305.

Je fais passer par la droite CD un plan perpendiculaire au plan EAB. Soit *cd* l'intersection de ce plan avec le plan de EAB. Du point *c* j'élève une perpendiculaire à *cd*, qui sera aussi perpendiculaire à sa parallèle CD, et Cc est la plus courte distance demandée ; car si d'un autre point, N, de CD, j'abaisse une perpendiculaire sur le plan EAB, j'aurai Nn = Cc. Mais comme Nn est plus petite que l'oblique NB, Cc est aussi plus petite que NB.

492. *Par une droite donnée* AB, *mener un plan parallèle à une autre droite donnée* CD.

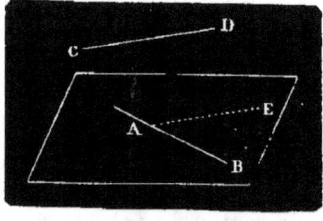

Fig. 306.

Par un point quelconque A de AB, je mène AE parallèle à CD, puis je conduis un plan suivant les droites AB, AE : ce plan est parallèle à CD.

365

493. *Par un point donné mener une parallèle à un plan.*

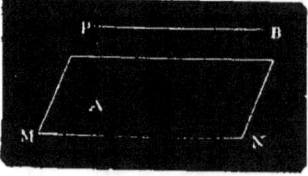

Fig. 307.

De ce point P, j'abaisse une perpendiculaire PA sur le plan. Puis je mène en P une perpendiculaire à la droite PA. Cette perpendiculaire **PB** est la parallèle demandée.

494. *Par un point donné, faire passer un plan parallèle à deux droites qui ne sont pas situées dans le même plan.*

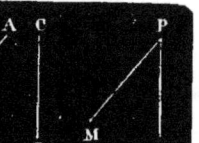

Fig. 308.

Soient AB, CD les 2 droites données et P le point également donné. Je mène PM parallèle à AB et PN parallèle à CD. Le plan PMN est le plan demandé.

495. *Par un point donné, mener un plan parallèle à un plan, donné.*

Du point P on abaisse une perpendiculaire PA sur le plan MN; puis au point P on mène un plan perpendiculaire à PA.

496. *Mener 3 plans parallèles, M, N, P passant par 3 points, A, B, C, non en ligne droite.*

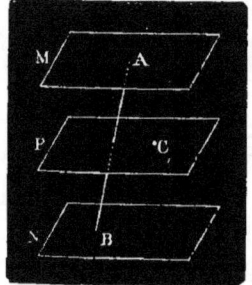

Fig. 309.

On joint deux des points donnés A et B, par une droite; aux points A et B on mène des plans perpendiculaires à AB; puis par le point C, on mène un plan P perpendiculaire à AB; et les trois plans M, N, P, sont parallèles.

497. *Lorsqu'une ligne droite et un plan sont perpendiculaires à la même droite ils sont parallèles.*

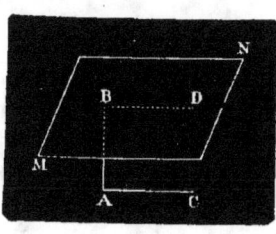

Fig. 310.

Soient le plan MN et la droite AC perpendiculaires à la même droite AB. Je dis que le plan MN et la droite AC sont parallèles.

En effet, le plan des lignes AC et AB coupe MN suivant BD perpendiculaire à AB; la droite AC est donc parallèle à BD et par suite au plan MN.

498. *Trouver le lieu des points également distants de deux plans parallèles.*

Il est évident que le lieu demandé est un plan parallèle aux deux premiers et à égale distance de chacun d'eux.

499. *Trouver le lieu des parallèles menées à un plan* MN *par un point quelconque* P.

Ce lieu est un plan mené par le point P parallèlement au plan MN.

374

500. *Trois plans parallèles* M, N, P *sont rencontrés par deux droites* AB, CD ; *la droite* AB *rencontre les plans en* A, E, B, *et la droite* CD *en* C, F, D ; *on a* AE = 6ᵐ, BE = 8ᵐ, CD = 12ᵐ. *Calculer* CF *et* FD.

Rép. CF = 5ᵐ,143 ; FD = 6ᵐ,857.

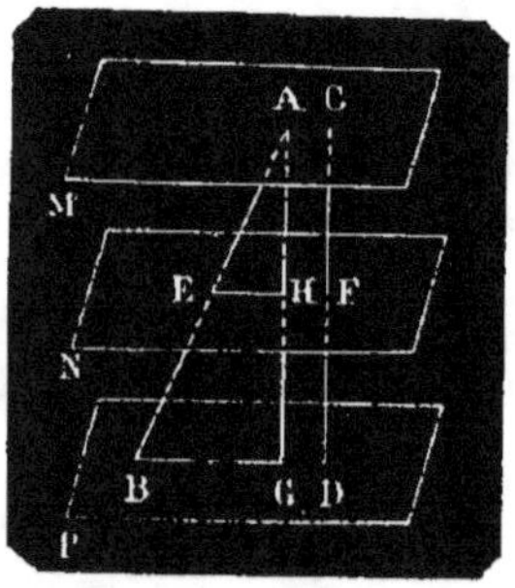

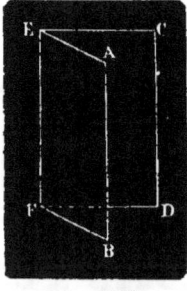

Fig. 311.

On a
$$\frac{CF}{DF} = \frac{AE}{BE},$$

ou
$$\frac{CF + DF}{DF} = \frac{AE + BE}{BE},$$

ou
$$\frac{12}{DF} = \frac{6 + 8}{8},$$

$$DF = \frac{12 \times 8}{14} = 6^m,857,$$

$$CF = DC - DF,$$

$$CF = 12 - 6,857 = 5^m,143.$$

501. *Lorsque deux plans passent par deux droites parallèles, leur intersection est parallèle à ces droites.*

Par les droites parallèles AB, CD, je conduis deux plans qui se coupent ; leur intersection BF est parallèle à AB et à CD. Car si par un point commun aux deux plans, je mène une parallèle aux droites AB, CD elle se trouvera tout entière dans chacun des plans et ne sera par conséquent autre que leur intersection EF.

Fig. 312.

502. *Lorsque deux plans qui se coupent sont parallèles à une même droite, leur intersection est parallèle à cette droite.*

Les plans ABD, BDC étant parallèles à EF, leur intersec-

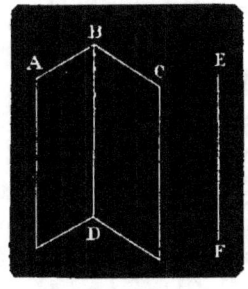

Fig. 313.

tion BD sera aussi parallèle à EF. Car si par un des points communs aux deux plans on mène une parallèle à EF, cette parallèle sera tout entière dans chacun des plans et ne sera par conséquent autre que leur intersection BD.

377

503. *Comment mesurer l'angle formé par deux murs qui se rencontrent?*

En un point de l'arête du dièdre déterminé par les murs, on mène sur chaque mur une perpendiculaire à cette arête. Ces perpendiculaires forment entre elles l'angle correspondant au dièdre. On prend sur chacune, et à partir de l'arête, des longueurs quelconques, puis on mesure la distance qui sépare les deux extrémités de ces longueurs. Avec ces trois longueurs on construit un triangle : l'angle compris entre les deux premières grandeurs est l'angle demandé.

Remarque. Si l'angle est extérieur, on prolonge les perpendiculaires et l'on mesure l'angle opposé par le sommet.

504. *Peut-on s'assurer par le calcul si deux murs sont ou non perpendiculaires?*

On procède comme dans l'exercice précédent : il est évident que les murs sont perpendiculaires lorsque le carré de la troisième longueur est égal à la somme des carrés des deux premières.

Remarque. Pour plus de facilité on prend 3 et 4 pour les **deux** premières et on doit trouver 5 pour la 3ᵉ, car $5^2 = 3^2 + 4^2$.

383

505. *Démontrer que l'angle d'une droite et d'un plan est le plus petit des angles que fait cette ligne avec les droites qui passent par son pied dans le plan.*

(Une droite AB rencontre un plan MN au point B ; la projection du point A sur le plan MN est le pied *a* de la perpendiculaire abaissée du point A sur le plan MN, et la droite qui joint le point B au point *a* du plan est la projection de la droite BA sur le même plan MN. L'angle AB*a* est l'angle d'une droite AB et d'un plan MN.)

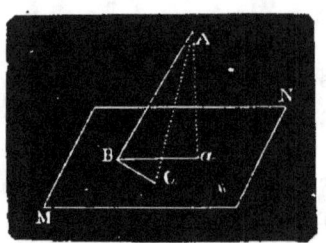

Fig. 314.

Ainsi l'angle ABa étant l'angle de la droite avec le plan, on aura :

$$AB a < ABC.$$

Pour le prouver, prenons BC $=$ Ba. Dans les deux triangles ABa et ABC, AB est commun et Ba est égal à BC ; comme l'oblique AC est plus grande que la perpendiculaire Aa, il en résulte que l'angle ABC est plus grand que l'angle ABa. De même de tout autre angle. C. q. f. d.

506. *De toutes les droites issues d'un même point d'un plan, trouver celle qui fait le plus grand angle avec un 2e plan qui rencontre le 1er.*

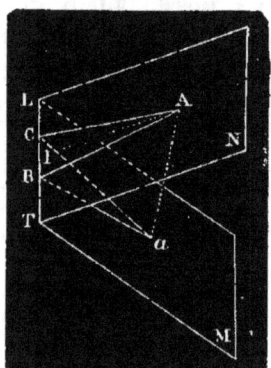

Fig. 315.

La droite demandée est la perpendiculaire AB menée du point A sur l'intersection LT des deux plans, et l'on aura angle AB$a >$ ACa.

Soient AC une oblique quelconque à LT, et a la projection du point A sur le plan M. AB et AC ont pour projections sur le plan M, aB, aC, et font avec ce plan les angles ABa, ACa. Or, on a AC $>$ AB et par suite aC $> a$B. Si l'on prend sur aC une longueur aI $= a$B et qu'on tire AI, les deux triangles rectangles AaI, AaB seront égaux et l'on aura angle AI$a =$ ABa. Mais on a AI$a >$ ACa : donc enfin on a l'angle AB$a >$ ACa.

REMARQUE. Quand le plan LM est horizontal, la droite AB s'appelle *ligne de plus grande pente* du plan LN.

384 **507.** *Par deux points donnés ou par une droite donnée sur un plan, faire passer un second plan perpendiculaire au premier.*

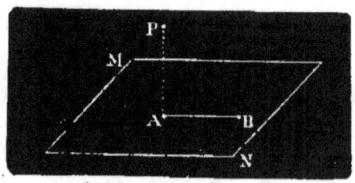

Fig. 316.

Soient A et B les points donnés. Au point A j'élève une perpendiculaire AP au plan MN, et je fais passer un plan par les points P, A, B. Ce plan est perpendiculaire au plan MN.

508. *Par deux points donnés ou par une droite donnée hors d'un plan, faire passer un second plan perpendiculaire au premier.*

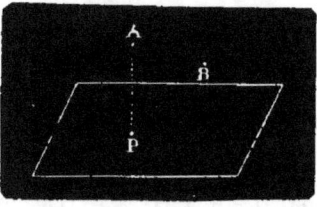

Fig. 317.

Soient A et B les points donnés. Du point A j'abaisse une perpendiculaire sur le plan MN. Le plan passant par les points A, P, B, est perpendiculaire au plan MN.

386   **509.** *La projection d'une droite sur un plan est un point ou une droite.*

Il est évident que la projection de la droite est un point si cette

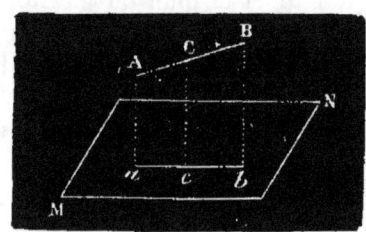

Fig. 318.

droite est perpendiculaire au plan. Soient AB oblique au plan MN, *a* la projection du point A et *ab* la trace sur MN du plan mené suivant BA*a*. Je dis que la droite *ab* est la projection de AB. En effet, si d'un point quelconque C de AB je mène une perpendiculaire C*c* au plan MN, le point *c* sera la projection de C; et comme la perpendiculaire C*c* se trouve dans le plan BA*a*, le point *c* est sur *ab*. Tous les points de AB se projetteraient de même sur *ab* : donc cette ligne est la projection de AB.

510. *Les perpendiculaires abaissées du même point A sur des plans qui passent par la même droite KL, sont toutes dans un même plan.*

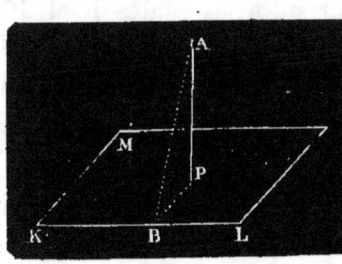

Fig. 319.

Soit AP perpendiculaire à un plan quelconque M passant par KL. J'abaisse PB perpendiculaire sur KL et je joins A et B. AB est perpendiculaire à KL (n° 358). Par suite le plan APB est perpendiculaire à KL au point B, et puisque A et KL sont donnés, le plan est déterminé et il contient toutes les perpendiculaires en question.

511. *Une droite et un plan qui lui est parallèle sont perpendiculaires au même plan.*

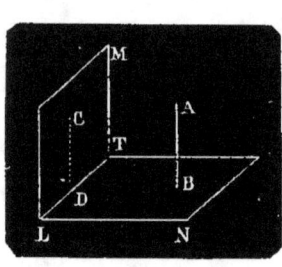

Fig. 320.

Soit ML le plan parallèle à la droite AB. Si AB est perpendiculaire au plan NT, le plan ML est aussi perpendiculaire à NT.

En effet, par un point C de ML, je mène une parallèle CD à AB, cette parallèle est dans le plan ML (nᵒ 366). Mais (nᵒ 362) CD est aussi perpendiculaire au plan NT, et par suite le plan ML (nᵒ 384).

387

512. *Un méridien coupe un mur vertical selon une verticale*

Car l'intersection de deux plans (le mur et le plan du méridien) perpendiculaires à un troisième qui est horizontal (le plan du sol) est une perpendiculaire à ce troisième, c'est-à-dire une verticale.

513. *Démontrer, 1ᵒ que tout point du plan bissecteur d'un angle dièdre est également distant de ses faces;*

2ᵒ Que tout point pris dans l'intérieur du dièdre hors du bissecteur est inégalement distant des faces du dièdre.

1ᵒ Soit I un point du plan EAB bissecteur du dièdre CABD. Du point I, j'abaisse sur les faces du dièdre les perpendiculaires IM, IN. Il s'agit de démontrer que IM = IN.

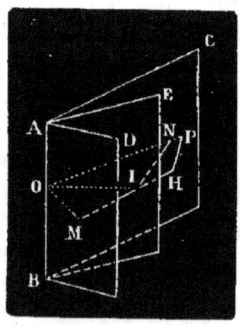

Fig. 321.

Le plan MIN, perpendiculaire aux plans DAB, CAB est perpendiculaire à leur intersection AB qu'il rencontre en O ; et ses intersections avec les plans DAB, EAB, CAB, sont les droites MO, IO, NO, perpendiculaires à AB. Par suite les angles IOM, ION qui mesurent les dièdres égaux EABD EABC sont égaux; donc les triangles rectangles IOM, ION sont égaux, et IM = IN.

2ᵒ Soit un point H hors du plan bissecteur; de ce point j'abaisse sur les faces du dièdre les perpendiculaires HM et HP. J'aurai HP > HM, car le plan MHP, perpendiculaire aux faces DAB, CAB et à leur intersection AB, coupe les trois plans suivant les droites OM, OI, OP. Or, OI est bissectrice de l'angle MOP; le point H n'étant pas sur cette bissectrice, j'ai HP < HM.

Il résulte de là que le plan bissecteur d'un dièdre est le lieu des points également distants des faces du dièdre.

399 **514.** *Trouver le lieu des points de l'espace tels que chacun d'eux soit également distant des trois arêtes d'un trièdre.*

Soit le trièdre SABC. Tout point également distant de SA, de

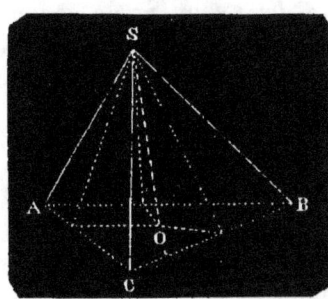

Fig. 322.

SB et de SC est 1° sur le plan perpendiculaire à la face ASB et mené par la bissectrice de l'angle ASB, 2° sur le plan perpendiculaire à la face ASC mené par la bissectrice de l'angle ASC. Il est par conséquent à l'intersection SO de ces deux plans. D'ailleurs chaque point de SO étant également distant des arêtes SC, SB, il en résulte que SO est dans le plan perpendiculaire à la face BSC mené par la bissectrice de l'angle BSC. Donc les trois plans menés perpendiculairement aux faces, et par les trois bissectrices des angles se coupent selon la même droite SO qui est le lieu demandé.

401 **515.** *Si un angle trièdre a deux faces égales les dièdres opposés à ces faces sont égaux.*

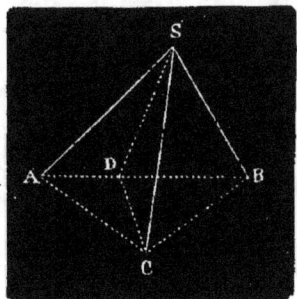

Fig. 323.

La face ASC = CSB, le dièdre SB = SA.

Pour le démontrer, je divise la face ASB en deux parties égales par la droite SD et j'imagine le plan SDC. Les deux trièdres SADC, SDCB ont alors les faces égales chacune à chacune et leurs dièdres sont égaux chacun à chacun (394); donc SB = SA.

516. *Si deux dièdres d'un trièdre sont égaux, les faces opposées sont aussi égales.*

SB = SA : la face ASC = BSC.

En effet, par un point quelconque *c* de l'arête SC je mène les

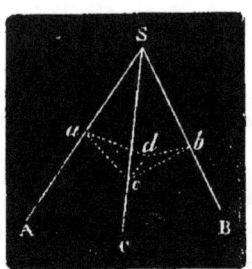

Fig. 324.

angles plans *dbc*, *dac* correspondants au dièdre SB, SA; comme ces dièdres sont égaux, les angles *a* et *b* sont aussi égaux. Si *cd* est l'intersection des deux plans *dac*, *dbc*, cette ligne est perpendiculaire sur la face ASB (387) : les deux triangles *dca*, *dcb* sont rectangles en *d* et par suite égaux puisque $a = b$: d'où $bc = ac$. Les deux triangles rectangles S*ac*, S*bc* ayant S*c* de commun et $ac = bc$ sont égaux et par suite les angles (ou faces) ASC, CSB.

517. *Dans un angle trièdre, au plus grand dièdre est opposée la plus grande face, et réciproquement.*

Si, dans le trièdre SABC, SB > SA, nous aurons ASC > BSC.

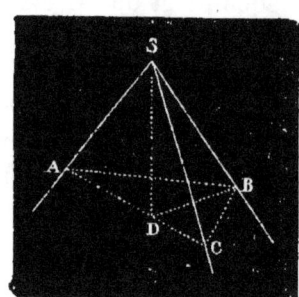

Fig. 325.

Pour le prouver, conduisons par SB un plan BSD qui détermine, avec le plan ASB, le dièdre ABSD $=$ SA. Alors les faces ASD, DSB sont égales, comme opposées à des dièdres égaux, dans le trièdre SABD. Mais le trièdre SBDC donne

$$DSB + DSC > BSC,$$
ou
$$ASD + DSC > BSC,$$
ou enfin
$$ASC > BSC.$$

Réciproquement. Si dans le trièdre SABC, ASC > BSC, nous aurons SB > SA; car d'après la première partie de l'exercice SB < SA donnerait ASC < BSC, ce qui est contre l'hypothèse; et (ex. 516) SB $=$ SA donnerait ASC $=$ BSC, ce qui est encore contre l'hypothèse. D'où l'on voit que SB devra être forcément plus grand que SA, puisqu'il ne peut être ni plus petit, ni égal.

EXERCICES DU LIVRE VI.

434

518. *Mener dans un cube une section qui détermine un carré.*

Il suffit que la section soit parallèle à une quelconque des faces.

519. *Mener dans un cube une section qui détermine un triangle équilatéral.*

Il suffit de prendre sur les 3 arêtes d'un sommet des longueurs

égales et de faire passer un plan par les trois points ainsi déterminés ; les trois côtés du triangle de section sont égaux, comme
hypoténuses de triangles rectangles égaux.

520. *Mener dans un cube une section qui détermine un triangle
isocèle.*

Il suffit de prendre sur deux arêtes des longueurs égales à
partir d'un sommet et de mener par un point quelconque de la
3ᵉ arête un plan passant par les deux premières.

521. *Mener dans un cube une section qui détermine un hexagone régulier.*

Il suffit de prendre le milieu des arêtes BC, DC, DE et de con-
duire un plan par ces trois points : la section sera un hexagone.

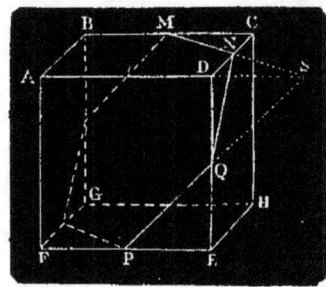

Il est facile de voir d'abord que cette
section est plane : car les côtés MN et
PQ prolongés rencontrent au même
point S (355, 2°) le prolongement de l'a-
rête AD. Donc, ces 2 côtés (346) et par
suite tous les autres sont situés dans
un même plan parallèle à celui qui
contient les sommets B, D, F, du cube.
D'ailleurs les côtés sont égaux ainsi
que les angles, comme on s'en assure

Fig. 326.

aisément. Par conséquent l'hexagone ainsi déterminé est bien
régulier.

522. *Les quatre diagonales d'un parallélipipède se coupent au
même point qui est le milieu de chacune d'elles.*

Les arêtes DH et BF étant l'une et l'autre égales et parallèles
à AE sont égales et parallèles entre elles, donc le quadrilatère

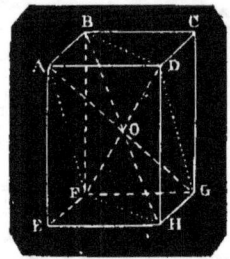

BDHF est un parallélogramme et les diagonales BH et DF se coupent en leurs milieux.
Considérons maintenant les diagonales DF et
AG. Les arêtes AD et FG étant l'une et l'autre
égales et parallèles à EH sont égales et parallèles entre elles, donc le quadrilatère ADGF
est un parallélogramme et les diagonales DF
et AG se coupent en leurs milieux. Les trois

Fig. 327.

diagonales BH, DF, AG se coupent donc au

même point O et en leurs milieux. On démontrerait de même que les diagonales CE et DF se coupent en leurs milieux. Les quatre diagonales se coupent donc au même point O qui est le milieu de chacune d'elles.

Le point O est dit le *centre* du parallélipipède.

523. *Dans un parallélipipède rectangle, le carré d'une diagonale est égal à la somme des carrés des 3 dimensions du parallélipipède* (fig. 327).

Soit le parallélipipède rectangle AG.

On aura $\overline{DF}^2 = \overline{BF}^2 + \overline{EF}^2 + \overline{EH}^2$.

En effet, le triangle DHF rectangle en H donne

$$\overline{DF}^2 = \overline{DH}^2 + \overline{FH}^2 = \overline{BF}^2 + \overline{FH}^2.$$

Mais le triangle EFH rectangle en E, donne

$$\overline{FH}^2 = \overline{EF}^2 + \overline{EH}^2 ;$$

donc $\overline{DF}^2 = \overline{BF}^2 + \overline{EF}^2 + \overline{EH}^2.$

Il en serait de même pour chaque diagonale : donc elles sont égales.

524. *Trouver la longueur de la diagonale d'un parallélipipède rectangle en fonction des trois arêtes* a, b, c *du parallélipipède. Application :* a $= 4^m,20$, b $= 0^m,84$, c $= 0^m,60$.

Rép. $4^m,32$.

On a (ex. précédent), en désignant par *d* la diagonale demandée,

$$d^2 = a^2 + b^2 + c^2,$$

d'où $d = \sqrt{4,2^2 + 0,84^2 + 0,6^2} = 4^m,32...$

525. *Dans un cube, la diagonale est égale à l'arête du cube multipliée par la racine carrée de* 3.

Si l'on suppose que le parallélipipède AG (fig. 327) est un cube, on a

$$DF^2 = \overline{BF}^2 + \overline{EF}^2 + \overline{EH}^2 = 3BF^2,$$

d'où $DF = BF\sqrt{3}.$

526. *Dans tout parallélipipède la somme des carrés des* 4 *diagonales est égale à la somme des carrés des* 12 *arêtes.*

On aura : $\overline{CE}^2 + \overline{AG}^2 + \overline{DF}^2 + \overline{BH}^2 = 4\overline{AE}^2 + 4\overline{EH}^2 + 4\overline{HG}^2$

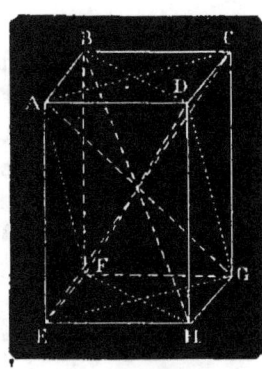

Fig. 328.

En effet, les trois parallélogrammes ACGE, BDHF, EFGH donnent (ex. 258),

$$1° \; \overline{CE}^2 + \overline{AG}^2 = 2\overline{AE}^2 + 2\overline{AC}^2,$$
$$2° \; \overline{DF}^2 + \overline{BH}^2 = 2\overline{BF}^2 + 2\overline{BD}^2,$$
$$3° \; \overline{EG}^2 + \overline{FH}^2 = 2\overline{EH}^2 + 2\overline{HG}^2.$$

Multipliant la 3e égalité par 2 et ajoutant ensuite ces 3 égalités, il vient

$$\overline{CE}^2 + \overline{AG}^2 + \overline{DF}^2 + \overline{BH}^2 + 2\overline{EG}^2$$
$$+ 2\overline{FH}^2 = 2\overline{AE}^2 + 2\overline{AC}^2 + 2\overline{BF}^2 + 2\overline{BD}^2$$
$$+ 4\overline{EH}^2 + 4\overline{HG}^2.$$

Mais d'une part $\quad 2\overline{EG}^2 + 2\overline{FH}^2 = 2\overline{AC}^2 + 2\overline{BD}^2$

et de l'autre $\qquad 2\overline{AE}^2 + 2\overline{BF}^2 = 4\overline{AE}^2$:

donc $\quad \overline{CE}^2 + \overline{AG}^2 + \overline{DF}^2 + \overline{BH}^2 = 4\overline{AE}^2 + 4\overline{EH}^2 + 4\overline{HG}^2.$

Ce qu'il fallait démontrer, car les douze arêtes sont égales 4 à 4.

527. *Le point de concours des diagonales d'un parallélipipède est le centre de cette figure.*

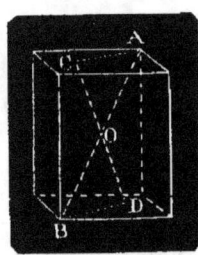

Fig. 329.

Je tire la diagonale AB et par le point O, milieu de AB, je mène une droite quelconque CD rencontrant les plans A et B en C et en D ; je dis que OC = OD.

En effet, la droite AC est parallèle à BD (368), par suite l'angle OAC = OBD : d'ailleurs les angles en O sont égaux et OA = OB : donc les triangles OAC, OBD sont égaux et OC = OD.

528. *La distance du centre d'un parallélipipède à un plan quelconque est le $\frac{1}{8}$ de la somme des distances des huit sommets du parallélipipède au même plan.*

On aura : OO' = $\frac{1}{8}$ somme des diagonales.

Menons HC, et du point O, milieu de cette droite et centre du

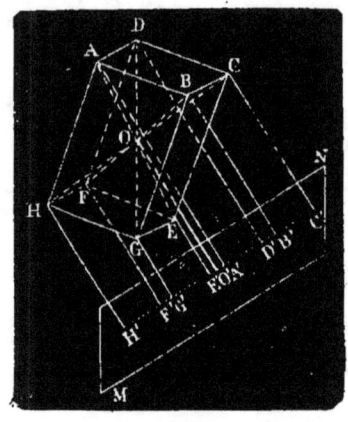

Fig. 330

parallélipipède, abaissons la perpendiculaire OO', abaissons également les perpendiculaires HH' CC'; le plan de ces trois parallèles rencontre MN suivant la droite H'C'; la figure HH' C'C est un trapèze dans lequel $OO' = \frac{1}{2}(HH' + CC')$; en menant les diverses diagonales BF, AE, DG et en abaissant les perpendiculaires des divers sommets, on prouve de la même manière que

$OO' = \frac{1}{2}(BB' + FF')$, $OO' = \frac{1}{2}(AA' + EE')$, $OO' = \frac{1}{2}(DD' + GG')$,

d'où $\qquad 4OO' = \frac{1}{2}$ somme des diagonales

$\qquad\qquad OO' = \frac{1}{8}$ somme des diagonales.

529. *Lorsque différents points sont à la même distance du centre O d'un parallélipipède, la somme des carrés des distances de chacun aux sommets du parallélipipède est la même pour tous.*

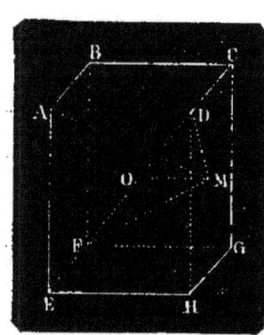

Fig. 331.

Soit M un de ces points. OM étant une médiane, le triangle DFM donne (ex. 255)

$$\overline{MF}^2 + \overline{MD}^2 = 2\overline{OM}^2 + \frac{1}{2}\overline{DF}^2.$$

Si l'on considère le point M par rapport aux 3 autres diagonales, on aura encore 3 égalités. Si l'on additionne les 4 égalités, il vient

$$\overline{MA}^2 + \overline{MB}^2 + \overline{MC}^2 + \dots \overline{ME}^2 = 8\overline{MO}^2 +$$

la demi-somme des 4 diagonales. Un autre point M', donnera $8\overline{M'O}^2 +$ la demi-somme des 4 diagonales ; et si l'on a fait MO = M'O, on a

$$\overline{MA}^2 + \overline{MB}^2 + \dots \overline{ME}^2 = \overline{M'A}^2 + \overline{M'B}^2 + \dots \overline{M'E}.^2$$

436

530. *Un bûcher a* $6^m,80$ *de longueur sur* $4^m,30$ *de largeur et* $3^m,90$ *de hauteur : combien peut-il contenir de stères de bois?*

Si le bûcher pouvait être exactement rempli, il contiendrait

$6,80 \times 4,30 \times 3,90 = 114^{st},036$, puisque le stère est égal au ^{mc}.

531. *Une règle a* $0^m,60$ *de longueur sur* $0^m,03$ *de largeur et* $0^m,001$ *d'épaisseur : quel est son volume en* cmc *?*

Si nous exprimons les dimensions en cm, le produit de ces dimensions exprimera évidemment des cmc ; le volume demandé sera donc égal à $60 \times 3 \times 0,1 = 18^{cmc}$.

532. *Un tas de bois à brûler a* $4^m,80$ *de longueur sur* $2^m,70$ *de largeur et* $6^m,30$ *de hauteur : quelle est la valeur de ce tas de bois, à raison de* 12^f *le stère ?*

Le volume du bois est égal à $4,80 \times 2,70 \times 6,30 = 81^{mc},648^{dmc}$ ou $81^{st},648$, puisque le stère est égal au mc.

La valeur du tas sera donc $81,648 \times 12 = 979^f,77$.

533. *Quel est le poids de l'air contenu dans une chambre qui a* 5^m *de longueur sur* 4^m *de largeur et* $3^m,20$ *de hauteur? On sait qu'un litre d'air pèse* $1^{gr},29$.

Rép. $82^{kg},560$.

Le volume de l'air égale $5 \times 4 \times 3,20 = 64^{mc}$ ou 64000 litres.

Le poids d'un litre d'air ou de 1^{dmc} étant $1^g,29$, le poids demandé sera égal à $64000 \times 1,29 = 82560^{gr}$.

534. *Quelle est la hauteur d'un tas de bois contenant* $25^{st},5$ *et qui a* 2^m *de largeur sur une hauteur de* $2^m,80$ *?*

Soit x la longueur demandée. On a
$$x \times 2 \times 2,80 = 25,5,$$
d'où
$$x = \frac{25,5}{2 \times 2,80} = 4^m,55.$$

535. *Des bûches ont* $1^m,10$ *de longueur : à quelle hauteur devra-t-on en mettre entre les montants du stère pour avoir* 1^m *de bois ?*

Soit x la hauteur demandée. On a
$$x \times 1 \times 1,10 = 1,$$
d'où
$$x = \frac{1}{1,10} = 0^m,909.$$

536. *Deux parallélipipèdes de bases équivalentes ont pour volume* 7^{mc},815, *et* 4^{mc},45 ; *le premier a* 2^m *de hauteur ; on demande la hauteur du second et les bases de chacun d'eux.*

Rép. Hauteur = 1^m,13 ; bases = 3^{mq},907.

Si l'on désigne chaque base par x et la hauteur du second par y, on aura :

$$(1) \quad x \times 2 = 7{,}815 \qquad \text{et (2)} \quad x \times y = 4{,}450,$$

$$x = \frac{7{,}815}{2} = 3^{mq}{,}907.$$

Portant cette valeur dans l'équation (2) on a

$$y = \frac{4{,}450}{3{,}907} = 1^m{,}13.$$

537. *Un parallélipipède a un volume de* 16^{mc},604 ; *on demande ses dimensions sachant qu'elles sont proportionnelles aux fractions* $\frac{4}{8}$, $\frac{4}{5}$, $\frac{5}{6}$.

Rép. 0^m,73 ; 4^m,67 ; 4^m,86.

Si la dimension correspondant à $\frac{4}{8}$ est représentée par x, les autres dimensions seront

$$\frac{32x}{5} \quad \text{et} \quad \frac{40x}{6} \quad \text{ou} \quad \frac{20x}{3}.$$

On aura par conséquent

$$x \times \frac{32x}{5} \times \frac{20x}{3} = 16{,}604,$$

$$42{,}66 \times x^3 = 16{,}604,$$

$$x = \sqrt[3]{\frac{16{,}604}{42{,}66}} = 0{,}73,$$

$$\frac{32x}{5} = 4{,}67,$$

$$\frac{20x}{3} = 4{,}86.$$

538. *Pour creuser une pièce d'eau, on a enlevé* $311^{mc},850$ *de terre; la surface du fond est de* $164^{mq},950$*; on demande sa profondeur et le nombre d'hectolitres d'eau qu'elle contiendrait, si elle était remplie aux* $\frac{2}{3}$*.*

Rép. $1^m,89$; 2079^{hl}.

Soit x la profondeur cherchée. On a

$$x \times 164,950 = 311,850$$

d'où

$$x = \frac{311,850}{164,950} = 1^m,89.$$

Puisque 1^{mc} a un volume égal à celui de 10^{hl}, le nombre d'hectolitres demandé sera $3118,5 \times \frac{2}{3} = 2079^{hl}$.

539. *Une poutre ayant la forme d'un parallélipipède droit a pour base un carré. La longueur de cette poutre est de* 4^m*. On demande le côté du carré qui lui sert de base sachant qu'elle a été payée* 40^f *et que le décistère est estimé* 10^f*.*

Le volume de cette poutre est

$$\frac{40}{10} = 4 \text{ décistères} = 0^{mc},4.$$

En appelant x le côté demandé, on a

$$4x^2 = 0,4,$$

d'où $x = \sqrt{\dfrac{0,4}{4}} = 0,32.$

540. *Un cube a* $0^m,90$ *d'arête; quel est son volume en* ^{dmc} *?*

Le volume en ^{dmc} sera égal à $9 \times 9 \times 9 = 729^{dcm}$.

541. *Quel est le volume d'un cube dont la diagonale du carré de la base a* 4^m*?*

Soit x l'arête du cube. On a

$$x^2 + x^2 = 4^2,$$
$$2x^2 = 16,$$
$$x = \sqrt{8}.$$

Le volume ou $x^3 = \sqrt{8} \times \sqrt{8} \times \sqrt{8} = 8\sqrt{8} = 22^{mc},624.$

14

542. *Trouver le côté d'un cube équivalent à un parallélipipède dont les dimensions sont* 6^m, 3^m, *et* 1^m,50.

L'arête du cube étant x, on a

$$x^3 = 6 \times 3 \times 1,50,$$

d'où $$x = \sqrt[3]{27} = 3^m.$$

543. *Un vase de forme cubique rempli d'alcool pèse* 52^{kg},688 ; *le poids du vase vide est de* 2^{kg} ; *on demande la profondeur du vase, la densité de l'alcool étant* 0,792.

Rép. 0^m,4.

Le poids de l'alcool contenu dans le vase est de

$$52^{kg},688 - 2^{kg} = 50^{kg},688.$$

Si l'on désigne par x la profondeur de ce vase, comme il est de forme cubique, son volume sera x^3 et le poids de l'alcool $x^3 \times 792$.

On aura donc $$x^3 \times 792 = 50,688,$$

d'où $$x = \sqrt[3]{\frac{50,688}{792}} = 0^m,4.$$

544. *Quel est le volume d'un prisme de* 5^m *de hauteur et qui a pour base un triangle équilatéral de* 3^m *de côté?*

Le volume du prisme est exprimé par (n° 326, 1°)

$$\frac{3^2 \sqrt{3}}{4} \times 5 = 19^{mc},485.$$

545. *Un prisme a pour base un triangle équilatéral dont le côté est a, la hauteur de ce prisme est égale au double de la hauteur du triangle de la base ; on demande son volume.*

Dans la formule Pr. $= B \times H$, on a (n° 326, 1°)

$$B = \frac{a^2 \sqrt{3}}{4} \quad \text{et} \quad H = a \sqrt{3};$$

donc $$\text{Pr.} = \frac{3a^3}{4}$$

546 *Combien le prisme du problème précédent pèsera-t-il s'il est en fonte et si* $a = 2^m$? *La densité de la fonte est 7,20.*

Si dans la formule trouvée on fait $a = 2^m$, il vient :

$$\text{Pr.} = \frac{3 \times 2^3}{4} = 6^{\text{mc}} = 6000^{\text{dmc}}.$$

La densité étant 7,20, il vient :

$$\text{Poids} = 6000 \times 7,20 = 43200^{\text{kg}}.$$

547. *Un prisme quadrangulaire de* 3^m *de hauteur a pour base un carré inscriptible dans un cercle de* 2^m *de rayon; on demande son volume.*

La surface du carré qui sert de base est exprimée (254) par

$$(\text{R} \sqrt{2})^2 = 2\text{R}^2 = 2 \times 2 \times 2 = 8.$$

La hauteur étant 3, le volume est

$$8 \times 3 = 24^{\text{mc}}.$$

548. *Un prisme triangulaire a un volume de* 4^{mc} *et* $1^m,20$ *de hauteur; on demande le côté du triangle équilatéral qui sert de base à ce prisme.*

Soit a le côté demandé; la surface de la base du prisme sera

$$\frac{a^2 \sqrt{3}}{4}$$
et son volume $\dfrac{a^2 \sqrt{3}}{4} \times 1,20 = 4,$

d'où

$$a = \sqrt{\frac{4 \times 4}{1,20 \sqrt{3}}} = 2^m,77.$$

549. *Un prisme qui a pour base un hexagone régulier a un volume de* $8^{\text{mc}},54$ *et* $2^m,50$ *de hauteur; on demande le côté de l'hexagone qui sert de base au prisme.*

Soit a le côté demandé; la surface de la base du prisme sera

(n° 326, 2°)

$$\frac{3a^2 \sqrt{3}}{2}$$

et son volume

$$\frac{3a^2 \sqrt{3}}{2} \times 2,50 = 8,54;$$

d'où
$$a = \sqrt{\frac{8,54 \times 2}{3 \times 2,50 \sqrt{3}}} = 1^m,14.$$

550. *Combien un bassin de forme hexagonale peut-il contenir d'hectolitres, s'il a* $0^m,90$ *de profondeur, et si le côté de l'hexagone a* 2^m ?

Si dans la formule $\dfrac{3a^2 \sqrt{3}}{2}$ on remplace a par 2, le volume du bassin sera $\quad 3 \times 2 \sqrt{3} \times 0,90 = 9^{mc},352.$

Ou $93^{hl},52$, car un ^{mc} vaut 10^{hl}.

551. *Un prisme a pour base un octogone de* $0^m,04$ *de côté; la hauteur du prisme est* $0^m,80$; *on demande son volume.*

Si nous prenons le ^{cm} pour unité, et si dans la formule (498) $2a^2 (1 + \sqrt{2})$ nous remplaçons a par 4, le volume demandé sera

$$2 \times 16 (1 + \sqrt{2}) \times 80 = 6179^{cmc}.$$

552. *Dans le problème précédent, combien le prisme octogonal contiendrait-il de litres s'il était creux, et si l'on supposait, dans ce cas, que la matière qui le compose est égale à* 1^{dmc} ?

Le volume total étant 6179^{cmc} ou $6^{dm},18$, il contiendrait
$$6 \text{ lit. } 18 - 1 = 5 \text{ lit. } 18.$$

553. *Le volume d'un prisme triangulaire est égal à la moitié du produit de l'une de ses faces par la distance de cette face à l'arête qui lui est opposée.*

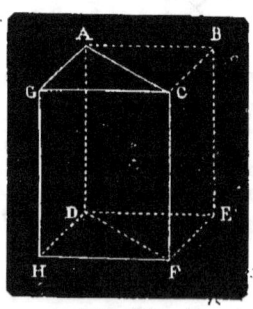
Fig. 332.

Soit le prisme triangulaire GD. Le parallélipipède entier GE a pour mesure le produit de GHFC par la distance de cette face à la face opposée ADEB; donc le prisme triangulaire GD qui est la moitié du parallélipipède GE aura pour mesure $\frac{1}{2}$ GHFC multiplié par la distance de cette face à l'arête AD.

554. *On demande le volume d'un prisme droit dont la base est un octogone régulier de* 2^m *de côté et dont la surface latérale est* 28^{mq}.

Rép. $33^{mc},796.$

Soit h la hauteur du prisme. Sa surface latérale sera

$$2 \times 8 \times h = 28;$$

d'où $$h = \tfrac{28}{16} = 1^m,75.$$

Si, dans la formule $2a^2 (1 + \sqrt{2})$ (n° 498), on remplace a par 2, le volume demandé est $2 \times 4 (1 + \sqrt{2}) \times 1,75 = 33^{mc},796.$

555. *Un prisme droit a pour base un hexagone régulier; on demande le côté de l'hexagone et la hauteur du prisme, sachant que son volume est égal à $4^{mc},5$ et sa surface latérale à 12^{mq}.*

Rép. $a = 0^m,866$; $h = 2^m,31.$

Soient a le côté de l'hexagone et h la hauteur du prisme. L'énoncé donne (326)

$$\frac{3a^2 \sqrt{3}}{2} h = 4,5,$$

et $$6a \times h = 12;$$

ou, après simplifications,

$$a^2 \sqrt{3} \times h = 3,$$

et (m) $$a \times h = 2.$$

Divisant membre à membre, il vient

$$a \sqrt{3} = \frac{3}{2},$$

d'où $$a = \frac{3}{2\sqrt{3}} = \frac{3\sqrt{3}}{2 \times 3} = 0,866.$$

La valeur de a portée dans l'égalité (m) donnera

$$0,866 \times h = 2,$$

d'où $$h = \frac{2}{0,866} = 2^m,31.$$

556. *Un prisme droit a pour base un octogone régulier. Le volume de ce prisme égale 8^{mc}, et sa hauteur est de $2^m,20$; on demande la surface latérale de ce prisme.*

Rép. $13^{mq},25.$

Soient a le côté de l'octogone et S sa surface latérale. L'énoncé donne (498)

$$2a^2 \left(1 + \sqrt{2}\right) \times 2{,}20 = 8^{\text{mc}},$$

et $$S = 8a \times 2{,}20.$$

De la première équation on tire

$$a = \sqrt{\dfrac{8}{2\left(1 + \sqrt{2}\right) \times 2{,}20}} = 0{,}75.$$

La valeur de a portée dans celle de S donne

$$S = 8 \times 0{,}75 \times 2{,}20 = 13^{\text{mq}}{,}25.$$

557. *Un prisme en marbre a pour base un décagone régulier inscrit dans un cercle de $0^m{,}20$ de rayon ; on demande sa hauteur sachant qu'il pèse 720^{k_s} et que la densité du marbre est $2{,}65$.*

Rép. $2^m{,}31$.

Le ^{dmc} de marbre pesant $2^{k_s}{,}65$, le volume du prisme est égal à

$$\frac{720}{2{,}65} = 0^{\text{mc}}{,}2177.$$

On aura donc (ex. 391)

$$\frac{5R^2 \sqrt{10 - 2\sqrt{5}}}{4} \times h = 0{,}2717,$$

d'où $$h = \frac{4 \times 0{,}2717}{5 \times 0{,}20 \times 0{,}20 \times \sqrt{10 - 2\sqrt{5}}} = 2^m{,}31.$$

558. *Transformer un prisme hexagonal en un parallélipipède rectangulaire équivalent.*

Soient a et a' le côté et l'apothème de l'hexagone servant de base au prisme ; la surface de cette base sera $6a \times \dfrac{a'}{2}$. Les dimensions du rectangle servant de base au parallélipipède seront $6a$ et $\dfrac{a'}{2}$, et la hauteur sera la même que celle du prisme. Le parallélipipède et le prisme auront évidemment même volume et seront équivalents.

452

559. *Une pyramide de* 8^m *de hauteur a une arête de* 9^m ; *une pyramide semblable a* 10^m *de hauteur ; on demande la longueur de l'arête homologue à celle de* 9^m.

Les hauteurs et les arêtes forment des triangles semblables, on

a alors

$$\frac{x}{9} = \frac{10}{8},$$

d'où

$$x = \frac{90}{8} = 11^m,25.$$

560. *Deux pyramides ont même hauteur ; la surface de la base de la première est égale à* 120^{mq}, *la surface de celle de la seconde est de* 180^{mq} ; *une section faite parallèlement à la base dans la première a* 70^{mq} *de surface ; on demande la surface de la section faite dans la seconde parallèlement à la base et à une même hauteur.*

Soit S la surface de la section demandée. On a

$$\frac{S}{70} = \frac{180}{120};$$

d'où

$$S = \frac{180 \times 70}{120} = 105^{mq}.$$

561. *On coupe une pyramide* SABCDE *par un plan* MNPQR *darallèle à la base ; on a* SA $= 15^m$, SM $= 10^m$ *et surface* ABCDE $= 375^{mq}$; *calculer* MNPQR.

On a

$$\frac{MNPQR}{ABCDE} = \frac{\overline{SM}^2}{\overline{SA}^2},$$

$$MNPQR = 375 \times \frac{\overline{10}^2}{\overline{15}^2} = 166^{mq},66.$$

562. *Une pyramide a* 15^m *de hauteur ; sa base a une surface de* 169^{mq} ; *on demande à quelle distance du sommet a été mené un plan parallèle à la base et dont la surface est de* 100^{mq}.

Soit x la distance cherchée, l'énoncé donne

$$\frac{x^2}{15^2} = \frac{100}{169};$$

d'où
$$x^2 = \frac{100 \times \overline{15}^2}{169},$$

$$x = \sqrt{\frac{100 \times \overline{15}^2}{169}} = \frac{10 \times 15}{13} = 11^m,54.$$

563. *La base d'une pyramide a* 144^{mq} *de surface; on mène un plan parallèle à la base à* 4^m *du sommet de cette pyramide, ce plan a* 64^{mq} *de surface; on demande la hauteur de la pyramide.*

Rép. 6^m.

En appelant h la hauteur de la pyramide, on a

$$\frac{h^2}{4^2} = \frac{144}{64},$$

$$h = \sqrt{\frac{144 \times 4^2}{64}} = \frac{12 \times 4}{8} = 6.$$

564. *Une pyramide dont la hauteur est de* 12^m *a pour base un carré de* 8^m *de côté; quelle serait la surface d'une section menée parallèlement à la base et à* 4^m *du sommet?*

Soit S la surface à trouver. On a

$$\frac{S}{64} = \frac{4^2}{12^2},$$

$$S = \frac{16 \times 64}{144} = 7^{mq},11.$$

565. *Deux pyramides ont même hauteur,* 14^m; *la* 1re *a pour base un carré de* 9^m *de côté, la seconde un hexagone de* 7^m *de côté; quelle serait dans chaque pyramide la surface des sections menées parallèlement à la base et à* 6^m *du sommet dans l'une et dans l'autre.*

Rép. S $= 14^{mq},87$; S$' = 23^{mq},38$.

Les sections étant désignées par S et S$'$, on a pour la 1re pyramide

$$\frac{S}{81} = \frac{6^2}{14^2};$$

d'où
$$S = \frac{36 \times 81}{14 \times 14} = 14^{mq},87,$$

et $\qquad \dfrac{S'}{\dfrac{3 \times 7 \times 7 \sqrt{3}}{2}}$, ou $\qquad \dfrac{2\,S'}{3 \times 7 \times 7 \sqrt{3}} = \dfrac{6^2}{14^2}$;

d'où $\qquad S' = \dfrac{6 \times 6 \times 3 \times 7 \times 7 \times \sqrt{3}}{2 \times 14 \times 14} = 23^{mq},38.$

566. *Les surfaces de deux pyramides semblables sont proportionnelles aux carrés de deux arêtes homologues.*

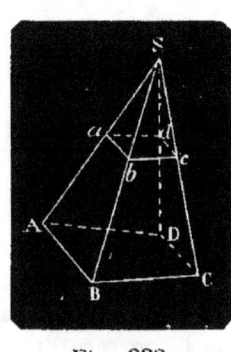

Fig. 333.

Puisque les pyramides sont semblables
elles peuvent être placées comme l'indique
la figure. On a

$$\frac{Sab}{SAB} = \frac{Sbc}{SBC} = \frac{Sdc}{SDC} = \cdots = \frac{abcd}{ABCD} = \frac{Sa^2}{SA^2}.$$

D'où l'on tire

$$\frac{Sab + Sbc + Sdc \cdots + abcd}{SAB + SBC + SDC \cdots + ABCD} = \frac{Sa^2}{SA^2}$$

ou $\qquad \dfrac{s}{S} = \dfrac{Sa^2}{SA^2}.$

567. *L'arête SA d'une pyramide a* 5^m ; *on demande de calculer
les longueurs à prendre à partir du point S pour que la surface
latérale de la pyramide soit divisée en quatre parties équivalentes
par des plans parallèles à la base.*

Rép. On prendra $Sa = 2^m,50$; $Sa' = 3^m,53$; $Sa'' = 4^m,33.$

Il suffira de diviser une face quelconque SAB de la pyramide
(fig. précédente) en 4 parties équivalentes par des parallèles à la
base AB, et de mener, par les lignes de division, des plans parallèles à la base de la pyramide. Si l'on se reporte à l'ex. 422 pour
la division de la face SAB,

ou ?

$$Sa = \frac{SA}{2} = \frac{5}{2} = 2^m,50,$$

$$Sa' = \frac{SA}{2} \sqrt{2} = 3^m,53,$$

$$Sa' = \frac{SA}{2} \sqrt{3} = 4^m,33.$$

568. *Couper une pyramide par un plan parallèle à la base, de manière que la surface de la pyramide déterminée soit à la surface de la pyramide donnée dans le rapport de deux lignes* m *et* n.

Soient k et K les deux surfaces dont il s'agit et Sa, SA deux arêtes homologues partant du sommet S, on a

$$\frac{k}{K} = \frac{\overline{Sa^2}}{\overline{SA^2}} = \frac{m}{n},$$

d'où $\qquad \overline{Sa^2} = \overline{SA^2} \times \frac{m}{n} = SA \times \frac{SA \times m}{n}.$

On fera (ex. 290) une ligne

$$l = \frac{SA \times m}{n},$$

et l'on aura $\qquad \overline{Sa^2} = SA \times l.$

Sa sera une moyenne proportionnelle que l'on construira facilement (241). Connaissant la longueur de Sa, on la portera du sommet S en a, et par le point a on conduira un plan parallèle à la base et la pyramide sera divisée comme il est demandé.

569. *L'arête SA d'une pyramide a* 8^m ; *à partir du point S, on prend* 5^m *sur cette arête et l'on mène un plan parallèle à la base ; déterminer dans quel rapport est la surface latérale de cette pyramide à la surface latérale de la pyramide entière.*

Soient Sa = 5^m ; k et K les deux surfaces en question.

On a $\qquad \dfrac{k}{K} = \dfrac{\overline{Sa^2}}{\overline{SA^2}} = \dfrac{25}{64}.$

Le rapport demandé est donc $\dfrac{25}{64}.$

570. *Indiquer sur les faces d'une pyramide la trace d'un plan parallèle à la base, et qui divise la surface latérale en deux parties qui sont dans le rapport de* 3 *à* 4.

Supposons que la pyramide soit SABCD (fig. 333). Il suffit de diviser la surface SAB, comme il est indiqué (ex. 567).

On aura par conséquent

$$\frac{Sab}{ABab} = \frac{3}{4}, \quad \text{ou} \quad \frac{Sab}{Sab + ABab} = \frac{Sab}{SAB} = \frac{3}{3+4} = \frac{\overline{Sa}}{\overline{SA^2}};$$

d'où
$$Sa^2 = \frac{3SA}{7} \times SA.$$

Sa est une moyenne proportionnelle à $\dfrac{3SA}{7}$ et SA.

On achèvera comme dans l'ex. 568.

571..... *En deux parties qui soient dans le rapport de deux lignes* m *et* n.

Soit SABCD la pyramide, on aura (ex. 570)

$$\frac{Sab}{ABab} = \frac{m}{n} \quad \text{ou} \quad \frac{Sab}{Sab + ABab} = \frac{Sab}{SAB} = \frac{m}{m+n} = \frac{\overline{Sa^2}}{\overline{SA^2}}.$$

d'où $\quad \overline{Sa^2} = \overline{SA^2} \times \dfrac{m}{m+n} = SA \times \dfrac{SA \times m}{m+n}.$

Faisant (ex. 291) $\qquad \dfrac{SA \times m}{m+n} = l,$

on obtient $\qquad Sa^2 = SA \times l.$

On achèvera comme dans l'ex. 568.

572. *Indiquer sur les faces d'une pyramide les traces de deux plans parallèles à la base, et qui divisent la surface latérale en trois parties qui soient dans le rapport des nombres* 3, 4 *et* 5.

En opérant comme dans l'ex. 423, on a $Sac = 3$ parties et $Sa'c' = 7$ parties, on aura

$$\overline{Sa^2} = \frac{3}{12} \times \overline{SA^2} = \frac{3SA}{12} \times SA,$$

et
$$\overline{Sa'^2} = \frac{7}{12} \times \overline{SA^2} = \frac{7SA}{12} \times SA.$$

Les longueurs Sa, Sa' sont donc moyennes proportionnelles aux grandeurs respectives $\quad \dfrac{3SA}{12}$ et SA, $\dfrac{7SA}{12}$ et SA.

La partie restante doit évidemment contenir 5 parties, et le partage est fait comme il a été demandé.

573...... *En parties de grandeurs données,* 3^{mq}, 6^{mq} et 1^{mq}.

Ce problème se fait comme le précédent, il suffit de partager SAB en trois parties dans le rapport des nombres 3, 6 et 1.

On trouve $Sa^2 = \dfrac{3SA}{10} \times SA$; $Sa'^2 = \dfrac{9SA}{10} \times SA$.

574. *Indiquer sur les faces d'un tronc de pyramide la trace d'un plan parallèle aux bases et qui divise la surface latérale en deux parties équivalentes.*

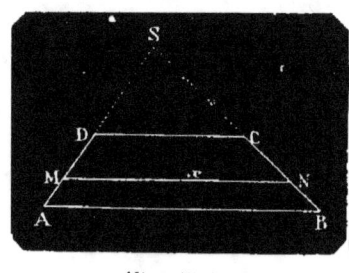

Fig. 334.

Pour que la surface latérale du tronc soit divisée comme il est demandé, il est évident qu'il suffit de diviser l'une des faces ABCD du tronc en 2 parties équivalentes, et de mener, par la ligne de division MN, un plan parallèle aux bases. Voir l'ex. 424 pour la détermination de MN.

Ce que nous venons de dire s'applique aux exercices 575, 576, 577, 578 et 579.

575....... *En deux parties qui soient dans le rapport des nombres 2 et 3.*

On aura (ex. 424) $x^2 = \dfrac{2B^2 + 3b^2}{c}$ ...... Voir livre IV.

576....... *En deux parties qui soient dans le rapport de deux lignes données m et n.*

On aura (ex. 424) $x^2 = \dfrac{mB^2 + nb^2}{m + n}$ ..... Voir livre IV.

577. *Indiquer sur les faces d'un tronc de pyramide les traces de trois plans parallèles aux bases et qui divisent la surface latérale en quatre parties équivalentes.*

On a (ex. 426) $x^2 = \frac{1}{4}B^2 + \frac{3}{4} b^2$; $y^2 = $ ..... Voir livre IV.

578. *Indiquer sur les faces d'un tronc de pyramide les traces de trois plans parallèles aux bases et qui divisent la surface latérale en parties qui soient dans le rapport des nombres 3, 4, 5 et 6.*

On a (ex. 427) $x^2 = \dfrac{3}{18} B^2 + \dfrac{15}{18} b^2$ ..... Voir livre IV.

579. *L'arête Aa d'un tronc de pyramide à bases parallèles a* 4^m; *deux côtés homologues des bases ont* 3^m *et* 2^m: *calculer 0,01 près les longueurs à prendre sur aA pour que des plans parallèles aux bases divisent la surface latérale en parties de grandeurs données,* 3^{mq}, 2^{mq}, 4^{mq}.

Rép. $aa' = 1^m,52$; $aa'' = 2^m,40$. Voir l'ex. 427.

455

580. *On double la hauteur d'une pyramide, que devient son volume?*

Le volume de la 1re est $\frac{1}{3} B \times H$ et celui de la seconde $\frac{1}{3} B \times 2H = \frac{2}{3} B \times H$. Le volume de la première est donc doublé.

581. *Trouver le volume d'un tétraèdre en fonction de son arête* a.

$$\text{Rép. } V = \frac{a^3 \sqrt{2}}{12}.$$

La base du tétraèdre a pour surface $\dfrac{a^2 \sqrt{3}}{4}$. Quant à sa hauteur elle tombe au centre du cercle circonscrit et forme par conséquent un triangle rectangle avec l'arête du tétraèdre et le rayon du cercle, de sorte qu'on a $h^2 = a^2 - R^2$.

Or (n° 256) $R = \dfrac{a}{\sqrt{3}}$ et $R^2 = \dfrac{a^2}{3}$.

Cette valeur portée dans celle de h^2 donne

$$h^2 = a^2 - \frac{a^2}{3} = \frac{2a^2}{3},$$

d'où $h = \sqrt{\dfrac{2a^2}{3}} = \dfrac{a \sqrt{2}}{\sqrt{3}}.$

Si l'on désigne le volume du tétraèdre par V, on aura

$$V = \frac{1}{3}\, \frac{a^2 \sqrt{3}}{4} \times \frac{a\sqrt{2}}{\sqrt{3}} = \frac{a^3 \sqrt{2}}{12}.$$

582. *Trouver le rapport du cube au tétraèdre construit avec la diagonale de l'une des faces du cube.*

Volume du cube a^3. Arête du tétraèdre $a\sqrt{2}$ (228). Volume du tétraèdre (ex. 581)

$$\frac{(a\sqrt{2})^3 \sqrt{2}}{12} = \frac{2a^3 \sqrt{2}\sqrt{2}}{12} = \frac{a^3}{3}.$$

Rapport demandé $\qquad a^3 : \dfrac{a^3}{3} = 3.$

D'ailleurs le volume du tétraèdre étant $\dfrac{a^3}{3}$ serait donc équivalent à une pyramide ayant pour base une face du cube et une hauteur égale à celle du cube.

583. *Un tétraèdre en argent pur a* $0^m,06$ *d'arête; on demande sa valeur. On sait d'ailleurs que la densité de l'argent est 10,47, et que le* ^{ks} *d'argent pur vaut* $220^r,55$ *à la Monnaie.*

Rép. $58^r,75.$

Si nous prenons le ^{cm} pour unité, et si, dans la formule $\dfrac{a^3 \sqrt{2}}{12}$ (ex. 581), nous remplaçons a par 6, il vient, pour le volume du tétraèdre,

$$V = \frac{6^3 \sqrt{2}}{12} = \frac{6^2 \sqrt{2}}{2} = 18\sqrt{2} = 25^{cmc},456;$$

$25^{cmc},456 = 0^{dmc},025456$. Par conséquent le poids du tétraèdre sera égal à $0,025456 \times 10,47 = 0^{ks},2665$, et sa valeur égale à $0^{ks},2665 \times 220,55 = 58^r,75.$

584. *Trouver le volume d'une pyramide régulière qui a pour base un carré de* 6^m *de côté et dont les arêtes ont* 5^m.

Rép. $31^{mc},680.$

La surface de la base est de 36^{mq}. La hauteur est celle d'un triangle isocèle formé par une diagonale du carré et deux arêtes.

Or, la diagonale $= 6 \sqrt{2}$ (228). Si l'on désigne par h la hauteur de la pyramide, on aura

$$h^2 = (5)^2 - \left(\frac{6\sqrt{2}}{2}\right)^2 = 25 - 18 = 7,$$

$$h = \sqrt{7} = 2,64.$$

V désignant le volume demandé on a

$$V = \tfrac{1}{3} \times 36 \times 2,64 = 31^{mc},680.$$

585. *Une pyramide tronquée a pour bases deux octogones réguliers ; l'octogone de la base inférieure a $0^m,4$ de côté, celui de la base supérieure $0^m,3$ la hauteur du tronc est de $0^m,5$; on demande le volume de la pyramide totale.*

Rép. 515^{dme}.

Soient h la hauteur du tronc et h' celle de la petite pyramide. La hauteur de la pyramide totale sera $h + h'$, et l'on aura (483), en prenant le ^{dcm} pour unité,

$$\frac{h'}{h + h'} = \frac{3}{4},$$

d'où l'on tire successivement

$$4h' = 3h + 3h',$$

$$h' = 3h = 3 \times 5 = 15.$$

La pyramide totale aura donc $5 + 15 = 20^{dmc}$ de hauteur.

La surface de la base sera égale (n° 498) à

$$2 \times 16 \,(1 + \sqrt{2}) = 77^{dmq},25.$$

On aura donc

Pyramide totale $= \tfrac{1}{3} \times 20 \times 77,25 = 515^{dmc}$.

586. *Une pyramide, qui a pour base un hexagone régulier, a 8^m de hauteur ; à 3^m du sommet de cette pyramide, on mène parallèlement à la base une section qui a 4^{mq} de surface ; on demande le volume de la pyramide.*

Soit x la surface de la base inférieure. On a (451)

$$\frac{x}{4} = \frac{64}{9},$$

d'où
$$x = \frac{64 \times 4}{9} = 28^{mq},44.$$

$$\text{Pyramide} = \tfrac{1}{3} \times 8 \times 28,44 = 75^{mc},85.$$

587. *Une pyramide régulière SABCD a pour base un carré dont la diagonale est a; on demande la surface entière de cette pyramide et son volume en fonction de* **a**, *dans le cas où l'arête* SA = a.

$$\text{Rép. Surf.} = \frac{a^2}{2}(1 + \sqrt{7}); \quad \text{Vol.} = \frac{a^3}{12}\sqrt{3}.$$

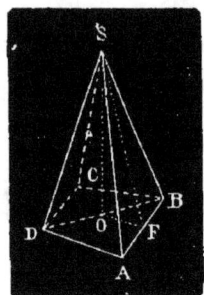

Fig. 335.

La surface du carré de base $= \dfrac{a^2}{2}$ (228).

La hauteur SO de la pyramide est celle du triangle équilatéral DSB. Alors (326)

$$SO = \frac{a\sqrt{3}}{2},$$

L'apothème SF est l'hypoténuse du triangle rectangle SOF. Or, le côté OF de ce triangle $= \tfrac{1}{2}$ du côté du carré de base. Et si l'on appelle c le côté AB, on a (228)

$$\frac{a}{\sqrt{2}} = c, \quad \text{ou} \quad c = \frac{a}{2}\sqrt{2} \quad \text{et} \quad OF = \frac{a}{4}\sqrt{2};$$

donc
$$\overline{FS}^2 = \left(\frac{a\sqrt{3}}{2}\right)^2 + \left(\frac{a}{4}\sqrt{2}\right)^2 = \frac{14a^2}{16}.$$

d'où
$$FS = \frac{a}{4}\sqrt{14},$$

Alors le triangle ASB a pour surface

$$\frac{c}{2} \times FS = \frac{a}{4}\sqrt{2} \times \frac{a}{4}\sqrt{14} = \frac{a^2\sqrt{28}}{16} = \frac{a^2}{8}\sqrt{7}.$$

La surface latérale comprend 4 triangles égaux ou $\dfrac{a^2}{2}\sqrt{7}$.

De sorte que : Surface totale $= \dfrac{a^2}{2}\sqrt{7} + \dfrac{a^2}{2} = \dfrac{a^2}{2}(1 + \sqrt{7})$,

et
$$\text{Volume} = \frac{a^2}{2} \times \frac{a\sqrt{3}}{6} = \frac{a^3}{12}\sqrt{3}.$$

588. *Trouver le rapport d'une pyramide hexagonale dont le côté est* a *et la hauteur* a, *à une pyramide ayant pour base un triangle équilatéral dont le côté est également* a. *On sait d'ailleurs que cette pyramide a aussi* a *pour hauteur.*

Le volume de la pyramide hexagonale (n° 326)

$$= \frac{3a^2 \sqrt{3}}{2} \times \frac{a}{3} = \frac{a^3 \sqrt{3}}{2}.$$

Le volume du tétraèdre est (ex. 581) $\dfrac{a^3 \sqrt{2}}{12}$;

d'où rapport demandé $= \dfrac{a^3 \sqrt{3}}{2} : \dfrac{a^3 \sqrt{2}}{12} = 3\sqrt{6}.$

589. *Une pyramide triangulaire régulière a pour base un triangle équilatéral de* 2^m *de côté; les arêtes de cette pyramide ont* 3^m : *on demande son volume.*

Rép. 1^{mc},600.

La base de cette pyramide aura pour surface $\dfrac{4\sqrt{3}}{4} = \sqrt{3}$.

Quant à sa hauteur, elle se détermine comme dans l'exercice 581. On a par conséquent

$$h^2 = 9 - R^2,$$

Or (256), $\qquad R^2 = \dfrac{2 \times 2}{3} = \dfrac{4}{3}.$

D'où $\qquad h^2 = 9 - \dfrac{4}{3} = \dfrac{23}{3},$

$$h = \frac{\sqrt{23}}{\sqrt{3}}.$$

Appelant V le volume demandé, on a

$$V = \frac{1}{3} \sqrt{3} \times \frac{\sqrt{23}}{\sqrt{3}} = \frac{1}{3} \sqrt{23} = 1^{mc},600.$$

590. *La base d'une pyramide régulière est un hexagone régulier dont le côté est* 3^m ; *calculer* 1° *la hauteur qu'il faut donner à cette pyramide pour que sa surface latérale soit égale à* 10 *fois la surface de la base,* 2° *le volume de cette pyramide.*

Rép. 1°, 25^m,35 ; 2°, 201^{mc},474

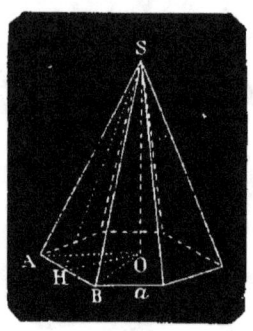

Fig. 336.

Supposons le problème résolu et soit SO la hauteur cherchée. Le triangle ASB est le $\frac{1}{6}$ de la surface latérale de la pyramide et le triangle AOB est le $\frac{1}{6}$ de la surface de l'hexagone. Le rapport de ces deux surfaces est par conséquent le même que celui des deux triangles ASB, AOB.

Ces deux triangles ayant même base, sont entre eux comme leur hauteur, et l'on a

$$\frac{ASB}{AOB} = \frac{SH}{OH},$$

or (326),

$$OH = \frac{a\sqrt{3}}{2},$$

et

$$SH = \sqrt{\overline{SO}^2 + \overline{OH}^2} = \sqrt{\overline{SO}^2 + \frac{3a^2}{4}},$$

d'où

$$\frac{ASB}{AOB} = \frac{\sqrt{\overline{SO}^2 + \frac{3a^2}{4}}}{\frac{a\sqrt{3}}{2}} = 10.$$

Elevant les deux membres au carré, on a

$$\frac{\overline{SO}^2 + \frac{3a^2}{4}}{\frac{3a^2}{4}} = 100:$$

d'où, l'on tire, $SO = \sqrt{668,25} = 25^m,85.$

Le volume sera $\dfrac{25,85}{3} \times \dfrac{3 \times 9\sqrt{3}}{2} = 201^{mc},474.$

591. *Un plan mené selon l'arête d'un tétraèdre, et qui passe par le milieu de l'arête opposée, divise le tétraèdre en deux parties équivalentes.*

Soit la pyramide SABC. Je mène par l'arête AC un plan qui divise SB au point D en 2 parties égales, je dis que les volumes SADC, BADC sont équivalents.

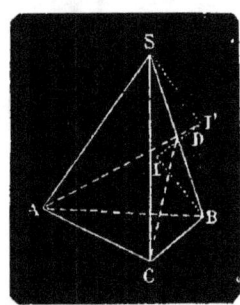

Fig. 337.

En effet, SI' et BI étant **perpendiculaires** au plan ADC, j'ai :

$$\text{pyramide SADC} = \tfrac{1}{3}\, ADC \times SI'$$
$$\text{et pyramide BADC} = \tfrac{1}{3}\, ADC \times BI.$$

Or, SI' = BI, car les 2 triangles SI'D et BID sont égaux comme ayant des angles droits en I' et en I, des angles opposés au sommet en D et enfin SD = BD : par conséquent le tétraèdre est partagé en 2 parties équivalentes par le plan ACD.

592. *Les droites qui joignent les sommets d'un tétraèdre aux points de concours des médianes des faces opposées, concourent au même point situé au $\frac{3}{4}$ de chacune de ces droites à partir du sommet.*

Soient L et K les points de concours des médianes des triangles ABC, ASC. Je tire KL, les médianes BLM, SKM, et les droites BK, SL qui, situées dans le plan BSM, se coupent en O. ML $= \tfrac{1}{3}$ MB et MK $= \tfrac{1}{3}$ MS (ex. 56). Par conséquent KL est parallèle à SB et les triangles MSB, MKL sont semblables (211); donc KL $= \tfrac{1}{3}$ SB. D'ailleurs, puisque KL et SB sont parallèles, les triangles KLO, SOB

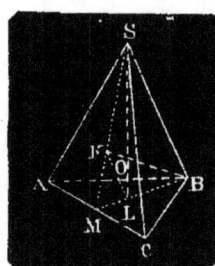

Fig. 338.

sont semblables et donnent $\dfrac{SB}{KL} = \dfrac{SO}{OL} = \dfrac{BO}{KO}$.

Or, SB $=3$KL; donc SO $=3$OL, BO $=3$KO. Si SO $=3$OL, SL $=4$OL et par conséquent SO $= \tfrac{3}{4}$ SL; donc BO $= \tfrac{3}{4}$ BK. On démontrerait de même que les droites partant des sommets A et C, et satisfaisant à l'énoncé, coupent encore SL au point O. C. q. f. d.

593. *Dans un tétraèdre quelconque, le plan bissecteur d'un dièdre divise l'arête opposée en parties proportionnelles aux faces du dièdre.*

Soit SAD le plan bissecteur du dièdre SA.

On aura : $\qquad \dfrac{SAB}{SAC} = \dfrac{BD}{DC}$.

En effet, les 2 pyramides SABD, SADC ont même hauteur, et

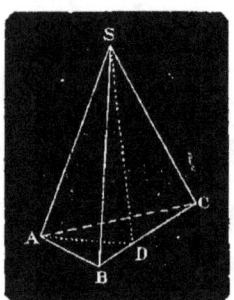

Fig. 339.

sont entre elles comme leurs bases ABD, ADC, et l'on a $\dfrac{SABD}{SADC} = \dfrac{ABD}{ADC}$.

Mais les triangles ABD, ADC ont aussi même hauteur, et sont entre eux comme leurs bases BD, DC ; on a donc

$$\frac{ABD}{ADC} = \frac{BD}{DC},$$

et par suite

$$\frac{SABD}{SADC} = \frac{BD}{DC}.$$

Si l'on prend en second lieu pour base de ces deux pyramides les faces ASB, ASC, elles auront encore même hauteur puisque leur sommet commun D est sur le plan bissecteur de ces faces (ex. 513, 1°). On aura donc ce nouveau rapport

$$\frac{SABD}{SADC} = \frac{SAB}{SAC},$$

d'où enfin, on a

$$\frac{SAB}{SAC} = \frac{BD}{DC}.$$

594. *Deux tétraèdres SABC, SA'B'C', qui ont le trièdre S commun, sont entre eux dans le rapport des produits* SA $\times$ SB $\times$ SC *et* SA' $\times$ SB' $\times$ SC'.

Soient les tétraèdres SABC, SA'B'C'.

J'aurai $\dfrac{SABC}{SA'B'C'} = \dfrac{SA \times SB \times SC}{SA' \times SB' \times SC'}$.

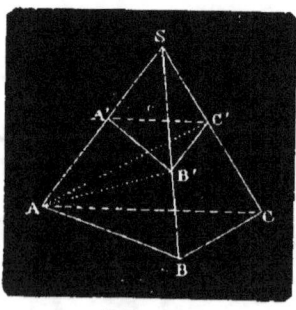

Fig. 340.

Je tire AB', AC', et j'imagine la section AB'C'. Les 2 tétraèdres SAB'C', SA'B'C' ont le sommet C' commun, et leurs bases SAB'', SA'B' sur le même plan: ils ont par conséquent même hauteur, et sont entre eux comme leurs bases SAB', SA'B':

d'où $\dfrac{SAB'C'}{SA'B'C'} = \dfrac{SAB'}{SA'B'}$.

Mais (ex. 359) $\dfrac{SAB'}{SA'B'} = \dfrac{SA \times SB'}{SA' \times SB'} = \dfrac{SA}{SA'}$

Donc, on a (1) $\dfrac{SAB'C'}{SA'B'C'} = \dfrac{SA}{SA'}$.

D'ailleurs les tétraèdres SABC, SAB'C' ont le sommet A commun, et sont entre eux comme leurs bases SBC, SB'C',

d'où $\dfrac{SABC}{SAB'C'} = \dfrac{SBC}{SB'C'}$.

Or, $\dfrac{SBC}{SB'C'} = \dfrac{SB \times SC}{SB' \times SC'}$:

donc (2) $\dfrac{SABC}{SAB'C'} = \dfrac{SB \times SC}{SB' \times SC'}$.

Multipliant les égalités (1) et (2), il vient enfin

$$\frac{SABC}{SA'B'C'} = \frac{SA \times SB \times SC}{SA' \times SB' \times SC'}.$$

595. *Dans deux tétraèdres SABC, S'A'B'C', on a trièdre* S = S', V = 60^{mc}, SA = 8^m, SB = 6^m, SC = 7^m, S'A' = 4^m, S'B' = 5^m, S'C' = 7^m : *on demande* V'.

On a (ex. 594) $\dfrac{V}{V'} = \dfrac{SA \times SB \times SC}{SA' \times SB' \times SC'}$.

En remplaçant les lettres par leurs valeurs, il vient

$$\frac{60}{V'} = \frac{8 \times 6 \times 7}{4 \times 5 \times 7} = \frac{12}{5}; \quad \text{d'où} \quad V' = \frac{300}{12} = 25^{mc}.$$

596. *Avec un côte donné, on peut toujours construire un hexaèdre régulier.*

Je construis un carré ABCD avec le côté donné et sur les côtés de ce carré j'élève des plans perpendiculaires au plan du carré ; enfin à une distance AE = AB, je mène un plan EFGH parallèle à ABCD, et j'obtiens ainsi un hexaèdre régulier.

597. *Avec un côté donné, on peut toujours construire un tétraèdre régulier.*

Avec le côté donné AB, je construis un triangle équilatéral

ABC. Par le centre O de ce triangle, j'élève une perpendiculaire indéfinie, et je prends un point D sur cette droite tel que AD = AB ; puis je tire BD, CD et la question est résolue. Le tétraèdre ABCD est en effet régulier, puisque toutes ses arêtes sont égales entre elles.

598. *Transformer une pyramide pentagonale en une pyramide triangulaire équivalente.*

Il est évident qu'il suffit de transformer le pentagone qui sert de base à la première pyramide en un triangle équivalent, et de prendre ce triangle pour base d'une pyramide ayant même hauteur que la première.

599. *Transformer une pyramide pentagonale en un prisme triangulaire équivalent.*

Il suffit de transformer la base de la pyramide en un triangle équivalent et de prendre ce triangle pour base d'un prisme ayant le tiers de la hauteur de la pyramide. Cela est évident.

600. *Les droites qui joignent les milieux des arêtes opposées d'un tétraèdre concourent au même point, qui est le milieu de chacune d'elles.*

Soient K, L, M, N, I, P les milieux des arêtes. Je tire les droites KL, LM, MN, KN, KM, LN. Dans le triangle SAC la droite KL est parallèle et égale à la moitié de AC. De même, la droite MN dans le triangle BAC ; les lignes KL et MN étant égales et parallèles, la

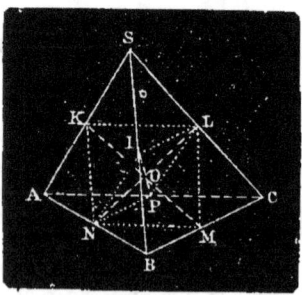

Fig. 341.

figure KLMN est un parallélogramme, et les diagonales KM, LN se coupent en leur milieu O. Or, KM et LN sont déjà deux des droites indiquées dans l'énoncé. Je mène LI et NP. Dans le triangle SBC, LI est parallèle et égal à la moitié de BC. De même NP dans le triangle ABC. Les droites LI, NP étant parallèles et égales à la moitié de BC, la figure ILPN est un parallélogramme, et IP coupe LN en son milieu, c'est-à-dire au point O. Les 3 droites indiquées concourent donc au même point O, qui est le milieu de chacune d'elles.

601. *Les bases d'un tronc de pyramide ont* 20^{mq} *et* 14^{mq} *de sur-*
face, ce tronc a un volume de 140^{mc} : *on demande sa hauteur.*

Rép. $8^m,27$.

De la formule

$$V = \tfrac{1}{3} h (B + b + \sqrt{Bb}).$$

on tire

$$h = \frac{3\,V}{B + b + \sqrt{Bb}}.$$

Substituant aux lettres leurs valeurs, il vient

$$h = \frac{420}{20 + 14 + \sqrt{20 \times 14}} = 8^m,27.$$

602. *Les bases d'un tronc de pyramide sont deux hexagones ré-*
guliers ayant respectivement 1^m *et* 2^m *de côté : on demande de*
calculer la hauteur du tronc de pyramide, sachant que son volume
est de 12^{mc}.

Rép. $1^m,98$.

Faisons usage de la formule

$$V = \tfrac{1}{3} hB \left(1 + \frac{a}{A} + \frac{a^2}{A^2} \right),$$

qui devient, en remplaçant V, B et h par leurs valeurs,

$$12 = \tfrac{1}{3} h\, 6 \sqrt{3}\, (1 + \tfrac{1}{2} + \tfrac{1}{4}),$$

$$12 = \tfrac{1}{3} h \times 10,5 \sqrt{3},$$

d'où

$$h = \frac{36 \sqrt{3}}{10,5 \times 3} = 1^m,98.$$

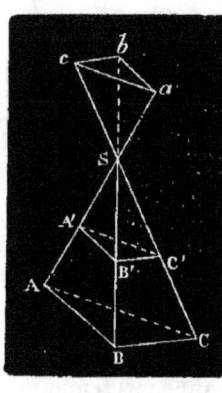

Fig. 342.

REMARQUE. — Quand on coupe une pyramide SABC par un plan parallèle à la base et
qu'on enlève la petite pyramide SA'B'C', ce
qui reste, ABC A'B'C', qui est la différence
entre SABC et SA'B'C, s'appelle généralement
tronc de pyramide, ou tronc de 1re espèce.
Certaines questions (voir ex. 605) donnent
lieu de distinguer le cas où la section serait
extérieure, c'est-à-dire où le plan sécant,
tout en restant parallèle à la base, couperait
le prolongement des éléments de la pyramide
donnée ; comme serait ici *abc*. Le volume
ABCS *abc* s'appelle *tronc* de 2e espèce. On

voit qu'il ne diffère de celui de 1re espèce qu'en ce qu'il est égal à la somme de deux pyramides, tandis que l'autre est égal à leur différence.

603. *Un tronc de pyramide de 0^m,9 de hauteur a pour bases deux octogones réguliers de 0^m,8 et de 0^m,5 de côté; on demande le volume de ce tronc.*

Rép. 1^{mc},865^{dmc},340.

La formule $\quad V = \frac{1}{3} hB \left(1 + \frac{a}{A} + \frac{a^2}{A^2} \right)$

donne en remplaçant les lettres par leurs valeurs, et en prenant le ^{dmc} pour unité

$$V = \frac{1}{3} \times 9 \times B \left(1 + \frac{5}{8} + \frac{25}{64} \right).$$

Mais (498) $\qquad B = 2A^2 (1 + \sqrt{2}),$

ou $\qquad B = 2 \times 64 (1 + \sqrt{2}) = 308,48,$

donc $\qquad V = 3 \times 308,48 \times \frac{129}{64} = 1865^{dmc},340.$

604. *Un tronc de pyramide de 6^m de hauteur a pour base inférieure un pentagone dont la surface est de 20^{mq}; un côté de ce pentagone a 4^m, son homologue dans la base supérieure a 3^m; quel est le volume du tronc ?*

En remplaçant dans la formule

$$V = \frac{1}{3} hB \left(1 + \frac{a}{A} + \frac{a^2}{A^2} \right),$$

les lettres par leurs valeurs, on a

$$V = \frac{1}{3} \times 6 \times 20 \left(1 + \frac{3}{4} + \frac{9}{16} \right) = 92^{mc},500.$$

605. *Un tronc de pyramide a pour base inférieure un carré de 4^m de côté, le volume de ce tronc est 40^{mc}, sa hauteur est de 5^m: on demande le côté de sa base supérieure.*

Rép. 1^m,46.

Dans la formule

$$V = \frac{1}{3} hB \left(1 + \frac{a}{A} + \frac{a^2}{A^2} \right)$$

l'inconnue est a. L'équation précédente donne successivement

$$\frac{3V}{hB} = 1 + \frac{a}{A} + \frac{a^2}{A^2},$$

$$\frac{a^2}{A^2} + \frac{a}{A} = \frac{3V}{hB} - 1,$$

$$a^2 + Aa = \left(\frac{3V}{hB} - 1\right) A^2 :$$

d'où (Alg. n° 144) $\quad a = -\dfrac{A}{2} + \sqrt{\left(\dfrac{3V}{hB} - 1\right) A^2 + \dfrac{A^2}{4}}.$

Substituant les valeurs de A, de B et de V, il vient

$$a = -2 + \sqrt{\left(\tfrac{120}{80} - 1\right) 16 + 4},$$

$$a = -2 + \sqrt{0,5 \times 16 \times 4},$$

$$a = -2 + \sqrt{12} = 1^m,46.$$

N. B. Il y a aussi une racine négative qui répond à ce qu'on appelle *un tronc* de 2e espèce (Voir Remarque ex. 602.).

462   **606.** *Un prisme tronqué a pour base un triangle de* 2^{mq} *de surface : les trois sommets du prisme sont respectivement à* 1^m, 0^m,80 *et* 0^m,60 *du plan de la base : on demande le volume du prisme.*

La formule $\quad V = ABC \left(\dfrac{AD + BE + CF}{3}\right)$

donne $\quad V = 2 \times \left(\dfrac{1 + 0,80 + 0,60}{3}\right) = 1^{mc},600.$

483   **607.** *Une pyramide a pour base un carré de* 12^m *de côté ; à* 4^m *du sommet on mène un plan parallèle à la base, et l'on obtient un carré de* 8^m *de côté ; on demande la hauteur de la pyramide.*

On a $\quad \dfrac{h}{4} = \dfrac{12}{8},$

d'où $\quad h = \dfrac{12 \times 4}{8} = 6.$

92   **608.** *Une caisse a les dimensions suivantes :* 0^m,40, 0^m,30, 0,20 ; *on demande les dimensions d'une caisse semblable et dont la capacité doit être quadruple de la première.*

Rép. 0^m,635 ; 0^m,476 ; 0^m,317.

Prenons le ^{dm} pour unité, et appelons x, y et z les dimensions demandées, nous aurons :

Vol. caisse $= 4 \times 3 \times 2 = 24$; et par suite

$$\frac{24}{96} = \frac{4^3}{x^3} = \frac{3^3}{y^3} = \frac{2^3}{z^3}.$$

D'où l'on tire
$$x^3 = \frac{96 \times 64}{24} = 256,$$

$$y^3 = \frac{96 \times 27}{24} = 108,$$

$$z^3 = \frac{96 \times 8}{24} = 32,$$

et
$$x = \sqrt[3]{256} = 6^{dm},35,$$

$$y = \sqrt[3]{108} = 4^{dm},76,$$

$$z = \sqrt[3]{32} = 3^{dm},17.$$

609. *L'arête d'un cube est* a ; *quelle sera l'arête d'un cube double en volume ?*

Le volume du cube donné sera a^3 et le volume du cube demandé $2a^3$. Si l'on désigne l'arête du cube demandé par x, on aura :

$$x^3 = 2a^3,$$

d'où
$$x = \sqrt[3]{2a^3} = a \sqrt[3]{2}.$$

610. *L'arête d'un cube est* a. *A partir d'un même sommet, on prend, sur les arêtes aboutissant à ce sommet, trois longueurs égales à* $\frac{a}{2}$; *on demande le rapport du cube au tétraèdre déterminé par la section passant par les trois points de division des arêtes.*

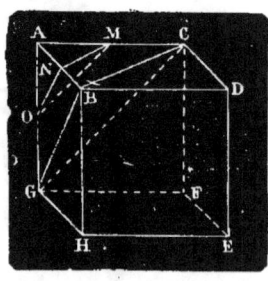

Fig. 343.

Rép. $\dfrac{\text{Cube}}{\text{Tétraèdre}} = \dfrac{48}{1}.$

Le tétraèdre AMNO, construit comme il a été indiqué, est semblable au tétraèdre ACBG, donc

$$\frac{ACBG}{AMNO} = \frac{\overline{AC}^3}{\overline{AM}^3} = \frac{2^3}{1^3} = \frac{8}{1} ; \text{ mais}$$

ACBG $= \frac{1}{3}$ du prisme ABCFHG $= \frac{1}{6}$ du cube : **donc**

$$\frac{\frac{1}{6}\ \text{cube}}{\text{tétraèdre}} = \frac{8}{1}, \text{ ou } \frac{\text{cube}}{\text{tétraèdre}} = \frac{48}{1}.$$

611. *Un tétraèdre a un volume de* 30^{mc} *et une arête de* 5^m ; *on demande le volume d'un tétraèdre semblable dont l'arête homologue à celle du premier a* 6^m.

On a, en appelant x le volume demandé,

$$\frac{x}{30} = \frac{6^3}{5^3};$$

d'où $\qquad x = \frac{6^3 \times 30}{5^3} = \frac{216 \times 6}{25} = 51^{mc},84.$

612. *L'arête* SA *d'une pyramide a* 4^m ; *par un point a pris sur* SA, *on mène un plan parallèle à la base de la pyramide, et l'on détache ainsi une petite pyramide qui est le $\frac{1}{3}$ de la pyramide totale; quelle est la longueur de* Sa ?

$$\frac{p}{P} = \frac{1}{3} = \frac{\overline{Sa}^3}{\overline{SA}^3};$$

d'où $\qquad Sa = SA \sqrt[3]{\frac{1}{3}} = 4 \sqrt[3]{\frac{1}{3}} = 2^m,77.$

613. *L'arête* SA *d'une pyramide a* 4^m ; *quelle longueur faut-il prendre sur cette arête, à partir du sommet, pour qu'un plan parallèle à la base divise le volume de la pyramide en deux parties équivalentes.*

Rép. 3^m,17.

Le plan sécant détache une petite pyramide semblable à la 1re. Les deux pyramides étant p et P, et deux arêtes correspondantes homologues Sa, SA, on a

$$\frac{p}{P} = \frac{1}{2} = \frac{\overline{Sa}^3}{\overline{SA}^3};$$

d'où $\qquad Sa = SA \sqrt[3]{\frac{1}{2}} = 4 \times 0{,}793 = 3^m,17.$

614. *L'arête* SA *d'une pyramide a* 4^m ; *quelles longueurs faut-il prendre sur cette arête, à partir du sommet, pour que deux plans parallèles à la base divisent le volume de la pyramide en trois parties équivalentes ?*

Rép. 2^m,77 et 3^m,49.

Les arêtes homologues et correspondant à **SA**, étant **Sa** et **Sa'**, on a, d'après l'exercice précédent,

$$Sa = SA \sqrt[3]{\frac{1}{3}} = 2^m,77,$$

et

$$Sa' = SA \sqrt[3]{\frac{2}{3}} = 3^m,49.$$

615. *L'arête* SA *d'une pyramide a* 4^m ; *quelle longueur faut-il prendre sur cette arête à partir du sommet pour qu'un plan parallèle à la base divise le volume de la pyramide en parties qui soient entre elles comme les nombres 3 et 4 ?*

Rép. 3^m,01.

$3 + 4 = 7$. La pyramide totale contient 7 parties et la petite 3 ; on a donc :

$$\frac{p}{P} = \frac{3}{7} = \frac{\overline{Sa}^3}{\overline{SA}^3},$$

d'où

$$Sa = SA \sqrt[3]{\frac{3}{7}} = 3^m,01.$$

616. *L'arête* SA *d'une pyramide a* 4^m ; *quelle longueur faut-il prendre sur cette arête, à partir du sommet, pour que deux plans parallèles à la base divisent le volume de la pyramide en parties qui soient entre elles comme les nombres 4, 5. et 6 ?*

Rép. 2^m,57 ; 3^m,37.

$4 + 5 + 6 = 15$. La pyramide totale contient 15 parties et les autres 4 et 9 ; on a donc

$$\frac{p}{P} = \frac{4}{15} = \frac{\overline{Sa}^3}{\overline{SA}^3} \quad \text{et} \quad \frac{p'}{P} = \frac{9}{15} = \frac{\overline{Sa'}^3}{\overline{SA}^3},$$

d'où $Sa = SA \sqrt[3]{\dfrac{4}{15}} = 2^m,57$, et $Sa' = SA \sqrt[3]{\dfrac{9}{15}} = 3^m,37$.

617. *L'arête* SA *d'une pyramide a* 4^m; *quelles longueurs faut-il prendre sur cette arête, à partir du sommet, pour que deux plans parallèles à la base divisent le volume de la pyramide en parties de grandeurs données*, 2me, 3me *et* 5me?

Rép. 2^m, 336; 3^m,172.

$2 + 3 + 5 = 10^{me}$. La petite pyramide p doit avoir 2me; la seconde p' doit en avoir $2 + 3$ ou 5, et la 3e, 5. On opère comme dans l'exercice précédent, et l'on obtient

$$Sa = SA \sqrt[3]{\frac{2}{10}} = 2^m,336; \quad Sa' = SA \sqrt[3]{\frac{5}{10}} = 3^m,172.$$

618 *L'arête* Aa *d'un tronc de pyramide à bases parallèles est de* 4^m; *deux côtés homologues des bases ont* 3^m *et* 2^m: *calculer à* $0^m,01$ *près la longueur à prendre sur* aA *pour qu'un plan parallèle aux bases divise le volume en deux parties équivalentes.*

Rép. $2^m,40$.

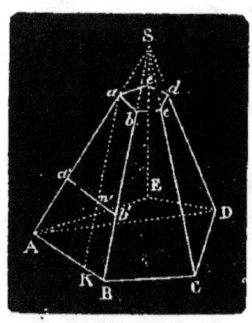

Fig. 344.

Faisons la pyramide SABCDE $= P$, la pyramide S$abcde = p$, et la pyramide formée de p et de la moitié supérieure du tronc $= p'$, enfin représentons les côtés homologues AB, ab, $a'b'$ par B, b, x et nous aurons

$$\frac{p}{b^3} = \frac{p'}{x^3} = \frac{P}{B^3} = r,$$

d'où $p = b^3 r$; $P = B^3 r$; $p' = x^3 r$.

Mais $\quad p' - p = \frac{1}{2}(P - p)$.

En remplaçant p', p, et P par leurs valeurs, il vient

$$x^3 r - b^3 r = \tfrac{1}{2}(B^3 r - b^3 r),$$

$$x^3 = \frac{B^3 + b^3}{2} = \frac{27 + 8}{2} = 17,5.$$

$$x = \sqrt[3]{17,5} = 2,60.$$

La longueur aa' se détermine d'après la relation

$$\frac{aa'}{a\mathrm{A}} = \frac{a'n'}{\mathrm{AK}} = \frac{x-b}{\mathrm{B}-b} = \frac{2,60-2}{3-2} = 0,6\,,$$

d'où $\qquad aa' = 0,6 \times a\mathrm{A} = 0,6 \times 4 = 2^{\mathrm{m}},40.$

619. *L'arête* Aa *d'un tronc de pyramide à bases parallèles est de* 4^{m}, *deux côtés homologues des bases ont* 3^{m} *et* 2^{m}; *calculer à* 0,001 *près les longueurs à prendre .sur* aA *pour que deux plans parallèles aux bases divisent le volume en trois parties équivalentes.*

Rép. 1^{m},708; 2^{m},972.

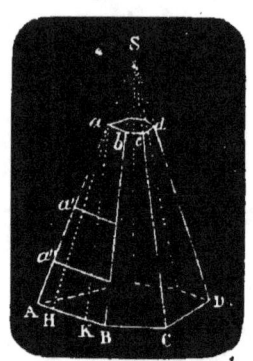

Fig. 345.

On a, en conservant les mêmes notations que dans l'ex. précédent,

$$\frac{p}{b^3} = \frac{p'}{x^3} = \frac{p''}{y^3} = \frac{\mathrm{P}}{\mathrm{B}^3} = r\,,$$

d'où $p = b^3 r$; $p' = x^3 r$; $p'' = y^3 r$; $\mathrm{P} = \mathrm{B}^3 r.$

$$p' - p = \tfrac{1}{3}\,(\mathrm{P} - p).$$

Ce qui donne

$$x^3 - b^3 = \tfrac{1}{3}\,(\mathrm{B}^3 - b^3),$$

$$x^3 = \frac{\mathrm{B}^3 + 2b^3}{3} = \frac{27 + 16}{3}\,.$$

$$x = \sqrt[3]{\frac{43}{3}} = 2,427\,,$$

$$p'' - p = \tfrac{2}{3}\,(\mathrm{P} - p),$$

$$y^3 - b^3 = \tfrac{2}{3}\,(\mathrm{B}^3 - b^3),$$

$$y^3 = \frac{2\mathrm{B}^3 + b^3}{3} = \frac{54 + 8}{3},$$

$$y = \sqrt[3]{\frac{62}{3}} = 2,743.$$

On détermine aa', aa'' comme plus haut (ex. 618), et l'on trouve

$$aa' = 1^{\mathrm{m}},708; \quad aa'' = 2^{\mathrm{m}},972.$$

620 .... *En trois parties proportionnelles aux nombres* 3, 4 *et* 5.

$$\text{Rép. } 1^m,368 ; \ 2^m,688.$$

Soit la même pyramide SABCD. $3 + 4 + 5 = 12$. Le tronc contient 12 parties. On a, d'après les exemples qui précèdent,

$$x^3 - b^3 = \tfrac{3}{12} (\text{B}^3 - b^3),$$

$$x^3 = \frac{3\,\text{B}^3 + 9b^3}{12} = \frac{81 + 72}{12},$$

$$x = \sqrt[3]{\frac{81 + 72}{12}} = 2,342,$$

$$y^3 - b^3 = \tfrac{7}{12} (\text{B}^3 - b^3),$$

$$y^3 = \frac{7\,\text{B}^3 + 5b^3}{12} = \frac{189 + 40}{12},$$

$$y = \sqrt[3]{\frac{189 + 40}{12}} = 2,672.$$

On sait calculer aa' et aa'' (ex. 618).

$$aa' = 1^m,368 ; \ aa'' = 2^m,688.$$

621. .... *En parties de grandeurs données,* 2^{mc}, 1mo et 4^{mc}.

$$\text{Rép. } 1^m,504 ; \ 2^m,10.$$

$2 + 1 + 4 = 7$. On procède comme dans l'exercice précédent et l'on a

$$x^3 - b^3 = \tfrac{2}{7} (\text{B}^3 - b^3),$$

$$x^3 = \frac{2\text{B}^3 + 5b^3}{7} = \frac{54 + 40}{7},$$

$$x = \sqrt[3]{\frac{54 + 40}{7}} = 2,376.$$

$$y^3 - b^3 = \tfrac{3}{7} (\text{B}^3 - b^3),$$

$$y^3 = \frac{3\text{B}^3 + 4b^3}{7} = \frac{81 + 32}{7},$$

$$y = \sqrt[3]{\frac{81 + 32}{7}} = 2,525.$$

On a d'ailleurs $aa' = 1^m,504$, et $aa'' = 2^m,10$.

622. *L'arête SA d'une pyramide a* **4**ᵐ ; *on prend sur SA une longueur Sa = 2ᵐ,60, et par le point a on mène un plan parallèle à la base de la pyramide; quel est le rapport des volumes déterminés par le plan sécant?*

Rép. 0,378.

Soit p la pyramide déterminée par le plan parallèle à la base, et P la pyramide totale. On a

$$\frac{p}{P} = \frac{(2,60)^3}{4^3}.$$

Ce qui donne

$$\frac{p}{P-p} = \frac{(2,60)^3}{4^3 - (2,60)^3},$$

$$\frac{(2,60)^3}{4^3 - (2,60)^3} = 0,378.$$

Tel est le rapport demandé.

623. *Couper une pyramide par un plan parallèle à sa base, de telle sorte que le volume de la petite pyramide soit* ⅛ *du tronc obtenu.*

Le tronc contient 8 parties et la petite pyramide p en contient une, la pyramide totale P en contient donc 9. On a par conséquent

$$\frac{p}{P} = \frac{1}{9} = \frac{\overline{Sa}^3}{\overline{SA}^3};$$

d'où

$$Sa = SA \sqrt[3]{\frac{1}{9}}.$$

Connaissant SA, on trouve Sa et l'on porte cette longueur de S en a.

624. *On mène à 0ᵐ,90 du sommet d'une pyramide un plan parallèle à sa base ; on obtient alors un tronc de pyramide de 2ᵐ,50 de hauteur; calculer le volume de ce tronc sachant que la partie enlevée a un volume de 1ᵐᶜ,250.*

Rép. 65ᵐᶜ,231.

La hauteur de la pyramide totale est 2,50 + 0,90 = 3ᵐ,40. On aura donc

$$\frac{P}{p} = \frac{3,4^3}{0,9^3},$$

$$\frac{P}{1,25} = \frac{39,304}{0,729},$$

$$P = \frac{39,304 \times 1,25}{0,729} = 66^{\text{mc}},481,$$

d'où $\qquad P - p = 66,481 - 1,25 = 65^{\text{ma}},231.$

625. *Un tronc de pyramide, dont la hauteur est de* 5^m, *a pour bases deux hexagones réguliers dont les côtés ont* 3^m *et* 2^m; *en menant un plan parallèle à la base, on obtient un hexagone dont le côté a* $2^m,60$; 1° *à quelle distance de la base supérieure la section a-t-elle été menée, et* 2° *quel est le rapport des deux troncs de pyramide?*

Rép. 1° à 3^m; 2° rapport $= 1,016.$

1° Soient h la hauteur du tronc, h' la hauteur de la petite pyramide supérieure au tronc, et h'' la distance entre la base supérieure du tronc et le plan mené parallèlement aux bases: $h + h' =$ la hauteur totale de la pyramide; d'où les équations

$$\frac{h'}{h' + h'} = \frac{2}{3},$$

$$\frac{h'}{h + h''} = \frac{2}{2,60}.$$

La première équation donne

$$h' = 2h = 10.$$

Cette valeur de h' portée dans la seconde équation donne

$$\frac{10}{10 + h''} = \frac{2}{2,60},$$

$$26 = 20 + 2h'',$$

$$h'' = 3.$$

2° Pour trouver en second lieu le rapport demandé, représentons la pyramide totale par P, la petite par p, et la pyramide formée de la petite et de la partie supérieure du tronc par p'. Nous aurons

$$\frac{p}{2^3} = \frac{p'}{(2,6)^3} = \frac{P}{3^3} = r,$$

d'où $\qquad p = 2^3 r; \ p' = (2,6)^3 r; \ P = 3^3 r.$

Le rapport demandé est égal à

$$\frac{p' - p}{P - p'} = \frac{(2,6)^3 r - 2^3 r}{3^3 r - (2,6)^3 r} = \frac{(2,6)^3 - 2^3}{3^3 - (2,6)^3} = 1,016.$$

EXERCICES DU LIVRE VII.

510

626. *Un cylindre qui a* 2^m *de hauteur a pour base un cercle de* $0^m,10$ *de rayon: on demande* 1° *la surface latérale du cylindre,* 2° *sa surface totale.*

Rép. 1° $1^{mq},256$;   2° $1^{mq},3188$.

Si dans les formules

$$S = 2\pi RH,$$

et

$$S' = 2\pi R (H + R),$$

on substitue aux lettres leurs valeurs, il vient

$$S = 2 \times 3,14 \times 0,10 \times 2 = 1^{mq},256,$$

$$S' = 2 \times 3,14 \times 0,10 (2 + 0,10) = 1^{mq},3188.$$

627. *Un cylindre dont la hauteur est de* $1^m,20$, *a une surface latérale de* $0^{mq},60$: *on demande le rayon de sa base.*

Rép. $0^m,079.$

La formule

$$S = 2\pi RH$$

donne

$$R = \frac{S}{2\pi H}.$$

Remplaçant les lettres par leurs valeurs, on a

$$R = \frac{0,60}{2 \times 3,14 \times 1,20} = 0,079.$$

628. *La surface totale d'un cylindre est de* 3^{mq}, *le rayon de la base de ce cylindre a* $0^m,20$: *quelle est la hauteur du cylindre:*

Rép. $2^m,18.$

De la formule $S' = 2\pi R (H + R),$

on tire

$$H + R = \frac{S'}{2\pi R},$$

ou
$$H = \frac{S'}{2\pi R} - R,$$

ou enfin $\quad H = \dfrac{3}{2 \times 3,14 \times 0,20} - 0,20 = 2^m,18.$

629. *Un rouleau (employé en agriculture) a* $1^m,60$ *de longueur et* $0^m,40$ *de diamètre : combien coûtera-t-il à faire peindre à raison de* 1^f *le* ^{mq} ?

Rép. $2^f,25.$

Comme toute la surface du rouleau doit être peinte, on emploiera la formule
$$S' = 2\pi R \ (H + R),$$
$$S' = 2 \times 3,14 \times 0,20 \ (1,60 + 0,20) = 2^{mq},26.$$
On aura donc $2^f,25$ à payer.

630. *Un cylindre a* 2^m *de hauteur et pour base un cercle de* 1^m *de rayon : on demande les dimensions d'un cylindre semblable, mais dont la surface latérale soit le* $\frac{1}{3}$ *de la surface latérale du premier.*

Rép. $R' = 0^m,577, \ H' = 1^m,154.$

Soient S, S' les surfaces latérales des cylindres dont il s'agit, R', H' le rayon et la hauteur du second, on a
$$\frac{S'}{S} = \frac{1}{3} = \frac{R'^2}{1} = \frac{H'^2}{4},$$

$$R' = \sqrt{\frac{1}{3}} = \frac{1}{\sqrt{3}} = \frac{\sqrt{3}}{3} = 0,577,$$

$$H' = \sqrt{\frac{4}{3}} = \frac{2}{\sqrt{3}} = \frac{2\sqrt{3}}{3} = 1,154.$$

631. *On a employé* 2^{cmc} *d'or pour dorer la surface latérale d'un cylindre dont le diamètre est de* $0^m,20,$ *et la hauteur* $0^m,80$: *on demande l'épaisseur de la couche d'or.*

La surface latérale du cylindre est
$$0,20 \times 3,1416 \times 0,8 = 0,502656.$$
L'épaisseur de la couche sera donc
$$\frac{0,000002}{0,502656} = 0,0000039.$$

632. *La densité de l'or est* 19,26 ; *on veut recouvrir d'or une colonne ayant* 3^m *de hauteur et un rayon de* 0^m,20 ; *quel est le poids de l'or à employer, sachant que la feuille d'or doit avoir* 0^m,0001 *d'épaisseur ?*

Rép. 7^{kg},260866.

La couche d'or étant très-peu épaisse, on peut, sans erreur sensible, la considérer comme un parallélipipède rectangle dont la base est la surface latérale du cylindre et dont la hauteur est 0,0001 ; on a donc

$$V = 2\pi \times 0,20 \times 3 \times 0,0001 = 0,000376992,$$

le poids de cette feuille sera donc

$$0,376992 \times 19,26 = 7^{kg},260866.$$

Remarque. — Rigoureusement on aurait dû calculer le volume d'or en le considérant comme la différence de deux cylindres qui auraient la hauteur commune 3^m, et dont les rayons des bases seraient 0,20 et 0,20 + 0,0001.

Faire le calcul ainsi, et comparer le nouveau résultat au premier.

511

633. *Que devient le volume d'un cylindre,* 1° *si l'on double le rayon de la base,* 2° *si l'on double la hauteur ?*

Rép. 1° 4 fois $>$, 2° 2 fois $>$.

1° Soit R le rayon du 1er cylindre, son volume est égal à $\pi R^2 H$. Si l'on double son rayon, son volume sera $\pi (2R)^2 = 4\pi R^2 H$. Donc si l'on double le rayon d'un cylindre, son volume devient 4 fois plus grand.

2° Le volume du 1er cylindre est $\pi R^2 H$, et celui du second $\pi R^2 \times 2H = 2\pi R^2 H$. Donc si l'on double la hauteur d'un cylindre, son volume est doublé. Il résulte de là que si l'on double en même temps le rayon et la hauteur d'un cylindre, le volume devient 8 fois plus grand.

634. *Un vase cylindrique a* 0^m,30 *de diamètre intérieur et* 0^m,70 *de profondeur : combien peut-il contenir de litres ?*

On a :

$$V = \pi R^2 H = 3,14 \times 0,15 \times 0,15 \times 0,70 = 0^{mc},04945.$$

Ce vase contient par conséquent 49^l,45.

635. *On demande le poids du mercure contenu dans un vase cylindrique qui a un diamètre de 0^m,20 et dans lequel la hauteur du mercure est de 0^m,40. La densité du mercure est 13,6.*

Le volume en décimètres cubes est exprimé par

$$3,1416 \times 1^2 \times 4 = 12^{dmc},5664,$$

donc le poids est

$$12,5664 \times 13,6 = 170^{ks},903.$$

636. *Un vase cylindrique dont la capacité est de 20 litres (le double décalitre) a une hauteur égale au diamètre: on demande ses dimensions.*

Rép. R = 1^{dm},469 ; H = 2^{dm},938.

Dans la formule $V = \pi R^2 H$, $H = 2R$;
par conséquent, en remplaçant V et H par leurs valeurs, et en prenant le ^{dm} pour unité, on a

$$20 = 2\pi R^3,$$

d'où
$$R = \sqrt[3]{\frac{20}{2 \times 3,1416}} = 1^{dm},469,$$

et
$$H = 2R = 2^{dm},938.$$

637. *Un cylindre a un volume de 340^{dmc} ; quelle est la surface latérale de ce cylindre, sachant que sa hauteur est double de son diamètre ?*

Rép. 2^m,26.

Dans la formule $V = \pi R^2 H$, on a $H = 2D = 4R$, et $V = 340^{dmc}$;

d'où
$$340 = \pi R^2 \times 4R = 4\pi R^3,$$

et
$$R = \sqrt[3]{\frac{340}{4\pi}} = 3^{dm},$$

$$H = 4R = 12.$$

La formule $S = 2\pi RH$ donne

$$S = 2\pi \times 3 \times 12 = 226^{dmq}.$$

638. *La surface latérale d'un cylindre est de 3^{mq}, le rayon de la base de ce cylindre est de 0^m,20: on demande son volume.*

On a
$$V = \pi R^2 H = 2\pi RH \times \frac{R}{2}.$$

Or, $2\pi RH$ exprime la surface latérale **S** du cylindre, **par con-séquent**

$$V = S \times \frac{R}{2} = 3 \times \frac{0,2}{2} = 0^{mc},300.$$

639. *La hauteur d'une colonne creuse en fonte est de $3^m,15$; son rayon intérieur $0^m,05$, et l'épaisseur de la couronne qui lui sert de base $0^m,01$. On demande son poids, la densité de la fonte étant 7,20.*

Dans la formule $V = \pi H (R^2 - r^2)$, si on remplace les lettres par leurs valeurs, il vient :

$$V = 3,1416 \times 3,15 \times (0,06^2 - 0,05^2) = 0^{mc},010885.$$

Le poids sera donc $10,885 \times 7,20 = 78^{kg},376.$

640. *Le litre en zinc a une hauteur double du diamètre, l'épaisseur du métal est $0^m,005$, la densité du zinc est 7,19 : trouver le poids du vase.*

Rép. $1^{kg},768.$

Si dans la formule $V = \pi R^2 H$ on remplace H par 4R, il vient

$$0,001 = 4\pi R^3,$$

$$R = \sqrt[3]{\frac{0,001}{4 \times 3,1416}} = \frac{0,1}{2,324} = 0^m,043,$$

donc $\qquad\qquad H = 0^m,172,$

de $\qquad\qquad V = \pi H (R^2 - r^2),\qquad$ on tire

$$V = 3,1416 \times 0,172 (0,048^2 - 0,043^2) = 0^{mc},0002458 :$$

le poids sera donc $0,2458 \times 7,19 = 1^{kg},768.$

641. *Le rayon intérieur d'une tour est de $1^m,20$; l'épaisseur est $0^m,50$ et le volume de la maçonnerie est 81^{mc} : on demande la hauteur de la tour.*

Si, dans $V = \pi H (R^2 - r^2)$, nous remplaçons les lettres par leurs valeurs, il vient :

$$81 = 3,1416 \times H \times (1,7^2 - 1,2^2),$$

$$H = \frac{81}{3,1416 (1,7^2 - 1,2^2)} = 17^m,78.$$

642. *On verse dans un double décalitre* 64^{kg} *de mercure. La densité de ce corps est* 13,6; *à quelle hauteur s'élève-t-il à* 0,001 *près?*

Rép. 0^m,069.

Le poids d'un corps divisé par sa densité donne **son** volume : on a donc

$$\frac{64}{13,6} = \pi R^2 H.$$

Mais (ex. 636) R = 0^m,147 ; par suite

$$H = \frac{64}{13,6 \times 3,1416 \times (0,147)^2} = 0^m,069.$$

643. *On plonge dans un liquide à* 0° *un petit cylindre de fer dont le rayon est* 0^m,05 *et la hauteur* 0^m,20. *Ce cylindre pèse* 10^{kg},500 *dans le liquide : on demande la densité du liquide, celle du fer étant* 7,788.

Rép. 1,103.

Cherchons le volume du cylindre, et son poids dans l'air.

$$V = \pi R^2 H = 3,1416 \times 0,0025 \times 0,20 = 0,001571 =$$
1^{dmc},571.

$$P = 1,571 \times 7,788 = 12^{kg},234.$$

Le poids du liquide déplacé est donc égal à

12^{kg},234 — 10^{kg},500 = 1^{kg},734.

Mais la formule P = VD donne

$$D = \frac{P}{V}.$$

La densité du liquide est donc égale à

$$\frac{1,734}{1,571} = 1,103.$$

644. *Les dimensions d'un parallélipipède sont* a, b, h. *Quelle est la hauteur d'un cylindre équivalent, le rayon de la base de ce cylindre étant* a?

Rép. $\dfrac{bh}{\pi a}$.

Le volume du parallélipipède est égal à abh et celui du cylindre à $\pi a^2 h'$; de sorte qu'on a

$$\pi a^2 h' = abh,$$

donc
$$h' = \frac{abh}{\pi a^2} = \frac{bh}{\pi a}.$$

645. *Un tube cylindrique en verre pèse 80ᵍ lorsqu'il est vide. et 140ᵍ lorsqu'on y introduit une colonne de mercure ayant 0ᵐ,04 de longueur. La densité du mercure étant 13,598, on demande le diamètre du tube.*

Rép. 1ᶜᵐ,18.

$140 - 80 = 60ᵍ$: tel est le poids du mercure. Si l'on prend le centimètre pour unité, la formule

$$P = VD$$

donne
$$V = \frac{P}{D} = \frac{60}{13,598}.$$

Mais
$$V = \pi R^2 H = 3,1416 \times R^2 \times 4,$$

donc
$$3,1416 \times R^2 \times 4 = \frac{60}{13,598};$$

d'où
$$R^2 = \frac{60}{13,598 \times 3,1416 \times 4} = 0,35,$$
$$R = \sqrt{0,35} = 0,59,$$
$$D = 2R = 1,18.$$

646. *La surface totale d'un cylindre de 1ᵐ,20 de hauteur est égale à celle d'un cercle de 1ᵐ de rayon. Calculer le volume du cylindre.*

Rép. 0ᵐᶜ,403.

La surface du cercle sera

$$\pi R^2 \quad \text{ou, ici,} \quad 3ᵐᵠ,14.$$

On a donc $\quad S' = 3ᵐᵠ,14 = 2\pi R (H + R),$

d'où
$$R^2 + RH = \frac{3,14}{2\pi} = \frac{3,14}{2 \times 3,14} = \frac{1}{2},$$
$$R^2 + 1,20 R = \tfrac{1}{2},$$

ou (Alg. n° 144) $\quad R = -0.60 \pm \sqrt{\tfrac{1}{4} + (0,60)^2} = 0,327$

On aura donc :

Volume demandé ou $\quad V = \pi R^2 H = 0ᵐᶜ,403.$

647. *On veut construire un bassin cylindrique qui contienne 10^mc d'eau: on demande la profondeur qu'on devra donner au bassin dans le cas où son diamètre est 4^m.*

Le rayon du bassin égale 2 mètres. On aura donc

$$10 = \pi R^2 H = 3,14 \times 4 \times H,$$

d'où
$$H = \frac{10}{3,14 \times 4} = 0^m,796.$$

648. *Quel est le diamètre d'un fil de platine qui pèse 28 grammes par mètre de longueur, la densité du platine étant 21,15 ?*

Rép. 1^mm,3.

Remplaçant dans la formule P = VD les lettres par leurs valeurs, il vient en prenant le ^dm pour unité

$$0^{ks},028 = V \times 21,15,$$

d'où
$$V = \frac{0,028}{21,15} = \frac{28}{21150} = 0^{dm},00132$$

D'ailleurs,
$$V = \pi R^2 H = 0^{dmc},00132.$$

On a par conséquent

$$R^2 = \frac{0,00132}{\pi \times 10} = 0,000042,$$

$$R = \sqrt{0,000042} = 0^{dmc},0065$$
$$D = 2R = 0^{dm},0065 \times 2 = 0^{dm},013 = 1^{mm},3.$$

649. *Dans un cylindre dont le rayon est 0^m,25, on verse 30^ks de mercure dont la densité est de 13,6, et 6^ks d'alcool dont la densité est 0,79 : à quelle hauteur s'élèvent les deux liquides ?*

Rép. 0^m,05.

1° Soit H la hauteur du mercure; si l'on prend le ^dm pour unité, on a

$$P = 30^{ks} = VD = \pi R^2 H \times 13,6,$$

$$30 = 3,1416 \times 2,5 \times 2,5 \times H \times 13,6,$$

d'où
$$H = \frac{30}{3,1416 \times 2,5 \times 2,5 \times 13,6} = 0^{dm},1124.$$

2º Soit h la hauteur de l'alcool ; on a

$$P = 6^{kg} = VD = \pi R^2 h \times 0,79,$$

$$6 = 3,1416 \times 2,5 \times 2,5 \times h \times 0,79,$$

d'où $\quad h = \dfrac{6}{3,1416 \times 2,5 \times 2,5 \times 0,79} = 0^{dm},387.$

$$H + h = 0,1124 + 0,387 = 0,4994 = 0^{dm},5 = 0^{m},05.$$

650. *La surface latérale d'un cylindre est* a *et son volume* b : *on demande le rayon de la base et la hauteur du cylindre.*

Rép. $\quad R = \dfrac{2b}{a}, \quad H = \dfrac{a^2}{4\pi b}.$

Soient R le rayon de la base et H la hauteur du cylindre, on a :

$$2\pi RH = a$$

et $$\pi R^2 H = b.$$

Divisant membre à membre, il vient

$$\frac{2\pi RH}{\pi R^2 H} = \frac{a}{b},$$

d'où $$R = \frac{2b}{a}.$$

Si l'on porte cette valeur dans la 1re équation, on a

$$2\pi \times \frac{2b}{a} \times H = a,$$

d'où $$H = \frac{a^2}{4\pi b}.$$

651. *Les surfaces latérales de deux cylindres semblables sont entre elles dans le même rapport que les carrés des rayons de leurs bases ou les carrés de leurs hauteurs. Le rapport de leurs volumes est égal à celui des cubes de leurs dimensions homologues.*

1º Soient r, h ; R, H les rayons et les hauteurs des deux cylindres semblables : s et S leurs surfaces latérales. On a par hypothèse

$$\frac{r}{R} = \frac{h}{H} \quad (1),$$

D'ailleurs : $\quad \dfrac{s}{S} = \dfrac{2\pi rh}{2\pi RH} = \dfrac{rh}{RH},$

$$= \left(\frac{r}{R}\right) \cdot \frac{h}{H}, \quad \text{et d'après (1),}$$

$$= \frac{r^2}{R^2} = \frac{h^2}{H^2}.$$

2° Soient v et V les volumes de ces cylindres, on a

$$\frac{v}{V} = \frac{\pi r^2 h}{\pi R^2 H} = \frac{r^2 h}{R^2 H},$$

$$= \left(\frac{r}{R}\right)^2 \cdot \frac{h}{H}, \quad \text{et d'après (1),}$$

$$= \frac{r^3}{R^3} = \frac{h^3}{H^3}.$$

652. *On a un vase cylindrique dont le rayon de la base a* $0^m,20$; *la profondeur de ce vase est* $0^m,30$. *On veut construire un autre vase semblable au* 1er, *mais dont la contenance soit triple. Quelles seront les dimensions de ce vase ?*

Rép. R $= 0^m,28$. H $= 0^m,43$.

Soient v et V les volumes respectifs des deux cylindres, on a (ex. 651)

$$\frac{v}{V} \text{ ou } \frac{1}{3} = \frac{(0,20)^3}{R^3} = \frac{(0,30)^3}{H^3},$$

d'où
$$R = 0,20 \sqrt[3]{3} = 0,28,$$

$$H = 0,30 \sqrt[3]{3} = 0,43.$$

653. *Un cône a* 2^m *de hauteur, la surface de sa base a* 1^{mq}; *à* $0^m,80$ *du sommet on mène un plan parallèle à la base: on demande la surface de la section.*

En appelant S la surface demandée, on a (n° **451**)

$$\frac{S}{1} = \frac{(0,80)^2}{2^2} = \frac{0,64}{4},$$

$$S = \frac{0,64}{4} = 0^{mq},16.$$

654. *Un cône a pour base un cercle de* $0^m,40$ *de rayon: à quelle distance du sommet doit être mené parallèlement à la* *base un autre cercle de* 0^m,30 *de rayon? Le cône a* 2 *mètres de hauteur.*

Si l'on appelle h la hauteur du petit cône déterminé par la section, on a

$$\frac{h}{2} = \frac{0,30}{0,40},$$

$$h = \tfrac{6}{4} = 1^m,50.$$

655. *Un cône a* 4^m *de hauteur; à quelle distance du sommet faut-il mener un plan parallèle à la base pour que la section obtenue soit* ⅓ *de la base.*

Rép. A 2^m,309.

Soient S et S′ les surfaces de la base et de la section, h la distance du sommet à cette section

$$\frac{S'}{S} = \frac{1}{3} = \frac{h^2}{4^2},$$

$$h = 4\sqrt{\frac{1}{3}} = \frac{4}{\sqrt{3}} = \frac{4\sqrt{3}}{3} = 2^m,309.$$

656. *Le côté d'un cône est donné ainsi que sa base: déterminer la surface d'une section faite parallèlement à la base à une distance connue du sommet du cône.*

Rép. Surf. demandée $= \dfrac{\pi S h^2}{\pi A^2 - S}$.

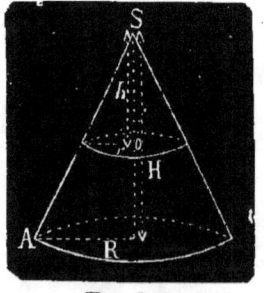

Nous connaissons SA $=$ A, $\pi R^2 =$ S et So $= h$. Déterminons le rayon R de la base, puis la hauteur H.

De $\pi R^2 =$ S on tire R $= \sqrt{\dfrac{S}{\pi}}.$

D'ailleurs

$$H^2 = A^2 - R^2 = A^2 - \frac{S}{\pi} = \frac{\pi A^2 - S}{\pi}.$$

Fig. 346.

Il est maintenant facile de trouver r, et par suite la surface demandée, car nous avons

$$\frac{r}{R} = \frac{h}{H},$$

ou
$$\frac{r^2}{\dfrac{S}{\pi}} = \frac{h^2}{H^2},$$

ou enfin
$$\pi r^2 = \frac{Sh^2}{H^2} = \frac{\pi Sh^2}{\pi A^2 - S}.$$

657. *Le rayon de la base d'un cône a* $0^m,30$, *son côté* $= 1^m,20$ *on demande la surface latérale du cône.*

Remplaçant dans la formule
$$S = \pi R A$$
les lettres par leurs valeurs, on a
$$S = 3{,}14 \times 0{,}30 \times 1{,}20 = 1^{mq},1304.$$

658. *On demande le rapport des surfaces latérales d'un cy-lindre et d'un cône ayant même base et même hauteur.*

$$\text{Rép. } \frac{2H}{\sqrt{R^2 + H^2}}.$$

On a $2\pi R H$ pour la surface latérale du cylindre,
et pour celle du cône $\quad S = \pi R A.$
Or $\qquad\qquad A^2 = R^2 + H^2.$
Par suite $A = \sqrt{R^2 + H^2}$; $S = \pi R \sqrt{R^2 + H^2}.$
Le rapport demandé est donc égal à
$$\frac{2\pi R H}{\pi R \sqrt{R^2 + H^2}} = \frac{2H}{\sqrt{R^2 + H^2}}.$$

659. *Un cône a* 3^m *de hauteur et un rayon de* 1^m. *On développe sur un plan la surface latérale de ce cône, on obtient ainsi un secteur circulaire : calculer l'angle au centre du secteur.*

$$\text{Rép. } 113^\circ,51'.$$

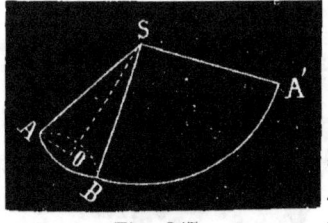

Fig. 317.

Il est évident que
$$SA' = SA = \sqrt{SO^2 + AO^2} = \sqrt{10} = 3{,}162.$$

Soit x le nombre de degrés de l'angle A'SB.
On a $\quad 2\pi\,(AO) =$ arc A'B;

mais $$\frac{\text{arc A'B}}{2\pi \,(SA')} = \frac{x}{360};$$

par suite $$\text{arc A'B} = 2\pi \,(SA') \times \frac{x}{360}.$$

On a donc $$2\pi \,(AO) = 2\pi \,(SA') \times \frac{x}{360};$$

d'où $$x = \frac{2\pi \,(AO) \times 360}{2\pi(SA')} = \frac{360}{3,162} = 113^{\circ},51'.$$

660. *Le côté SA d'un cône étant* 2^m, *calculer la longueur* Sa *à prendre sur SA pour qu'un plan parallèle à la base du cône divise la surface latérale en deux parties équivalentes.*

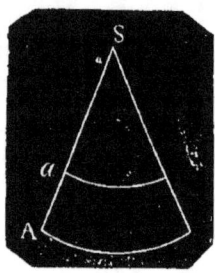

Fig. 348.

Rép. 1^m,414.

La surface latérale d'un cône n'étant autre chose que celle d'un triangle dont la base est la circonférence de la base du cône et la hauteur son arête, on aura donc, comme dans l'exercice 422

$$\frac{\overline{Sa}^2}{\overline{SA}^2} = \frac{1}{2},$$

d'où $$Sa = \frac{SA}{\sqrt{2}} = \frac{2}{\sqrt{2}} = \sqrt{2} = 1,414.$$

661. *L'arête SA d'un cône étant* 4^m, *calculer les longueurs à prendre sur SA pour que trois plans parallèles à la base divisent la surface latérale en quatre parties de grandeurs données,* 1^{mq}, 2^{mq}, 2^{mq},20, 3$^{m\cdot}$.

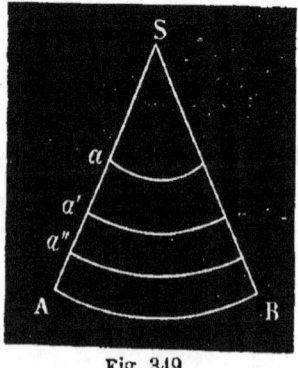

Fig 349.

On a (ex. 423 et 660)

$$SAB = 1 + 2 + 2,20 + 3 = 8^{mq},2.$$

et $$Sa = SA\sqrt{\frac{1}{8,2}} = 1^m,396,$$

$$Sa' = SA\sqrt{\frac{3}{8,2}} = 2^m,419,$$

$$Sa'' = SA\sqrt{\frac{5,2}{8,2}} = 3^m,185.$$

662. *Le rayon de la base d'un cône a* 0^m,40, *sa hauteur égale* 3^m : *quelle est la surface totale du cône?*

Rép. 4^{mq},30.

On a la formule

$$S' = \pi R (A + R).$$

Or, déterminons A. A cet effet, nous avons

$$A^2 = R^2 + H^2 = 0,16 + 9 = 9,16,$$

$$A = \sqrt{9,16} = 3^m,026.$$

Par suite $S' = 3,14 \times 0,40 (3,026 + 0,40) = 4^{mq},30.$

663. *Un cône a une hauteur égale à son diamètre: déterminer le rapport de la surface de sa base à sa surface latérale.*

Rép. $\dfrac{\sqrt{5}}{5}$.

R étant le rayon, la hauteur du cône est 2R. La surface de la base est πR^2.

Pour trouver la surface latérale déterminons A.

Or, $A^2 = R^2 + (2R)^2 = 5R^2,$

et· $A = R\sqrt{5}.$

Mais nous avons d'ailleurs

$$S = \pi R A;$$

remplaçant, il vient

$$S = \pi R^2 \sqrt{5}.$$

Le rapport demandé est donc

$$\frac{\pi R^2}{\pi R^2 \sqrt{5}} = \frac{1}{\sqrt{5}} = \frac{\sqrt{5}}{5}.$$

664. *La surface latérale d'un cylindre qui a* 3^m *de hauteur est égale à* 4^{mq} : *on demande la surface totale d'un cône ayant même base et même hauteur que le cylindre.*

Rép. 2^{mq},14.

Cherchons le rayon du cylindre. La formule

$$S = 2\pi R H$$

donne $R = \dfrac{S}{2\pi H}.$

Remplaçant les lettres par leurs valeurs, il vient

$$R = \frac{4}{2 \times 3,14 \times 3} = 0,2123.$$

La surface totale d'un cône est donnée par la formule

$$S' = \pi R (A + R).$$

Or, $\qquad A^2 = R^2 + H^2 = 0,2123^2 + 9 = 9^m,045,$

$$A = \sqrt{9,045} = 3,0075.$$

Par conséquent

$$S' = \pi \times 0,2123 \ (3,0075 + 0,2123) = 2^{mq},14.$$

525 **665.** *Trouver la surface latérale d'un tronc de cône pour lequel on a* h $= 3^m$, R $= 2^m$, r $= 1^m$.

Rép. $29^{mq},77$.

Dans ia formule $S = \pi a \times (R + r)$, l'inconnue a est l'hypoténuse d'un triangle rectangle dont les autres côtés sont h et $R - r$. On a donc

$$a^2 = h^2 + (R - r)^2 = 9 + 1 = 1$$

d'où $\qquad a = \sqrt{10} = 3,16.$

Enfin, surface demandée $= \pi \times 3,16 \times 3 = 29^{mq}$,

666. *Trouver la surface totale d'un tronc de cône dans le cas où le côté de ce tronc* $= 4^m$, R $= 3^m$ *et* r $= 2^m$.

Surface latérale $= \pi a (R + r) = \pi \times 4 \times 5,$

Surf. de la grande base $= \pi R^2,$

Surf. de la petite base $= \pi r^2.$

Donc surface totale $= \pi (20 + R^2 + r^2) = 103^{mq},67.$

667. *La surface latérale d'un tronc de cône est* $34^{mq},54$, *les rayons des bases ont l'un* $1^m,42$ *et l'autre* $0^m,64$: *on demande la hauteur du tronc.*

Rép. $5^m,28$.

Représentons AD par a,

les rayons par R, r, et la hauteur demandée par x ;

l'énoncé donne :

surface lat. ou $\qquad \pi a (R + r) = 34,54,$

d'où $\qquad a = \frac{34,54}{\pi (R + r)} = 5,338.$

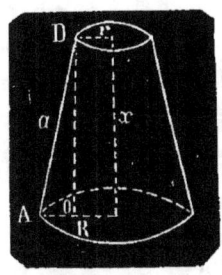

Fig. 350.

Le triangle rectangle AOD donne :

$$x^2 = a^2 - (R - r)^2$$
$$= (a + R - r)(a - R + r),$$
$$x = \sqrt{(a + R - r)(a - R + r)},$$

or $a = 5,338$

$$R - r = 0,78,$$
$$- R + r = - 0,78,$$

d'où
$$x = \sqrt{6,118 \times 4,558,} = 5^m,28.$$

668. *L'arête Aa d'un tronc de cône est* $3^m,50$, *les rayons des bases* $0^m,80$ *et* $1^m,40$; *calculer à 0,01 près la longueur aa' à prendre sur aA pour qu'un plan parallèle à la base divise la surface latérale du tronc en deux parties équivalentes*

Rép. $1^m,98$.

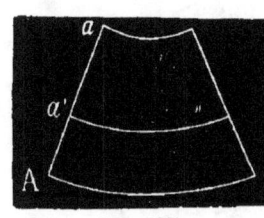

Fig. 351.

La surface latérale d'un tronc de cône étant un trapèze dont les bases sont les circonférences du tronc et la hauteur l'arête, on aura (ex. 424), en appelant x le rayon du plan parallèle aux bases,

$$(2\pi x)^2 = \tfrac{1}{2} B^2 + \tfrac{1}{2} b^2,$$

ou
$$x^2 = \tfrac{1}{2} R^2 + \tfrac{1}{2} r^2,$$

$$x = 1^m,14,$$

et (ex. 427, Rem. I). $\dfrac{aa'}{aA} = \dfrac{x - r}{R - r} = \dfrac{1,14 - 0,80}{1,40 - 0,80} = \dfrac{0,34}{0,60}$,

d'où
$$aa' = \dfrac{0,34 \times 3,50}{0,60} = 1^m98.$$

669. *L'arête Aa d'un tronc de cône a* 4^m, *les rayons des bases ont* 2^m *et* 3^m : *calculer à 0,01 près les longueurs à prendre sur aA pour que des plans parallèles aux bases divisent la surface latérale en quatre parties qui soient entre elles comme les nombres 3, 4, 5 et 6.*

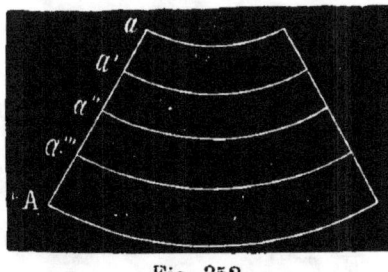

Fig. 352

Rép. $0^m,78$, $1^m,74$, $2^m,83$.

17

Cela revient à diviser un trapèze, par des parallèles aux bases, en parties proportionnelles aux nombres 3, 4, 5, 6. L'exercice 427 donne

$$x^2 = \tfrac{3}{18} R^2 + \tfrac{15}{18} r^2, \quad \text{ou } x = 2,19;$$

$$y^2 = \tfrac{7}{18} R^2 + \tfrac{11}{18} r^2, \quad \text{ou } y = 2,43;$$

$$z^2 = \tfrac{12}{18} R^2 + \tfrac{6}{18} r^2, \quad \text{ou } z = 2,70;$$

d'où

$$aa' = \frac{aA\ (x - r)}{R - r} = 0,78;$$

$$aa'' = \frac{aA\ (y - r)}{R - r} = 1,74;$$

$$aa''' = \frac{aA\ (z - r)}{R - r} = 2,83.$$

527

670. *Que devient le volume d'un cône, lorsqu'on double 1° sa hauteur, 2° le rayon de sa base?*

Rép. 1°, 2 fois $>$; 2°, 4 fois $>$.

1° Pour un cône dont le rayon est R et la hauteur H, on a

$$V = \tfrac{1}{3} \pi R^2 H.$$

Pour un cône dont le rayon est R et la hauteur 2H, on a

$$V' = \tfrac{1}{3} \pi R^2 \times 2H = \tfrac{2}{3} \pi R^2 H.$$

Si l'on double la hauteur le volume est donc double.

2° Conservant les mêmes notations, on a, en premier lieu,

$$V = \tfrac{1}{3} \pi R^2 H,$$

et en second $\quad V' = \tfrac{1}{3} \pi \times (2R)^2 H = \tfrac{4}{3} \pi R^2 H.$

Le volume est quatre fois plus grand. Si donc on double en même temps la hauteur et le rayon, le volume devient 8 fois plus grand.

671. *La hauteur d'un cône est 8^m, son volume 60^mc : trouver sa surface latérale.*

Rép. 70^mq,88.

La formule $\quad V = \tfrac{1}{3} \pi R^2 H,$

donne $\quad R^2 = \dfrac{3V}{\pi H} = \dfrac{3 \times 60}{3,14 \times 8} = 7,1656,$

$$R = \sqrt{7,1656} = 2,676.$$

Or, $A^2 = H^2 + R^2 = 64 + 7,1656 = 71,1656,$

d'où $A = \sqrt{71,1656} = 8,436$

Donc enfin $S = \pi RA = 3,14 \times 2,676 \times 8,436 = 70^{mq},88.$

672. *Le côté d'un cône égale* 8^m, *le rayon de la base* 2^m : *on demande le volume du cône.*

Cherchons la hauteur de ce cône.

Or, $H^2 = A^2 - R^2 = 64 - 4 = 60,$

d'où $H = \sqrt{60} = 7,746.$

Donc $V = \frac{1}{3} \pi R^2 H = \frac{1}{3} \times 3,14 \times 4 \times 7,746 = 32^{mc},430.$

673. *Le côté d'un cône a* 5^m, *sur ce côté on prend* 2^m *à partir du sommet et l'on mène un plan parallèle à la base; ce plan détermine un cercle ayant* $0^m,40$ *de rayon : on demande le volume du cône.*

Rép. $5^{mc},128.$

On a $\dfrac{R}{r} = \dfrac{SA}{Sa},$ ou $\dfrac{R}{0,40} = \dfrac{5}{2},$

$$R = \frac{5 \times 0,40}{2} = 1 \text{ mètre.}$$

D'ailleurs $H^2 = A^2 - R^2 = 25 - 1 = 24,$

$$H = \sqrt{24} = 4,9.$$

Donc $V = \frac{1}{3} \pi R^2 H = \frac{1}{3} \times 3,14 \times 1 \times 4,9 = 5^{mc},128.$

674. *Un petit cône en argent dont la hauteur égale deux fois le diamètre de la base pèse* $2^{kg},5$; *on demande les dimensions du cône, la densité de l'argent étant* 10,47.

Rép. $R = 0^{dm},385,$ $H = 1^{dm},54.$

Soit R le rayon de la base; le diamètre égale 2R et la hauteur 4R. Par conséquent

$$V = \frac{1}{3} \pi R^2 H = \frac{1}{3} \pi R^2 \times 4R = \frac{4}{3} \pi R^3.$$

Mais si, dans la formule $P = VD,$

on substitue aux lettres leurs valeurs, il vient

$$2,5 = \frac{4}{3} \pi R^3 \times 10,47 :$$

d'où $R^3 = \dfrac{2,5 \times 3}{4 \times 3,14 \times 10,47} = 0,057,$

$$R = \sqrt[3]{0,057} = 0^{\text{dm}},385.$$

$2_{\text{kg}},5$ étant le produit du nombre de décimètres cubes par la densité de l'argent, il est évident que la valeur de R est exprimée en décimètres.

On aura par conséquent

$$H = 4R = 1^{\text{dm}},54.$$

675. *Quel est le rapport du volume du cylindre au cône de même base et de même hauteur?*

Rép. 3.

Soient V et V' les volumes dont il s'agit

$$V = \pi R^2 H,$$
$$V' = \tfrac{1}{3} \pi R^2 H,$$
$$\frac{V}{V'} = 3.$$

Ce qui était facile à prévoir puisque le cylindre n'est autre chose qu'un prisme à sa limite, et le cône une pyramide également à sa limite.

676. *On veut construire un cône de 3^{m} de hauteur et d'un volume égal à 1^{mc} : quel sera le rayon de la base du cône?*

Rép. $0^{\text{m}},564.$

Soient V le volume du cône, R le rayon de sa base et H sa hauteur, on a
$$V = \tfrac{1}{3} \pi R^2 H,$$
d'où
$$R^2 = \frac{3V}{\pi H}.$$

Substituant aux lettres leurs valeurs on obtient

$$R^2 = \frac{3 \times 1}{3,1416 \times 3} = \frac{1}{3,1416},$$
$$R = \sqrt{\frac{1}{3,1416}} = 0,564.$$

677. *Les dimensions d'un parallélipipède sont a, b, h : calculer la hauteur d'un cône équivalent et dont le rayon de la base doit être a.*

Rép. $H = \dfrac{3bh}{\pi a}.$

On a pour le volume du parallélipipède

$$V = abh.$$

Le volume du cône étant équivalent, on a donc, en désignant par H la hauteur du cône,

$$abh = \tfrac{1}{3}\,\pi a^2 H,$$

d'où
$$3bh = \pi a H.$$

On a donc
$$H = \frac{3bh}{\pi a}.$$

678. *Un cône de 5ᵐ de hauteur a pour base un cercle de 1ᵐ de rayon. On coupe ce cône à 2ᵐ du sommet par un plan parallèle à la base : quel est le volume du tronc de cône ainsi obtenu ?*

Rép. 4ᵐᶜ,900.

Soient r le rayon du plan sécant et R le rayon de la base du cône, ces deux rayons forment avec l'arête et la hauteur du cône deux triangles semblables SAO, Sao qui donnent (Fig. 353)

$$\frac{r}{R} = \frac{2}{5}, \qquad \text{d'où } r = \frac{2}{5} = 0^m,40.$$

On aura donc Vol. du tronc

$$\frac{\pi h}{3}\,(R^2 + r^2 + Rr) = \frac{\pi \times 3}{3}\,(1^2 + 0,4^2 + 0,4)$$

$$= 4^{mc},900.$$

679. *Un cône de 6ᵐ de hauteur a un volume de 10ᵐᶜ ; à 2ᵐ du sommet on mène un plan parallèle à la base : calculer la surface latérale du tronc déterminé par le plan sécant.*

Rép. 21ᵐᑫ,60.

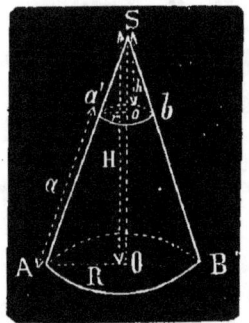

Fig. 353.

De la formule $V = \tfrac{1}{3}\,\pi R^2 H$ on tire

$$R^2 = \frac{3 \times 10}{\pi \times 6} = 1,59,$$

$$R = \sqrt{1,59} = 1,26.$$

D'autre part, le triangle rectangle SAO donne

$$SA = \sqrt{R^2 + H^2} = 6,131;$$

et les triangles semblables S$a'o$, SAO donnent

$$\frac{r}{R} = \frac{h}{H} = \frac{Sa'}{SA},$$

ou $r = \dfrac{1,26 \times 2}{6} = 0,42$, et $Sa' = \dfrac{6,131 \times 2}{6} = 2,044$.

On aura donc en remplaçant les lettres par leurs valeurs dans l'expression $S = \pi a (R + r)$, $(a = SA - Sa')$.

Surf. demandée $= \pi \times 4,087 \times (1,26 + 0,42) = 21^{mq},60$.

680. *La surface totale d'un cône ayant* 1^m *de hauteur est égale à celle d'un cercle de* $0^m,60$ *de rayon: calculer le volume du cône.*

Rép. $0^{mc},078$.

Soit $\qquad R' = 0,60$ et $H = 1$.

La surface du cercle sera $\qquad \pi R'^2$.

On aura donc, surface totale du cône, ou

$$(1) \qquad \pi R (A + R) = \pi R'^2;$$

d'ailleurs $\qquad A^2 - R^2 = H^2 = 1$,

d'où $\qquad A^2 = 1 + R^2$,

et $\qquad A = \sqrt{1 + R^2}$.

Substituant la valeur de A dans l'égalité (1), il vient successivement

$$\pi R (\sqrt{1 + R^2} + R) = \pi R'^2,$$

$$\sqrt{1 + R^2} = \frac{R'^2}{R} - R,$$

$$\sqrt{1 + R^2} = \frac{R'^2 - R^2}{R},$$

$$1 + R^2 = \left(\frac{R'^2 - R^2}{R}\right)^2 = \frac{R'^4 - 2R'^2R^2 + R^4}{R^2}$$

Chassant R^2, on obtient

$$R^2 + R^4 = R'^4 - 2R'^2R^2 + R^4$$

ou $\qquad R^2 + 2R'^2R^2 = R'^4$.

Mettant R^2 en facteur commun,

$$R^2 (1 + 2R'^2) = R'^4,$$

$$R^2 = \frac{R'^4}{1 + 2R'^2},$$

$$R = \frac{R'^2}{\sqrt{1 + 2R'^2}} = \frac{0,6^2}{\sqrt{1 + 2 \times 0,6^2}} = 0,274.$$

Donc enfin

$$V = \frac{1}{3} \pi R^2 H = \frac{1}{3} \pi \times 0,274^2 \times 1 = 0^{mc},078.$$

681. *Les surfaces latérales de deux cônes semblables sont entre elles dans le même rapport que le carré des rayons de leurs bases ou les carrés de leurs hauteurs ou de leurs apothèmes. Le rapport de leurs volumes est égal à celui du cube de leurs dimensions.*

Solution analogue à celle de l'exercice 651.

682. *Un cône a 4^m de hauteur et pour base un cercle de $2^m,10$ de rayon: on demande le volume d'un cône semblable, mais dont la surface latérale soit les $\frac{3}{4}$ de la surface latérale du premier.*

Rép. $11^{mc},867$.

Soient s et S les surfaces latérales des deux cônes; R et H les dimensions du second. On a

$$\frac{s}{S} = \frac{3}{4} = \frac{R^2}{(2,1)^2} = \frac{H^2}{4^2}.$$

Ces égalités donnent

$$R = \frac{2,1\sqrt{3}}{2} = 1^m81,$$

et

$$H = \frac{4\sqrt{3}}{2} = 3^m,46.$$

Le volume demandé

$$= \frac{1}{3} \pi R^2 h = \frac{1}{3} \pi \; 1,81^2 \times 3,46 = 11^{mc},867.$$

683. *Dans un cône ayant 4^m de hauteur, on mène parallèlement à la base et à 1^m du sommet une section ayant 1^{mq} de surface: on demande le volume du cône.*

Soit S la surface de la base, on a (451)

$$\frac{S}{1} = \frac{4^2}{1^2}:$$

d'où

$$S = 16^{mq}.$$

$$V = S \times \frac{H}{3} = \frac{16 \times 4}{3} = 21^{mc},33.$$

684. *L'arête* SA *d'un cône a* 4^m, *on prend sur* SA *une longueur* Sa = 2^m,60, *et par le point* a *on mène un plan parallèle à la base du cône : quel est le rapport du cône ainsi détaché au cône entier ?*

L'ex. 681 donne en appelant v et V les deux volumes dont il s'agit

$$\frac{v}{V} = \frac{\overline{SA}^3}{\overline{Sa}^3} = \frac{2,6^3}{4^3},$$

d'où le rapport demandé $\quad \dfrac{v}{V} = \dfrac{2197}{8000}.$

685. *Dans l'exercice précédent, quel est le rapport des volumes déterminés par le plan sécant ?*

L'égalité précédente $\quad \dfrac{v}{V} = \dfrac{2197}{8000}$

peut s'écrire $\quad \dfrac{v}{V - v} = \dfrac{2197}{8000 - 2197},$

d'où $\quad \dfrac{v}{V - v} = \dfrac{2197}{5803}.$

686. *Un cône droit dont la hauteur est* 20^m *a pour volume* 387^mc ; *à quelle distance du sommet faut-il mener un plan parallèle à la base pour enlever un cône dont le volume soit* 95^mc ?

Rép. 12^m,50.

Les volumes des deux cônes sont proportionnels aux cubes de eurs hauteurs. Si nous appelons x la hauteur du cône à enlever, il vient

$$\frac{95}{387} = \frac{x^3}{20^3},$$

d'où $\quad x = 20 \sqrt[3]{\dfrac{95}{387}} = 12,50.$

687. *L'arête* SA *d'un cône a* 4^m : *calculer la longueur à prendre sur* SA *pour qu'un plan parallèle à la base divise le volume du cône en deux parties équivalentes.*

Rép. 3^m,17.

Le plan sécant détache un petit cône semblable au premier. Les deux cônes étant c et C, les arêtes homologues Sa et SA, on a

$$\frac{c}{C} = \frac{1}{2} = \frac{\overline{Sa}^3}{\overline{SA}^3},$$

d'où

$$Sa = SA \sqrt[3]{\frac{1}{2}} = 3^m,17.$$

688. *L'arête SA d'un cône a 4^m : calculer les longueurs à prendre sur SA à partir du point S pour que des plans parallèles à la base divisent le volume en parties de grandeurs données* 2me, 3me, 5me.

Rép. $2^m,34$; $3^m,17$.

Cela revient à déterminer les longueurs Sa, Sa' à prendre sur SA pour que des plans parallèles à la base et menés par les points a, a' divisent le volume du cône en parties proportionnelles aux nombres 2, 3, 5 $(2 + 3 + 5 = 10)$.

On aura, comme dans l'exercice précédent,

$$\frac{c}{C} = \frac{2}{10} = \frac{\overline{Sa}^3}{\overline{SA}^3},$$

d'où

$$Sa = SA \sqrt[3]{\frac{2}{10}} = 2^m,34,$$

et

$$Sa' = SA \sqrt[3]{\frac{5}{10}} = 3^m,17.$$

689. *Couper un cône par un plan parallèle à la base, de telle sorte que le volume du petit cône soit le $\frac{1}{4}$ du tronc obtenu.*

$$\frac{\overline{Sa}^3}{\overline{SA}^3} = \frac{1}{1 + 4},$$

d'où

$$Sa = SA \sqrt[3]{\frac{1}{5}}.$$

690. *Un cône a 4^m de hauteur et pour base un cercle de $2^m,10$*

*de rayon : on demande les dimensions d'un cône semblable, mais
dont le volume soit triple du volume du premier.*

On a (ex. 681)

$$\frac{1}{3} = \frac{h^3}{H^3} = \frac{r^3}{R^3},$$

$$\frac{1}{3} = \frac{4^3}{H^3} = \frac{2,1^3}{R^3},$$

d'où
$$H = 4 \sqrt[3]{3} = 5^m,77,$$

et
$$R = 2,1 \sqrt[3]{3} = 3^m,03.$$

691. *Un cône qui a une hauteur de 8^m,2 est partagé par deux
plans parallèles au plan de sa base en 3 parties de volume équivalent : calculer à 0,01 près les distances des deux plans sécants au sommet du cône.*

Rép. 5^m,68 et 7^m,16.

Représentons par h la hauteur du cône, h' et h'' étant les distances du sommet aux plans sécants, on aura (ex. 681)

$$h'^3 = \tfrac{1}{3} \, h^3,$$

$$h''^3 = \tfrac{2}{3} \, h^3,$$

d'où
$$h' = 8,2 \sqrt[3]{\frac{1}{3}} = 5^m,68,$$

$$h'' = 8,2 \sqrt[3]{\frac{2}{3}} = 7^m,16.$$

692. *La hauteur d'un cône est 10^m, le rayon de la base 5^m : on
demande à quelle distance de la base il faudrait mener un plan
parallèle à cette base pour que le volume du tronc fût égal
à 20^mc.*

Rép. 0^m,27.

Soient V et v les deux cônes, H et h leurs hauteurs, on a
(ex. 681)

$$\frac{V}{v} = \frac{H^3}{h^3},$$

$$\frac{V - v}{V} = \frac{H^3 - h^3}{H^3},$$

$$\frac{20}{V} = \frac{H^3 - h^3}{H^3},$$

d'où l'on tire $h = \sqrt[3]{H^3 - \frac{20H^3}{V}} = H\sqrt[3]{1 - \frac{20}{V}}.$

Si, dans cette dernière expression, on remplace H et V par leurs valeurs respectives

$$10^m \text{ et } \tfrac{1}{3} \pi \times 5^2 \times 10 = 261^{mc},8,$$

il vient $\qquad h = 10 \sqrt[3]{1 - \frac{200}{2618}} = 9^m,73.$

La distance demandée H — h sera égale à

$$10 - 9,73 = 0^m,27.$$

693. *La hauteur d'un cône est de 5^m, le rayon de la base 1^m, on demande à quelle distance de la base il faut mener un plan parallèle pour que le volume du tronc de cône soit moyen proportionnel entre le cône entier et la partie supérieure du tronc.*

Rép. 1^m,375.

Le volume du cône total ou

$$V = \tfrac{1}{3} \pi R^2 H = 5^{mc},236.$$

Soit x le volume du tronc de cône; le volume du cône supérieur sera $5,236 - x$, et l'on aura

$$x^2 = 5,236 (5,236 - x),$$
$$x^2 = 27,4157 - 5,236x,$$
$$x^2 + 5,236x = 27,4157,$$

d'où (Alg. n° 144) $x = -2,618 \pm \sqrt{27,4157 + 2,618^2} = 3,236.$

Le volume du petit cône est donc $5,236 - 3,236 = 2^{mc}$; si nous représentons par h sa hauteur, il vient

$$\frac{h^3}{H^3} = \frac{2}{5,236},$$

d'où $\qquad h = H\sqrt[3]{\frac{2}{5,236}} = 5\sqrt[3]{\frac{2}{5,236}} = 3,625.$

La hauteur du tronc sera donc

$$5 - 3,625 = 1,375$$

C'est la distance demandée.

694. *Trouver le volume d'un tronc de cône pour lequel on a* $h = 3^m$, $R = 2^m$, $r = 1^m$.

On aura $V = \frac{1}{3} \pi \times 3 (4 + 1 + 2) = 21^{mc},99$.

529   **695.** *Le volume d'un tronc de cône est égal à* 20^{mc}. *On sait que* $R = 3^m$, $r = 2^m$: *calculer* h.

De la formule $V = \frac{1}{3} \pi h (R^2 + r^2 + Rr)$, on tire, en remplaçant les lettres par leurs valeurs,

$$h = \frac{3 \times 20}{\pi (9 + 4 + 6)} = 1^m,005.$$

696. *Un tronc de cône est la différence de deux cônes. Dans l'exercice précédent, calculer les volumes des deux cônes dont le tronc est la différence.*

Rép. $8^{mc},421$ et $28^{mc},421$.

Soit x la hauteur du cône supérieur, celle du cône total sera $h + x$.

Or, $\dfrac{x}{h + x} = \dfrac{r}{R}$ donne

$$3x = 2 (1,005 + x)$$
$$x = 2,01,$$
$$h + x = 3,015 ;$$

d'où, volume du cône supérieur

$$= \frac{1}{3} \pi \times 2^2 \times 2,01 = 8^{mc},421$$

et volume du cône total

$$= \frac{1}{3} \pi \times 3^2 \times 3,015 = 28^{mc},421.$$

697. *Un cylindre et un tronc de cône ont une base commune et même hauteur ; le volume du tronc égale la moitié du volume du cylindre. Dans quel rapport sont les rayons des deux bases du tronc ?*

$$\text{Rép. } \frac{r}{R} = \frac{366}{1000}.$$

Soient V le volume du cylindre et v celui du tronc de cône, on a

$$V = \pi R^2 H,$$

$$v = \tfrac{1}{3} \pi H (R^2 + r^2 + Rr).$$

Mais d'après l'énoncé, $\dfrac{V}{2} = v$, d'où

$$\frac{\pi R^2 H}{2} = \frac{\pi H (R^2 + r^2 + Rr)}{3},$$

$$\frac{R^2}{2} = \frac{R^2 + r^2 + Rr}{3},$$

$$3R^2 = 2R^2 + 2r^2 + 2Rr,$$

$$r^2 + Rr = \frac{R^2}{2}:$$

(Alg. nº 144)
$$r = -\frac{R}{2} \pm \sqrt{\frac{R^2}{2} + \frac{R^2}{4}},$$

$$r = -\frac{R}{2} \pm \frac{R}{2} \sqrt{3}.$$

La seule valeur admissible est

$$r = \frac{-R + R\sqrt{3}}{2} = \frac{R(\sqrt{3} - 1)}{2},$$

d'où
$$r = \frac{R(1,732 - 1)}{2} = 0,366 \times R,$$

enfin
$$\frac{r}{R} = \frac{366}{1000}.$$

698. *Dans un tronc de cône on a* $h = 4^m$, $R = 3^m$, $r = 2^m$: *calculer la hauteur d'un cône équivalent au tronc de cône. On sait que la base du cône doit être moyenne proportionnelle entre les deux bases du tronc.*

Rép. $12^m \frac{2}{3}$.

Soit x le rayon de la base du cône, on aura

$$\frac{\pi R^2}{\pi x^2} = \frac{\pi x^2}{\pi r^2},$$

$$x^2 = \sqrt{R^2 \times r^2},$$

$$x^2 = \sqrt{9 \times 4} = 6,$$

$$x = \sqrt{6} = 2,45.$$

Le rayon de la base du cône est $2^m,45$. Appelant H sa hauteur, il viendra

$$\tfrac{1}{3} \pi \times 2,45^2 \times H = \tfrac{1}{3} \pi \times 4 \,(3^2 + 2^2 + 6),$$
$$6H = 76,$$
$$H = 12^m \tfrac{2}{3}.$$

699. *L'arête Aa d'un tronc de cône a 4^m, les rayons des bases ont 2^m et 3^m: calculer la longueur aa' à prendre sur aA pour qu'un plan parallèle aux bases divise le volume en deux parties équivalentes.*

Rép. $aa' = 2^m,40.$

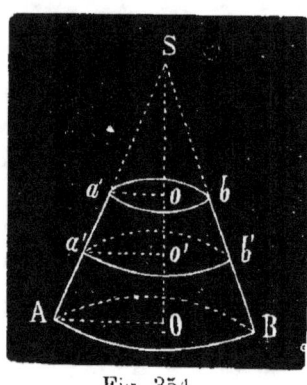

Fig. 354.

Cet exercice et le suivant sont analogues aux ex. 618 et 620 : le cône ou le tronc de cône n'est en effet qu'une pyramide ou un tronc de pyramide dont les bases sont des polygones composés d'une infinité de côtés. Si nous représentons par R, r, r' les rayons des cônes SAB, Sab, S$a'b'$, et que nous suivions la même marche que dans l'exercice 618, nous trouverons

$$r'^3 = \frac{R^3 + r^3}{2} = \frac{35}{2},$$

$$r' = \sqrt[3]{17,5} = 2,60,$$

d'où (ex. 668).
$$aa' = \frac{aA\,(r' - r)}{R - r} = 2,40.$$

700. *L'arête Aa d'un tronc de cône a 4^m, les rayons des bases ont 2^m et 3^m: calculer à $0^m,01$ près les longueurs à prendre sur aA pour que des plans parallèles aux bases divisent son volume en quatre parties proportionnelles à 2, 3, 4 et 5.*

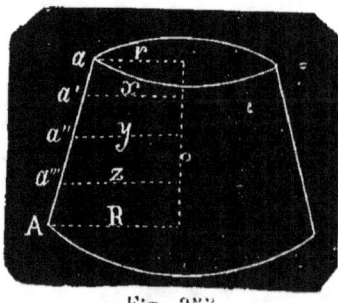

Fig. 355.

Rép. $aa' = 0^m,80$; $aa'' = 1^m,80$; $aa''' = 2^m,88.$

On a par analogie à l'ex. 620

$$x^3 = \tfrac{2}{14} R^3 + \tfrac{12}{14} r^3, \text{ ou } x = 2,20,$$
$$y^3 = \tfrac{5}{14} R^3 + \tfrac{9}{14} r^3, \text{ ou } y = 2,45,$$
$$z^3 = \tfrac{9}{14} R^3 + \tfrac{5}{14} r^3, \text{ ou } z = 2,72,$$

d'où
$$aa' = \frac{a\text{A}\,(x-r)}{\text{R}-r} = 0^m,80,$$

$$aa'' = \frac{a\text{A}\,(y-r)}{\text{R}-r} = 1^m,80,$$

$$aa''' = \frac{a\text{A}\,(z-r)}{\text{R}-r} = 2^m,88.$$

701. *Le côté* Aa *d'un tronc de cône a* 4^m, *les rayons des bases ont* 2^m *et* 3^m. *On veut détacher de la partie supérieure de ce tronc un autre tronc de cône d'un volume égal à* 2^{mc} : *quelle sera la longueur à prendre à partir du point* a ?

Rép. $aa' = 0^n,16$.

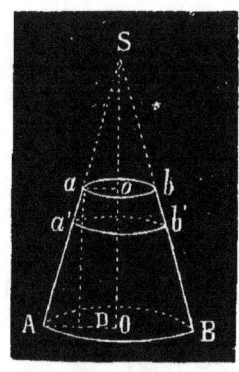

Soit a' le point du côté Aa par lequel on doit mener le plan sécant.

Le petit cône Sab et le cône S$a'b'$ sont semblables. Or, il est facile d'avoir leurs volumes respectifs. A cet effet, je calcule la hauteur So, que j'obtiendrai quand je connaîtrai Sa. Mais les triangles semblables Sao, aAD donnent

$$\frac{\text{S}a}{ao} = \frac{\text{A}a}{\text{AD}},$$

Fig. 356.

d'où
$$\text{S}a = \frac{\text{A}a \times ao}{\text{AD}} = 8^m.$$

Dès lors, $\quad \text{S}o = \sqrt{\overline{\text{S}a^2} - \overline{ao^2}} = \sqrt{60} = 7,745.$

Par suite, Vol. S$ab = \frac{1}{3}\pi r^2 h,$

$$= \frac{1}{3}\,3,1416 \times 4 \times 7,745 = 32^{mc},442$$

Alors, Vol. S$a'b' = 32^{mc},442 + 2^{mc} = 34^{mc},442.$

La similitude de ces 2 cônes donne (ex. 681)

$$\frac{32,442}{34,442} = \frac{\overline{\text{S}a^3}}{\overline{\text{S}a'^3}},$$

d'où
$$\text{S}a' = \sqrt[3]{\frac{34,442 \times 8^3}{32,442}} = 8,16,$$

et enfin $\quad aa' = \text{S}a' - \text{S}a = 8,16 - 8^m = 0^m,16.$

702. *Etablir la proposition suivante : lorsque le côté d'un tronc de cône égale la somme des rayons des bases : 1° la moyenne géométrique entre ces rayons donne toujours la moitié de la hauteur ; 2° on obtient le volume en multipliant la surface totale par le $\frac{1}{6}$ de la hauteur.*

On doit avoir   1° $\dfrac{h}{2} = \sqrt{Rr}$,   2° $V = $ surf. tot. $\times \dfrac{h}{6}$.

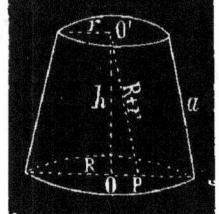

Fig. 357.

1° Menons O'P parallèle au côté, nous obtenons le triangle rectangle OO'P qui donne

$$h^2 = \overline{O'P}^2 - \overline{OP}^2,$$

Or, $O'P = R + r$ et $OP = R - r$,

par suite $h^2 = (R + r)^2 - (R - r)^2 = 4Rr$.

$$h = 2\sqrt{Rr},$$

d'où

$$\frac{h}{2} = \sqrt{Rr}.$$

2° Nous obtiendrons le volume du tronc de cône en multipliant sa surface totale par $\dfrac{h}{6}$.

En effet,

Surf. totale $= \pi R^2 + \pi r^2 + \pi (R + r) \times (R + r)$,

$\qquad = \pi R^2 + \pi r^2 + \pi R^2 + \pi r^2 + 2\pi Rr$,

$\qquad = 2\pi (R^2 + r^2 + Rr)$.

Surface totale $\times \dfrac{h}{6} = \dfrac{h}{6} 2\pi (R^2 + r^2 + Rr)$,

$$= \frac{\pi h}{3} (R^2 + r^2 + Rr) = \text{l'expression du}$$

volume du tronc de cône.

703. *Les rayons des deux bases d'un tronc de cône sont $3^m,50$ et $7^m,30$, et la hauteur du tronc 2^m : on demande la surface et le volume du cône entier.*

Rép. S $= 356^{mq},20$; V $= 214^{mc},282$.

La surface du cône sera (n° 524)

$$\pi \dot{A}O \times SA + \pi \overline{AO}^2.$$

Les deux triangles semblables SAO et Sao donnent :

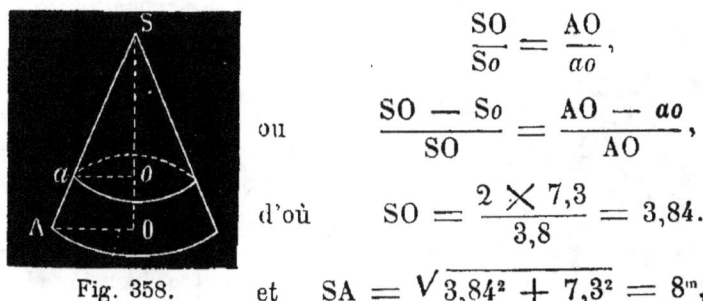

$$\frac{SO}{So} = \frac{AO}{ao},$$

ou

$$\frac{SO - So}{SO} = \frac{AO - ao}{AO},$$

d'où

$$SO = \frac{2 \times 7,3}{3,8} = 3,84.$$

Fig. 358.

et

$$SA = \sqrt{3,84^2 + 7,3^2} = 8^m,24.$$

On aura donc :

Surf. totale du cône $= \pi \times 7,3 \times 8,24 + \pi \times 7,3 \times 7,3$

$$= 3,1416 \times 7,3 \, (8,24 + 7,3) = 356^{mq},20,$$

et

$$\text{Volume} = \frac{\pi \times 7,3 \times 7,3 \times 3,84}{3} = 214^{mq},282.$$

536

704. *Dans une sphère de 2^m de rayon, on mène une section à $0^m,40$ du centre de la sphère : trouver la surface de la section.*

Rép. $12^{mq},06.$

La section obtenue est un cercle dont le rayon r forme un triangle rectangle avec les deux longueurs 2^m et $0^m,40$; on aura

$$r^2 = 4 - 0,16 = 3,84.$$

Donc surface demandée $= \pi r^2 = 3,1416 \times 3,84 = 12^{mq},06.$

705. *Dans une sphère de 2^m de rayon, on a mené une section dont la surface est égale à 3^{mq} : à quelle distance du centre cette section a-t-elle été menée ?*

Rép. $1^m,74.$

Représentons par x la distance demandée. Cette distance forme un triangle rectangle avec le rayon R de la sphère et le rayon r de la section.

Or

$$r^2 = \frac{3}{3,1416} = 0,954,$$

d'où

$$x = \sqrt{4 - 0,954} = 1,74.$$

706. 1° *Les tangentes menées à une sphère et partant d'un point extérieur A sont égales entre elles ; 2° le lieu de ces tan-*

*gentes est **un cône de révolution**; 3° le lieu de leurs points de contact est une circonférence située dans un plan perpendiculaire au diamètre passant par le point A.*

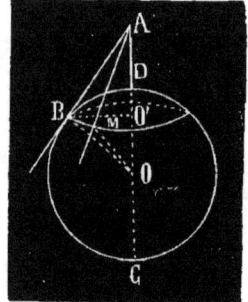

Fig. 359.

1° Par la droite AO, menons plusieurs plans qui coupent la sphère suivant les circonférences DBC, DMC.... Soient AB, AM.... les tangentes respectives à ces circonférences. Ces tangentes avec les rayons BO, MO.... forment des triangles rectangles égaux entre eux: donc les tangentes AB, AM.... sont égales entre elles.

2° L'égalité de ces mêmes triangles montre que les angles BAO, MAO.... sont égaux; par conséquent le lieu des tangentes est un cône de révolution.

3° Si des points B, M.... on abaisse les perpendiculaires BO' MO''.... sur AO, toutes ces droites sont égales entre elles et les points O', O''..... se confondent; car les triangles rectangles ABO'; AMO''.... sont aussi égaux entre eux; donc, le lieu des points de contact B, M.... est une ligne plane.

REMARQUE. Plus simplement : supposons que la figure ABCD tourne autour de AO. Dans ce mouvement la demi-circonférence DBC engendre la surface sphérique O ; la droite AB dont la longueur reste constante, engendre une surface conique, circonscrite à la sphère; enfin, le point de contact B décrit une circonférence dont le plan est perpendiculaire à l'axe de rotation.

707. *Les pôles P, P' d'un cercle sont à 3ᵐ et à 4ᵐ de la circonférence de ce cercle ; PP' = 5ᵐ : calculer la surface du cercle à 0ᵐ,01 près.*

Rép. 18ᵐᵠ,09.

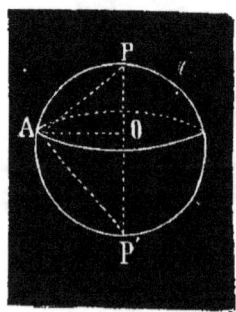

Fig. 360.

En joignant un point quelconque A de la circonférence aux pôles P et P' on obtient un triangle PAP', rectangle en A, qui permet de calculer la longueur de la perpendiculaire AO sur l'hypoténuse (226), c'est-à-dire le rayon du cercle dont on demande la surface.

Or, $\overline{AO^2} = PO \times P'O$ (1).

Mais $\overline{AP^2} = PP' \times PO$ donne, en remplaçant les lettres par leurs valeurs,

$$9 = 5 \times PO,$$

d'où
$$PO = 1,8,$$
$$P'O = 5 - 1,8 = 3,2.$$

Portant les valeurs de PO et de P'O dans l'égalité (1) il vient

$$\overline{AO}^2 = 1,8 \times 3,2 = 5,76,$$

d'où enfin surf. demandée $= 3,1416 \times 5,76 = 18^{mq},09$.

549

708. *Mener par une droite donnée un plan tangent à une sphère.*

Soit AB la droite suivant laquelle je dois mener un plan tangent à la sphère C. Il est évident que le problème sera impossible si la droite AB coupe la sphère C; mais 1°, AB peut lui être tangente, ou, 2° n'avoir aucun point de commun avec elle.

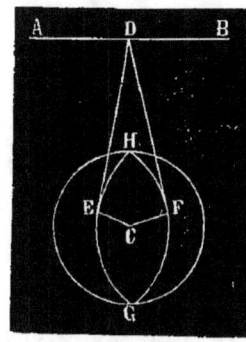

1° Si AB est tangente à la sphère, je trace un plan perpendiculaire à l'extrémité du rayon qui aboutit au point de contact : ce plan passe par la droite AB, et est tangent à la sphère.

2° Si AB n'a aucun point de commun avec la sphère je lui mène par le centre C un plan perpendiculaire qui la coupe en D et détermine sur la sphère le grand cercle EGFH. Puis je tire les droites DE, DF tangentes à ce cercle, et je fais passer un plan par chacune de ces lignes, et par la droite AB. Le plan ADE est tangent à la sphère au point E, car il est perpendiculaire au grand cercle EGFH et par suite au rayon CE perpendiculaire à DE, intersection de ces deux plans. Je prouverais de même que le plan ADF est aussi tangent à la sphère. Le problème admet donc deux solutions lorsque la droite AB n'a aucun point de commun avec la sphère.

Fig. 361.

70

709. *On demande la surface d'un fuseau dont l'angle a 28° et la surface de la sphère à laquelle il appartient* 4^{mq}

On a, en appelant F la surface du fuseau et S celle de la sphère,

$$\frac{F}{S} = \frac{28}{360},$$

d'où
$$F = \frac{28 \times 4}{360} = 0,31^{dmq}.$$

710. *Un fuseau a une surface de* 1^{mq}. *On demande son angle, sachant qu'il appartient à une sphère dont la surface est de* 4^{mq},50.

Soit x l'angle demandé, on a

$$\frac{x}{360} = \frac{1}{4,50},$$

d'où
$$x = \frac{360}{4,50} = 80°.$$

574 **711.** *Dans un triangle sphérique, on a* A $= 58°12'$, B $= 60°20'$, C $= 72°22'$. *Le rayon de la sphère ou* R $= 0^m,40$: *calculer à 0,0001 près la surface du triangle.*

On aura
$$\frac{\text{ABC}}{4\pi \times 0,4^2} = \frac{58°12 + 60°20 + 72°22 - 180°}{720°}\frac{10°,9}{720},$$

d'où surf. ABC $= \dfrac{10,9 \times 4 \times \pi \times 0,4^2}{720} = 0^{mq},0304.$

582 **712.** *Calculer à 0,01 près la surface engendrée par une ligne* AB *tournant autour d'un axe mené dans son plan : on a* AB $= 5^m$; *la distance du point* A *à l'axe ou* Aa $= 3^m$, *la distance du point* B *à l'axe ou* Bb $= 4^m$.

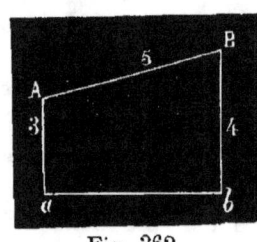
Fig. 362.

Rép. $109^{mq},95$.

La surface engendrée est celle d'un tronc de cône qui a 5^m d'arête, et dont les rayons sont 3^m et 4^m. On a donc
$$S = \frac{2\pi R + 2\pi r}{2} \times AB = \pi(R + r) \times AB,$$

d'où
$$S = 3,1416 \times (4 + 3) \times 5 = 109^{mq},95.$$

713. *Calculer la surface engendrée par un triangle équilatéral tournant autour de son côté* a.

Rép. $\pi a^2 \sqrt{3}$.

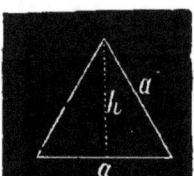
Fig. 363.

La surface engendrée par le triangle donné est celle de deux cônes égaux dont le rayon est h et l'arête a.

Or (326)
$$h = \frac{a\sqrt{3}}{2}.$$

La surface latérale de chaque cône (523) est égale à $\pi h a$, la surface totale sera $2\pi ha$, d'où, en remplaçant h par sa valeur,

$$\text{Surface des deux cônes} = \frac{2\pi a^2 \sqrt{3}}{2} = \pi a^2 \sqrt{3}.$$

714. *Soit* ABCD *un rectangle : dans le plan de ce rectangle on trace une droite* MN *parallèle au côté* AB *et en dehors du rectangle, puis on suppose que le rectangle fasse une révolution autour de* MN. *Démontrer que le volume engendré par le rectangle est égal à la surface de ce rectangle multiplié par la circonférence décrite par le point d'intersection* O *des deux diagonales.*

$$\text{On aura } V = bh \times 2\pi \left(\frac{b}{2} + d\right).$$

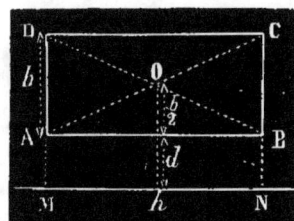

Fig. 364.

Le volume V engendré par le rectangle ABCD tournant autour de MN est égal à différence des volumes engendrés par les rectangles MDCN et MABN.

Faisons $AB = MN = h$, $AD = b$, $AM = d$, nous aurons

$$V = \pi (b + d)^2 h - \pi d^2 h,$$
$$= \pi h [(b^2 + d^2 + 2bd) - d^2],$$
$$= \pi h b^2 + 2\pi h b d,$$
$$= \pi b h (b + 2d),$$
$$= bh \times \pi \left(\frac{2b}{2} + 2d\right),$$

enfin
$$V = bh \times 2\pi \left(\frac{b}{2} + d\right).$$

Or bh exprime la surface du rectangle ABCD et $2\pi \left(\frac{b}{2} + d\right)$

est la circonférence décrite par le point d'intersection O des diagonales.

715. *La moitié* ABCD *d'un hexagone régulier dont le côté égale* 2^m, *tourne autour de son diamètre* AD : *on demande de calculer à 0,01 près la surface décrite par cette moitié d'hexagone.*

Rép. 43^{mq}, 53.

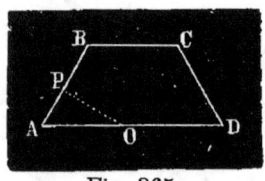

Fig. 365.

La surface engendrée a pour mesure la circonférence du cercle inscrit dont le rayon est OP multipliée par l'axe AD.

Or (326) OP $= \dfrac{2\sqrt{3}}{2} = \sqrt{3}$ et AD $= 4$,

d'où surf. demandée

$$= 2\pi\sqrt{3} \times AD = 2 \times 3,1416 \times \sqrt{3} \times 4 = 43^{mq},53.$$

587

716. *Calculer la surface d'une zône ayant* $0^m,80$ *de hauteur et appartenant à une sphère de* 1^m *de rayon.*

La surface d'une zône étant égale à $2\pi Rh$, **si l'on remplace les** quantités R et h par leur valeur, il vient

Surf. zone $= 2 \times 3,1416 \times 0,80 = 5^{mq},02.$

717. *Une zone a* $1^{mq},20$ *de surface et une hauteur de* $0^m,50$: *calculer à 0,01 près le rayon de la sphère à laquelle cette zone appartient.*

On a $\qquad 2\pi R \times 0,50 = 1,20,$

d'où $\qquad R = \dfrac{1,20}{3,1416} = 0^m,38.$

718. *Dans une sphère de* 1^m *de rayon, une zone a* $0^{mq},60$ *de surface : calculer sa hauteur.*

On a $\qquad 2\pi Rh = 0,60,$

d'où $\qquad h = \dfrac{0,6}{2 \times 3,1416} = 0^m,095.$

719. *Trouver dans la sphère la hauteur d'une zone dont la surface égale celle d'un grand cercle.*

Rép. $h = \dfrac{R}{2}.$

On a surface de la zône $= 2\pi Rh,$

et la surface d'un grand cercle $= \pi R^2.$

On aura donc $\qquad 2\pi Rh = \pi R^2,$

d'où $\qquad 2h = R,$

et $\qquad h = \dfrac{R}{2}.$

720. *Dans une sphère de* 2^m *de rayon, une calotte sphérique a* $0^{mq},80$ *de surface : on demande la surface de sa base.*

Rép. $0^{mq}, 78$.

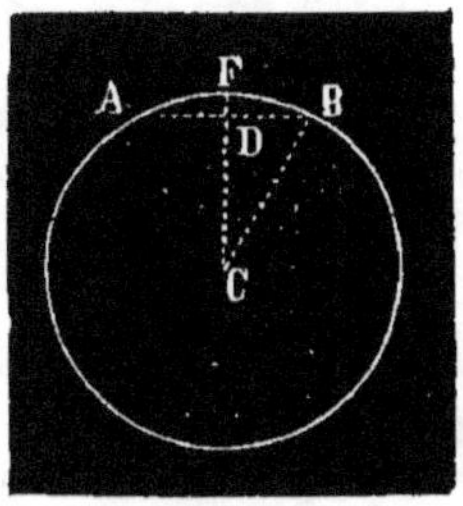

Fig. 366.

L'expression $2\pi Rh = 0{,}80$ donne

$$h = FD = \frac{0{,}80}{4\pi} = 0{,}0636,$$

$$\text{d'où } DC = 2 - 0{,}0636 = 1{,}9364.$$

Le rayon DB de la base de la calotte est donné par le triangle rectangle DBC dans lequel $BC = 2$ et $DC = 1{,}9364$. On a

$$\overline{DB}^2 = 2^2 - 1{,}9364^2 = 0{,}251,$$

$$\text{d'où surface demandée} = 3{,}1416 \times 0{,}251 = 0{,}78.$$

589 **721.** *Calculer la surface de la terre en kilomètres carrés : on la supposera sphérique et le mètre égal à la dix-millionnième partie du quart de la circonférence d'un grand cercle.*

Rép. $509294626^{kmq},94$.

La terre étant supposée sphérique, sa surface est égale à πD^2. Si l'on représente par C la circonférence d'un grand cercle, on a

$$D = \frac{C}{\pi}, \quad \text{et} \quad D^2 = \frac{C^2}{\pi^2},$$

$$\text{d'où} \quad S = \frac{\pi C^2}{\pi^2} = \frac{C^2}{\pi} = \frac{(40000)^2}{\pi} = 509294626^{kmq},94.$$

722. *La surface d'une sphère est égale à* 4^{mq} *: trouver sa circonférence.*

On a $\pi D^2 = 4,$

$$D = \frac{2}{\sqrt{\pi}},$$

$$\text{d'où circonf.} = \pi D = \frac{2\pi}{\sqrt{\pi}} = 2\sqrt{\pi} = 3^m,54.$$

723. *Trouver le rayon d'une sphère dont la surface est moyenne proportionnelle entre les surfaces latérales d'un cy-*

lindre et d'un cône ayant 2^m *de hauteur, et pour base commune un cercle de* 1^m *de rayon.*

Rép. $0^m,864$.

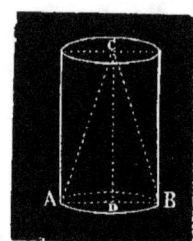

Fig. 367

La surface latérale du cylindre est

$$2\pi RH = 2\pi \times 2 = 4\pi.$$

Celle du cône est $\quad 2\pi \times \dfrac{AC}{2} = \pi AC,$

mais $\quad AC = \sqrt{\overline{CD^2} + \overline{AD^2}} = \sqrt{5},$

d'où surf. du cône $= \pi \sqrt{5}.$

La surface de la sphère étant moyenne proportionnelle entre les deux surfaces 4π et $\pi\sqrt{5}$, on aura

$$4\pi R^2 = \sqrt{4\pi \times \pi\sqrt{5}} = 2\pi\sqrt[4]{5},$$

$$R^2 = \frac{2\pi\sqrt[4]{5}}{4\pi} = \frac{\sqrt[4]{5}}{2} = 0,7475,$$

$$R = \sqrt{0,7475} = 0,864.$$

724. *Diviser une sphère en deux zones telles que la surface de la plus grande soit moyenne proportionnelle entre la surface de la sphère entière et la surface de la plus petite. Application,* $R = 1.$

Rép. Le plan sécant est à $0^m,236$ du centre.

Soit x la distance du plan sécant au centre de la sphère, $R + x$ sera la hauteur de la grande zone et $R - x$ sera la hauteur de la petite zone. On aura donc

$$\frac{4\pi R^2}{2\pi R(R+x)} = \frac{2\pi R(R+x)}{2\pi R(R-x)},$$

ou $\quad\quad \dfrac{2R}{R+x} = \dfrac{R+x}{R-x},$

$$R^2 + x^2 + 2Rx = 2R^2 - 2Rx,$$

$$x^2 + 4Rx - R^2 = 0,$$

d'où (Alg. 144)

$$x = -2R \pm \sqrt{4R^2 + R^2} = -2R \pm R\sqrt{5},$$

$$x = \mathrm{R}\ (-\ 2 \pm \sqrt{5}) = 1\ (-\ 2 \pm 2,236),$$
$$x'' = 0,236.$$

La valeur de x'' est évidemment inadmissible.

725. *Si l'on double le rayon d'une sphère, que deviendra la surface de la sphère?*

Les surfaces de deux sphères sont proportionnelles aux carrés de leurs rayons; les rayons étant R et 2R, le rapport de leur carré $\dfrac{\mathrm{R}^2}{4\mathrm{R}^2} = \dfrac{1}{4}$ indique que la 2e surface est 4 fois plus grande que la 1re.

726. *Une sphère a* 1^m *de rayon: quel sera le rayon d'une sphère dont la surface doit être double de la surface de la première?*

Rép. $1^m,414$.

Soit x le rayon demandé. Les surfaces de deux sphères étant proportionnelles aux carrés de leurs rayons, il vient

$$\frac{1^2}{x^2} = \frac{1}{2},$$

d'où
$$x = \sqrt{2} = 1^m,414.$$

727. *Un triangle équilatéral dont le côté est a tourne autour d'une parallèle à sa base passant par son sommet: quel est le volume engendré par ce triangle?*

Rép. $\dfrac{\pi a^3}{2}$.

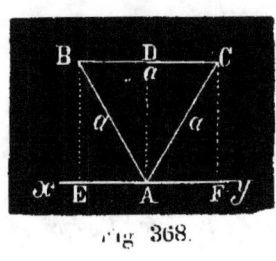

Fig. 368.

On a: $\mathrm{V} = \dfrac{2}{3}\ \pi \overline{\mathrm{AD}}^2 \times \mathrm{BC}.$

Or (326) $\mathrm{AD}^2 = \dfrac{3a^2}{4}$, et $\mathrm{BC} = a$,

d'où
$$\mathrm{V} = \frac{2}{3}\ \pi \times \frac{3a^2}{4} \times a,$$

$$\mathrm{V} = \frac{\pi a^3}{2}.$$

728. *Un triangle isocèle ABC tourne autour d'une droite fixe parallèle à sa base BC, et passant par son sommet A: on demande le volume engendré, sachant que BC = 3ᵐ et AB = 4ᵐ*

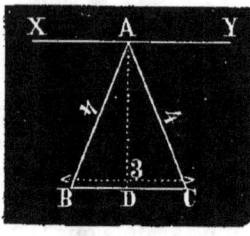

Fig. 369.

Rép. 86ᵐᶜ,394.

On a $\quad V = \frac{2}{3} \pi \overline{AD}^2 \times BC.$

Le triangle rectangle ABD donne

$$\overline{AD}^2 = \overline{AB}^2 - \overline{BD}^2 = 4^2 - 1,5^2 = 13,75,$$

remplaçant $\overline{AD}^2$ et BC par leurs valeurs, il vient

$$V = \frac{2}{3} \pi \times 13,75 \times 3 = 86^{mc},394.$$

729. *Calculer le volume engendré par un triangle dont les côtés ont respectivement 2ᵐ, 3ᵐ, 4ᵐ, et qui tourne autour du côté de 4ᵐ.*

Rép. 8ᵐᶜ,838.

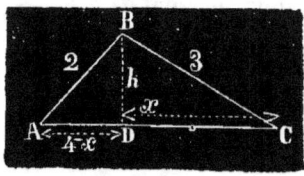

Fig. 370.

En tournant autour de AC, le triangle ABC engendrera 2 cônes qui auront une base commune dont le rayon sera h, et pour arêtes AB et BC. L'inconnue est donc h.

Si l'on fait DC = x, AD = **4 — x**, on a pour le volume demandé

$$V = \pi h^2 \times \frac{x}{3} + \pi h^2 \times \frac{4-x}{3} = \frac{4}{3} \pi h^2 ;$$

remplaçant h^2 par sa valeur 2ᵐ,11 trouvée au n° 597, il vient

$$V = \frac{4}{3} \pi \times 2,11 = 8^{mc},838.$$

730. *Soit ABC un triangle équilatéral dont le côté égale a, on prolonge la base BC d'une quantité CD égale à a. On élève la perpendiculaire DE, puis on suppose que le triangle fait une révolution autour de l'axe DE: on demande de trouver l'expression du volume ainsi engendré.*

Rép. $v = \frac{3}{4} \pi a^3 \sqrt{3}.$

Les 2 trapèzes ABDE et ACDE engendrent par leur révolution deux troncs de cône dont la différence donne le volume demandé.

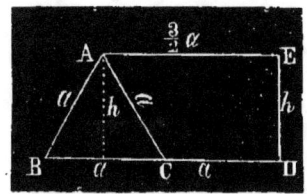

Fig 371.

Leur hauteur est (326) $\dfrac{a\sqrt{3}}{2}$, les rayons des bases sont BD $= 2a$, AE $= \dfrac{3a}{2}$, CD $= a$. En représentant par V et V′ les volumes des deux troncs de cône, et par v le volume cherché, il vient (528)

$$V = \frac{\pi a\sqrt{3}}{6}\left(4a^2 + \frac{9a^2}{4} + \frac{6a^2}{2}\right),$$

$$V' = \frac{\pi a\sqrt{3}}{6}\left(\frac{9a^2}{4} + a^2 + \frac{3a^2}{2}\right),$$

$$v = V - V' = \frac{\pi a\sqrt{3}}{6}\left(3a^2 + \frac{3a^2}{2}\right),$$

$$v = \frac{\pi a\sqrt{3}}{6} \times \frac{9a^2}{2},$$

enfin

$$v = \tfrac{3}{4}\,\pi a^3\sqrt{3}.$$

731. *Dans une sphère de 1^m de rayon, une zone servant de base à un secteur a 1^{mq} de surface : calculer le volume du secteur.*

Le volume d'un secteur est égal à la surface de la zone multipliée par le $\frac{1}{3}$ du rayon de la sphère.

On aura donc $\quad V = \dfrac{1 \times 1}{3} = 0^{mc},333.$

732. *Dans une sphère de 1^m de rayon, la zone qui sert de base à un secteur a $0^m,40$ de hauteur : calculer le volume du secteur.*

On a pour le volume demandé

$$V = \frac{2}{3}\,\pi R^2 h = \frac{2\pi \times 0,40}{3} = 0^{mc},837.$$

733. *Un secteur dans une sphère de 2^m de rayon a un volume de $0^{mc},480$: calculer à $0,01$ près la surface de la zone qui sert de base au secteur.*

On a $\qquad$ zone $\times \dfrac{R}{3} =$ secteur $= 0,480.$

d'où $\qquad$ **zone** $= \dfrac{3 \times 0,480}{2} = 0^{mq},72.$

605

734. *Une sphère a 2^m de rayon: trouver son volume.*

De la formule $\quad V = \dfrac{4\pi R^3}{3} \quad$ on tire

$$V = \frac{4\pi 2^3}{3} = 33^{mc},510.$$

735. *Trouver le volume d'une sphère en fonction de la circonférence d'un grand cercle.*

Le volume d'une sphère est égal à $\dfrac{1}{6}\ \pi D^3$, mais $D = \dfrac{C}{\pi}\quad$ et

$$D^3 = \frac{C^3}{\pi^3}.$$

Remplaçant D^3 par sa valeur, il vient

$$V = \frac{1}{6}\ \pi \times \frac{C^3}{\pi^3} = \frac{C^3}{6\pi^2}.$$

736. *Trouver le rayon d'une sphère dont le volume égale* $0^{mc},420.$

De la formule $V = \frac{4}{3}\ \pi R^3$ on tire

$$R^3 = \frac{3V}{4\pi},$$

$$R = \sqrt[3]{\frac{3 \times 0,420}{4\pi}} = 0^m,46.$$

737. *Un secteur a un volume de* $0^{mc},620,$ *la surface de la zone qui lui sert de base a* 1^{mq}: *calculer le volume de la sphère à la quelle ce secteur appartient.*

De l'expression

$$\text{Vol. du secteur} = \text{surf. de la zóne} \times \frac{R}{3},$$

on tire, en remplaçant les lettres par leurs valeurs,

$$R = 3 \times 0,62 = 1,86,$$

d'où $\quad$ Vol. de la sphère $= \dfrac{4\pi \times \overline{1,86}^3}{3} = 26^{mc},941.$

738. *Calculer le rayon d'une sphère dont le volume soit égal au volume d'un secteur appartenant à une sphère de 1ᵐ de rayon et ayant pour base une zone dont la surface soit* 0ᵐq,80.

Rép. 0ᵐ,4.

Le volume d'un secteur, et par suite celui de la sphère demandée, est égal à la surface de la zone multipliée par le $\frac{1}{3}$ du rayon, ou

$$\text{secteur} = \frac{0,80}{3}.$$

On aura donc l'égalité

$$\frac{4}{3}\pi R^3 = \frac{0,80}{3},$$

$$R^3 = \frac{0,80}{4\pi},$$

$$R = \sqrt[3]{\frac{80}{4\pi}} = 0,4.$$

739. *Une sphère a* 1ᵐ *de rayon: quel sera le rayon d'une sphère* 5 *fois moindre en volume?*

Rép. 0ᵐ,58.

Soit x le rayon cherché, on a

$$\frac{4\pi R^3}{3 \times 5} = \frac{4\pi x^3}{3},$$

par suite $\qquad R^3 = 5x^3,$

et ici $\qquad 5x^3 = 1,$

d'où $\qquad x = \sqrt[3]{\frac{1}{5}} = 0,58.$

740. *Une sphère a* 1ᵐ *de rayon: quelle sera la surface d'une sphère d'un volume* 4 *fois moindre?*

Rép. 4ᵐq,98.

Le volume de la sphère donnée $= \frac{4}{3}\pi$, le volume de la sphère demandée est égal à $\frac{\pi}{3}$; appelant r le rayon de cette dernière, on a

$$\frac{4}{3}\pi r^3 = \frac{\pi}{3},$$

d'où
$$r = \sqrt[\varepsilon]{\frac{1}{4}} = 0,63.$$

La surface demandée $= 4\pi r^2 = 4\pi \times 0,63^2 = 4^{\text{mq}},98.$

741. *Dans une sphère, une section menée à* $0^{\text{m}},20$ *du centre a* $0^{\text{mq}},80$ *de surface : on demande le volume de la sphère.*

Rép. $0^{\text{mc}},665.$

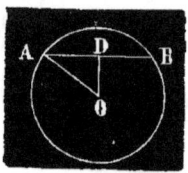

La surface de la section étant $0^{\text{mq}},80$, son rayon

$$AD^2 = \frac{0,80}{\pi} = 0,2546,$$

Fig. 372.

d'où
$$AO^2 = 0,2546 + 0,04 = 0,2946,$$
$$AO = 0,542.$$

Enfin, vol. de la sphère $= \dfrac{4\pi \times 0,542^3}{3} = 0^{\text{mc}},665.$

742. *Une sphère a un volume égal à* 1^{mc} *: quelle sera la surface d'une section menée à* $0^{\text{m}},30$ *du centre ?*

Rép. $0^{\text{mq}},93.$

L'expression $V = 1^{\text{mc}} = \dfrac{4\pi R^3}{3}$ donne

$$R = \sqrt[3]{\frac{3}{4\pi}} = 0,62.$$

Or, le rayon de la section est AD (fig. 372), et l'on a
$$\overline{AD}^2 = 0,62^2 - 0,3^2 = 0,29,$$
d'où surf. de la section $= \pi AD^2 = \pi \times 0,29 = 0^{\text{mq}},93.$

743. *Un arc de grand cercle de* 44° *a* $0^{\text{m}},20$ *: quel est le volume de la sphère ?*

La circonférence d'un grand cercle sera (325)
$$\frac{0,2 \times 360}{44},$$

et son diamètre
$$\frac{0,2 \times 360}{44\pi} = 0,52,$$

d'où vol. de la sphère $= \dfrac{\pi D^3}{6} = \dfrac{\pi \times 0,52^3}{6} = 0^{\text{mc}},074.$

744. *On demande le volume d'un onglet dont l'angle a 30°, et le volume de la sphère à laquelle il appartient ?ᵐᶜ.*

Soit V le volume demandé. On a (572)

$$\frac{V}{2} = \frac{30}{360},$$

d'où

$$V = \frac{30 \times 2}{360} = 0^{mc},166.$$

745. *Un onglet a un volume de 1ᵐᶜ : on demande son angle, sachant qu'il appartient à une sphère dont le volume est de 4ᵐᶜ,800.*

Soit x l'angle demandé. On a (572)

$$\frac{x}{360} = \frac{1}{4,800},$$

d'où

$$x = \frac{360}{4,800} = 75°.$$

746. *On donne une sphère de cuivre de 0ᵐ,18 de rayon, creuse, et contenant une sphère de platine de 0ᵐ,05 de rayon, de telle sorte qu'il n'y ait aucun vide entre les deux sphères. Quel est le poids de la masse ainsi formée, sachant que la densité du platine est 21,15 et celle du cuivre 8,85 ?*

Rép. 222ᵏᵍ,639.

Représentons par V le volume de la sphère totale, par v celui de la sphère de platine, le volume du cuivre sera V — **v**.

Or

$$V = \tfrac{4}{3}\,\pi R^3,$$

$$v = \tfrac{4}{3}\,\pi r^3,$$

d'où

$$V - v = \tfrac{4}{3}\,\pi\,(R^3 - r^3).$$

Le poids du cuivre $= \tfrac{4}{3}\,\pi\,(R^3 - r^3)\,8,85.$

Le poids du platine $= \tfrac{4}{3}\,\pi r^3 \times 21,15.$

Le poids total $= \tfrac{4}{3}\,\pi\,[(R^3 - r^3)\,8,85 + r^3 \times 21,15].$

ou en prenant le décimètre pour unité

le poids total $= \tfrac{4}{3}\,\pi\,[(\overline{1,8}^3 - \overline{0,5}^3)\,8,85 + \overline{0,5}^3 \times 21,15]$

$$= 222^{ks}\,639.$$

747. AB *est le diamètre d'un demi-cercle qui a son centre en* C ; *sur chacun des rayons* AC, BC *on décrit un demi-cercle: on demande le volume décrit par la surface comprise entre les demi-cercles lorsque la figure accomplit une révolution entière autour de* AB.

Rép. πR^3.

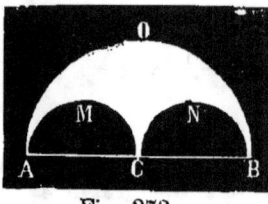

Fig. 373.

Le volume engendré par la partie AOBNCM est égal au volume engendré par le demi-cercle AOB moins la somme des volumes engendrés par les deux demi-cercles égaux AMC, CNB.

Or,   vol. AOB $= \frac{4}{3}\pi R^3$,

et   2 vol. AMC $= 2 \times \frac{4}{3}\pi \frac{R^3}{8} = \frac{1}{3}\pi R^3$,

d'où   volume AOBNCM $= \frac{4}{3}\pi R^3 - \frac{1}{3}\pi R^3 = \pi R^3$.

625

748. *La différence des rayons de deux sphères est* 1m,75 *et la différence de leurs volumes est* 47mc : *calculer chacun des rayons à* 0,01 *près*.

Rép. 2,249 et 0,499.

Soit x le rayon de la grande sphère, l'autre aura pour rayon $x - 1$m,75 et l'on aura

$$\frac{4}{3}\pi x^3 - \frac{4}{3}\pi(x - 1,75)^3 = 47.$$

Mettant $\frac{4}{3}\pi$ en facteur commun,

$$\frac{4}{3}\pi[x^3 - (x - 1,75)^3] = 47,$$

développant le cube de $x - 1,75$,

$$\frac{4}{3}\pi(x^3 - x^3 + 3x^2\,1,75 - 3x\,1,75^2 + 1,75^3) = 47,$$

$$\frac{4}{3}\pi(3x^2\,1,75 - 3x\,1,75^2 + 1,75^3) = 47,$$

$$\frac{4}{3}\pi(5,25\,x^2 - 9,1875\,x + 5,359375) = 47,$$

$$5,25\,x^2 - 9,1875\,x - 5,861 = 0,$$

$$x^2 - \frac{9,1875\,x}{5,25} - \frac{5,861}{5,25} = 0,$$

$$x^2 - 1,75\,x - 1,11638 = 0,$$

(Alg. n° 144) $x = 0,875 \pm \sqrt{1,11638 + (0,875)^2}$,

$$x = 2,249$$

$$x - 1.75 = 0,499.$$

749. *Par un point* S, *pris sur le prolongement du diamètre d'un cercle, on mène une tangente* SA, *et l'on fait tourner le cercle autour de son diamètre; la circonférence décrit une sphère, et la tangente* SA *décrit un cône dont la base est le cercle décrit par la perpendiculaire* AP, *au diamètre : on demande de déterminer le volume et la surface du cône. On suppose que le rayon* OA = 0^m,035 *et la ligne* OS = 0^m,125.

Rép. V = 0^{dmc},136 ; S = 1^{dmq},26.

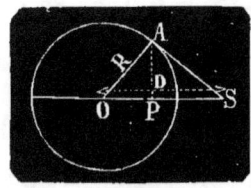

Fig.374.

Le volume du cône ou

$$V = \tfrac{1}{3}\,\pi\overline{AP}^2 \times PS \quad (1).$$

Cherchons les valeurs de $\overline{AP}^2$ et PS ; appelons R et D les lignes **OA** et OS.

Les triangles semblables OAP et OAS **donnent**

$$\frac{AP}{AS} = \frac{R}{D}, \quad \text{ou} \quad \frac{\overline{AP}^2}{\overline{AS}^2} = \frac{R^2}{D^2}.$$

Or,
$$\overline{AS}^2 = D^2 - R^2,$$

d'où
$$\overline{AP}^2 = \frac{R^2}{D^2}(D^2 - R^2),$$

Enfin le triangle rectangle APS donne (226, 3°)

$$PS = \frac{\overline{AS}^2}{D} = \frac{D^2 - R^2}{D}.$$

Portant les valeurs de $\overline{AP}^2$ et de PS dans l'expression (1), il **vient**

$$V = \frac{1}{3}\,\pi\,\frac{R^2}{D^2}(D^2 - R^2)\,\frac{D^2 - R^2}{D},$$

$$V = \frac{1}{3}\,\pi\,\frac{R^2}{D^3}(D^2 - R^2)^2.$$

Remplaçant les lettres par leurs **valeurs**, et prenant le ^{dm} pour unité, nous aurons

$$V = \frac{3,1416}{3} \times \frac{0,35^2}{1,25^3} \times 1,44^2 = 0^{dmc},136.$$

La surface latérale sera

$$S = \pi AP \times AS.$$

En remplaçant AP et AS par leurs valeurs respectives

19

$$\frac{R}{D} \sqrt{D^2 - R^2} \quad \text{et} \quad \sqrt{D^2 - R^2}, \quad \text{nous aurons}$$

$$S = \pi \frac{R}{D} (D^2 - R^2)$$

$$= 3,1416 \times \frac{0,35}{1,25} \times 1,44 = 1^{\text{dmq}},266.$$

750. *Étant donnée une sphère de rayon* R, *on veut construire un cône droit qui ait même volume que la sphère et dont la hauteur ne soit que la moitié du rayon de la sphère : quelle devra être la base ?*

Rép. rayon de la base $= 2R \sqrt{2}$.

Le volume de la sphère est $\frac{4}{3} \pi R^3$;

celui du cône est $\qquad\qquad B \times \frac{R}{6},$

et l'on a $\qquad\qquad B \times \frac{R}{6} = \frac{4}{3} \pi R^3,$

d'où $\qquad\qquad B = 8\pi R^2.$

C'est-à-dire que la base est égale à 8 fois le grand cercle de la sphère. Son rayon x est égal à $2R \sqrt{2}$; car $\pi x^2 = 8\pi R^2$ donne $x = 2R \sqrt{2} =$ deux fois la diagonale du carré dont le côté serait le rayon de la sphère (228).

751. *Le volume d'un tronc de cône est équivalent à celui d'une sphère de* 5^m *de rayon ; la hauteur du tronc égale* 8^m, *le rayon de l'une des bases égale* 7^m : *calculer le rayon de l'autre base.*

Rép. 1^m,57.

Soient R le rayon de la sphère, h, r et x la hauteur et les rayons du tronc de cône, on aura

$$\frac{4}{3} \pi R^3 = \frac{\pi h}{3} (r^2 + x^2 + rx),$$

$$\frac{4R^3}{h} = r^2 + x^2 + rx,$$

$$\frac{4 \times 5^3}{8} = 7^2 + x^2 + 7x,$$

$$x^2 + 7x - 13,5 = 0,$$

d'où
$$x = -\tfrac{7}{2} \pm \sqrt{13,5 + \frac{49}{4}},$$

$$x' = 1,57.$$

Il est évident qu'on ne peut admettre la valeur de x''.

752. *Un vase cylindrique vertical dont le fond est un cercle de* 0^m,05 *de rayon intérieur, est en partie rempli d'eau à* 4° *pesant* 4^{kg}. *On y plonge une sphère de* 0^m,03 *de rayon, et il arrive que l'eau monte exactement jusqu'au bord du vase: quelle est la hauteur de ce vase cylindrique?*

Rép. 0^m,523.

Le cylindre pouvant contenir 4^{kg} = 4^{dmc} d'eau plus une sphère de 0^m,03 de rayon, on aura

Vol. de cylindre ou $\pi R^2 h = 0^{mc},004 + \tfrac{4}{3}\pi\, \overline{0,03}^3$,

d'où
$$h = \frac{0,0001130976}{0,007854} = 0^m,523.$$

753. *Une sphère, un cylindre et un cône droit ont même volume; de plus, la sphère, la base du cylindre et la base du cône ont des diamètres égaux entre eux et à* 0^m,3 : *on demande la hauteur du cylindre et du cône.*

Rép. 0^m,2 et 0^m,6.

On a, en désignant par H la hauteur du cylindre,

$$\pi R^2 H = \tfrac{4}{3}\pi R^3,$$

ce qui donne $\quad H = \tfrac{4}{3} \times 0,15 = 0^m,2.$

Soit H' la hauteur du cône, il vient

$$\tfrac{1}{3}\pi R^2 H' = \pi R^2 H,$$
$$\tfrac{1}{3} H' = H = 0^m2,$$

d'où $\qquad H' = 0^m,6.$

754. *Trouver le rayon d'une sphère dont le volume est moyen proportionnel entre les volumes d'un cylindre et d'un cône ayant* 2^m *de hauteur et pour base commune un cercle de* 1^m *de rayon.*

Rép. 0^m,95.

Le volume du cylindre est $\pi R^2 H = 2\pi$,

et celui du cône est $\qquad \tfrac{2}{3}\pi$.

On aura d'après l'énoncé

$$\frac{4\pi R^3}{3} = \sqrt{2\pi \times \frac{2}{3}\pi} = \sqrt{\frac{4}{3}\pi^3}$$

d'où

$$R^3 = \frac{3}{4}\sqrt{\frac{4}{3}},$$

$$R = \sqrt[3]{\frac{3}{4}\sqrt{\frac{4}{3}}} = 0^m,95.$$

755. *Un cylindre est circonscrit à une sphère : trouver les rapports de la surface et du volume de la sphère à la surface totale et au volume du cylindre*.

Rép. $\dfrac{s}{S} = \dfrac{v}{V} = \dfrac{2}{3}.$

1° Soit R le rayon de la sphère, la hauteur et le diamètre du cylindre seront représentés par 2R. On aura

Surf. de la sphère $\qquad = 4\pi R^2$

et surf. tot du cylindre $= 2\pi R \times 2R + 2\pi R^2 = 6\pi R^2$.

Le rapport des deux surfaces est donc $\frac{4}{6}$ ou $\frac{2}{3}$.

2° Le volume de la sphère $= \frac{4}{3}\pi R^3$,

celui du cylindre $\qquad = \pi R^2 \times 2R = 2\pi R^3$.

Le rapport des deux volumes est $\dfrac{4/3}{2} = \dfrac{2}{3}.$

756. *Trouver le rapport de la surface et du volume de la sphère à la surface totale et au volume du cône équilatéral circonscrit.*

Rép. $\dfrac{s}{S} = \dfrac{v}{V} = \dfrac{4}{9}.$

1° Le rayon de la sphère est égal au rayon OD d'un cercle inscrit dans le triangle équilatéral ACB.

---

* C'est Archimède qui découvrit le premier ces rapports. Pour perpétuer le souvenir de cette découverte, ce grand homme voulut qu'on gravât sur son tombeau un cylindre circonscrit à une sphère. Marcellus, vainqueur de Syracuse, respecta la volonté de l'illustre géomètre et fit, en effet, graver cette figure sur le tombeau qu'il lui érigea. Cicéron le reconnut à cette marque lorsqu'il était questeur en Sicile.

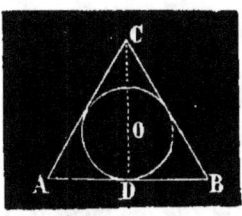

Fig. 375.

Or (ex. 309), $h = 3OD = 3R$,

et le côté du triangle équilatéral circonscrit étant égal à 2 fois le côté du triangle équilatéral inscrit (256 et ex. 311), on a

$$AB = 2R \sqrt{3} \quad \text{et} \quad AD = R \sqrt{3}.$$

D'après cela,

Surf. lat. du cône $= \pi AD \times a = \pi R \sqrt{3} \times 2R \sqrt{3} = 6\pi R^2$

et surface de la base $= 3\pi R^2$,

d'où surf. totale $= 9\pi R^2$.

La surface de la sphère étant $4\pi R^2$, on a

$$\frac{\text{surf. de la sphère}}{\text{surf. du cône}} = \frac{4\pi R^2}{9\pi R^2} = \frac{4}{9}.$$

2° Le volume de la sphère est $\frac{4}{3} \pi R^3$,

le volume du cône est

$$\tfrac{1}{3} \pi AD^2 \times h = \tfrac{1}{3} \pi 3R^2 \times 3R = 3\pi R^3,$$

d'où
$$\frac{\text{vol. de la sphère}}{\text{vol. du cône}} = \frac{4/3 \pi R^3}{3\pi R^3} = \frac{4}{9}.$$

757. *Une sphère est circonscrite à un cube : trouver le volume du cube en fonction du rayon de la sphère.*

Rép. $\frac{8}{9} R^3 \sqrt{3}.$

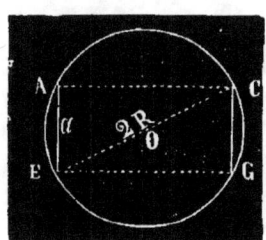

Fig. 376.

Représentons l'arête du cube par a et le rayon de la sphère par R. Si nous supposons un grand cercle de la sphère passant par deux arêtes opposées du cube, ce grand cercle sera circonscrit à un rectangle ACGE dont deux des côtés AE, CG sont les arêtes du cube, et les deux autres AC, EG, les diagonales des faces du cube. De plus la diagonale CE = le diamètre de la sphère = 2R.

Le triangle rectangle ACE, donne

$$\overline{AE}^2 = \overline{CE}^2 - \overline{AC}^2,$$

or $\quad$ AE $= a$, CE $= 2R$, et (228) AC $= a \sqrt{2}.$

D'où $\quad\quad\quad a^2 = 4R^2 - 2a^2,$

$$3a^2 = 4R^2,$$

$$a^2 = \frac{4R^2}{3}.$$

$$a = \frac{2R}{\sqrt 3}.$$

Le volume du cube $= a^3 = \dfrac{8R^3}{3\sqrt 3} = \dfrac{8}{9} R^3 \sqrt 3.$

758. *Un cube en cuivre pèse* $1^{kg},756$, *on le met sur un tour pour en former une sphère dont le diamètre soit les 3/4 de la longueur de l'arête de ce cube : on demande le poids de la tournure de cuivre obtenu, la densité du cuivre étant 8,78.*

Rép. $1^{kg},369$.

Le volume du cube ou $\qquad a^3 = \dfrac{1,756}{8,78} = 0^{dc},200.$

Le diamètre de la sphère devant être $\dfrac{3a}{4}$,

son volume $= \dfrac{1}{6} \pi \left(\dfrac{3a}{4}\right)^3 = \dfrac{3,1416 \times 27 \times 0,2}{6 \times 64} = 0^{dmc},04417,$

et son poids $= 0,0417 \times 8,78 = 0^{k},387.$

Le poids de la tournure de cuivre obtenu sera donc

$1,756 - 0,387 = 1^{kg},369.$

759. *Trouver le rapport de la surface et du volume de la sphère à la surface et au volume du cube inscrit et circonscrit.*

Rép. 1° $\dfrac{S}{s} = \dfrac{\pi}{2}$; $\quad \dfrac{V}{v} = \dfrac{\pi \sqrt 3}{2}$

2° $\dfrac{s}{S} = \dfrac{v}{V} = \dfrac{\pi}{6}.$

1° Considérons d'abord le cube inscrit à la sphère, et représentons son arête par a et le rayon de la sphère par R.

La surface de la sphère est $\qquad 4\pi R^2$,

celle du cube est (ex. 757) $\dfrac{4R^2}{3} \times 6 = 8R^2$,

d'où $\qquad \dfrac{\text{surf. de la sphère}}{\text{surf. du cube}} = \dfrac{\pi}{2}.$

En second lieu, le volume de la sphère $= \frac{4}{3} \pi R^3$,

et le volume du cube (ex. 757) $= \frac{8}{9} R^3 \sqrt 3,$

d'où $\qquad \dfrac{\text{vol. de la sphère}}{\text{vol. du cube}} = \dfrac{4\pi R^3 \times 9}{3 \times 8R^3 \sqrt{3}} = \dfrac{\pi \sqrt{3}}{2}.$

2° Considérons maintenant le cube circonscrit à la sphère. Soit d le diamètre de la sphère inscrite, c'est aussi l'arête du cube.

Or, $\qquad\qquad$ surf. de la sphère $= \pi d^2$,

et $\qquad\qquad$ surf. du cube $\quad = 6d^2$,

d'où $\qquad \dfrac{\text{surf. de la sphère}}{\text{surf. du cube}} = \dfrac{\pi}{6}.$

D'autre part, le volume de la sphère est $\dfrac{\pi d^3}{6}$,

et le volume du cube est $\qquad\qquad d^3$,

d'où $\qquad \dfrac{\text{vol. de la sphère}}{\text{vol. du cube}} = \dfrac{\pi}{6}.$

760. *L'arête d'un cube est* $0^m,35$: *on demande le volume de la sphère circonscrite.*

$$\text{Rép. } 0^{mc},116641.$$

Nous avons trouvé (ex. 757)

$$4R^2 = 3a^2,$$

d'où $\qquad\qquad R = \dfrac{a}{2} \sqrt{3}.$

Désignant par V le volume demandé, on a

$$V = \frac{4}{3}\,\pi\,R^3 = \frac{4}{3}\,\pi\left(\frac{a}{2}\sqrt{3}\right)$$

$$= \frac{\pi a^3 \sqrt{3}}{2},$$

ou enfin $\qquad V = \dfrac{\pi \times 0,35^3 \times \sqrt{3}}{2} = 0,116641.$

761. *Si l'on double le rayon d'une sphère, que devient le volume ?*

Soient v et V les volumes dont il s'agit, ils sont entre eux comme les cubes de leurs rayons et l'on a

$$\frac{v}{V} = \frac{R \times R \times R}{2R \times 2R \times 2R} = \frac{1}{8}.$$

Le volume de la sphère est donc rendu 8 fois plus grand.

762. *Deux sphères ont pour rayons* 2^m *et* $0^m,20$ *: trouver une sphère équivalente en volume à ces deux sphères.*

$$\text{Rép. } V = 33^{mc},544.$$

Soient R et r les rayons connus et R$'$ le rayon de la sphère demandée, on aura

$$\frac{4\pi R^3}{3} + \frac{4\pi r^3}{3} = \frac{4\pi R'^3}{3},$$

ou $\qquad R^3 + r^3 = R'^3 = 8 + 0,008 = 8,008.$

Le volume de la sphère demandée sera donc

$$\tfrac{4}{3} \times 3,1416 \times 8,008 = 33^{mc},544.$$

763. *Les rayons de la terre, de la lune et du soleil sont proportionnels aux nombres* 1, $\frac{3}{11}$ *et* 112. *Si l'on prend le volume de la terre pour unité, quels seront les volumes de la lune et du soleil ?*

Les sphères étant proportionnelles aux cubes de leurs rayons, les volumes de la terre, de la lune et du soleil seront proportionnels à 1^3, $\left(\dfrac{3}{11}\right)^3$ et 112^3 ; ou à 1, $\dfrac{27}{1331}$ et 1404928.

610

764. *Calculer le volume engendré par le segment circulaire AMB qui tourne autour de son diamètre* xy *: la corde AB du segment* $= 2^m$, *et la projection CD de cette corde sur l'axe* $= 1^m,80$.

On a : $\quad$ Vol. seg. $= \tfrac{1}{6}\pi \overline{AB}^2 \times CD,$

d'où, après substitution

Fig. 377. $\qquad V = \tfrac{1}{6}\pi \times 4 \times 1,80 = 3^{mc},770.$

765. *Calculer le volume engendré par le segment circulaire AMB tournant autour du diamètre* xy *: la corde AB de ce segment* $= 2^m$, *la distance du point A à l'axe ou AC* $= 3^m$, *la distance du point B à l'axe ou BD* $= 2^m$.

On a $\qquad$ vol. seg. AMB $= \tfrac{1}{6}\pi\, \overline{AB}^2 \times CD,$

Or, $\quad \overline{CD}^2 = \overline{BI}^2 = \overline{AB}^2 - \overline{AI}^2 = 2^2 - (3-2)^2 = 3,$

d'où $\qquad\qquad\qquad CD = \sqrt{3},$

Donc enfin $\quad$ vol. seg. AMB $= \dfrac{\pi \times 4 \times \sqrt{3}}{6} = 3^{mc},627.$

766. *Le volume engendré par le segment AMB a* 2^{mc}, *la projection de la corde de ce segment ou* CD $= 1^m$: *calculer la corde* AB.

On a
$$\tfrac{1}{6} \pi \ \overline{AB^2} \times 1 = 2,$$

d'où
$$AB = \sqrt{\frac{2 \times 6}{\pi}} = 1^m,95.$$

767. *Le volume engendré par le segment circulaire* AMB $= 0^{mc},829$, *la corde* AB *de ce segment a* $1^m,20$: *calculer la projection* CD *de cette corde sur l'axe.*

De l'expression $\tfrac{1}{6} \pi \times \overline{1,2^2} \times CD = 0,829$,

on tire
$$CD = \frac{0,829 \times 6}{\pi \times 1,44} = 1^m,10.$$

612   **768.** *On a pour un segment sphérique* R $= 2^m$, r $= 1^m$ *et* h $= 1^m$: *calculer le volume de ce segment.*

Si dans la formule

Vol. seg. sphérique $= \tfrac{1}{2} \pi h \ (R^2 + r^2) + \tfrac{1}{6} \pi h^3$,

on remplace les lettres par leurs valeurs, il vient

$$V = \frac{\pi \times 5}{2} + \frac{\pi}{6} = 8^{mc},377.$$

613   **769.** *Trouver le volume d'un segment sphérique à une base : la hauteur de ce segment a* $1^m,20$ *et le rayon de sa base* 1^m.

On aura $V = \tfrac{1}{2} \pi \times 1^2 \times 1,20 + \tfrac{1}{6} \pi \ \overline{1,2^3} = 2^{mc},789.$

770. *Un cône est circonscrit à deux sphères de rayons* R *et* r, *tangentes extérieurement : on demande le volume de l'espace compris entre les trois surfaces.*

$$\text{Rép. } V = \frac{4}{3} \pi \ \frac{R^2 \ r^2}{R + r}.$$

Si l'on fait passer, par la ligne des centres C*c*, un plan quelconque, ce plan coupe les sphères suivant des circonférences CO, *c*O tangentes en O, et la surface du cône suivant la droite A*a* tangente à ces mêmes circonférences.

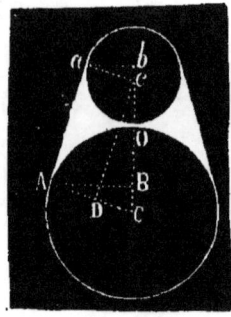

Fig. 378.

Le volume demandé sera donc celui engendré par AOa, et s'obtiendra en retranchant du tronc de cône engendré par AabB les deux segments engendrés par ABO, abO.

Or,

vol. AabB $= \frac{1}{3} \pi \, \mathrm{B}b \, (\overline{\mathrm{AB}}^2 + \overline{ab}^2 + \mathrm{AB} \times ab)$,

vol. ABO $= \frac{1}{2} \pi \, \overline{\mathrm{AB}}^2 \times \mathrm{BO} + \frac{1}{6} \pi \mathrm{BO}^3$,

vol. abO $= \frac{1}{2} \pi \, \overline{ab}^2 \times b\mathrm{O} + \frac{1}{6} \pi b\mathrm{O}^3$,

vol. ABO $+ abo = \frac{1}{2} \pi \, (\overline{\mathrm{AB}}^2 \times \mathrm{BO} + \overline{ab}^2 \times b\mathrm{O}) + \frac{1}{6} \pi$
$$(\overline{\mathrm{BO}}^3 + \overline{b\mathrm{O}}^3).$$

d'où   vol. AO$a = \frac{1}{3} \pi \mathrm{B}b \, (\overline{\mathrm{AB}}^2 + \overline{ab}^2 + \mathrm{AB} \times ab) - \frac{1}{2} \pi$
$$(\overline{\mathrm{AB}}^2 \times \mathrm{BO} + \overline{ab}^2 \times b\mathrm{O}) - \frac{1}{6} \pi \, (\overline{\mathrm{BO}}^3 + \overline{b\mathrm{O}}^3).$$

Mais la parallèle cD à aA donne le triangle rectangle cDC semblable aux triangles rectangles ABC, abc, et l'on a

$$\frac{\mathrm{BC}}{\mathrm{DC}} = \frac{\mathrm{AC}}{\mathrm{C}c}, \qquad \frac{bc}{\mathrm{DC}} = \frac{ac}{\mathrm{C}c},$$

d'où
$$\mathrm{BC} = \frac{(\mathrm{R} - r) \times \mathrm{R}}{\mathrm{R} + r},$$

et
$$bc = \frac{(\mathrm{R} - r) \times r}{\mathrm{R} + r}.$$

Ces valeurs de BC et de bc permettent de trouver les longueurs AB et ab, BO et bO, et par suite Bb.

On aura $\overline{\mathrm{AB}}^2 = \overline{\mathrm{AC}}^2 - \mathrm{BC}^2$ et $\overline{ab}^2 = \overline{ac}^2 - \overline{bc}^2$.

$$\mathrm{AB}^2 = \mathrm{R}^2 - \left(\frac{(\mathrm{R} - r)\,\mathrm{R}}{\mathrm{R} + r}\right)^2 = \frac{4\mathrm{R}^3 r}{(\mathrm{R} + r)^2},$$

$$ab^2 = r^2 - \left(\frac{(\mathrm{R} - r)\,r}{\mathrm{R} + r}\right)^2 = \frac{4\mathrm{R}r^3}{(\mathrm{R} + r)^2},$$

$$\mathrm{BO} = \mathrm{R} - \mathrm{BC} = \frac{2\mathrm{R}r}{\mathrm{R} + r},$$

$$bO = r + bc = \frac{2Rr}{R + r},$$

ou $\qquad BO = bO.$

Par suite $\qquad Bb = BO + Oc + bc,$

$$= \frac{2Rr}{R + r} + r + \frac{Rr - r^2}{R + r},$$

$$= \frac{2Rr + Rr + r^2 + Rr - r^2}{R + r},$$

$$Bb = \frac{4Rr}{R + r}.$$

Remplaçant les quantités AB, ab, BO, bo, Bb par leurs valeurs dans l'expression du volume AOa, il vient

$$V = \frac{1}{3}\pi \frac{4Rr}{R + r}\left(\frac{4R^3r}{(R + r)^2} + \frac{4Rr^3}{(R + r)^2} + \frac{2R\sqrt{Rr} \times 2r\sqrt{Rr}}{(R + r)^2}\right).$$

$$- \frac{1}{2}\pi\left(\frac{4R^3r}{(R + r)^2} \times \frac{2Rr}{R + r} + \frac{4Rr^3}{(R + r)^2} \times \frac{2Rr}{R + r}\right)$$

$$- \frac{1}{6}\pi\left(\frac{16R^3r^3}{(R + r)^3}\right).$$

Faisant les multiplications indiquées

$$V = \frac{1}{3}\pi \frac{4Rr}{R + r}\left(\frac{4R^3r}{(R + r)^2} + \frac{4Rr^3}{(R + r)^2} + \frac{4R^2r^2}{(R + r)^2}\right)$$

$$- \frac{1}{2}\pi\left(\frac{8R^4r^2 + 8R^2r^4}{(R + r)^3}\right) - \frac{1}{6}\pi \frac{16R^3r^3}{(R + r)^3},$$

$$= \frac{4}{3}\pi \frac{Rr}{(R + r)^3}(4R^3r + 4Rr^3 + 4R^2r^2) - \frac{3}{3}\pi \frac{(4R^4r^2 + 4R^2r^4)}{(R + r)^4}$$

$$- \frac{1}{3}\pi \frac{8R^3r^3}{(R + r)^3}.$$

$$= \frac{4}{3}\pi \frac{R^2r^2}{(R + r)^3}[4(R^2 + r^2 + Rr) - 3(R^2 + r^2) - 2Rr],$$

$$= \frac{4}{3}\pi \frac{R^2r^2}{(R + r^3)}[4R^2 + 4r^2 + 4Rr - 3R^2 - 3r^2 - 2Rr],$$

$$= \frac{4}{3} \pi \frac{R^2 r^2 (R^2 + r^2 + 2Rr)}{(R + r)^3},$$

d'où enfin

$$V = \frac{4}{3} \pi \frac{R^2 r^2}{R + r}.$$

614

771. *Une caisse a* 1m,20 *de longueur sur* 0m,40 *de largeur et* 0m,30 *de profondeur : on y place une statue; pour achever de remplir la caisse il faut encore ajouter* 64¹ *de sable : on demande le volume de la statue.*

Le volume de cette caisse $= 1,20 \times 0,40 \times 0,30 = 0^{mc},144$ $=$ le volume de la statue plus $0^{mc},064$ de sable ; le volume demandé est donc $0,144 - 0,064 = 0^{mc},080$.

EXERCICES DU LIVRE VIII.

629

772. *Construire une ellipse connaissant ses foyers et un de ses points.*

Soient F′, F les 2 foyers et M l'un des points de la courbe.
On a $\qquad$ F′M $+$ FM $= 2a$.
On connait donc les foyers F′, F et le grand axe $2a$. C'est le cas du nº 626.

773. *Quel est le lieu des points également distants de* 2 *circonférences dont l'une est intérieure à l'autre ?*

Soit M un point également distant des 2 circonférences F, F′ et

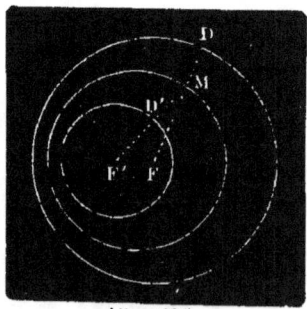

Fig. 379.

dont l'une est intérieure à l'autre. Je tire les droites MF, MF′ ; la 1re de ces droites rencontre la circonférence F en D, et la 2e rencontre la circonférence F′ en D′. Mais, par hypothèse MD est égale à MD′ : d'où il résulte que la somme des distances MF, MF′ du point M aux centres F et F′ des 2 circonférences est égale à la somme constante des rayons FD, F′D′. Le lieu du point M est donc une ellipse dont les foyers sont F, F′ et le grand axe $\qquad$ FD $+$ F′D′.

635

774. *Construire une ellipse connaissant la position du petit axe et l'un des foyers.*

Soient BB′ le petit axe, et F le foyer connu. Du point F′, j'abaisse

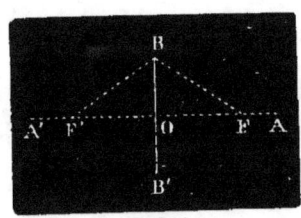

Fig. 380.

une perpendiculaire F'OF sur BB', et je prends OF = F'O. Le point F est le second foyer.

J'ai   F'B + FB = 2a.

Je puis construire la courbe (n° 626.)

775. *Le grand axe de l'ellipse est divisé par chaque foyer en deux parties dont le produit est égal à* b^2.

On aura (fig. 380) $FA \times FA' = b^2$.

En effet $FA = a - c$,

et $FA' = a + c$,

donc $FA \times FA' = (a - c) \times (a + c) = a^2 - c^2 = b^2$.

776. *Trouver le lieu des points tels que la différence des carrés des distances de chacun d'eux aux foyers de l'ellipse est égale à* $4a^2$.

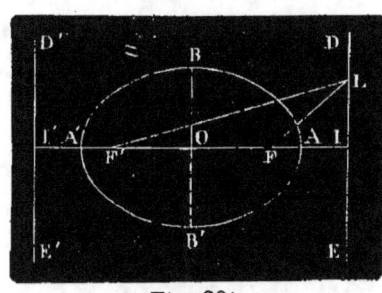

Fig. 381.

Soit L un des points du lieu. J'écris d'après l'énoncé

$$\overline{LF'}^2 - \overline{LF}^2 = 4a^2 \quad (1).$$

J'abaisse LI perpendiculaire su A'A, et je fais OI = x.

Les triangles rectangles LF'I, LFI donnent successivement

$$\overline{LF'}^2 = \overline{F'I}^2 + \overline{IL}^2,$$

$$\overline{LF}^2 = \overline{FI}^2 + \overline{IL}^2,$$

d'où $\overline{LF'}^2 - \overline{LF}^2 = \overline{F'I}^2 - \overline{FI}^2$,

ou $\overline{LF'}^2 - \overline{LF}^2 = (c + x)^2 - (x - c)^2 = 4cx \quad (2)$.

Il résulte des égalités (1) et (2) que

$$4cx = 4a^2,$$

et par suite $x = \frac{a^2}{c}$.

La longueur x étant égale à la distance du point L au petit axe BB', tous les points de DE sont à cette même distance.

Le. lieu demandé est par conséquent une **droite DE telle que la** longueur $OI = \dfrac{a^2}{c}$. OI est donc une 4e proportionnelle à **a**, **a** et **c**.

Le lieu est aussi une **2e droite D'E' perpendiculaire à AA'** à une distance $OI' = OI$.

Les droites DE, D'E' sont les *directrices* de l'ellipse.

777. *La somme du carré de la droite qui joint un point d'une ellipse à son centre et du produit des deux rayons vecteurs du même point est constante, et égale à la somme des carrés du demi-grand axe et du demi-petit axe.*

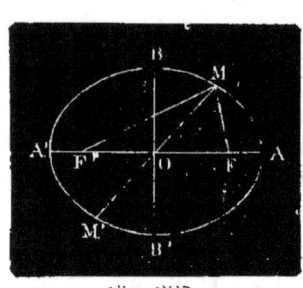

On aura pour un point quelconque **M** de l'ellipse :

$$\overline{OM}^2 + MF \times MF' = \overline{OA}^2 + \overline{OB}^2.$$

En effet, MO étant une des médianes du triangle MFF', on a (ex. 255)

$$2\,\overline{OM}^2 + 2\,\overline{OF}^2 = \overline{MF}^2 + \overline{MF'}^2.$$

Si l'on ajoute à chaque membre de cette égalité le produit 2MF $\times$ MF', il vient

Fig. 382.

$$2\,\overline{OM}^2 + 2\,\overline{OF}^2 + (2\,MF \times MF') = (MF + MF')^2.$$

Mais $\qquad MF + MF' = AA' = 2\,OA.$

On a donc successivement :

$$2\,\overline{OM}^2 + 2\,\overline{OF}^2 + (2MF \times MF') = 4\,\overline{OA}^2,$$

$$\overline{OM}^2 + MF \times MF' = 2\,\overline{OA}^2 - \overline{OF}^2,$$

$$\overline{OM}^2 + MF \times MF' = \overline{OA}^2 + \overline{OA}^2 - \overline{OF}^2,$$

d'où enfin (635)

$$\overline{OM}^2 + MF \times MF' = \overline{OA}^2 + \overline{OB}^2.$$

638

778. *Construire une ellipse connaissant* 2b *et* 2c.

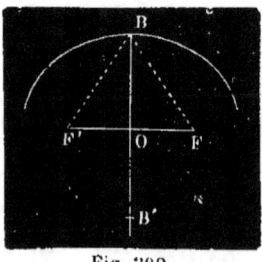

Je trace une droite F'F égale à **2c**, sur son milieu O j'élève une perpendiculaire BB', et de chaque côté du point O je porte sur cette perpendiculaire une longueur égale à *b*.

J'ai $\qquad F'B + FB = 2a.$

Je connais donc 2*b* et 2*a*, ou encore les foyers F',F et 2*a*.

Fig. 383.

779. *Le carré d'un diamètre quelconque d'une ellipse est égal au carré du petit axe augmenté du carré de la différence des deux rayons vecteurs qui vont à l'une des extrémités de ce diamètre (fig. 384).*

La droite MM′ étant un diamètre quelconque, on aura

$$\overline{MM'}^2 = \overline{BB'}^2 + (MF' - MF)^2.$$

En effet, la droite MO étant l'une des médianes du triangle MF′F, on a (ex. 255)

$$2\,\overline{OM}^2 + 2\,\overline{OF}^2 = \overline{MF'}^2 + \overline{MF}^2 \quad (1).$$

Le grand axe étant égal à la somme des rayons vecteurs MF′, MF, l vient :

$$\overline{AA'}^2 = \overline{MF'}^2 + \overline{MF}^2 + 2\,MF' \times MF \quad (2).$$

Et en soustrayant la seconde égalité de la première multipliée par 2, on obtient

$$4\,\overline{OM}^2 + 4\,\overline{OF}^2 - \overline{AA}^2 = 2\,\overline{MF'}^2 + 2\,\overline{MF}^2 - \overline{MF'}^2 - \overline{MF}^2$$
$$- 2\,MF' \times MF,$$

ou, après réductions,

$$4\,\overline{OM}^2 = \overline{AA'}^2 - 4\,\overline{OF}^2 + (MF' - MF)^2.$$

Mais $4\,\overline{OM}^2 = \overline{MM'}^2$, et $\overline{AA'}^2 - 4\,\overline{OF}^2 = \overline{BB'}^2$ (n° 635).

Donc enfin, on a

$$\overline{MM'}^2 = \overline{BB'}^2 + (MF' - MF)^2.$$

780. *Tout diamètre de l'ellipse est plus grand que le petit axe et moindre que le plus grand.*

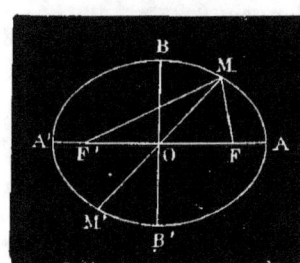

Fig. 384.

En effet, l'égalité (ex. 776)

$$\overline{MM'}^2 = \overline{BB'}^2 + (MF' - MF)^2$$

indique que le diamètre MM′ croît ou décroît avec la différence MF′ — MF. Or, la plus grande valeur de MF′ — MF est F′F, et sa plus petite valeur zéro.

En portant successivement ces valeurs limites de MF′ — MF dans la relation précédente, on a

1°
$$\overline{MM'}^2 = \overline{BB'}^2 + \overline{FF'}^2 = \overline{AA'}^2,$$

d'où
$$MM' = AA'.$$

2°
$$\overline{MM'}^2 = \overline{BB'}^2,$$

d'où
$$MM' = BB'.$$

Par conséquent le maximum de MM' est AA' et son minimum BB'.

645

781. *Le lieu des projections des foyers d'une ellipse sur ses tangentes est une circonférence de cercle concentrique à cette ellipse et décrite sur son grand axe comme diamètre.*

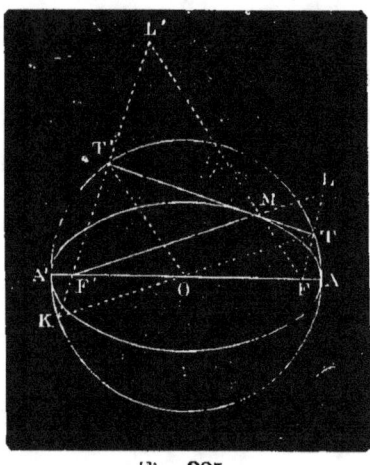

Fig. 885.

Il s'agit de prouver que les points T, T' sont sur la circonférence décrite sur $2a$.

En effet à cause de la tangente TT' on a TF = TL. On a aussi OF' = OF : de ces deux égalités, on conclut que la ligne OT est parallèle à F'L et égale à $\dfrac{F'L}{2}$.

Or F'L = F'M + FM = $2a$, donc OT = OA, et le point T se trouve sur la circonférence décrite avec $2a$.

La démonstration est la même pour le point T'.

782. *Le produit des distances des foyers de l'ellipse à une tangente est égal à* b^2.

On doit avoir FT $\times$ F'T' = b^2.

En effet, les deux cordes T'K et AA' donnent (236)

$$KF' \times F'T' = A'F' \times AF' = b^2 \text{ (ex. 775)};$$

mais à cause de l'angle droit inscrit T', KT est un diamètre et le. deux triangles égaux KF'O, OFT donnent KF' = FT. Remplaçant KF' par sa valeur FT, il vient FT $\times$ F'T' = b^2.

783. *Construire une ellipse connaissant les 2 foyers et une tangente.*

L'égalité (ex. 782) $b^2 = $ F''T' $\times$ FT fait connaître que b est une moyenne proportionnelle entre F''T' et FT.

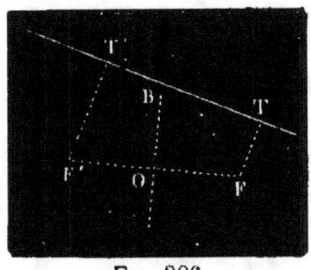

Fig. 386.

D'où cette construction : on abaissera sur la tangente donnée les perpendiculaires F'T' et FT ; on prendra une moyenne proportionnelle *b* entre les longueurs de ces 2 perpendiculaires ; sur le milieu O de F'F on élèvera une perpendiculaire OB = *b* On connaîtra alors 2*a* = F'B + FB et les foyers. C'est le cas du n° 626.

784. *Pour tout point de l'ellipse, les rayons vecteurs* MF', MF *ont pour valeur* $a + \dfrac{cx}{a}$ *et* $a - \dfrac{cx}{a}$. *L'origine des abscisses est le centre de la courbe.*

648

Faisant usage des notations connues on a :

$$MF' + MF = 2a \quad (1)$$

$$\overline{MF'^2} = (c + x)^2 + y^2$$

et

$$\overline{MF^2} = (c - x)^2 + y^2,$$

d'où $\quad \overline{MF'^2} - \overline{MF^2} = (c + x)^2 + y^2 - (c - x)^2 - y^2$

et $\qquad\qquad \overline{MF'^2} - \overline{MF^2} = 4\,cx \quad (2)$

Divisant membre à membre les relations (2) et (1), il vient :

$$\frac{\overline{MF'^2} - \overline{MF^2}}{MF' + MF} = \frac{4\,cx}{2a},$$

ou $\qquad\qquad MF' - MF = \dfrac{2\,cx}{a} \quad (3).$

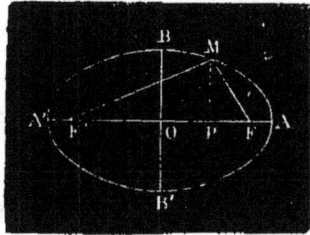

Fig. 387.

Les égalités **(1)** et **(3)** donnent par addition :

$$2\,\overline{MF'} = 2a + \frac{2\,cx}{a},$$

ou $\qquad MF' = a + \dfrac{cx}{a} \quad (4),$

et par soustraction

$$2\,\overline{MF} = 2a - \frac{2cx}{a},$$

ou $\qquad MF = a - \dfrac{cx}{a} \quad (5)$

785. *Pour tout point* M *de l'ellipse, on a*

$$y^2 = \frac{b^2}{a^2}(a^2 - x^2).$$

En effet, on a (ex. 784)

$$MF = a - \frac{cx}{a},$$

d'où

$$\overline{MF}^2 = \left(a - \frac{cx}{a}\right)^2.$$

D'ailleurs le triangle rectangle MFP (fig. 387) donne

$$\overline{MF}^2 = (c - x)^2 + y^2,$$

et par suite

$$\left(a - \frac{cx}{a}\right)^2 = (c - x)^2 + y^2.$$

Effectuant, il vient, après réduction,

$$a^2(a^2 - c^2) + x^2(c^2 - a^2) - a^2 y^2 = 0.$$

Mais $\quad a^2 - c^2 = b^2,$ et $c^2 - a^2 = -b^2,$

alors $\quad a^2 b^2 - b^2 x^2 - a^2 y^2 = 0$

d'où $\quad b^2(a^2 - x^2) = a^2 y^2,$

et

$$y^2 = \frac{b^2}{a^2}(a^2 - x^2).$$

786. *Si l'on décrit un cercle sur le grand axe de l'ellipse et que, d'un point quelconque de cet axe, on mène une ordonnée au cercle et à l'ellipse à la fois,* Y *et* y *étant ces ordonnées, on a*
$$\frac{y}{Y} = \frac{b}{a}.$$

En effet pour la circonférence, on a

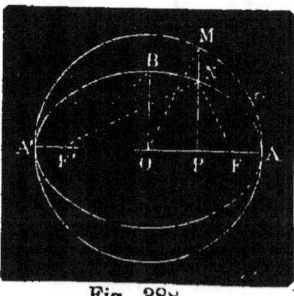

Fig. 388.

$$Y^2 = \overline{OM}^2 - \overline{OP}^2$$
ou $\quad Y^2 = a^2 - x^2,$
et pour l'ellipse (ex. 785)
$$y^2 = \frac{b^2}{a^2}(a^2 - x^2).$$

Si l'on divise la 2ᵉ équation par la 1ʳᵉ, il vient :

$$\frac{y^2}{Y^2} = \frac{b^2}{a^2},$$

d'où $\quad \dfrac{y}{Y} = \dfrac{b}{a}$

Remarque. Les exercices 784, 785 et 786 conduisent donc aussi au théorème du n° 650.

650

787. *L'aire de l'ellipse est moyenne proportionnelle entre celles des cercles décrits sur ses deux axes pris pour diamètres.*

En effet, les surfaces des cercles décrits sur $2a$ et sur $2b$ sont πa^2 et πb^2 et celle de l'ellipse πab. Or, on a bien

$$(\pi ab)^2 = \pi a^2 \times \pi b^2.$$

788. *Trouver la superficie d'une ellipse pour laquelle on a $2c = 14^m$ et $2b = 12$.*

Rép. $173^{mq},6860^{cmq}$.

De $\qquad\qquad 2c = 14^m$ et $2b = 12^m$,

on tire $\qquad\qquad c = 7^m$ et $b = 6^m$.

Si dans l'égalité $a^2 - c^2 = b^2$, on substitue aux lettres leurs valeurs, il vient

$$a^2 - 49 = 36,$$

$$a = \sqrt{85} = 9,219.$$

Donc $E = \pi ab = 3,14 \times 9,219 \times 6 = 173^{mq},6860$.

656

789. *Tout diamètre de l'hyperbole est plus grand que $2a$ (Toute droite passant par le centre d'une hyperbole et se terminant de part et d'autre à cette courbe est un diamètre).*

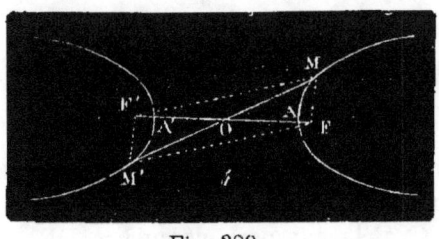

Fig. 389.

Soit le diamètre MOM',
Tirons MF, MF', M'F.
M'F' ; la figure MFM'F' est
un parallélogramme, et par
suite M'F' = MF. Or le
triangle MF'M' donne

$$MOM' > MF' - M'F',$$

ou $\qquad\qquad MOM' > MF' - MF = 2a.$ $\qquad$ **C. q. f. d.**

58

790. *Construire une hyperbole connaissant ses foyers et un de ses points.*

Soient M le point donné, et F',F les foyers :

on a $\qquad\qquad MF' - MF = 2a.$

On connait les 2 foyers et $2a$; c'est la construction du n° **657**

66] **791**. *Construire une hyperbole connaissant* 2b *et* **2c**.

On connaît donc b et c.

De l'égalité $\qquad\qquad c^2 = a^2 + b^2,$

on tire $\qquad\qquad\qquad a^2 = c^2 - b^2.$

On détermine la longueur a (ex. 231).
On a alors $2c$ et $2a$. C'est le cas du n° 657.

792. *Construire une hyperbole connaissant* 2a *et* 2b.

On détermine c comme on a déterminé a dans l'exercice précédent.

793. *Chaque sommet de l'hyperbole divise la distance des foyers en 2 parties dont le produit est égal à* b² (fig. 389).

Soit le sommet A. On a

$$AF = c - a \quad \text{et} \quad AF' = c + a\,;$$
d'où $\quad AF \times AF' = (c - a)(c + a) = c^2 - a^2 = b^2.$

794. *Trouver le lieu des points tels que la différence des carrés des distances de chacun d'eux aux foyers de l'hyperbole est égale à* 4a².

Même démonstration que pour l'ellipse (ex. 776). Nous ferons seulement remarquer que les directrices DE, D'E' seraient placées entre les sommets A, A' et le centre O; car on a $\dfrac{a^2}{c}$ ou $OI < a$, puisque a est plus petit que c.

676 **795**. *Construire une parabole connaissant son foyer et son sommet.*

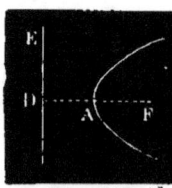
Fig. 390.

Soient F et A le foyer et le sommet donnés. Je mène AF que je prolonge d'une quantité AD = AF, et au point D, j'élève la perpendiculaire DE.

Je connais alors le foyer F et la directrice DE; je puis construire la courbe (674).

681 **796**. *Construire une parabole connaissant son paramètre.*

On connaît DF. Le point F est le foyer de la courbe, et le milieu A de DF le sommet. On connaît alors le foyer et le sommet de la parabole : on peut la construire (ex. 795).

797. *Construire une parabole dont on connaît : 1° la direc-trice et deux points, 2° le foyer et deux points.*

1° Soient DE la directrice, et M, M' les points donnés.

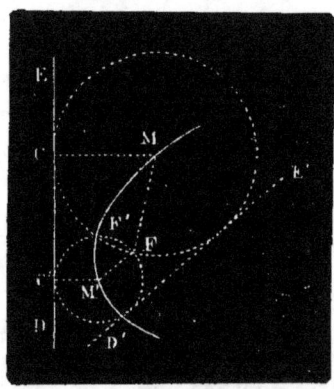

Fig. 391.

Supposons le foyer F connu. Le rayon vecteur FM est égal à la per-pendiculaire MC, de même le rayon vecteur FM' est égal à la perpendi-culaire M'C'.

Le foyer F est donc à l'intersec-tion des circonférences tangentes la directrice donnée, et décrites des points M et M' comme centres, et avec les perpendiculaires MC et M'C' pour rayons.

Ces 2 courbes se couperont géné-ralement en 2 points F, F' qui se-ront les foyers de 2 paraboles répondant à la question.

Lorsque MM' = MC + M'C', les 2 circonférences se touchent extérieurement (n° 157) ; il n'y a alors qu'une solution.

Il n'y a aucune solution, si l'on a MM' > MC + M'C'.

2° Si le foyer F est donné, les directrices seront, d'après ce qui précède, les tangentes DE, D'E' communes aux circonférences dé-crites des points M, M' comme centres et avec MF, M'F' pour rayons.

691

798. *La distance du foyer à la tangente est moyenne propor-tionnelle entre le rayon vec-teur du point de contact et le demi-paramètre.*

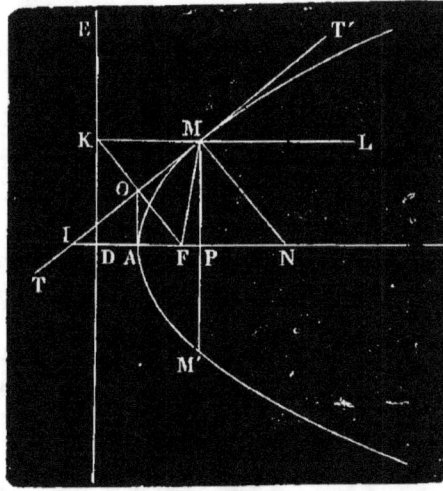

Fig. 392.

Nous devons avoir
$$\overline{FO}^2 = FM \times AF.$$

En effet, du sommet A, menons la perpendiculaire AO à l'axe. Les triangles semblables IOA, IMP don-nent :
$$\frac{AI}{IP} = \frac{IO}{IM};$$

Or AI est la moitié de IP ; par suite, IO est la moi-tié de IM. Mais le triangle

IFM est isocèle, car l'angle I = KMO = OMF ; par conséquent
FI = FM. Il résulte de là que la perpendiculaire FK rencontre
aussi en O la tangente IM : la droite OA est donc une perpendiculaire abaissée du sommet de l'angle droit d'un triangle rectangle
IOF sur l'hypoténuse et nous avons $\overline{FO}^2 = FI \times FA$.

Remplaçant FI par sa valeur FM, il vient :

$$\overline{FO}^2 = FM \times FA.$$

799. *Les carrés des distances du foyer aux tangentes à la parabole sont dans le même rapport que les rayons vecteurs correspondants.*

Nous devons avoir : $\dfrac{\overline{l}^2}{l'^2} = \dfrac{r}{r'}$.

En effet, appelons r, r' les rayons vecteurs des points M, M', et
l, l' les perpendiculaires aux tangentes dont les points de contact
sont M et M' ; il vient (ex. 798) :

$$l^2 = r \times FA,$$
$$l'^2 = r' \times FA,$$

ou, en divisant membre à membre,

$$\frac{l^2}{l'^2} = \frac{r}{r'}.$$

800. *Construire une parabole connaissant la sous-tangente et
l'ordonnée correspondante (fig. 392).*

On connaît, d'après les données, le triangle rectangle IPM ; on
connaît aussi le sommet A, car IA = AP.

Au point A on élèvera une perpendiculaire qui déterminera sur
IM le point O ; enfin la perpendiculaire OF à IM déterminera le foyer.

Connaissant le foyer et le sommet, c'est le cas de l'exercice 795.

801. *Construire une parabole, connaissant la distance d'une
tangente au foyer, et le rayon vecteur du point de contact (fig. 392).*

Dans le triangle rectangle OMF, on connaît OF et MF, on peut
construire ce triangle. On peut construire aussi le triangle isocèle
IMF double du triangle rectangle OMF ; enfin du point M, on abaissera MP sur le prolongement de IF. Ce sera alors la construction
de l'exercice précédent.

802. *Dans la parabole, la parallèle à l'axe menée par le point de rencontre de deux tangentes partage en deux parties égales la corde qui joint les points de contact.*

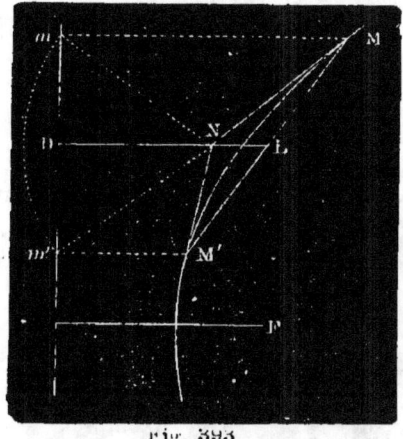

Soit N le point de rencontre de 2 tangentes. On a (675, 2°)

$$Nm = NF = Nm'.$$

La droite ND menée parallèlement à l'axe passe donc par le milieu de *mm'*. Mais comme ND est parallèle à Mm, M'm', elle partage MM' dans le même rapport que *mm'* ; donc le point L est le milieu de MM'.

Fig. 393.

803. *Si l'on mène les ordonnées de deux points* M, M' *d'une parabole, le trapèze* MM'P'P *que l'on obtient a une surface double de celle du triangle* NTT' *formé par l'axe et les tangentes aux points* M *et* M'

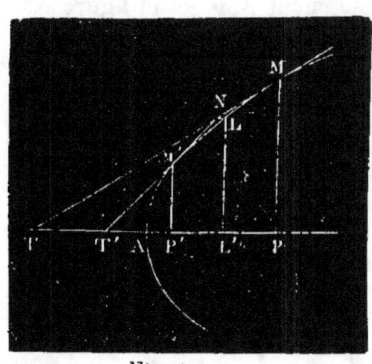

En effet, si l'on mène NL parallèlement à l'axe, elle passera par le milieu L de MM', et par suite l'ordonnée LL' sera égale à la demi-somme des bases MP, M'P' du trapèze.

Or on a

$$\text{triangle } NTT' = \tfrac{1}{2}\, TT' \times LL',$$

et trapèze $MM'P'P = PP' \times LL'$.

Fig. 394.

Pour prouver que le trapèze a une surface double de celle du triangle, il suffit que TT' = PP' ; or c'est ce qui a lieu, car (691).

$$TA = AP,$$
$$T'A = AP',$$

d'où on tire

$$TA - T'A = AP - AP',$$

ou

$$TT' = PP'.$$

804. *L'aire d'un segment parabolique compris entre l'axe et une ordonnée est équivalente aux $\frac{2}{3}$ du rectangle qui a pour dimensions l'ordonnée du segment et son abscisse.*

Nous aurons : Segment AM$m = \frac{2}{3}$ Am $\times$ Mm.

En effet, soit AM un arc de la parabole. Inscrivons dans cet arc une ligne brisée ALPNM, puis menons les ordonnées des points L, P, N, M.

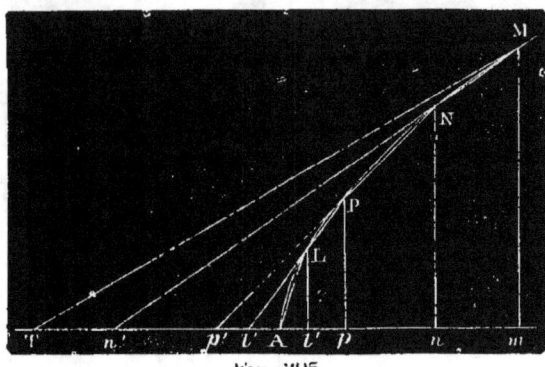

Soient T, n', p', l' les points où les tangentes menées aux points M, N, P, L rencontreraient l'axe. D'après l'exercice précédent le trapèze PLlp, par exemple, sera double du triangle qui aurait pour base $p'l'$, et pour hauteur la demi-somme des ordonnées Pp, Ll;

Fig. 395.

et il en serait de même pour d'autres trapèzes et les triangles correspondants.

Si donc nous décomposons le segment AMm et la figure AMT en éléments correspondants nous aurons

$$\text{Segment AM}m = 2\text{AMT},$$

et par suite

$$\text{Segment AM}m = \frac{2}{3} \text{ triangle TM}m = \frac{2}{3} \text{ Am} \times \text{M}m.$$

693

805. *Dans la parabole, les carrés de deux ordonnées* y *et* y' *sont entre eux comme les abscisses* x *et* x'. *L'origine des abscisses st le sommet de la courbe.*

On aura $\dfrac{y^2}{y'^2} = \dfrac{x}{x'}$.

En effet, on a pour une ordonnée y et l'abscisse correspondante x

$$y^2 = x \times 2\text{DF} \quad (1),$$

et pour une autre ordonnée y' et son abscisse x'

$$y'^2 = x' \times 2\text{DF} \quad (2).$$

Divisant membre à membre (1) et (2), il vient

$$\frac{y^2}{y'^2} = \frac{x \times 2DF}{x' \times 2DF},$$

ou

$$\frac{y^2}{y'^2} = \frac{x}{x'}.$$

806. *Construire une parabole connaissant une ordonnée et l'abscisse correspondante.*

L'égalité (ex. 805) $\quad y^2 = x \times 2\overline{DF}$,

donne $\qquad\qquad DF = \dfrac{y^2}{2x}.$

Donc DF est une 4ᵉ proportionnelle aux longueurs données y, y et $2x$.

Connaissant le paramètre, on peut construire la courbe (ex. **796**).

807. *Trouver le paramètre d'une parabole AM dont la direction de l'axe est donnée.*

D'un point M de la courbe j'abaisse une ordonnée sur l'axe, et j'ai

$$y^2 = x \times 2\overline{DF}.$$

Je détermine DF comme dans l'exercice 806.

808. *Inscrire un cercle dans un segment de parabole déterminé par une corde perpendiculaire à l'axe.*

Supposons le problème résolu, et soient CAE le segment de parabole déterminé par la perpendiculaire CE à l'axe, et O le centre du cercle demandé.

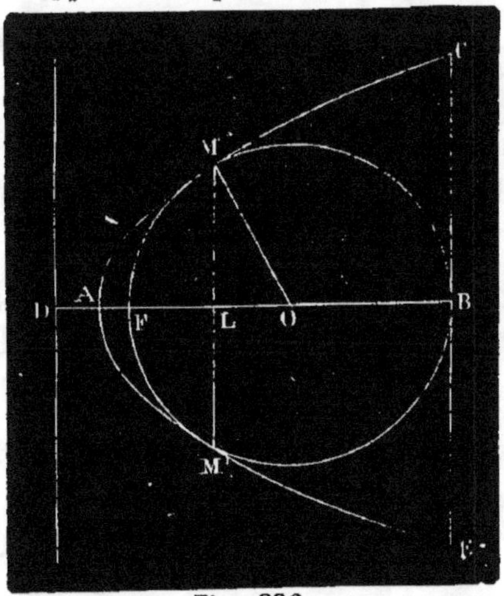

Fig. 396.

En vertu de la symétrie de la parabole par rapport à son axe AB, la corde MM' qui joint les points de tangence M, M' de la parabole et du cercle est perpendiculaire à l'ax et parallèle à CE; de plus, le point O, centre du cercle, et le point de contact B sont sur AB.

Si nous connaissions le point L, en faisant la sous-normale LO égale au paramètre p de la parabole (690), nous obtiendrions le centre O, et le rayon OB du cercle demandé : il s'agit donc de déterminer le point L.

Or le triangle rectangle MOL donne

$$\overline{MO}^2 = \overline{ML}^2 + \overline{LO}^2 ;$$

mais $\overline{MO}^2 = (BL - p)^2$, $ML^2 = 2p \times AL$ (n° 693), et $LO^2 = p^2$, d'où $(BL - p)^2 = 2p \times AL + p^2$;

développant le carré $(BL - p)^2$, il vient

$$\overline{BL}^2 - 2p \times BL + p^2 = 2p \times AL + p^2,$$
$$\overline{BL}^2 = 2p\ (AL + BL).$$

D'autre part, nous avons

$$BC^2 = 2p \times AB = 2p\ (AL + BL),$$

d'où $$BL = BC.$$

Portant sur BA, à partir de B, la longueur BL = BC, nous déterminerons le point L ; nous aurons par suite le point O, qui est à une distance LO = p du point L.

EXERCICES DE RÉCAPITULATION *.

LIVRE I.

809. *Si, dans un triangle* ABC, *rectangle en* A, *l'hypoténuse* BC *est le double du côté* AB, *l'angle* C $= \frac{1}{3}$ *d'angle droit; et réciproquement, si* C $= \frac{1}{3}$ *d'angle droit,* BC *est le double de* AB.

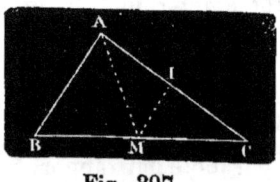

Fig. 397.

1° Je mène la médiane AM, et MI perpendiculaire à BA : j'ai AI = IC (ex. 49), et les triangles rectangles AMI, IMC sont égaux ; alors AM = MC = BM = AB et le triangle ABM est équilatéral, par suite B $= \frac{2}{3}$ droit: donc C $= \frac{1}{3}$d.

REMARQUE. Il résulte de cette démonstration que dans **tout** triangle rectangle, la médiane relative à l'hypoténuse est la moitié de cette hypoténuse: c'est une autre manière de résoudre l'ex. 113.

2° *Réciproquement.* Si C $= \frac{1}{3}$d, B $= \frac{2}{3}$d. Je mène la médiane AM. J'ai AM = BM, d'après ce qui précède, et le triangle ABM est isocèle. Mais de ce que AM = MC, l'angle MAC $= \frac{1}{3}$d, et par suite

---

* La plupart de ces exercices ont été donnés aux examens.

MAB $= \frac{2}{3}^{d}$. Alors le triangle isocèle BAM donne B $=$ BAM $= \frac{2}{3}^{d}$. Il en résulte que le troisième BMA $= \frac{2}{3}^{d}$ également; donc le triangle BAM est équilatéral, par conséquent AB $=$ BM $= \frac{1}{2}$ BC, ou BC $=$ 2AB.

810. *Trouver sur l'un des côtés d'un angle ABC, un point O également distant du second côté et d'un point E donné sur le premier.*

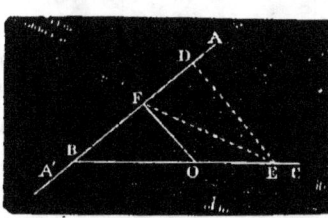

Supposons le problème résolu et soit OE $=$ OF. Abaissons sur AB la perpendiculaire ED, puis menons la ligne EF qui sera bissectrice de l'angle BED, car les angles OEF, DEF sont l'un et l'autre égaux à l'angle OFE. Donc pour déterminer le point O, il suffira d'abaisser la perpendiculaire ED sur AB, puis de mener la bissectrice EF et enfin d'élever au point F une perpendiculaire dont l'intersection avec BE sera le point cherché.

Fig. 398.

REMARQUE. Lorsque l'angle ABC est droit, ED devient parallèle à AB, et alors le point O est évidemment au milieu de BE, enfin si l'angle ABC est obtus, ED rencontre le prolongement BA' de AB et la solution est la même que dans le cas où ABC est aigu.

811. *Dans un triangle quelconque, la somme des médianes est comprise entre le périmètre du triangle et les $\frac{3}{4}$ de ce périmètre.*

On doit avoir :

AB $+$ BC $+$ AC $<$ AM $+$ BN $+$ CP $< \frac{3}{4}$ (AB $+$ BC $+$ AC).

En effet, on a d'abord (ex. 13) 2AM $<$ AB $+$ AC,

et par analogie 2BN $<$ AB $+$ BC

2CP $<$ AC $+$ BC;

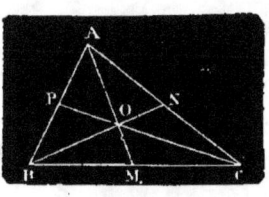

Fig. 399.

en additionnant ces 3 inégalités, il vient, après suppression du facteur 2,

1° AM $+$ BN $+$ CP $<$ AB $+$ BC $+$ AC.

D'autre part, le triangle AOB donne AB $<$ AO $+$ OB,

ou (ex. 56) AB $< \frac{2}{3}$ (AM $+$ BN)

on a de même BC $< \frac{2}{3}$ (BN $+$ CP)

AC $< \frac{2}{3}$ (AM $+$ CP).

Faisant la somme de ces trois dernières inégalités, il vient, après simplifications,

$$AB + BC + AC < \tfrac{4}{3}(AM + BN + CP),$$

ou 2°
$$AM + BN + CP > \tfrac{3}{4}(AB + BC + AC),$$

et en réunissant, on a enfin

$$AB + BC + AC < AM + BM + CP < \tfrac{3}{4}(AB + BC + AC).$$

812. *Dans un triangle quelconque, une bissectrice intérieure ne surpasse pas la médiane correspondante.*

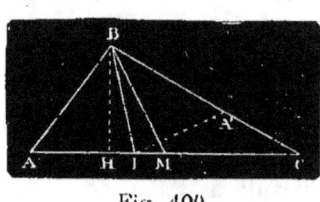

Soit le triangle ABC et la bissectrice BI. Dans le cas où les angles A et C sont égaux, le triangle est isocèle et la bissectrice BI se confond avec la médiane et la hauteur. Supposons A > C, et démontrons que la bissectrice BI est comprise entre la médiane et la hauteur correspondantes. Pour cela, nous établirons les deux lemmes suivants.

Fig. 400

1° *La bissectrice* BI *se trouve dans l'angle* HBC *formé par la hauteur* BH *et le côté* BC.

Si l'angle A est obtus ou droit, la proportion est évidente; s'il est aigu, nous aurons l'inégalité

$$A + \tfrac{1}{2}B > 1^{\text{d}}:$$

car
$$A + B + C = 2^{\text{d}} \text{ et } A > C \qquad \text{donnent}$$
$$2A + B > 2^{\text{d}},$$

ou
$$A + \tfrac{1}{2}B > 1^{\text{d}}.$$

Donc l'angle AIB est aigu, et par suite la bissectrice BI se trouve dans l'angle HBC.

2° *Le segment* CI *adjacent au plus petit des deux angles,* A, C *est plus grand que l'autre segment* AI.

Car si nous faisons BA' = BA, et si nous tirons la droite IA', les deux triangles ABI, A'BI seront égaux, et l'angle CA'I, supplément de A, est plus grand que C, ce qui donne CI > A'I, ou CI > AI.

Soit maintenant la médiane BM.

L'expression CI > AI donne HM > HI :

d'où (74)
$$BM > BI. \qquad \textbf{C. q. f. d.}$$

813. *Dans un triangle quelconque, la somme des bissectrices est plus petite que le périmètre et plus grande que le demi-périmètre du triangle.*

1° **D'après** l'exercice précédent, la somme des bissectrices ne surpasse pas celle des médianes; donc (ex. 811) elle est moindre que le périmètre.

2° D'autre part, on a

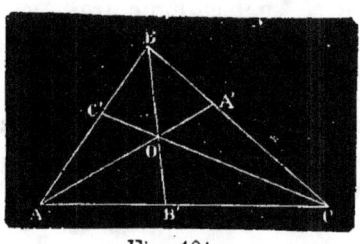

Fig. 401.

$$OA + OB' > AB',$$
$$OB' + OC > B'C,$$
$$OC + OA' > CA',$$
$$OA' + OB > A'B,$$
$$OB + OC' > BC'$$
$$OC' + OA > C'A.$$

Faisant la somme, il vient :

$$2AA' + 2BB' + 2CC' > AB + BC + AC,$$

d'où $\quad AA' + BB' + CC' > \frac{1}{2} (AB + BC + AC).$

814. *De tous les triangles formés avec un angle donné A, compris entre deux côtés dont la somme est constante, le triangle isocèle ABC est celui dont le périmètre est un minimum.*

En effet, prenons arbitrairement BB' = CC', et joignons B'C', nous aurons AB' + AC' = AB + AC.

Il s'agit donc de vérifier l'inégalité B'C' > BC.

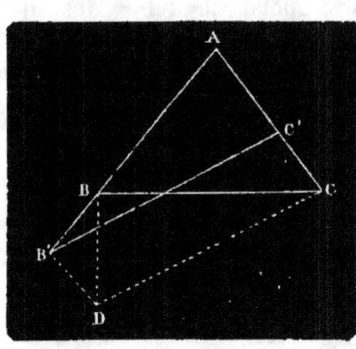

Fig. 402.

Menons B'D parallèle et égale à C'C et joignons DC. Le quadrilatère B'C'CD, ainsi obtenu, est un parallélogramme, et B'C' = DC. Or, dans les triangles isocèles ABC et BB'D, les angles A et BB'D étant supplémentaires à cause des parallèles AC et B'D, il en résulte que les angles à la base des mêmes triangles sont aussi supplémentaires, et que par suite

$$ABC + B'BD = 1^d.$$

Jonc DBC est droit et DC > BC, ou enfin B'C' > BC.

815. *Sur une droite donnée AB, trouver un point M tel que la différence de ses distances à deux points donnés C, D, situés de part et d'autre de AB, soit un maximum.*

Menons par le point C', symétrique de C, la droite C'DM et joignons le point C au point M, nous aurons

$$CM - MD = C'M - MD = C'D.$$

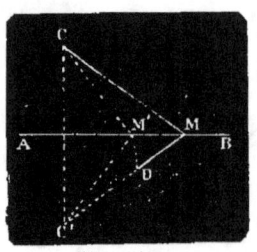

Fig. 403.

Or, cette différence est maximum quand les points C′, D, M, sont en ligne droite, c'est-à-dire qu'un autre point M′ nous donnera

$$CM' - M'D < C'D.$$

En effet, menons M′D ; dans un triangle C′M′D, nous savons qu'un côté quelconque C′D est plus grand que la différence des deux autres, donc

$$C'M' - M'D < C'D,$$

ou

$$CM' - M'D < C'D ;$$

donc le point M ainsi déterminé répond à la question.

REMARQUE. Il est évident que si les points C et D sont également distants de AB la différence est nulle et le point M n'existe plus.

316. *Sur le côté AB d'un triangle, trouver un point tel que la somme de ses distances aux deux autres côtés soit un minimum.*

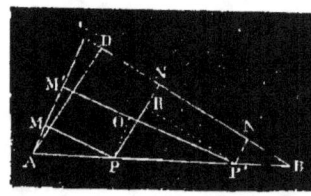

Fig. 404.

Prenons sur AB deux points quelconques P, P′ et abaissons les perpendiculaires respectives PM, PN, PM′, P′N′ sur les côtés AC et BC. Déterminons d'abord laquelle des deux sommes PM + PN et P′M′ + P′N′ est la plus petite. Posons, pour cela,

l'inégalité
$$PM + PN \gtrless P'M' + P'N' ;$$

si nous menons PO parallèle à AC et P′R parallèle à BC, l'inégalité précédente devient

$$PM + PR + RN \lessgtr P'O' + OM' + P'N',$$

et, à cause de $PM = OM'$, $RN = P'N'$,

$$PR \gtrless P'O.$$

Si, dans le triangle ABC, nous supposons l'angle B plus petit que l'angle A, les deux triangles rectangles P′PO et P′PR, dont l'hypoténuse est commune, nous donneront l'angle PP′R < P′PO,

donc
$$PR < P'O :$$

d'où
$$PM + PN < P'M' + P'N'.$$

On voit que dans le cas actuel la somme demandée diminue à mesure que le point P se rapproche du sommet A ; cette somme est donc minimum lorsque le point P se confond avec A, et elle est égale à la hauteur AD.

REMARQUE. Lorsque les angles A et B **sont égaux, on a toujours**
PM + PN = AD quelle que soit la position du point **P** (ex. 44),
il n'y a pas alors de minimum.

817. *Dans le plan d'un triangle, trouver un point tel que la
somme de ses distances aux trois côtés du triangle soit un minimum.*

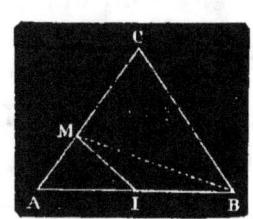

Fig. 405.

Menons par un point quelconque P la parallèle EF à AB. Si nous
supposons A > B, nous aurons d'après
l'exercice précédent

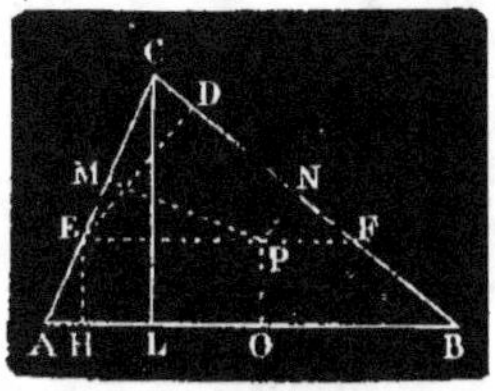

$$ED < PM + PN,$$
ou $ED + EH < PM + PN + PO.$

De même l'hypothèse C > A donnera
$$CL < ED + EH.$$

Le point demandé est donc le sommet du
plus grand des trois angles du triangle donné, et le minimum de
PM + PN + PO est la hauteur partant du sommet du plus grand
angle du triangle, c'est-à-dire la plus petite hauteur de ce triangle.

818. *Le point I étant le milieu de la base AB d'un triangle
isocèle ABC, et M un point pris à volonté sur le côté AC, démontrer que la différence des longueurs AB et AM est plus grande que
celle des longueurs IB et IM.*

On aura AB — AM > IB — IM.

En effet, on peut écrire

$$AB - AM \gtrless IB - IM \text{ (1)},$$

ou $$2AI - AM \gtrless AI - IM,$$

ou encore $$AI \gtrless AM - IM.$$

Fig. 406.

Or (n° 60), on a $$AI > AM - IM,$$
l'inégalité (1) devient donc

$$AB - AM > IB - IM. \text{ C. q. f. d.}$$

819. *Si l'on mène les bissectrices des angles extérieurs d'un
triangle ABC, les 3 triangles partiels et le triangle total qu'elles
déterminent autour du triangle ABC sont équiangles. Chaque
angle du triangle ABC a pour supplément le double de l'angle
qui lui est opposé dans le triangle total.*

Ainsi, nous avons à démontrer: **1°** que les **3** petits triangles

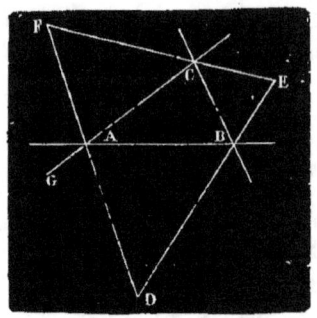

ABD, BCE, ACF et le **triangle** total DEF sont équiangles ; 2° que

$$C = 2^d - 2D ; \quad A = 2^d - 2E ;$$
$$B = 2^d - 2F.$$

1° Dans le triangle ABD, nous avon

$$D = 2^d - (BAD + ABD) ;$$

Or $\quad 2BAD + A = 2^d,$

par suite $\quad BAD = 1^d - \dfrac{A}{2}.$

Fig. 407.

de même $\qquad\qquad ABD = 1^d - \dfrac{B}{2}.$

donc $\quad D = 2^d - 1^d + \dfrac{A}{2} - 1^d + \dfrac{B}{2} = \dfrac{A + B}{2}.$

Nous avons aussi $E = \dfrac{B + C}{2}, \quad F = \dfrac{A + C}{2}.$

Cela posé, comparons le triangle ABD au triangle DEF ; ils ont déjà l'angle D commun. L'angle BAG étant extérieur au triangle ABC, est égal à B + C, et par suite $BAD = \dfrac{B + C}{2} = E$. Donc le troisième angle $ABD = F$ et les 2 triangles ABD, DEF sont équiangles. Il en est de même pour les 2 autres triangles.

2° L'angle $C = 2^d - (A + B)$; mais nous venons de voir que $D = \dfrac{A + B}{2}$, par conséquent $A + B = 2D$, d'où $C = 2^d - 2D$: donc C est supplémentaire du double de D. La démonstration serait la même pour les autres angles A et B. Il résulte évidemment de ce qui précède que les petits triangles extérieurs au triangle donné sont équiangles entre eux.

820. *On prolonge les côtés d'un quadrilatère quelconque ABCD ; on mène les bissectrices des deux angles nouveaux ainsi formés. On se propose de démontrer que l'angle FGE des bissectrices est égal à le demi-somme des angles opposés DAB, BCD.*

Soit G l'angle des bissectrices EG, FG, on aura $G = \dfrac{A + C}{2}$

En effet, les triangles HGE, BFH donnent

$$G + GEH + EHG = 2^d$$
$$et \quad HBF + HFB + FHB = 2^d.$$

Or, les angles EHG et FHB sont égaux, par suite

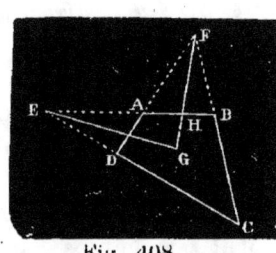

$$G + GEH = HBF + HFB,$$

d'où $G = HBF + HFB - GEH.$

Mais $\quad HBF = 2^d - B;$

$$HFB = \frac{F}{2} = \frac{2^d - (C + D)}{2};$$

$$GEH = \frac{E}{2} = \frac{2^d - (B + C)}{2}.$$

Fig. 408.

On a par conséquent :

$$G = 2^d - B + \frac{2^d - (C + D)}{2} - \frac{2^d - (B + C)}{2}.$$

Ou, en simplifiant, $G = 2^d - \dfrac{B + D}{2}.$

Mais de $A + B + C + D = 4^d$, on déduit

$$\frac{B + D}{2} = 2^d - \frac{A + C}{2} :$$

donc enfin

$$G = 2^d - \left(2^d - \frac{A + C}{2}\right) = \frac{A + C}{2}. \quad \text{C. q. f. d.}$$

Lorsqu'on a $A + C = 2^d$, l'angle G est droit.

821. *Soient* D, E, F *les milieux respectifs des côtés* BC, AC, AB *d'un triangle* ABC, *et la parallèle* DG *à la médiane* CF, *menée jusqu'à la rencontre de* EF *prolongée : démontrer que les trois côtés du triangle* ADG *sont respectivement égaux aux trois médianes du triangle* ABC.

D'abord le côté AD du triangle ADG est une médiane de ABC.

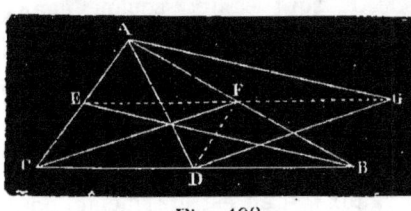

Ensuite dans le parallélogramme DCFG, nous avons DG = CF. De plus, nous avons aussi FG = CD = EF Les deux triangles AFG, BEF ont donc FG = EF, AF = FB et les angles en F sont égaux.

Fig. 409.

donc ils sont égaux et AG = BE.

822. *Étant données deux parallèles et deux points* A *et* B, *situés hors de ces parallèles et de côtés différents, trouver le plus* *court chemin de* **A** *en* **B** *par une ligne brisée* **ADCB,** *telle que la portion* CD *comprise entre les parallèles ait une direction donnée* xy.

Par le point B, je mène la droite BE **parallèle à la direction** donnée, et égale à la portion de *xy* comprise entre les deux paral-

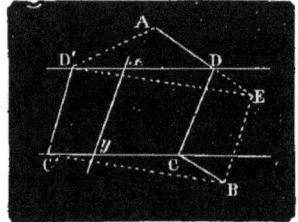

lèles. Je joins le point E au point A, puis je mène DC parallèle à BE. Je dis que le chemin ADCB sera le plus court, car tout autre chemin, par exemple AD'C'B, est plus grand. En effet, **le** parallélogramme D'EBC' donne BC' = ED'; ainsi le chemin AD'C'B est égal au chemin AD'EB. Or, AD'EB et ADEB ont

Fig. 410.

une partie commune BE, et comme le chemin AD'E est plus grand que AE, il en résulte que le chemin AD'C'B est plus grand que ADEB ou ADCB. Par conséquent le chemin ADCB est bien le plus court.

823. *On a trois carrés égaux* M, N, P ; *on mène une diagonale dans chacun des deux premiers, on applique ensuite les hypoténuses des quatre triangles rectangles ainsi obtenus sur le côté du troisième carré. Démontrer que les droites qui joignent deux à deux les sommets des angles droits des quatre triangles forment un quadrilatère égal à la somme des trois carrés donnés, et que ce quadrilatère est lui-même un carré.*

Nous aurons : 1° IGEK = M + N + P ; 2° la figure IGEK est un **carré.**

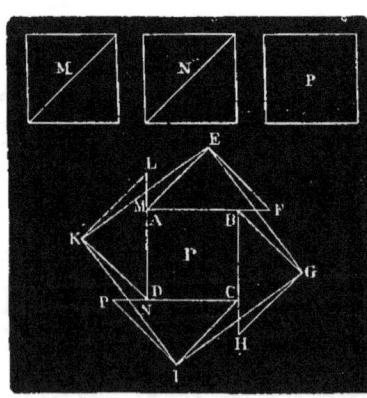

1° Considérons les deux **triangles** AEM, KLM. Les angles L et MAE sont égaux comme égaux chacun à la moitié d'un droit ; donc les côtés KL, AE sont parallèles, il en résulte l'égalité des angles LKM et MEA. Donc les deux triangles AEM, KLM sont égaux ; il en est de même pour les autres couples de triangles analogues. Or, le quadrilatère IGEK peut être considéré comme formé en enlevant à la figure pri-

Fig. 411.

mitive les triangles KLM, INP, etc... et lui ajoutant les triangles égaux AME, KND, etc... Donc le quadrilatère IGEK est équivalent à la somme des trois carrés donnés.

2º De l'égalité des deux triangles AME, KLM résulte évidemment que le point M est le milieu de AL. De même N est le milieu de DP. Or, les longueurs AL, DP sont évidemment égales comme excès d'hypoténuses de triangles rectangles isocèles égaux sur les côtés du carré P: donc DN = LM. Alors les triangles KLM, KND sont égaux comme ayant chacun un angle égal à la moitié d'un droit en L et en D compris entre deux côtés égaux KL = KD et LM = DN. D'où il résulte que l'angle LKM = DKN. Or,

$$EKN = LKD - LKM + DKN = LKD = 1^d;$$

il en est de même pour les 3 autres angles, donc ils sont droits aussi. D'ailleurs l'égalité des mêmes triangles donne KM = KN, ou KE = KI, puisque M et N sont les milieux de KE et de KI. Ainsi le quadrilatère IGEK a tous ses angles droits et ses côtés égaux, donc c'est un carré.

LIVRE II.

824. *Étant donné un triangle ABC, on mène les bissectrices des suppléments des angles A et B, lesquelles se coupent au point O. prouver que la droite qui joint ce point au centre du cercle inscrit au triangle passe par le troisième sommet C.*

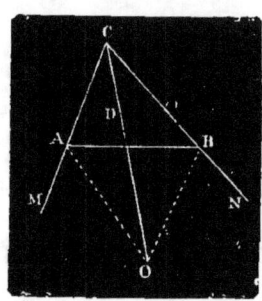

Fig. 412.

Le point O étant sur la bissectrice de l'angle ABN est également distant de AB et de BN, il est aussi également distant de AB et de AM, puisqu'il est sur la bissectrice AO de l'angle MAB. Donc il est également distant de CA et de CB. Or, le centre D du cercle inscrit au triangle ABC, est aussi également distant de CA et de CB, par conséquent OD est la bissectrice de l'angle C et passe par le point C.

825. *Construire un triangle connaissant un angle A adjacent à la base. la hauteur h et le périmètre 2p.*

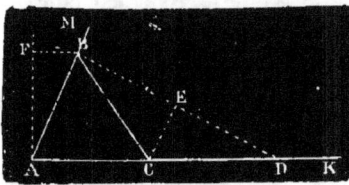

Fig. 413.

Je trace une droite indéfinie AK, je fais au point A un angle MAK égal à l'angle donné; puis j'élève au même point la perpendiculaire AF = h, et je mène par le point F une parallèle à AK, dont l'intersection avec AM donne le point B qui est le sommet du triangle demandé. Je retranche ensuite AB de $2p$, et je fais AD $= 2p - $ AB ; je joins BD, et sur le milieu E de cette ligne j'élève la perpendiculaire CE, qui détermine le point C, car en tirant BC j'ai BC $=$ CD. ABC est donc le triangle demandé.

826. *Construire un triangle connaissant un côté et deux médianes* (fig. 43).

Pour résoudre cette question, il suffit de se rappeler que les médianes se coupent aux $\frac{2}{3}$ de leur longueur à partir du sommet, il ne s'agit donc que de construire un triangle dont on connait les 3 côtés.

Deux cas sont à examiner : 1° une des médianes données part du sommet opposé au côté donné ; 2° les deux médianes partent des angles adjacents au côté donné.

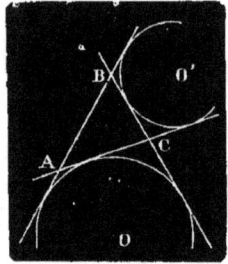

Fig. 414.

827. *Construire un triangle connaissant deux cercles ex-inscrits.*

Il suffira de mener aux circonférences O, O' deux tangentes communes intérieures AC, BC, puis une tangente commune extérieure : ABC sera le triangle demandé.

828. *Lorsque dans un triangle deux bissectrices sont égales, le triangle est isocèle.*

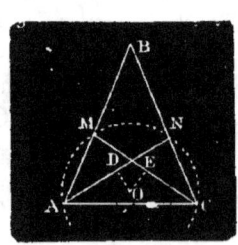

Fig. 415.

Sur le milieu des bissectrices, j'élève deux perpendiculaires qui se rencontrent en O ; du point O comme centre, avec AO pour rayon, je décris une circonférence qui passera évidemment par les points A, M, N, C.

Or les angles MAN, MCN sont égaux comme ayant l'un et l'autre pour mesure $\dfrac{MN}{2}$; donc

BAC $=$ ACB, et le triangle ABC est isocèle.

829. *Prouver que, quand plusieurs cordes d'un cercle suffisamment prolongées concourent en un même point, leurs milieux sont situés sur la circonférence d'un autre cercle.*

Soient A le point de concours des cordes du cercle O, et D le

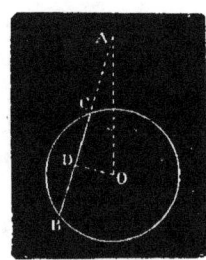

milieu de BC, la droite OD est perpendiculaire sur BC, donc l'angle ADO est droit; il est par conséquent inscriptible dans une demi-circonférence ayant AO pour diamètre, et passant par le sommet D de l'angle droit. On prouverait de même que les milieux de toutes les cordes issues du point A sont sur la circonférence dont le diamètre est OA.

Fig. 416.

830. *Les* 3 *côtes* AB, AC, BC *d'un triangle* ABC *sont respectivement* 41ᵐ,20, 51ᵐ,40, 50ᵐ,60: *trouver les valeurs des six segments* AD, BD, BE, EC, CF, AF, *déterminés sur ces côtes par le cercle inscrit au triangle.*

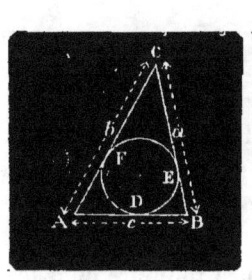

Fig. 417.

Les trois segments à considérer sont AD, BD, CE, car les trois autres leur sont respectivement égaux.

Or (ex. 130) $\quad$ AD $= p - a,$

$$BD = p - b,$$

$$CE = p - c.$$

Mais $\quad p = \dfrac{41,20 + 51,40 + 50,60}{2} = 71,60,$

d'où $\quad$ AD $= 71,60 - 50,60 = 21^m,$

$\quad\quad$ BD $= 71,60 - 51,40 = 20^m,20,$

$\quad\quad$ CE $= 71,60 - 41,20 = 30^m,40,$

Vérification: $\quad$ AD $+$ BD $+$ CE $= p = 71^m,60.$

831. *Construire un cercle passant par un point donné et tangent à un cercle en un point donné.*

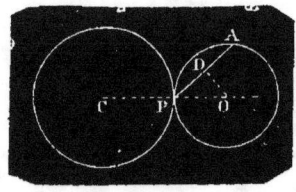

Fig. 418.

Soient A le point donné et P le point de contact des deux cercles. Le centre O du cercle demandé est sur le rayon CP prolongé, car le point de contact P est sur la ligne des centres; mais O est aussi sur la perpendiculaire OD élevée sur le milieu D de AP, puisqu'il doit être également distant des points A et P: donc il est à l'intersection de CP avec DO.

832. *Etant donnés de position une droite* xy *et un point* O, *dé-c'ire de ce point comme centre une circonférence qui coupe la droite* xy *en deux points* A *et* B, *de manière qu'en joignant un point quelconque du segment* AMB *aux points* A *et* B, *tous les angles ainsi formés soient égaux à un angle donné.*

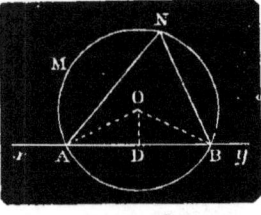

Fig. 419.

Je fais au point O avec la perpendiculaire OD les angles AOD = DOB = l'angle donné; ensuite du point O comme centre et avec OA pour rayon, je décris une circonférence qui est celle demandée, car ANB = $\dfrac{AOB}{2}$ = l'angle donné.

833. *Etant données deux circonférences* O *et* O' *qui se coupent en* A *et* B, *on joint un point quelconque* C *de la circonférence* O *aux points* A *et* B; *et on prolonge les droites jusqu'à leur rencontre avec la circonférence* O' *en* D *et en* F. *On tire les droites* BD *et* AF: *démontrer que l'angle* AGB *est constant, quelle que soit la position du point* C *sur la circonférence* O.

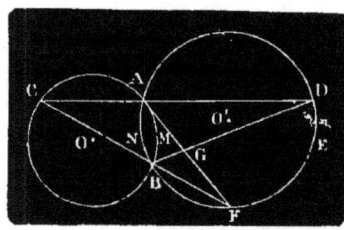

Fig. 420.

L'angle C aura toujours pour mesure $\dfrac{AMB}{2}$, donc il est constant; ce même angle a aussi pour mesure $\dfrac{DEF - ANB}{2}$. Or, l'arc ANB étant constant, l'arc DEF l'est aussi. Mais l'angle AGB a pour mesuré $\dfrac{ANB + DEF}{2}$, ou une quantité constante, donc il est constant.

834. *Lorsque deux circonférences se coupent, la droite qui joint les extrémités de deux diamètres partant de l'un des points d'intersection:* 1° *est perpendiculaire à la corde qui joint ces points;* 2° *passe par l'autre point d'intersection;* 3° *cette droite est la plus grande ligne qu'on puisse mener par cet autre point d'intersection entre les circonférences.*

Nous avons à démontrer 1° que MN est perpendiculaire à **AB**; 2° que la droite MN passe au point B; 3° que MBN est maximum.

En effet : 1° les droites OO' et MN sont parallèles (ex. 49);

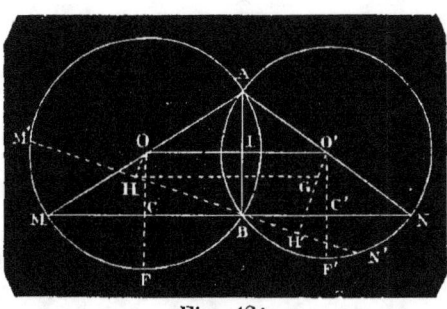

donc AB, perpendiculaire à la ligne des centres OO' est perpendiculaire à sa parallèle MN.

2° AI égalant IB (153) et le point O étant le milieu de AM, il s'en suit (ex. 49) que MN passe au point B.

3° Menons les rayons OF, O'F' perpendiculaires

Fig. 421.

à MN, nous aurons $OO' = CC' = \dfrac{MN}{2}$. Si nous considérons une

autre droite quelconque M'BN'; nous avons $HH' = \dfrac{M'N'}{2}$. Mais le

triangle rectangle GHH' donne HG > HH', par suite OO' > HH',

ou $\dfrac{MN}{2} > \dfrac{M'N'}{2}$, ou enfin MN > M'N'. Il en serait de [même pour

toute autre ligne différente de MBN; donc MBN est maximum.

835. *A un cercle O, inscrit dans un angle A, on mène des tan
gentes intérieures ou extérieures. Démontrer : 1° que les tangentes
intérieures BC (BC est une quelconque de ces tangentes) déterminent des triangles qui ont même périmètre; 2° que les tangentes
extérieures ID (ID est une quelconque de ces tangentes) déterminent
des triangles dont l'excès du demi-périmètre sur le côté ID est
constant; 3° que si l'on joint le centre aux extrémités des tangentes intérieures ou extérieures, on obtient des angles constants
pour chaque espèce de tangente; 4° que les angles au centre pour
la tangente extérieure et pour la tangente intérieure sont supplémentaires.*

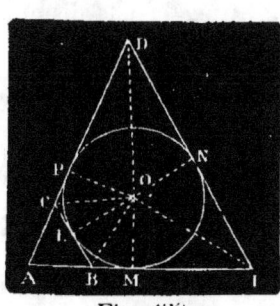

1° Le périmètre du triangle ABC est constant quelle que soit la position de BC

En effet,   PC = CL et BL = BM :

donc

$$AB + AC + BC = AP + AM = 2AM.$$

2° On doit avoir

$$\dfrac{AI + AD + ID}{2} - ID = AM.$$

Fig. 422.

En effet,   AD $+$ AI $+$ ID $=$ 2AM $+$ 2IN 2DN,

$$\frac{AD + AI + ID}{2} = AM + IN + DN,$$

$$\frac{AD + AI + ID}{2} - ID = AM.$$

3° L'angle COB est constant, car il est égal à moitié de l'angle POM, supplément de l'angle A.

De même DOI est constant, car il est égal à la demi-somme des angles PON, MON.

4° $$PON + MON + POM = 4^d,$$

d'où $$COB + DOI = \frac{PON + MON + POM}{2} = 2^d.$$

836. *Deux circonférences qui se coupent étant données, mener, par l'un des points d'intersection, une sécante commune d'une longueur donnée l.*

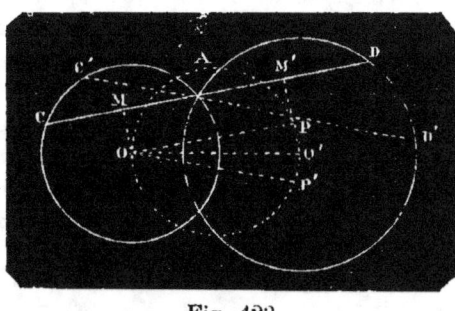

Fig. 423

Soit CD $= l$ la secante demandée. Abaissons des centres O et O' les perpendiculaires OM, O'M' sur CD, et supposons OP menée parallèlement à CD.

Dans le triangle rectangle OO'P, nous connaissons l'hypoténuse OO', qui est égale à la distance des centres, et $$OP = MM' = \frac{CD}{2} = \frac{l}{2}.$$

Sur OO' comme diamètre, nous décrirons donc une demi-circonférence sur laquelle, à partir de O, nous porterons une corde $OP = \frac{l}{2}$.

Il n'y a plus dès lors qu'à mener, à OP, par le point A, une parallèle CD, qui est la droite demandée.

REMARQUE I. La corde OP peut aussi couper en P' l'autre demi-circonférence décrite sur OO' comme diamètre. Et en menant par le point A une parallèle à OP', on aura une autre solution C'D'.

II. Pour que le problème soit possible, il faut que le triangle OPO' soit possible, ce qui exige que OP ou $\frac{l}{2}$ soit au plus égal à OO'. De sorte que la plus grande valeur de l est le double de OO', et la ligne CD, menée par le point A. est maximum, si elle est parallèle à la ligne des centres.

837. *Trouver le lieu des points d'où l'on voit une droite* AB *sous un angle donné.*

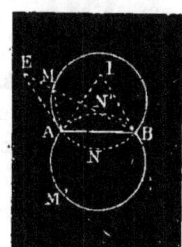
Fig. 424.

Le lieu cherché est le segment capable de l'angle donné et décrit sur AB. En effet, soit AMB le segment capable de l'angle donné. 1° De tout point **M** de l'arc AMB, on voit la droite AB sous un angle égal à AMB, égal à l'angle donné (201); 2° de tout point I, intérieur au segment, on voit la droite AB sous un angle I $>$ M (175); 3° de tout point E, extérieur au segment, on voit la droite AB sous un angle E $<$ M (176). Le lieu est donc l'arc AMB.

REMARQUE. Si on replie l'arc AMB autour de AB, on obtient un second arc AM'B qui est, au-dessous de AB, l'arc d'où l'on voit AB sous l'angle donné.

Il est évident, en outre, que les arcs ANB, AN'B représentent le lieu d'où l'on voit la droite AB sous un angle supplémentaire de l'angle donné.

Enfin si l'angle donné est droit les arcs AMB, AND sont des demi-circonférences décrites sur AB comme diamètre, par conséquent *le lieu d'où l'on voit une droite sous un angle droit est le cercle décrit sur cette droite comme diamètre.*

838. *Circonscrire à un triangle* ABC *un autre triangle* DEF *égal à un triangle donné* D'E'F'.

Le point D doit se trouver sur l'arc capable de l'angle D', et décrit sur AB comme corde; de même le point F sera sur le segment capable de l'angle F', et décrit sur AC comme corde.

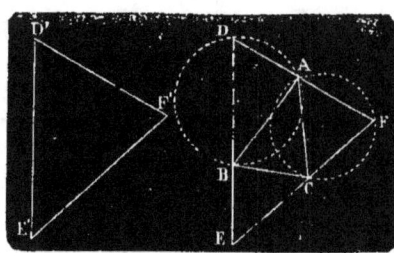

Fig. 425.

Cela posé, si l'on mène par le point A une sécante DF = D'F' (ex. 836), et que l'on tire DBE, FCE, on aura le triangle demandé DEF. Il est en effet égal au triangle D'E'F', car ces deux triangles ont un côté égal adjacent à deux angles égaux.

839. *Par un point* A, *situé hors d'une circonférence, mener une sécante qui soit divisée par la circonférence en deux parties égales.*

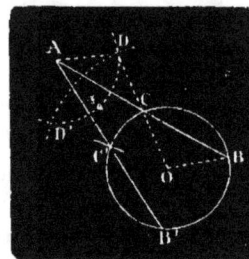

Fig. 426.

Soient AB la sécante demandée, et C le milieu de cette ligne. Je prolonge OC d'une quantité CD = OC, et je joins AD, OB. Les deux triangles ACD, COB ont un angle égal compris entre côtés égaux, donc ils sont égaux et AD = OB. Si donc on décrit, du point A comme centre une circonférence égale à la circonférence O, puis du point O comme centre, avec un rayon double du premier, un arc qui coupe en D la circonférence A, l'intersection C de la droite DO avec la circonférence O sera le milieu de la sécante demandée ; on mènera enfin ACB.

Remarque. La question ne sera soluble qu'autant qu'on aura AO < AD + DO, ou AO < 3OB, ou au plus AO = 3OB. Si l'on a AO < 3OB les arcs décrits des points A et O se coupent aux points D et D', et les sécantes AB, AB' répondent à la question. Mais si AO = 3OB, la sécante AB passe au centre du cercle, et il n'y a plus qu'une solution.

840. *Trouver le lieu géométrique des milieux des cordes d'un cercle issues :* 1° *d'un point hors du cercle ;* 2° *d'un point pris sur la circonférence ;* 3° *d'un point pris dans l'intérieur du cercle.*

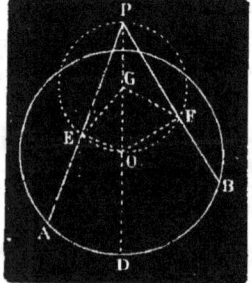

Fig. 427.

1° Considérons deux cordes quelconques PA, PB issues du point extérieur P. Menons le diamètre PD, puis joignons les milieux E, F de chaque corde au centre O. Les deux triangles PEO et PFO sont rectangles en E et en O ; donc les médianes GE, GF sont égales à GO (ex. 809). Par conséquent,

si du point G comme centre, **nous** décrivons une circonférence avec
GO pour rayon, elle passera par les points E, F ; **donc elle sera le**
lieu géométrique demandé.

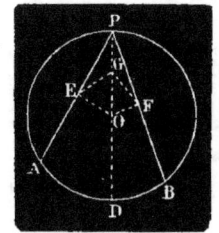
Fig. 428.

2° et 3°. Si le point P se trouve sur la circonférence ou dans l'intérieur du cercle, nous
prendrons encore le milieu de PO pour centre,
et $\dfrac{\text{PO}}{2}$ pour rayon, et la circonférence que
nous décrirons passera par les milieux de toutes
les cordes issues du point P.

841. *Décrire, avec un rayon donné, une circonférence passant*
par un point donné, et tangente à une circonférence donnée.

Soient O le centre de la circonférence donnée, **r** son rayon, A le
point donné et r' le rayon de la circonférence cherchée. Il s'agit
de déterminer le centre O' de cette dernière. Trois cas principaux
se présentent : le point A peut être hors du cercle **r**, sur la circonférence **r**, ou dans le cercle **r**. Ces 3 cas répondent respectivement à $OA > r$, $OA = r$, $OA < r$, et chacun d'eux se subdivise
en 3 autres, comme l'indique le tableau suivant :

1er cas. $OA > r$, et 1° $r' < r$, 2° $r' = r$, 3° $r' > r$
2e cas. $OA = r$, et 1° $r' < r$, 2° $r' = r$, 3° $r' > r$;
3e cas. $OA < r$, et 1° $r' < r$, 2° $r' = r$, 3° $r' > r$.

1er Cas. $OA > r$ et 1° $r' < r$. Puisque le point A est extérieur, la circonférence r' ne peut pas être intérieure à circonférence **r**. D'ailleurs circonférence **r** ne peut pas être intérieure à
circonférence r' à cause de $r > r'$: donc les 2 circonférences
seront tangentes extérieurement. Du point O comme centre avec
$r + r'$ pour rayon on décrira une circonférence, le centre du
cercle **tangent doit** se trouver sur cette circonférence, mais il doit

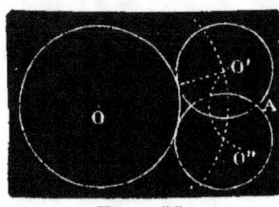
Fig. 429.

aussi être à une distance r' du point A.
Si donc on décrit du point A, avec r'
pour rayon une seconde circonférence
qui coupe la 1re, on aura généralement
deux points O', O'' qui pourront être
pris comme centres de cercles répondant
à l'énoncé.

La distance des **centres** des 2 circonférences auxiliaires, $r + r'$
et r' est OA, la somme de leurs rayons $r + 2r'$, leur différence **r**.

Or, on a supposé OA $>$ r. Pour ce cas, il y aura donc 2 solutions, une seule, ou aucune suivant que l'on aura (162)

$$OA < r + 2r', \text{ ou } OA = r + 2r', \text{ ou } OA > r + 2r'.$$

1er Cas. OA $>$ r, et 2° $r' = r$. Puisque A est extérieur, et que les rayons r, r' sont égaux les 2 circonférences ne peuvent pas être intérieures l'une à l'autre, elles seront par conséquent tangentes extérieurement, l'une des circonférences auxiliaires aura pour rayon $r + r$ et l'autre, r, la somme de leurs rayons sera donc 3r.

Une construction identique à la précédente donnera encore 2 solutions, une seule ou aucune, suivant que l'on aura

$$OA < 3r, \text{ ou } OA = 3r, \text{ ou } OA > 3r.$$

1er Cas. OA $>$ r, et 3° $r' > r$. Les circonférences r et r' peuvent occuper des positions analogues à celles qu'elles occupent dans les 2 cas précédents. Il y aura donc encore 2 solutions, une seule, ou aucune selon que l'on aura

$$OA < r + 2r' \text{ ou } OA = r + 2r' \text{ ou } OA > r + 2r'.$$

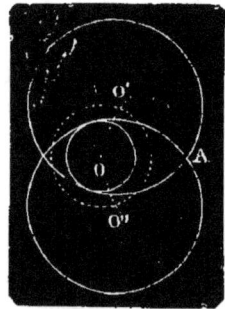

Fig. 430.

Mais comme r' est $>$ r, circonférence r' peut de plus envelopper circonférence r. Alors la distance des centres des circonférences r et r' est $r' - r$. On décrira donc une circonférence du point O comme centre (1er cas, 1°) avec $r' - r$ pour rayon, et du point A comme centre avec r' pour rayon, on décrira une seconde circonférence qui coupera la première en deux points O',O''. Ces points seront les centres de deux circonférences r' enveloppant circonférence r.

La distance des centres des deux circonférences auxiliaires est OA, la somme de leurs rayons est $\qquad$ $r' + r' - r = 2r' - r,$

et leur différence $\qquad$ $r' - (r' - r) = r.$

On a OA $>$ r. Il y aura donc 2 circonférences enveloppant circonférence r, une seule, ou aucune suivant qu'on aura

$$OA < 2r' - r, \text{ ou } OA = 2r' - r, \text{ ou } OA > 2r' - r.$$

Le problème admet donc dans le cas actuel 4, 3, 2, 1, ou aucune solution. Il y en a 4 pour OA $<$ $2r' - r$, puisque cette expression donne *à fortiori* encore $OA < r + 2r'$; 3 quand $OA = 2r' - r$, car cette égalité donne encore $OA < r + 2r'$.

Pour une raison analogue, il y en a 2 quand OA est compris entre $2r' - r$ et $2r' + r$; 1 quand $OA = r + 2r'$, et aucune quand OA est $> 2r' - r$.

2ᵉ Cas. $OA = r$, et $r' < r$, ou $r' = r$, ou $r' > r$.

Le point A étant en même temps sur circonférence r et sur circonférence r' est leur point de contact, par conséquent le centre cherché O' est sur OA et de chaque côté du point A à une distance égale à r'.

On prendra donc en 1ᵉʳ lieu sur le prolongement de OA, une longueur $AO' = r'$, et du point O' comme centre avec r' pour rayon on décrira une circonférence qui dans les 3 cas sera extérieure à circonférence r. On prendra en second lieu dans le sens AO une longueur $AO'' = r'$, et du point O'' comme centre avec r pour rayon, on décrira une circonférence qui sera enveloppée par circonférence r si r' est $< r$, on enveloppera circonférence r est $> r$. Mais si $r' = r$ les deux circonférences se confondent, et il n'y a pas de solution.

3ᵉ Cas. $OA < r$, et 1° $r' < r$. Puisque le point A est dans le

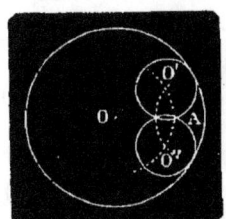

Fig. 431.

cercle r, circonférence r' est enveloppée par circonférence r. La distance des centres des circonférences r et r' est $r - r'$. Du point O comme centre avec $r - r'$ pour rayon, on décrira donc une circonférence et du point A comme centre avec r' pour rayon, on décrira une seconde circonférence qui coupera la 1ʳᵉ en O' et en O''. Ces points seront les centres de deux circonférences r' enveloppées par circonférence r.

La distance des deux circonférences auxiliaires est OA, la somme de leurs rayons est $r - r' + r' = r$ et leur différence $(r - r') - r' = r - 2r'$, ou $r' - (r - r') = 2r' - r$ selon qu'on a $r' <$ ou $> r - r'$. On a $OA < r$. Il y aura donc 2 solutions (162), une seule, ou aucune suivant qu'on aura

$$OA > r - 2r', \text{ ou } 2r' - r ; \text{ ou } OA = r - 2r', \text{ ou } 2r' - r ;$$
$$\text{ou } OA < r - 2r', \text{ ou } 2r' - r.$$

3ᵉ Cas. $OA < r$, et 2° $r' = r$; 3ᵉ Cas. $OA < r$ et 3° $r' > r$.

Le problème est évidemment impossible dans ces 2 cas : le point A étant intérieur circonférence r doit envelopper circonférence r', il faudrait donc avoir $r' < r$, ce qui n'est pas.

842. *Décrire, avec un rayon donné,* ***une circonférence tangente à deux circonférences données.***

Les 2 circonférences données O, O' peuvent occuper l'une par rapport à l'autre 5 positions différentes (155), et comme on doit, pour chaque position, faire toutes les hypothèses différentes possibles sur les grandeurs relatives des longueurs connues OO', r, r' et r'', le problème admet donc cinq cas principaux qui se subdivisent eux-mêmes en plusieurs cas particuliers.

L'exercice précédent ayant été traité avec tous les détails qu'il comporte, nous nous contenterons de résoudre un cas particulier de cette longue question, laissant au lecteur le soin de la développer dans son entier.

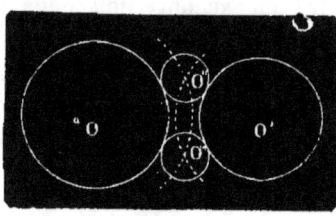

Fig. 432

Soient O, O' les centres des circonférences données, r, r' leurs rayons, et r'' le rayon de la circonférence cherchée. Il sagit de déterminer le centre O'' de cette dernière. Supposons que les circonférences r, r' sont extérieures sans se toucher et $r > r'$, ou $r = r'$, et enfin $r >$ $r'' < r'$.

Circonférence r'' ne peut pas être intérieure à l'une des circonférences données, puisqu'elle doit les toucher l'une et l'autre. Elle ne peut non plus envelopper ni l'une ni l'autre des circonférences données, puisque nous supposons $r > r'' < r'$: donc circonférence r'' sera extérieure aux deux circonférences données. La 1re distance des centres ou $OO'' = r + r''$ et la 2e ou $O'O'' = r' + r''$. Si donc on décrit 2 circonférences des points O, O' comme centres avec les rayons $r + r'$ et $r' + r''$, elles se couperont en un point O'', qui sera le centre de la circonférence r''. Il suffira de décrire, cette circonférence pour obtenir une solution.

La distance des centres des circonférences auxiliaires est OO' la somme de leurs rayons

$$r + r'' + r' + r'' = r + r' + 2r'',$$

et leur différence, $r + r'' - r' - r'' = r - r'$.

D'ailleurs (60, 2°) OO' est $> r - r'$. Le problème admet donc 2 solutions, une seule, ou aucune selon qu'on a:

$$OO' < r + r' + 2r'', \text{ ou } OO' = r + r' + 2r'',$$
$$\text{ou } OO' > r + r' + 2r''.$$

843. *Construire un triangle équilatéral ayant ses sommets sur trois parallèles données.*

Je suppose le problème résolu. Soit ABC le triangle demandé.

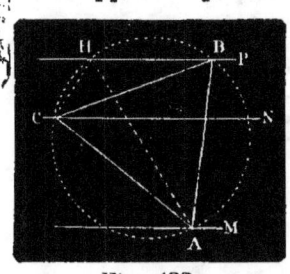

Je décris une circonférence passant par les sommets A, B, C. Cette circonférence coupe la parallèle P en un certain point H ; je tire HC, HA. L'angle CHA = CBA, car leur mesure commune est $\dfrac{AC}{2}$: donc

$$CHA = \frac{2^{dr}}{3}.$$ D'où cette construction.

Fig. 433.

En un point quelconque de la parallèle P, je mène **deux droites** HC, AH, faisant un angle **égal à** $\dfrac{2^{dr}}{3}$. Ces droites coupent les parallèles N, M aux points C et A ; je tire CA, je décris une circonférence passant par les points A, H, C. Cette circonférence coupe la parallèle P en B ; je mène CB, AB, et j'ai le triangle cherché.

LIVRE III.

844. *Les deux segments d'une droite donnent un produit maximum, lorsque la droite est divisée en deux parties égales.*

Soit AB la droite donnée. Sur cette ligne comme diamètre, je

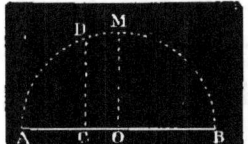

décris une demi-circonférence et au centre O, j'élève la perpendiculaire OM. J'ai (236)

$$\overline{OM}^2 = AO \times OB;$$

Une autre perpendiculaire quelconque CD donne :

Fig. 434.
$$\overline{CD}^2 = AC \times CB;$$

or, OM étant la perpendiculaire maximum inscrite dans la demi-circonférence AMB, j'ai :

$$\overline{OM}^2 > \overline{CD}^2,$$

d'où
$$AO \times OB > AC \times CB$$

Voir en algèbre une autre solution.

845. *Dans un triangle* ABC, *rectangle en* A, *on abaisse la perpendiculaire* AH *sur l'hypoténuse* BC ; *on représente par* c *et* b *les côtés AB, AC : on propose de trouver, au moyen de ces données, les 2 segments de l'hypoténuse ainsi que la hauteur.*

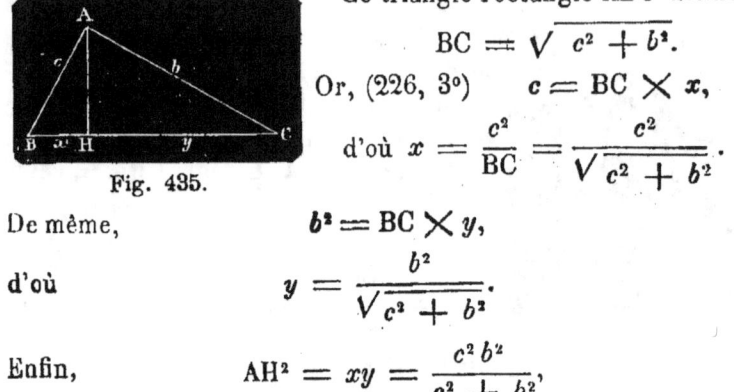

Le triangle rectangle ABC donne

$$BC = \sqrt{c^2 + b^2}.$$

Or, (226, 3°) $c = BC \times x,$

d'où $x = \dfrac{c^2}{BC} = \dfrac{c^2}{\sqrt{c^2 + b^2}}.$

Fig. 435.

De même, $b^2 = BC \times y,$

d'où $y = \dfrac{b^2}{\sqrt{c^2 + b^2}}.$

Enfin, $AH^2 = xy = \dfrac{c^2 b^2}{c^2 + b^2},$

d'où $AH = \dfrac{c\,b}{\sqrt{c^2 + b^2}}.$

846. *Le rayon de la surface des mers supposée sphérique est de 6366198ᵐ. A quelle distance peut s'étendre en pleine mer la vue d'un observateur placé au sommet d'une tour à 50ᵐ au-dessus du niveau de l'eau?*

Rép. 25231ᵐ.

La distance demandée n'est autre que la longueur de la tangente à la surface de la mer, et partant du sommet de la tour. Or (237), la tangente demandée x est moyenne proportionnelle entre la sécante entière et sa partie extérieure, c'est-à-dire moyenne proportionnelle entre $2 \times 6366198 + 50$ et 50.

On aura donc : $x^2 = (2 \times 6366198 + 50)\,50.$

$$x^2 = 636622300,$$

d'où $x = \sqrt{636622300} = 25231^{m}.$

847. *Deux cordes AB, CD se coupent en un point O; les deux parties OA, OB de la première corde sont respectivement égales à 1ᵐ,20 et 2ᵐ,10; la différence entre les parties OC et OD de la deuxième corde est 1ᵐ,84. On demande la longueur de cette corde.*

Rép. 2ᵐ,66.

On a (236) $CO \times OD = AO \times OB,$

et si $CO = y$ et $OD = x$, il vient $xy = 2,52$ **(1)**.

Mais, d'après l'énoncé, on a
$$x - y = 1,84 \ (2)$$
d'où
$$(x - y)^2 = x^2 - 2xy + y^2 = 3,3856.$$

Si, à cette dernière valeur, on ajoute l'équation (1) multipliée par 4, on a
$$x^2 + 2xy + y^2 = (x + y)^2 = 13,4656,$$
d'où
$$x + y = \sqrt{13,4656} = 3,66.$$

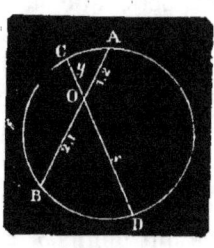

Fig. 436.

848. — *Construire un triangle connaissant les trois hauteurs*

Soit ABC le triangle demandé. Appelons a, b, c ses trois côtés, et a', b', c' les trois hauteurs correspondantes.

Les triangles semblables CBE, CAD donnent
$$\frac{a}{b} = \frac{b'}{a'};$$

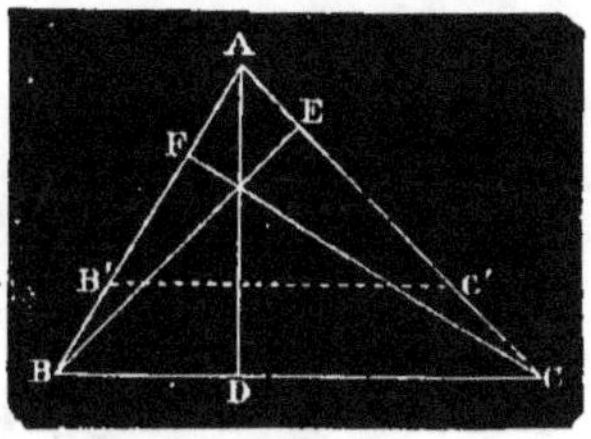

de même, les triangles semblables BCF, BAD donnent

Fig. 437.

$$\frac{a}{c} = \frac{c'}{a'},$$
d'où
$$aa' = bb' = cc' \qquad (1).$$

Divisant chacun de ces rapports par $a'b'$, il vient :
$$\frac{a}{b'} = \frac{b}{a'} = \frac{cc'}{a'b'} = \frac{c}{\dfrac{a'b'}{c'}},$$
ou
$$\frac{a}{b'} = \frac{b}{a'} = \frac{c}{\dfrac{a'b'}{c'}}.$$

L'égalité de ces rapports indique que si l'on construit un triangle AB'C' ayant pour côtés
$$AC' = b', \ B'C' = a', \ AB' = \frac{a'b'}{c'},$$

(1) En nous basant sur le n° 292, nous pourrions poser immédiatement
$$aa' = bb' = cc',$$
et terminer la solution comme il est indiqué.

ce triangle sera semblable au triangle ABC (4); et si l'on se rappelle que dans les triangles semblables les hauteurs correspondant aux côtés homologues sont des droites homologues, il suffira, pour obtenir le triangle ABC, de prendre sur la hauteur issue du sommet A une longueur AD $= a'$, et de mener par le point D une parallèle BC à B'C'.

Rem. Pour que le problème soit possible, il faut qu'on puisse construire le triangle A B' C' ; si donc nous admettons $a' > b' > c'$, ce qui donne $a' < \dfrac{a' \, b'}{c'}$, la condition de possibilité sera $\dfrac{a' \, b'}{c'} < a'$ $+ b'$; car un côté quelconque, $\dfrac{a' \, b'}{c'}$, sera plus petit que la somme des deux autres, en supposant d'ailleurs qu'il est plus grand que leur différence.

849. *Calculer le côté et l'apothème du dodécagone régulier inscrit en fonction du rayon du cercle. Application des deux formules dans le cas où* R $= 3^{m}$.

$$\text{Rép.} \quad c = \text{R} \sqrt{2 - \sqrt{3}}, \; c = 1^{m},554 \; ;$$
$$a = \frac{\text{R}}{2} \sqrt{2 + \sqrt{3}}, \; a = 2^{m},896.$$

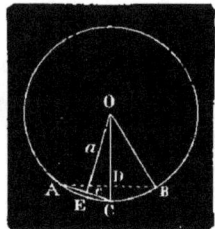

Fig. 438.

1° Désignons par R le côté AB de l'hexagone, par c le côté AC, et par a l'apothème OE.

Le triangle rectangle ADC donne
$$c^2 = \overline{\text{AD}}^2 + \overline{\text{DC}}^2 ;$$

Or,
$$\text{AD} = \frac{\text{R}}{2}, \text{ et DC} = \text{R} - \text{OD} ;$$

mais
$$\text{OD} = \sqrt{\text{R}^2 - \frac{\text{R}^2}{4}} = \frac{\text{R} \sqrt{3}}{2} ;$$

par suite,
$$\text{DC} = \text{R} - \frac{\text{R} \sqrt{3}}{2} :$$

d'où
$$c^2 = \frac{\text{R}^2}{4} + \text{R}^2 - \frac{2 \text{R}^2 \sqrt{3}}{2} + \frac{3 \text{R}^2}{4},$$
$$c^2 = \text{R}^2 (2 - \sqrt{3}),$$

(1) Le triangle AB'C' est facile à construire, puisque a', b' sont données et que le 3e côté AB' est une 4e proportionnelle aux quantités connues a', b', c'.

enfin
$$c = R \sqrt{2 - \sqrt{3}}.$$

2° Le triangle rectangle OCE donne :

$$a^2 = R^2 - \left(\frac{c}{2}\right)^2 = R^2 - \frac{R^2 (2 - \sqrt{3})}{4},$$

$$a^2 = \frac{4 R^2 - R^2 (2 - \sqrt{3})}{4},$$

$$a^2 = \frac{R^2}{4} (2 + \sqrt{3}),$$

d'où
$$a = \frac{R}{2} \left(\sqrt{2 + \sqrt{3}}\right).$$

APPLICATION : $R = 3^m$:

par suite $c = 3 \left(\sqrt{2 - \sqrt{3}}\right) = 1^m,551,$

et $a = 1,5 \left(\sqrt{2 + \sqrt{3}}\right) = 2^m,896.$

850. — *Si l'on fait rouler un cercle dans un autre cercle de rayon double, de manière qu'ils soient toujours tangents, un point de la circonférence du cercle mobile décrira un diamètre du cercle fixe.*

Les deux cercles AO, AD se touchent au point A, et le rayon AO est double du rayon AD ; je dis que le cercle AD roulant dans le cercle fixe AO, le point A du cercle mobile parcourra le diamètre AB.

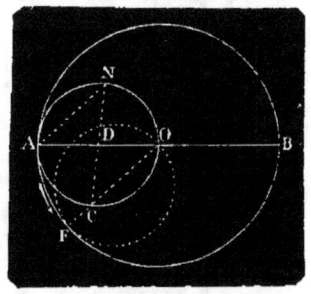

En effet je prends, à partir du point A, deux arcs AC, AF de même longueur, puis je mène le diamètre CN et la corde AN. L'angle ANC a pour mesure $\frac{AC}{2}$ ou AF (ex. 320), et l'angle

Fig. 439.

AOF a aussi pour mesure AF. Donc ANC = AOF. Or, quand le point C sera au point F, le diamètre CN coïncidera avec FO, et à cause de l'égalité des angles ANC, AOF, le côté AN prendra la direction de OA, et le point A se trouvera en un point A′ du diamètre AB. Donc le point A du cercle mobile sera constamment sur le diamètre AB du cercle fixe.

851. *On donne un cercle dont le rayon a* 26^m; *on y inscrit une corde CD de* 24^m; *cette corde divise en deux parties le diamètre AB*

qui lui est perpendiculaire. On demande les deux segments du dia-
mètre.

Rép.   AE $= 2^m,94$; BE $= 49^m,06$,

Menons le rayon OC ; le triangle rectangle OCE donne

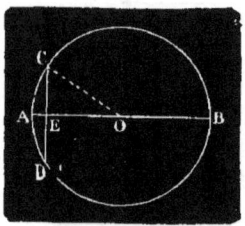

$$\overline{OE}^2 = R^2 - \overline{CE}^2,$$

ou.

$$\overline{OE}^2 = (R + CE)(R - CE)$$

$$\overline{OE}^2 = 38 \times 14 = 532$$

$$OE = \sqrt{532} = 23,06.$$

$$AE = R - OE = 26 - 23,06 = 2^m,94.$$

Fig. 440.

$$BE = R + OE = 26 + 23,06 = 49^m,06.$$

852. 1° *Doub'er une ligne donnée, n'ayant pas d'autre instru-*
ment que le compas ; 2° faire un carré avec le compas seulement.

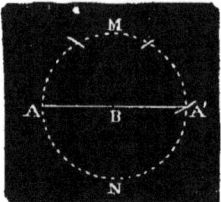

1° Soit AB la ligne qu'il s'agit de dou-
bler.

Du point B comme centre, avec AB pour
rayon, je décris une circonférence, et je prolonge AB jusqu'à sa rencontre en A' avec la
circonférence ; et AA' est un diamètre qui
répond à la question.

Fig. 441.

2° Soit AB le côté donné du carré demandé.

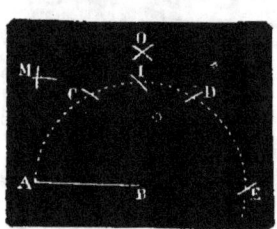

Du point B, avec AB pour rayon, je
décris une circonférence sur laquelle je
porte, à partir de A, trois fois la longueur AB.

Des points A et E comme centres et
avec un rayon AD, égal au côté du
triangle équilatéral inscrit, AB $\sqrt{3}$ (256),
je décris deux arcs qui se coupent en O.

Fig. 442.

La distance OB est égale à la diagonale
du carré demandé, c'est-à-dire que OB = AB$\sqrt{2}$ (228).

En effet : $\overline{OB}^2 = \overline{AO}^2 - \overline{AB}^2 = \overline{AD}^2 - \overline{AB}^2$

$$\overline{OB}^2 = 3\,\overline{AB}^2 - \overline{AB}^2 = 2\,\overline{AB}^2,$$

d'où

$$OB = AB\sqrt{2}.$$

Du point A comme centre, avec OB pour rayon, je décrirai un
arc qui coupera la circonférence en un point I, qui sera évidem-

ment un sommet du carré. Ce point étant déterminé, il sera facile d'achever le carré.

853. — *Les triangles semblables* ABC, abc *ont leurs côtés parallèles, savoir :* AB *parallèle à* ab, BC *parallèle à* bc, AC *parallèle à* ac : *prouver que les 3 droites* Aa, Bb, Cc *vont concourir en un même point.*

Supposons que les lignes Aa, Bb se rencontrent au point P′, et les lignes Bb, Cc au point P, nous aurons les deux égalités suivantes :

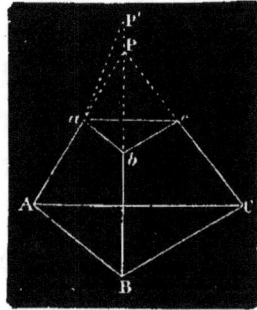

$$\frac{AB}{ab} = \frac{P'B}{P'b},$$

et

$$\frac{BC}{bc} = \frac{PB}{Pb}.$$

Mais nous avons par hypothèse

$$\frac{AB}{ab} = \frac{BC}{bc},$$

Fig. 443.

donc

$$\frac{PB}{Pb} = \frac{P'B}{P'b},$$

ou (alg. 173)

$$\frac{PB - Pb}{Pb} = \frac{P'B - P'b}{P'b}.$$

Or, $\qquad PB - Pb = Bb = P'B - P'b.$

L'égalité des numérateurs entraîne évidemment celle des dénominateurs, donc

$$Pb = P'b,$$

et les points P et P′ se confondent. C. q. f. d.

854. — *Sur le diamètre* AB *d'un cercle, on prend deux points* C *et* D *à égale distance du centre : démontrer que si l'on joint les deux points* C *et* D *à un point quelconque* M *de la circonférence, la somme* $\overline{CM}^2 + \overline{MD}^2$ *sera toujours la même, quel que soit le point* M.

Menons le rayon OM, c'est aussi la médiane du triangle CMD.

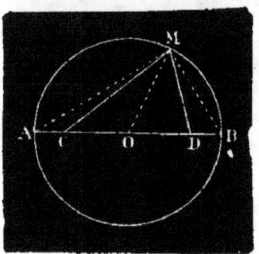

Or (ex. 255),

$$\overline{CM}^2 + \overline{MD}^2 = 2\,\overline{OM}^2 + \frac{\overline{CD}^2}{2}.$$

Le second membre étant une quantité constante, la somme $\overline{CM}^2 + \overline{MD}^2$ est également constante.

Fig. 444.

855. *Démontrer que la somme des côtés du carré et du triangle équilatéral inscrits dans un même cercle surpasse la moitié de la circonférence de ce cercle d'une quantité moindre que $\frac{1}{2}$ centième du rayon.*

Le côté du carré (254) est $R\sqrt{2}$ et (256) celui du triangle équilétéral est $R\sqrt{3}$. Il s'agit de prouver que l'on aura

$$R\sqrt{2} + R\sqrt{3} - \pi R < \frac{R}{200},$$

ou bien, en divisant tous les termes par R, il reste à prouver que l'on aura

$$\sqrt{2} + \sqrt{3} - \pi < \frac{1}{200}.$$

Or, $\sqrt{2} = 1,4142$ et $\sqrt{3} = 1,7320$;

la somme de ces deux racines par excès est

$$1,4143 + 1,7321 = 3,1464,$$

et la valeur de π par défaut est 3,1415.

La différence sera donc moindre que 0,0049, et *à fortiori* moindre que 0,005 ou $\frac{1}{200}$.

856. — *On construit un triangle rectangle dont les côtés de l'angle droit sont égaux au diamètre d'une circonférence et à l'excès du triple du rayon sur le 1/3 du côté du triangle équilatéral inscrit : démontrer que l'hypoténuse de ce triangle rectangle représente, à 0,0001 du rayon, la moitié de cette circonférence.*

Soit ABC le triangle dont il s'agit, $AB = 2R$

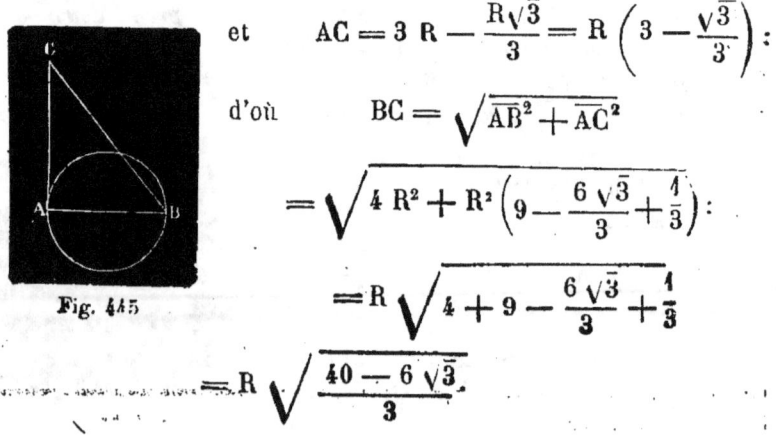

Fig. 445

et $$AC = 3R - \frac{R\sqrt{3}}{3} = R\left(3 - \frac{\sqrt{3}}{3}\right):$$

d'où $$BC = \sqrt{\overline{AB}^2 + \overline{AC}^2}$$

$$= \sqrt{4R^2 + R^2\left(9 - \frac{6\sqrt{3}}{3} + \frac{1}{3}\right)}:$$

$$= R\sqrt{4 + 9 - \frac{6\sqrt{3}}{3} + \frac{1}{3}}$$

$$= R\sqrt{\frac{40 - 6\sqrt{3}}{3}}.$$

Or, l'expression $\sqrt{\dfrac{40 - 6\sqrt{3}}{3}} = 3,14153 = \pi$, à moins de

0,0001 près. Donc BC est, à moins de 0,0001 du rayon, égal à la demi-circonférence π R.

857. — *Étant données deux circonférences tangentes extérieurement, on mène une sécante commune passant par le point de contact. Démontrer que les cordes sont entre elles comme les rayons; trouver en outre le moyen de mener par le point de contact une sécante qui produise deux cordes dont la somme soit égale à une ligne donnée.*

1° Menons les rayons OA, O'C et la ligne des centres OO' qui passera par le point de contact B.

Les deux triangles AOB, BO'C sont isocèles et de plus semblables, puisque les angles en B sont égaux ; par suite

$$\frac{AB}{BC} = \frac{OA}{O'C}.$$

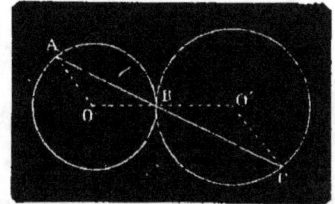

Fig. 446.

2° Il suffira de partager la droite donnée en parties proportionnelles aux rayons des deux circonférences, d'inscrire le plus petit segment dans la plus petite, à partir de B, et de prolonger la droite dans l'autre circonférence.

Il est évident que le maximum de la droite donnée sera la somme des diamètres.

858. — *Étant donnés deux cercles sécants, démontrer que si, par un point quelconque C du prolongement de la corde commune, on mène deux sécantes de même grandeur, une dans chaque cercle, les parties intérieures FD et GK sont égales. Calculer la longueur commune des deux parties dans l'hypothèse où* AB = 40ᵐ, CB = 20ᵐ, CD = 55ᵐ.

Rép.   FD = GK = 33ᵐ,12.

Nous avons (236, 2°) CD × CF = CA × CB = CK × CG, et comme CD = CK,

il en résulte que

CF = CG,

et par suite

FD = GK.

Appliquons les données, dans l'égalité

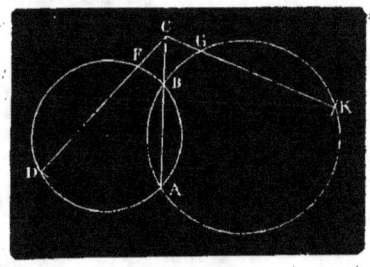

CD × CF = CA × CB.

Fig. 447.

Il vient $$55 \times CF = 60 \times 20,$$

d'où $$CF = \frac{60 \times 20}{55} = 21,88 :$$

donc $$FD = 55 - 21,88 = 33^m,12.$$

859. — *Étant donnés un cercle de rayon R et un triangle équilatéral ABC inscrit dans le cercle, on joint le point D, milieu de l'arc ADC, au point F, milieu de BC, on prolonge jusqu'en G : on demande de calculer DG, et les deux segments DF et FG.*

Rép. $$DG = \frac{5\,R\,\sqrt{7}}{7} ; \quad DF = \frac{R\,\sqrt{7}}{2} ; \quad FG = \frac{3\,R\,\sqrt{7}}{14}.$$

Menons les droites BD, DC, nous obtenons un triangle BDC rectangle en C ; par suite, DCF est aussi un triangle rectangle, et

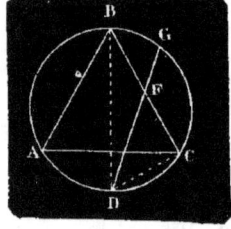

fig. 445.

$$\overline{DF}^2 = \overline{DC}^2 + \overline{CF}^2,$$

ou (256)

$$\overline{DF}^2 = R^2 + \left(\frac{R\,\sqrt{3}}{2} \right)^2 = \frac{7\,R^2}{4}$$

$$DF = \frac{R\,\sqrt{7}}{2}.$$

Les deux cordes BC, DG se coupant en F, milieu de BC, donnent (236)

$$FG \times DF = BF \times CF = \frac{R\,\sqrt{3}}{2} \times \frac{R\,\sqrt{3}}{2}$$

$$FG \times \frac{R\,\sqrt{7}}{2} = \frac{3\,R^2}{4}$$

$$FG = \frac{3\,R}{2\,\sqrt{7}} = \frac{3\,R\,\sqrt{7}}{14} ;$$

et, comme $$DG = DF + FG,$$

on a enfin $$DG = \frac{R\,\sqrt{7}}{2} + \frac{3\,R\,\sqrt{7}}{14} = \frac{5\,R\,\sqrt{7}}{7}.$$

860. — *AB et AC sont les côtés égaux d'un triangle isocèle ABC inscrit dans une circonférence. On prend sur BC un point quelconque D entre B et C, et on mène la droite AD, qu'on prolonge jusqu'en F, où elle rencontre la circonférence : prouver que AB est moyenne proportionnelle entre AD et AF.*

On doit avoir $\overline{AB}^2 = AF \times AD$.

En effet, les triangles ABD et ABF étant équiangles sont semblables, et l'on a :

$$\frac{AF}{AB} = \frac{AB}{AD},$$

d'où $\qquad \overline{AB}^2 = AF \times AD.$

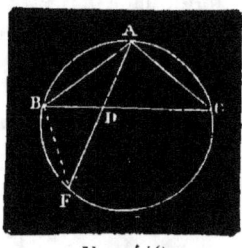

Fig. 449

861. — *D'un point O, pris dans le plan d'un triangle ABC, on abaisse des perpendiculaires sur les 3 côtés; on détermine six segments tels que la somme des carrés de ceux qui n'ont pas d'extrémités communes est égale à la somme des carrés des autres.*

Nous devons avoir $\overline{AD}^2 + \overline{FC}^2 + \overline{BE}^2 = \overline{AF}^2 + \overline{CE}^2 + \overline{BD}^2.$

Joignons le point O aux 3 sommets, il vient

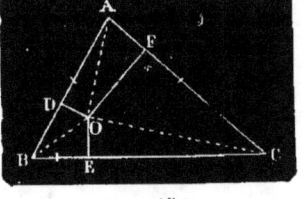

$$\overline{OD}^2 + \overline{AD}^2 = \overline{OF}^2 + \overline{AF}^2$$

$$\overline{OF}^2 + \overline{FC}^2 = \overline{OE}^2 + \overline{CE}^2$$

$$\overline{OE}^2 + \overline{BE}^2 = \overline{OD}^2 + \overline{BD}^2.$$

Fig. 450.

Ajoutant membre à membre, et supprimant les termes égaux, nous obtiendrons

$$\overline{AD}^2 + \overline{FC}^2 + \overline{BE}^2 = \overline{AF}^2 + \overline{CE}^2 + \overline{BD}^2.$$

862. — *La somme des carrés de deux cordes perpendiculaires est égale à huit fois le carré du rayon, moins quatre fois le carré de la distance du centre au point d'intersection des deux cordes.*

Nous devons avoir :

$$\overline{AB}^2 + \overline{CD}^2 = 8\,\overline{OD}^2 - 4\,\overline{OI}^2.$$

En effet,

(1) $\quad \overline{AB}^2 + \overline{CD}^2 = (AI + IB)^2$
$\qquad\qquad + (CI + ID)^2,$

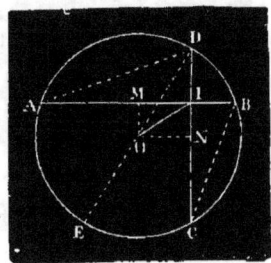

(2) $\quad \overline{AB}^2 + \overline{CD}^2 = \overline{AI}^2 + \overline{IB}^2$
$+ 2\,AI \times IB + \overline{CI}^2 + \overline{ID}^2 + 2\,CI \times ID,$

ou (ex. 252)

Fig. 451.

(3) $\quad \overline{AB}^2 + \overline{CD}^2 = \overline{DE}^2 + 2\,(AI \times IB + CI \times ID).$

Menons à AB et à DC, par le point O, les perpendiculaires **OM**, **ON**, nous aurons, puisque M est le milieu de AB :

$$AI = AM + MI \text{ et } IB = AM - MI ;$$

donc $\quad AI \times IB = (AM + MI)(AM - MI) = \overline{AM}^2 - \overline{MI}^2.$

De même $\qquad CI \times ID = \overline{CN}^2 - \overline{NI}^2.$

Donc l'égalité (3) devient

$$\overline{AB}^2 + \overline{CD}^2 = \overline{DE}^2 + 2\,\overline{AM}^2 - 2\,\overline{MI}^2 + 2\,\overline{CN}^2 - 2\,\overline{NI}^2.$$

Mais $\qquad\qquad\qquad CN = DN,$

d'où $\quad \overline{AB}^2 + \overline{CD}^2 = \overline{DE}^2 + 2\,\overline{AM}^2 + 2\,\overline{DN}^2 - 2\,(\overline{MI}^2 + \overline{NI}^2)$

$$\overline{AB}^2 + \overline{CD}^2 = 4\,\overline{OD}^2 + \frac{\overline{AB}^2 + \overline{CD}^2}{2} - 2\,\overline{OI}^2$$

$$2\,\overline{AB}^2 + 2\,\overline{CD}^2 = 8\,\overline{OD}^2 + \overline{AB}^2 + \overline{CD}^2 - 4\,\overline{OI}^2.$$

Donc enfin $\qquad \overline{AB}^2 + \overline{CD}^2 = 8\,\overline{OD}^2 - 4\,\overline{OI}^2.$ $\qquad$ C. q. f. d.

863. — *Dans tout triangle, la distance des centres de la circonférence inscrite et de la circonférence circonscrite est moyenne proportionnelle entre le rayon de celle-ci et l'excès de ce rayon sur le double du rayon de la 1re.*

Soient *o* et O les centres des deux circonférences, *r* et R leurs rayons, on aura

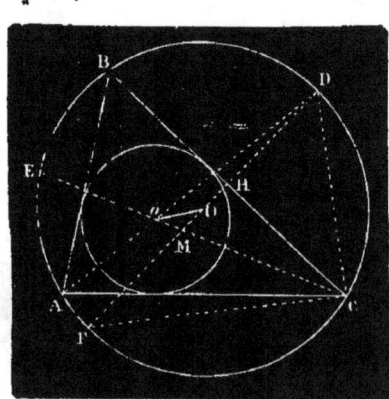

$$\overline{oO}^2 = R\,(R - 2\,r).$$

En effet, les bissectrices C*o*E, A*o*D donnent

arc CD + arc AE = arc EBD,

ou (175)

angle C*o*D = angle ECD.

Donc $\qquad$ DC = *o*D.

Si l'on mène le diamètre DOF, il sera perpendiculaire sur le milieu H de la corde BC, ce qui

Fig. 452.

donnera, à cause du triangle rectangle DCF,

$$\overline{DC}^2 = DF \times DH,$$

ou bien, puisque $\qquad\qquad DC = OD$

$$\overline{oD}^2 = 2\,R \times DH.$$

(1)

La perpendiculaire oM à DF est en même temps parallèle à BC, et donne $$HM = r,$$

d'où (233) $$\overline{oO}^2 = \overline{oD}^2 + \overline{DO}^2 - 2\,\overline{DO} \times (DH + HM)$$

$$\overline{oO}^2 = \overline{oD}^2 + R^2 - 2\,R\,(DH + r). \qquad (2)$$

Ajoutant membre à membre les égalités (1) et (2), il vient

$$\overline{oD}^2 + \overline{oO}^2 = 2\,R \times DH + \overline{oD}^2 + R^2 - 2\,R\,(DH + r),$$

d'où, après avoir effectué et simplifié, il vient

$$\overline{oO}^2 = R\,(R - 2\,r). \qquad \text{C. q. f. d.}$$

REM. Il résulte de là que le rayon R du cercle circonscrit ne saurait être moindre que le diamètre $2\,r$ du cercle inscrit.

864. — *Par deux points donnés sur une circonférence, mener deux cordes parallèles dont la somme l soit donnée.*

Je suppose le problème résolu, et soient AC, BD les cordes parallèles demandées. Je tire AB et CD ; j'obtiens le trapèze ABDC dans lequel la droite MN, qui joint les milieux des côtés AB, CD, est égale à $\dfrac{AC + BD}{2}$ (297), ou égale à $\dfrac{l}{2}$. Le point N se trouve donc sur la circonférence décrite du point M comme centre avec $\dfrac{l}{2}$ pour rayon.

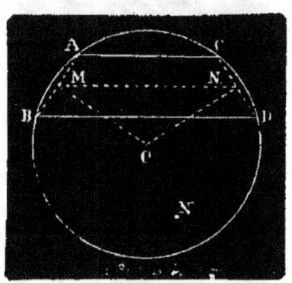

Fig. 453.

De plus, les cordes AB, CD sont égales, comme sous-tendant des arcs égaux ; donc elles sont également éloignées du centre, et le point N se trouve encore sur la circonférence décrite du centre O avec OM pour rayon.

Le point N est alors déterminé. Si donc on trace MN et que, par les points A et B, on mène les parallèles AC, BD à cette droite, on aura les cordes demandées.

REM. Les arcs décrits avec MN et OM pour rayons se coupent en un second point N', et le problème admet deux solutions ; mais si l'on donne à MN sa plus grande valeur qui est évidemment MO + ON, le problème n'a plus qu'une solution, et les parallèles AC, BD sont à égale distance du centre, et l est égale à 4 OM ; le problème serait donc impossible pour $l > 4$ OM.

Pour $l = AB$, ou $\dfrac{l}{2} = AM$, la parallèle AC se réduit à un point.

et le problème n'est plus possible. La question ne sera donc possible que pour AB $< l <$ 4 OM, ou au plus $l =$ OM.

865. — *Trouver le lieu des points dont les distances à deux droites données* AB, AC *sont dans un rapport constant* $\dfrac{m}{n}$.

Si nous supposons que M soit un quelconque des points du lieu cherché, nous avons :

$$\frac{MK}{ML} = \frac{m}{n}.$$

Tirons AM, et sur cette droite prenons un point quelconque M',

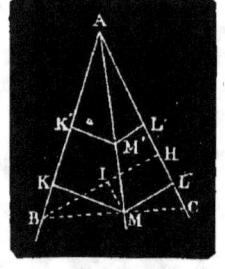

Fig. 454.

puis menons M'K', M'L' respectivement perpendiculaires à AB, AC.

. . . semblables AMK, AM'K' donnent

$$\frac{K}{M\,K'} = \frac{AM}{AM'}.$$

De même les triangles semblables AML, AM'L' donnent

$$\frac{ML}{M'L'} = \frac{AM}{AM'};$$

par suite,

$$\frac{MK}{M'K'} = \frac{ML}{M'L'},$$

d'où

$$\frac{MK}{ML} = \frac{M'K'}{M'L'} = \frac{m}{n}.$$

Le lieu cherché est donc la droite AM.

Pour en trouver un point, prenons AB = AC, puis menons la perpendiculaire BH à AC et partageons BH en deux segments, de telle sorte que

$$\frac{BI}{IH} = \frac{m}{n}.$$

La droite IM tracée parallèlement à AC déterminera sur BC l point M, appartenant au lieu, car nous aurons :

$$ML = IH,$$

et, comme les triangles BIM et BKM sont égaux (angle B = C = BMI),

$$M\,K = BI.$$

866. — *Dans tout triangle, si l'on joint le sommet A à un point quelconque M de la base* BC, *on a la relation :*

$$\overline{AB}^2 . CM + \overline{AC}^2 . BM = BC (\overline{AM}^2 + BM . CM).$$

En effet, si nous abaissons AD perpendiculaire sur BC, le triangle ABM donnera (233)

$$\overline{AB}^2 = \overline{AM}^2 + BM^2 - 2 BM . DM,$$

et le triangle AMC,

$$\overline{AC}^2 = \overline{AM}^2 + \overline{CM}^2 + 2 CM . DM.$$

Pour éliminer DM, nous multiplierons la 1re égalité par CM et la seconde par BM, puis nous ajouterons, il viendra

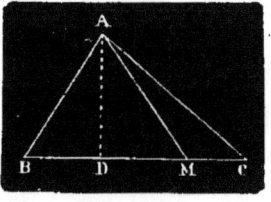

Fig. 455.

$$\overline{AB}^2 . CM + \overline{AC}^2 . BM = \overline{AM}^2 . CM + \overline{AM}^2 . BM + \overline{BM}^2 . CM$$
$$+ \overline{CM}^2 . BM.$$

$$\overline{AB}^2 . CM + AC^2 . \overline{BM} = AM^2 (CM + BM) + BM . CM (BM + CM)$$

$$(a) \quad \overline{AB}^2 . CM + \overline{AC}^2 . BM = \overline{AM}^2 . BC + BM . CM . BC,$$

enfin $$\overline{AB}^2 . CM + \overline{AC}^2 . BM = BC (\overline{AM}^2 + BM . CM).$$

Rem. I. Si le point M est le milieu de BC (BM = CM), la relation générale (a) devient :

$$\overline{AB}^2 . BM + \overline{AC}^2 . BM = \overline{AM}^2 . 2 BM + BM . \frac{BC}{2} . BC :$$

d'où $$\overline{AB}^2 + \overline{AC}^2 = 2 \overline{AM}^2 + \frac{\overline{BC}^2}{2}.$$

Nous avons déjà trouvé cette relation (ex. 255).

II. Si la droite AM est bissectrice de l'angle A, on a (212)

$$\frac{BM}{AB} = \frac{CM}{AC} = \frac{BC}{AB + AC},$$

d'où $$BM = \frac{AB . BC}{AB + AC}, \text{ et } CM = \frac{AC . BC}{AB + AC}.$$

Substituant ces valeurs dans le 1er membre de la relation générale, il vient

$$\frac{\overline{AB}^2 . AC . BC + \overline{AC}^2 . AB . BC}{AB + AC} = BC (AM^2 + BM . CM)$$

$$\frac{AB . AC (AB + AC)}{AB + AC} = \overline{AM}^2 + BM . CM :$$

d'où $$AB . AC = \overline{AM}^2 + BM . CM$$

Cette relation a déjà été trouvée (ex. 265).

867. — *Si, par un point pris en dehors d'un cercle, on mène deux sécantes également distantes du centre, les diagonales du quadrilatère formé par les points d'intersections se coupent en un point constant.*

Soient le point M et les sécantes MAB, MDC, je dis que le point d'intersection I des diagonales AC, DB du quadrilatère ABCD est constant.

En effet, le centre O étant à égale distance de MB et de MC, se

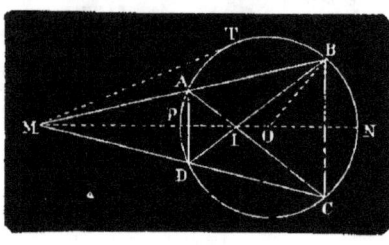

Fig. 456.

trouve sur la bissectrice MON de leur angle, de plus, les cordes AB et DC sont égales. Par suite, les triangles AIB, DIC sont égaux, et par conséquent les distances du point I aux côtés égaux AB, DC sont égales; donc le point I est aussi sur la bissectrice MON.

D'autre part, si je tire OB, j'obtiens deux triangles MOB, MAI, qui sont semblables, car ils ont l'angle AMI commun, et l'angle MOB a pour mesure l'arc PB, et l'angle MAI supplément de BAI a

pour mesure
$$\frac{PB}{2} + \frac{PC}{2} = PB.$$

Ces triangles donnent

$$\frac{MI}{BM} = \frac{MA}{MO},$$

d'où
$$MI = \frac{MB + MA}{MO}.$$

Mais la tangente MT donne

$$MB + MA = \overline{MT}^2.$$

Substituant cette valeur dans l'égalité précédente, il vient

$$MI = \frac{\overline{MT}^2}{MO} :$$

MI est donc constant, et par suite le point I, puisque les quantités MT et MO sont constantes.

868. — *On donne deux points A et B sur une parallèle à une ligne donnée xy, leur distance AB = 2 a, la distance des deux parallèles est b : on demande à quelle distance de la droite AB se trouve* *ie centre du cercle qui passe par les deux points* A *et* B, *et est tam-gent à la droite* xy.

Rép. $$CO = \frac{b^2 - a^2}{2\,b}.$$

Le centre O doit se trouver sur la perpendiculaire CD élevée sur le milieu de AB ; il est aussi sur la perpendiculaire OM : donc il est facile à déterminer.

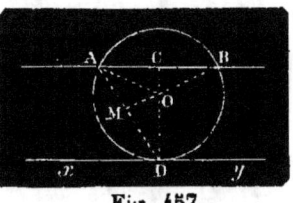

Cherchons maintenant la distance CO en fonction de *a* et de *b*. Le triangle rectangle ACO donne

Fig. 457.

$$\overline{CO}^2 = \overline{AO} - a^2$$

$$\overline{CO}^2 = (b - CO)^2 - a^2$$

$$\overline{CO}^2 = b^2 - 2\,b \times CO + \overline{CO}^2 - a^2,$$

par suite $$2\,b \times CO = b^2 - a^2,$$

d'où $$CO = \frac{b^2 - a^2}{2b}.$$

869. — *Étant donné un cercle, on demande de déterminer sur sa tangente, au point* A, *un point* T *tel que si par ce point on mène une droite passant par le centre du cercle et rencontrant la circonférence en deux points* M, M', *la partie* TM *soit égale au diamètre* MM'. *Application :* R $=$ OA $=$ 3^m,015.

Rép. AT $=$ 8^m,52.

Supposons le problème résolu, et soit MT $=$ MM'.

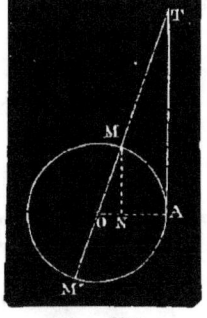

Nous avons $\dfrac{OM}{OT} = \dfrac{1}{3}$. Menons le rayon OA et la parallèle MN à AT ; les triangles semblables OMN et OTA donnent

$$\frac{ON}{OA} = \frac{OM}{OT} = \frac{1}{3},$$

d'où $$ON = \frac{1}{3}\,OA.$$

Fig. 458.

Donc nous ferons ON $= \dfrac{1}{3}$ OA, par le point N nous mènerons NM parallèle à AT, enfin le diamètre M'OM prolongé rencontrera la tangente au point T, qui sera le point demandé.

Application : OA $= 3,015$ donne TM $= 2 \times 3,045 = 6,03$, et TM$' = 4 \times 3,045 = 12^m,06$,

d'où
$$\overline{AT}^2 = 12,06 \times 6,03$$
$$AT = \sqrt{12,06 \times 6,03} = 8^m,52.$$

870. *Dans un triangle quelconque* ABC, *les milieux* **a, b, c** *de côtes, les pieds* l, m, n *des hauteurs, les milieux* p, q, r *des distances qui séparent les sommets* A, B, C, *du point de concours* H *des hauteurs, sont 9 points situés sur une même circonférence; le centre* O' *de cette circonférence est le milieu de la droite qui unit le centre* O *du cercle circonscrit au triangle au point de concours* H *des hauteurs, et son rayon est égal à la moitié du rayon de ce cercle.*

En effet :

1° *ab* étant égale et parallèle à A*c*, la figure A*bac* est un parallélogramme, et

$$\text{angle } cab = \text{angle } cAb = cAl + lAC.$$

Or, dans le triangle rectangle AB*l*, le point *c* étant au milieu

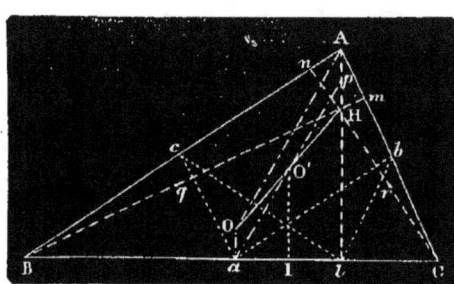

Fig. 459.

de AB, le triangle A*cl* est isocèle (ex. 809), et angle *cl*A = angle *cAl*. Pour la même raison, angle *bl*A = angle *bAl*; donc angle *clb* = angle *cAb* = *cab*; donc le cercle passant par les milieux *a*, *b*, *c* des côtés du triangle passera aussi par le pied *l* de la hauteur A*l* (201). On démontrerait de même qu'il passera par les pieds *m* et *n* des deux autres hauteurs.

2° Les droites *al*, *bm*, *cn* étant des cordes du cercle considéré, le centre de ce cercle sera à la rencontre des perpendiculaires élevées sur les milieux de ces cordes.

Or, l'une quelconque IO' de ces perpendiculaires passe par le milieu O' de OH (297) : donc O' est le centre cherché.

3° Si l'on mène *a*O', cette droite prolongée passera au point *p*, puisque les points O' et *p* sont les milieux des droites OH, AH (207). Les triangles *a*OO', O'H*p* ayant leurs angles égaux et OO' = O'H, sont égaux, et l'on a O'*p* = O'*a* et *a*O = H*p* = A*p*. Donc le cercle considéré passant en *a* passera aussi en *p*, milieu de la distance AH qui sépare le sommet A du point de concours H des hauteurs. On prouverait de même que ce cercle passe aux points *q* et *r*.

4° Enfin, d'après ce qui précède, *ap* étant égale et parallèle à *a*O, la figure A*pa*O est un parallélogramme, et le diamètre *ap* du cercle considéré est égal au rayon OA du cercle circonscrit au triangle.

Rem. Le cercle passant par les neufs points *a*, *b*, *c*... a reçu pour ce motif le nom de *cercle des neuf points*.

LIVRE IV

871. — *On a mesuré une longueur de* 360^m,40. *La chaîne, véri-fiée seulement après le mesurage, se trouve n'avoir que* 9^m,94 : *on demande la longueur réelle.*

Lorsqu'on croyait mesurer une longueur de 10^m, cette longueur n'avait en réalité que 9^m,94.

Donc 10^m de la chaîne fausse valent 9^m,94

$$1^m \qquad \text{vaudra} \qquad 0^m,994$$
$$\text{et } 360^m,40 \qquad \text{vaudront} \quad 0^m,994 \times 360,40 = 358^m,24.$$

872. — *Former avec les diverses parties d'un carré décomposé :*
1° 3 *carrés égaux ;* 2° 8 *carrés égaux.*

1° Le carré ABCD étant partagé en 7 parties par les parallèles CE, FG et par les perpendiculaires BH, IK, LM, NP, à ces droites, il s'agit de déter-miner, en fonction de *a*, côté du carré donné, les valeurs de ces divers segments, de telle sorte qu'en les réunissant, comme l'indique la figure, on obtienne les carrés KMLN, MHBL, HKNB égaux entre eux.

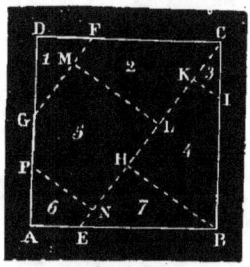

Fig. 460.

En supposant le problème possible, la surface de chacun des petits carrés doit être $\dfrac{a^2}{3}$, et, par suite, le côté de l'un d'eux

égal à $\dfrac{a}{\sqrt{3}}$. Donc (fig. 460)

$$BH = HK = CL = LN$$
$$= LM = \frac{a}{\sqrt{3}}$$

Or, les triangles semblables BCH, BHE donnent

$$\frac{CH}{BH} = \frac{CB}{BE}. \qquad (1)$$

Mais

$$\overline{CH}^2 = a^2 - \left(\frac{a}{\sqrt{3}}\right)^2 = \frac{2a^2}{3}$$

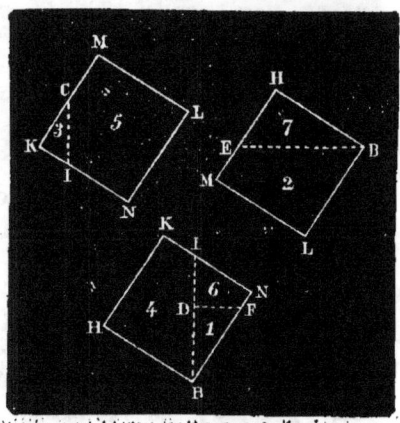

Fig. 461.

d'où
$$CH = a \sqrt{\frac{2}{3}}.$$

L'égalité (1) devient donc successivement

$$\frac{a \sqrt{\frac{2}{3}}}{\frac{a}{\sqrt{3}}} = \frac{a}{BE}$$

$$\frac{a \sqrt{3} \sqrt{\frac{2}{3}}}{a} = \frac{a}{BE},$$

d'où
$$BE = \frac{a}{\sqrt{2}}.$$

Ainsi, si l'on admet comme possible la décomposition demandée, le *segment* BE *est égal à la moitié de la diagonale du carré donné.* Tous les segments dont se compose la figure dépendent de BE; il est facile d'en faire le calcul, et de vérifier qu'ils satisfont aux conditions du problème (1).

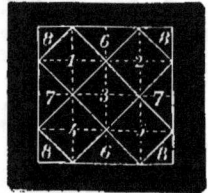

Fig. 462.

2° Il suffit d'examiner la figure pour voir comment on obtient 8 carrés égaux avec un carré donné.

Cette décomposition d'un carré trouve de fréquentes applications dans les arts.

875. — *Etant donnés les côtés de deux triangles équilatéraux respectivement égaux à* 43^m,56 *et à* 18^m,35, *on demande de calculer à* 0,04 *près le côté d'un triangle équilatéral équivalant aux* 2/3 *du* 1er *plus aux* 3/5 *du second.*

Rép. 38^m,31.

Si l'on appelle T, T′ les surfaces des triangles donnés, X et x la surface et le côté du triangle demandé, on aura :

$$\frac{T}{43,56^2} = \frac{T'}{18,35^2} = \frac{X}{x^2}.$$

(1) M. Catalan attribue cette solution empirique à M. Busschop de Bruges.

Or, $$\frac{2}{3}\,T + \frac{3}{5}\,T' = X,$$

donc $$\frac{2}{3}\times\overline{43,56}^2 + \frac{3}{5}\times\overline{18,35}^2 = x^2,$$

ou enfin $$x = \sqrt{\frac{2}{3}\times\overline{43,56}^2 + \frac{3}{5}\times\overline{18,35}^2} = 38^m,31$$

874. — *Les deux côtés de l'angle droit d'un triangle rectangle étant 1 et 2, calculer à 0,01 la valeur du rayon du cercle inscrit.*

Rép. $0^m,38$.

La surface du triangle se compose de la somme des trois triangles AOB, BOC, AOC, ou

$$S = \frac{AB}{2}\times r + \frac{BC}{3}\times r + \frac{AC}{2}\times r$$

$$= r\left(\frac{AB + BC + AC}{2}\right).$$

Remplaçant les lettres par leurs valeurs, il vient

$$S = r\left(\frac{2 + \sqrt{5} + 1}{2}\right).$$

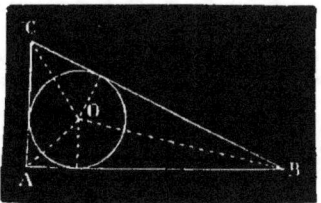

D'autre part, on a encore pour la
surface du triangle

Fig. 463.

$$S = \frac{AB\times AC}{2} = \frac{2\times 1}{2} = 1\,;$$

par suite, $$r\left(\frac{2 + \sqrt{5} + 1}{2}\right) = 1,$$

d'où $$r = \frac{2}{3 + \sqrt{5}}\,;$$

en multipliant les deux termes de la fraction par $3 - \sqrt{5}$, il vient
(alg. n° 33, ex. III)

$$r = \frac{6 - 2\sqrt{5}}{9 - 5} = \frac{3 - \sqrt{5}}{2} = 0^m,38.$$

875. — *Trouver la surface d'un hexagone en fonction de son apothème.*

Rép. $\quad S = 2a^2\sqrt{3}.$

La surface de l'hexagone est égale au demi-périmètre multiplié par l'apothème a ou

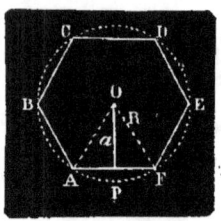

Fig. 464.

$$S = 3aR.$$

Or, le triangle rectangle AOP donne

$$\overline{AO}^2 - \overline{AP}^2 = a^2,$$

c'est-à-dire

$$R^2 - \frac{R^2}{4} = a^2,$$

d'où

$$R = \frac{2a}{\sqrt{3}}.$$

Alors

$$S = 3 \times a \times \frac{2a}{\sqrt{3}}$$

$$= 2a^2\sqrt{3}.$$

876. — *Partager un triangle* ABC, *dans un rapport donné, par une droite* MN *parallèle à une direction donnée.*

Soit le triangle ABC partagé dans le rapport donné $\dfrac{p}{q}$, par la droite MN, parallèle à la direction donnée, xy.

Les deux triangles AMN, ABC ont l'angle A de commun, et sont entre eux (ex. 359) comme les produits des côtés qui comprennent l'angle égal A: d'où

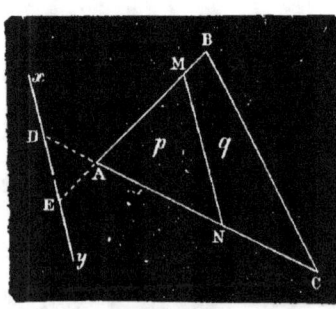

Fig. 465.

$$\frac{AM \times AN}{AB \times AC} = \frac{p}{p+q}.$$

D'autre part, à cause des parallèles MN, DE, les deux triangles semblables AMN, ADE donnent

$$\frac{AN}{AM} = \frac{AD}{AE}.$$

Multipliant membre à membre ces deux égalités, on a

$$\frac{AM \times \overline{AN}^2}{AB \times AC \times AM} = \frac{p}{p+q} \times \frac{AD}{AE},$$

$$\frac{\overline{AN}^2}{AB \times AC} = \frac{p}{p+q} \times \frac{AD}{AE};$$

et si l'on fait (241) $AB \times AC = l^2$, il vient

$$\frac{AN^2}{l^2} = \frac{p}{p+q} \times \frac{AD}{AE}.$$

D'où l'on voit que AN est le côté d'un carré qui est au carré de l dans un rapport donné; car, des quantités formant le second membre, les unes (p et $p+q$) sont connues, et les autres faciles à déterminer.

On peut donc considérer la question comme résolue (333).

877. — *Déterminer la surface d'un trapèze en fonction de ses quatre côtés.*

On aura pour la surface du trapèze ABCD :

$$S = \frac{1}{4} \cdot \frac{a+c}{a-c} \sqrt{(a+b+d-c)(b+c+d-a)(a+b-c-d)(a+d-b-c)}$$

En effet, en menant CE parallèle à DA, on détermine le triangle BCE dont les trois côtés sont connus, car $n = a - c$. Or, on a (ex. 248) pour la hauteur h de ce triangle

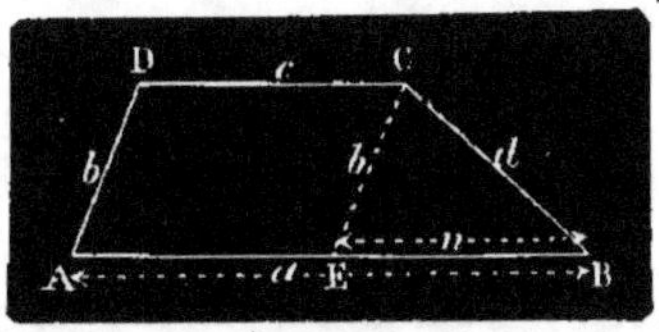

Fig. 466.

$$h = \frac{\sqrt{(n+b+d)(n+d-b)(n+b-d)(b+d-n)}.}{2n}$$

Remplaçant dans cette égalité n par sa valeur $a - c$, il vient :

$$h = \frac{\sqrt{(a-c+b+d)(a-c+d-b)(a-c+b-d)(b+d-a+c)}.}{2(a-c)}$$

Mais cette hauteur est aussi celle du trapèze, donc on a :

$$S = \frac{a+c}{2} \times h,$$

ou $S = \frac{1}{4} \cdot \frac{a+c}{a+c} \sqrt{(a+b+d-c)(b+c+d-a)(a+b-c-d)(a+d-b-c)}.$

878. — *La projection horizontale d'un rectangle incliné régulièrement a 400^{mq} de surface; la hauteur a 8^m de plus que la base,*

la différence de niveau entre les deux extrémités de la base est de
3^m : *on demande la superficie réelle du rectangle.*

Rép. 406^{mq}, 74.

Appelons x la base de cette projection, sa hauteur sera $x + 8$, et
nous aurons :

$$x (x + 8) = 400$$
$$x^2 + 8 x = 400 :$$

d'où $$x = - 4 \pm \sqrt{400 + 16}$$

$$x = 16,4.$$

Donc la base de la projection du rectangle a $16^m,40$ et sa hauteur
$24^m,40$.

Or, la hauteur du rectangle donné est aussi $24^m,40$, et sa base
est l'hypoténuse d'un triangle rectangle dont les autres côtés sont
$16^m,40$ et 3^m; si y est cette hypoténuse, nous aurons

$$y^2 = 16,40^2 + 3^2$$
$$y = \sqrt{277,96} = 16,67.$$

Donc surface demandée $= 16,67 \times 24,40 = 406^{mq}$. 74.

879. — 1° *Construire sept hexagones réguliers égaux, de manière
que six d'entre eux aient deux sommets situés sur une circonférence
donnée et un côté commun avec le septième qui doit avoir le même
centre; 2° prouver que le polygone concave formé des sept hexagones
est équivalent à l'hexagone régulier inscrit dans la circonférence
donnée.*

1° **Supposons le problème résolu,** et soit OA le rayon du cercle

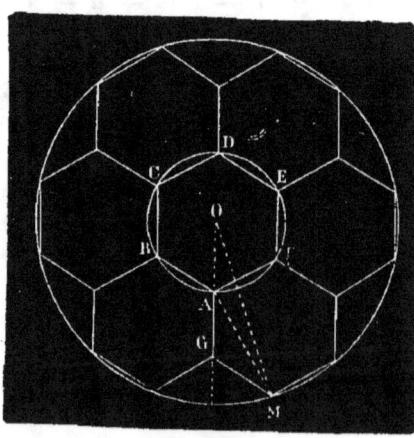

Fig. 167.

circonscrit au 7ᵉ hexagone
ABCDEF. Les hexagones
étant réguliers, leurs angles
sont égaux, et FAG = BAG;
par suite, leur côté com-
mun AG est le prolonge-
ment du rayon OA, qui divise
l'angle BAF en deux parties
égales.

Or, si nous menons les
lignes OM, AM, à cause
de OA = AG, la droite AM
sera médiane du triangle
OMG, et nous aurons (**ex.**
255)

$$\overline{OM}^2 + \overline{GM}^2 = 2 \overline{AM}^2 + 2 \overline{OA}^2,$$

ou $$\overline{OM}^2 + \overline{OA}^2 = 2\,\overline{AM}^2 + 2\,\overline{OA}^2.$$

Mais AM, côté du triangle équilatéral inscrit, est égal à OA $\sqrt{3}$ (n° 256); donc $2\,\overline{AM}^2 = 6\,\overline{OA}^2$. Substituant cette valeur dans l'égalité précédente, nous aurons :

$$\overline{OM}^2 + \overline{OA}^2 = 6\,\overline{OA}^2 + 2\,\overline{OA}^2$$

$$7\,\overline{OA}^2 = \overline{OM}^2$$

$$\overline{OA}^2 = \frac{\overline{OM}^2}{7} = OM \times \frac{1}{7}\,OM.$$

Donc le rayon inconnu OA est une moyenne proportionnelle entre le rayon donné et le $\frac{1}{7}$ de ce rayon.

2° Le polygone concave dont il s'agit se compose, comme l'indique la figure, de sept hexagones égaux à celui inscrit dans le cercle de rayon OA, donc leur rapport est $\frac{1}{7}$. D'autre part, nous avons plus haut : $\overline{OA}^2 = \dfrac{\overline{OM}^2}{7}$, d'où $\dfrac{\overline{OA}^2}{\overline{OM}^2} = \dfrac{1}{7}$, et comme les surfaces de deux hexagones réguliers sont proportionnelles aux carrés de leurs rayons, la relation $\dfrac{\overline{OA}^2}{\overline{OM}^2} = \dfrac{1}{7}$ nous montre que l'hexagone inscrit dans le cercle OM est équivalent au polygone concave. C. q. f. d.

880. — *Si sur les 3 côtés d'un triangle rectangle on construit des demi-circonférences, les deux surfaces comprises respectivement entre la grande circonférence et les deux petites équivalent ensemble à l'aire du triangle.*

(*Les deux surfaces dont il s'agit sont connues sous le nom de lunules d'Hippocrate*).

Les deux lunules étant M et N, nous aurons :

$$M + N = \text{triangle ABC.}$$

En effet, la figure totale se compose des deux lunules et du demi-cercle décrit sur AC, ou

$$\text{Surf. totale} = M + N + \frac{\text{cercle AC}}{2}.$$

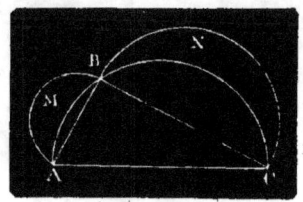

Fig. 468.

Mais elle se compose aussi du triangle ABC, et des deux demi-cercles décrits sur AB et sur BC comme diamètres, donc nous pouvons encore écrire :

$$\text{Surf. totale} = \text{triangle ABC} + \frac{\text{cercle AB} + \text{cercle BC}}{2},$$

d'où $M + N + \dfrac{\text{cercle AC}}{2} = \text{triangle ABC} + \dfrac{\text{cercle AB} + \text{cercle BC}}{2}$ (a)

Or, le triangle ABC donne :

$$\overline{AC}^2 = \overline{AB}^2 + \overline{BC}^2,$$

d'où $\pi \overline{AC}^2 = \pi \overline{AB}^2 + \pi \overline{BC}^2.$

La surface du demi-cercle AC est par conséquent égale à la somme des demi-cercles AB et BC ; donc, si nous retranchons de chaque membre de l'égalité (a) les quantités égales, il restera :

$$M + N = \text{triangle ABC}.$$

881. — *Etant donné un hexagone régulier ABCDEF, on joint les sommets de deux en deux par des diagonales : 1° démontrer que le polygone abcdef formé par les intersections des diagonales consécutives est régulier ; 2° trouver le rapport de la surface de ce polygone à celle de l'hexagone donné.*

Rép. $\dfrac{1}{3}.$

1° Le polygone *abcdef* est régulier.

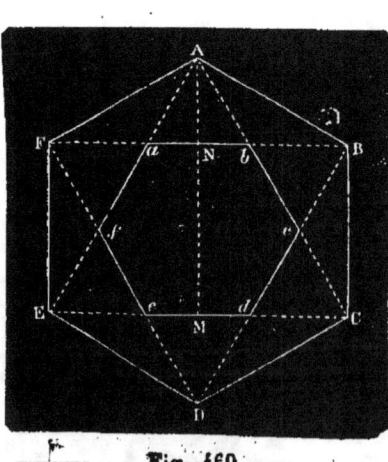

Fig. 469.

En effet, FB étant parallèle et égale à EC, si du sommet A on abaisse sur EC la perpendiculaire AM, elle sera divisée par *ab* et par le centre en trois parties égales (ex. 309), et l'on aura :

$$\frac{AN}{AM} = \frac{1}{3} = \frac{ab}{EC} = \frac{ab}{FB}.$$

On prouverait de même que $bc = \dfrac{1}{3} AC$, $cd = \dfrac{1}{3} BD$, et comme FB = AC = BD.... ; il en résulte que

$$ab = bc = cd....$$

On a de plus, angle   AEC = ACE = 60°;

donc   Aab = Aba = 60°, par suite,

$$a + 60° = b + 60°; \text{ ou } a = b....$$

Donc, l'hexagone $abcdef$ ayant ses côtés et ses angles égaux est régulier.

2° Les deux hexagones réguliers ABCDEF et $abcdef$ sont semblables, leurs surfaces sont par conséquent proportionnelles aux carrés de leurs côtés homologues, et l'on a :

$$\frac{abcdef}{\text{ABCDEF}} = \frac{\overline{ab}^2}{\overline{AB}^2}$$

Or, $ab = \dfrac{\text{FB}}{3}$, et (256) FB = AB $\sqrt{3}$,

donc $ab = \dfrac{\text{AB} \sqrt{3}}{3}$, et $\overline{ab}^2 \dfrac{\overline{AB}^2}{3}$,

Substituant cette valeur dans l'égalité plus haut, il vient :

$$\frac{abcdef}{\text{ABCDEF}} = \frac{\overline{AB}^2}{3\,\overline{AB}^2} = \frac{1}{3}.$$

882. — *Calculer l'aire d'un cercle tel que la surface de l'hexagone régulier inscrit dans ce cercle soit* 4^{mq}.

Rép.   4^{mq},83,

La surface du cercle est égale à π R^2; celle de l'hexagone est

(326, 2°) égale à $\dfrac{3 \text{ R}^2 \sqrt{3}}{2}$,

On a donc $\dfrac{3 \text{ R}^2 \sqrt{3}}{2} = 4$:

d'où   R$^1 = \dfrac{8}{3 \sqrt{3}} = \dfrac{8 \sqrt{3}}{9}$.

Donc surface du cercle = π R$^2 = \dfrac{8 \pi \sqrt{3}}{9} = 4^{mq}$,83.

883. — *Transformer un triangle quelconque en un triangle isocèle qui lui soit équivalent et qui ait avec lui un angle commun. Déterminer le nombre de solutions.*

Supposons le problème résolu, et soit le triangle isocèle CDE équivalent au triangle donné ABC. Ces deux triangles, ayant un angle commun en C, donnent (ex. 359)

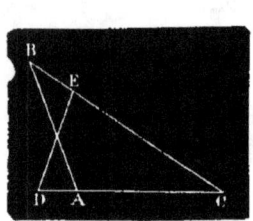

$$\frac{CDE}{ABC} = \frac{CD \times CE}{CA \times CB} = \frac{\overline{CD}^2}{CA \times CB}.$$

Or, par hypothèse,

$$CDE = ABC;$$

donc

$$\overline{CD}^2 = CA \times CB,$$

Fig. 470.

et CD est moyenne proportionnelle entre les côtés CA et CB du triangle donné.

REM. Le même raisonnement pouvant s'appliquer à chacun des angles du triangle donné, il y aura toujours trois solutions.

884. *1° Trouver en fonction du côté c d'un carré le côté de l'octogone régulier inscrit dans ce carré; 2° trouver la surface dans le cas où* c = 4^m.

Rép. 1° Côté de l'octogone $= c\,(\sqrt{2} - 1)$; 2° S $=$ 13^{mq},2544.

1° Soit x le côté de l'octogone. Circonscrivons un cercle au carré donné ABCD, et inscrivons le second carré A′B′C′D′ en lui donnant pour sommets les milieux des arcs AB, BC...... Ce second carré, par ses intersections avec le premier, détermine le polygone *abcdefgh* qui est l'octogone demandé; car, d'après la construction des deux carrés, les angles et les côtés de ce polygone sont égaux. Cherchons maintenant à déterminer $ab = x$ en fonction de c.

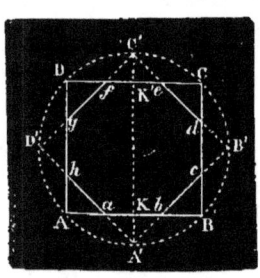

Fig. 471.

Or, $\quad$ A′K $+$ C′K′ $=$ 2 A′K $=$ C′A′ $- c = c\sqrt{2} - c$

(228) $\quad$ 2 A′K $= c\sqrt{2} - c = c\,(\sqrt{2} - 1).$

D'autre part, le triangle rectangle A′*ab* donne (226)

$$\overline{A'K}^2 = aK \times Kb = \frac{x}{2} \times \frac{x}{2} = \frac{x^2}{4}$$

$$A'K = \frac{x}{2};$$

d'où $\quad x = 2\,A'K = c\,(\sqrt{2} - 1).$

2° La surface S demandée sera $8\,x \times \dfrac{c}{4}$;

d'où $\quad S = 8\,c\left(\sqrt{2} - 1\right) \times \dfrac{c}{4} = 2\,c^2\left(\sqrt{2} - 1\right) = 2$

$\qquad \times 16\left(\sqrt{2} - 1\right) = 32 \times 0,414 = 13^{mq},2544.$

885. — *Un triangle ABC étant donné, on propose de mener, du sommet C, deux droites CM et CN qui partagent le triangle en trois autres dont les surfaces soient entre elles comme 1, 2, 3.*

Les trois triangles qu'on doit obtenir auront évidemment même hauteur CD; donc ils seront entre eux comme leurs bases. Il s'agit donc de diviser la ligne AB en trois parties proportionnelles aux nombres 1, 2, 3.

Si M et N sont les points de division, il suffit de les joindre au sommet C, et le problème est résolu.

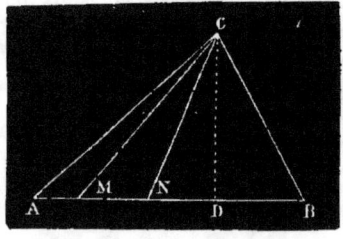

Fig. 472

886. — *Etant donné un point sur l'un des côtés d'un triangle, mener par ce point une ligne qui partage le triangle en deux parties équivalentes.*

Soit ABC le triangle donné, et partagé comme il est demandé par la ligne MN, partant du point donné N.

Les deux triangles MBN et ABC ayant un angle commun en B donnent (ex. 359)

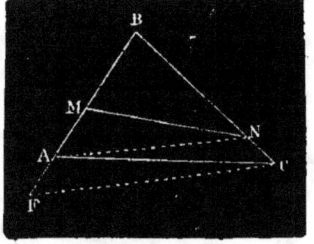

Fig. 473.

$$\frac{MBN}{ABC} = \frac{BN \times BM}{AB \times BC},$$

ou

$$\frac{1}{2} = \frac{BN \times BM}{AB \times BC}$$

$$BM = \frac{AB \times BC}{2\,BN} = \frac{AB}{2} \times \frac{BC}{BN}.$$

Donc BM est une 4e proportionnelle aux trois lignes connues $\dfrac{AB}{2}$, BC, BN.

On déterminera le point M, et on tirera la ligne de division MN.

887. — *Sur chacun des côtés d'un carré comme diamètres et dans l'intérieur de la figure, on décrit des demi-circonférences qui déterminent 4 feuilles dont on demande la surface. Application : rayon = 1 décimètre.*

Rép. $2^{dmq}, 2832$.

Les demi-circonférences, ayant pour rayon l'apothème du carré, sont tangentes deux à deux et passent au centre de ce carré.

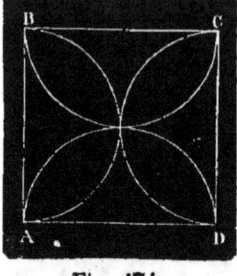

Fig. 474.

On voit, d'après la figure, que la surface demandée est égale à l'excès des 4 demi-cercles sur le carré. Or, la surface des 4 demi-cercles est $\dfrac{\pi c^2}{8} \times 4 = \dfrac{\pi c^2}{2}$ (c étant le côté du carré) ; la surface du carré est c^2 ; donc la surface demandée est égale à

$$\frac{\pi c^2}{2} - c^2 = \frac{c^2 (\pi - 2)]}{2}.$$

APPLICATION : $r = 1 = \dfrac{c}{2}$;

$$c = 2.$$

Surface demandée $= \dfrac{4\,(3,1416 - 2)}{2} = 2,2832$.

888. — *Inscrire à un triangle un rectangle équivalent à un carré donné* m².

Soit le rectangle IDEF équivalent au carré donné m^2, les deux triangles semblables ADI, ABH donnent

$$\frac{DI}{BH} = \frac{AD}{AB}.$$

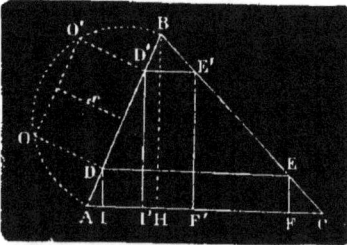

Fig. 475.

On a aussi par les triangles semblables DBE, ABC,

$$\frac{DE}{AC} = \frac{BD}{AB}.$$

Multipliant membre à membre ces deux égalités, on a

$$\frac{DI \times DE}{BH \times AC} = \frac{AD \times BD}{AB^2},$$

ou
$$\frac{m^2}{BH \times AC} = \frac{AD \times BD}{AB^2},$$

ou encore
$$AD \times BD = \frac{m^2 \times \overline{AB}^2}{BH \times AC}.$$

Faisant (244)
$$AD \times BD = x^2,$$

et
$$BH \times AC = l^2,$$

il vient
$$x^2 = \frac{m^2 \times \overline{AB}^2}{l^2}$$

$$x = \frac{m \times AB}{l}.$$

L'inconnue x est facile à déterminer, puisque c'est une 4° proportionnelle aux droites l, m et AB.

On décrira sur AB, comme diamètre, une demi-circonférence AOB, puis à une distance x de AB on mènera à cette ligne une parallèle qui déterminera le point O par son intersection avec la demi-circonférence OAB; de ce point O on abaissera sur AB la perpendiculaire OD; enfin, par le point D, on mènera la parallèle DE à AC et la perpendiculaire EF.

REM. Il y a ordinairement deux solutions : IDEF, I'D'E'F', car on a

$$x^2 = \overline{OD}^2 = \overline{O'D'}^2 = AD \times BD = AD' \times BD';$$

mais il n'y a plus qu'une solution si $x = \dfrac{AB}{2}$; enfin le problème devient impossible pour $x > \dfrac{AB}{2}$.

889. — *D'un point B pris sur le côté AB de l'angle droit FAB, on abaisse BC perpendiculaire sur la bissectrice AG, on prend CK = CG, et des points G et K on mène les perpendiculaires GF et KL sur AF, on tire KB et GB : on propose de démontrer que la surface du triangle KBG est équivalente à celle du trapèze LFGK.*

On doit avoir :

surf. KBG = surf. LFGK.

En effet,

$$\text{surf. KBG} = KG \times \frac{BC}{2},$$

et (ex. 371)

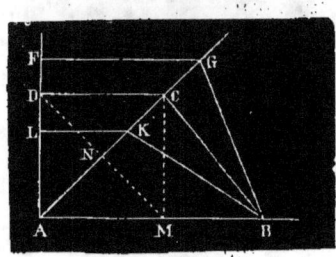

Fig. 476.

$$\text{surf. LFGK} = \text{KG} \times \text{DN}.$$

Si donc on prouve que $\dfrac{\text{BC}}{2} = \text{DN}$, la question sera résolue.

Or, si l'on prolonge DN jusqu'à sa rencontre en M avec AB, on détermine ainsi un parallélogramme DCBM. Par conséquent BC = DM, et par suite $\dfrac{\text{BC}}{2} = \dfrac{\text{DM}}{2} = \text{DN}$. C. q. f. d.

890. *Si l'on prolonge les côtés d'un triangle équilatéral d'une quantité égale à eux-mêmes, et qu'on joigne les extrémités de ces prolongements, il en résultera un hexagone irrégulier dont les trois grands côtés seront doubles des petits, la hauteur triple de celle du triangle, et la surface vaudra treize fois celle du triangle.*

Soit ABC le triangle équilatéral donné.

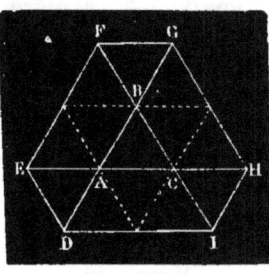
Fig. 477.

En faisant les constructions indiquées, on obtient l'hexagone DEFGHI.

Si donc on joint les extrémités A, B, C des côtés du triangle aux milieux de leurs parallèles EF, GH, DI, on voit que les grands côtés sont doubles des petits, que la hauteur de l'hexagone est triple de celle du triangle ABC, et enfin qu'il renferme 13 triangles égaux à ABC.

891. — *De tous les triangles formés avec deux côtés donnés, le triangle maximum est celui dans lequel ces deux côtés sont perpendiculaires l'un à l'autre.*

En effet, soit AB la base commune des triangles qu'on peut former avec les deux côtés donnés AB,

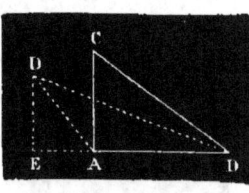
Fig. 478.

AC. Si la droite AC est perpendiculaire à cette base, elle sera la hauteur du triangle ABC. Mais si AC occupe une autre position quelconque AD, le triangle ABD aura une hauteur DE plus courte que l'oblique AD = AC : donc, le triangle ABC est plus grand que le triangle ABD.

892. — *Le cercle est plus grand que toute figure isopérimètre.*

Nous partagerons cette importante démonstration en plusieurs parties.

1° *Une figure d'un périmètre donné a une aire limitée.*

En effet, il est évident qu'il peut y avoir une infinité de figures

d'un périmètre donné ayant diverses formes et diverses aires;
mais il est évident aussi que ces aires ne peuvent croître indéfiniment.

Il résulte de là que, parmi les figures d'un périmètre donné, il
y a un ou plusieurs maximums.

2° *Une figure qui renferme une
aire maximum dans un périmètre
donné est convexe.*

Soit, en effet, la figure non convexe ACBD; si nous faisons tourner
la partie rentrante ACB autour des
points A et B, nous obtiendrons la figure AC′BD de même périmètre que
la première et d'une aire évidemment
plus grande.

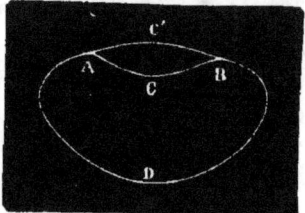

Fig. 479.

3° *Toute droite qui divise le périmètre d'une figure maximum en
deux parties équivalentes, divise aussi
l'aire de cette figure en deux parties
équivalentes.*

Soit la courbe ACBD renfermant
une surface maximum sous un périmètre donné.

Si la droite AB divise son péri-
tre en deux parties équivalentes,
elle divise aussi son aire en deux par-

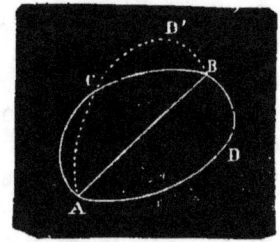

Fig 480.

ties ACB, ADB équivalentes : car, si la partie ADB était plus
grande que ACB, en faisant tourner ADB autour de AB nous
obtiendrions une figure AD′BD isopérimètre avec ACBD et d'une
aire plus grande, ce qui est contre l'hypothèse, puisque nous avons
supposé ACBD maximum en surface.

4° *Toute figure qui, avec un périmètre donné, a une aire
maximum, est un cercle.*

D'après ce qui précède (3°), si ACDB
est une figure maximum, AD′BD en est
une également (fig. 480).

Soit ADBD′ une figure maximum
composée de deux parties symétriques
par rapport à la droite AB.

Prenons un point quelconque D sur
ADB, et soit D′ le symétrique de D; tirons DA, DB, D′A, D′B.

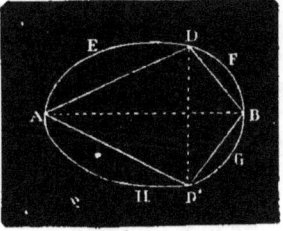

Fig. 481.

Si les angles D et D′ ne sont pas droits, transformons le
quadrilatère ADBD′ en un autre *adbd* ayant des côtés respectivement égaux à ceux du 1ᵉʳ et dont les angles *d* et *d'* soient

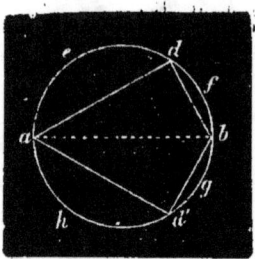

Fig. 482.

droits. Mais (ex. 891) ce quadrilatère est plus grand que l'autre.

Donc, si nous transportons les segments AED, DFB, etc., en *aed*, *dfb*, etc., la figure *aedfb*... sera plus grande que la figure AEDFB..., par conséquent celle-ci ne serait pas un maximum.

Il résulte de là que la courbe AEDFB est le lieu du sommet d'un angle droit, dont les côtés passent en A et en B : c'est donc une demi-circonférence. Mais si, dans la figure maximum ADBD', une moitié quelconque, déterminée par une droite telle que AB est une demi-circonférence, il s'ensuit que la courbe entière est un cercle. C. q. f. d.

893. — *Parmi toutes les figures équivalentes, le cercle a le périmètre minimum.*

En effet, si une figure quelconque dont l'aire est A avait un périmètre moindre que celui du cercle de même aire, on pourrait, d'après le théorème précédent, la transformer en un cercle isopérimètre et ayant une aire A' plus grande que A. Ce second cercle aurait par conséquent une aire plus grande que le 1er et un périmètre moindre, ce qui est absurde.

894. — *De tous les triangles isopérimètres et de même base, le maximum est le triangle isocèle.*

Soient, en effet, le triangle isocèle ABC et le triangle non isocèle AB'C ayant même base AC et même périmètre, et dans lesquels, par conséquent,

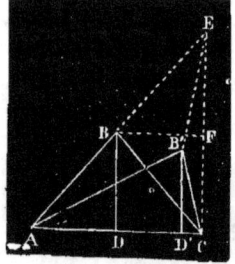

Fig. 483.

$$AB + BC = AB' + B'C \qquad (1)$$

Prolongeons AB d'une longueur BE=AB, puis tirons EB' et EC.
Nous aurons

$$AB' + B'E > AE,$$

ou $$AB' + B'E > AB + BC,$$

ou encore (1) $$AB' + B'E > AB' + B'C :$$

d'où enfin $$B'E > B'C.$$

L'oblique B'E étant plus grande que l'oblique B'C, il s'ensuit que le point B' est situé entre le point C et la perpendiculaire BF élevée sur le milieu de CE :

d'où $\qquad$ BD $>$ B'D',

et par suite $\qquad$ ABC $>$ AB'C.

895. — *Tout polygone de n côtés qui a une surface maximum dans un périmètre donné est convexe.*

En effet, soit le polygone ABCDE de *n* côtés et ayant un angle rentrant B. Si nous faisons tourner la partie rentrante ABC autour de la droite AC, de manière qu'elle prenne la position AB'C, nous obtiendrons le polygone AB'CDE de même périmètre que le premier et d'une aire plus grande. Le polygone ABCDE n'est donc pas maximum parmi tous ceux de même périmètre et du même nombre de côtés.

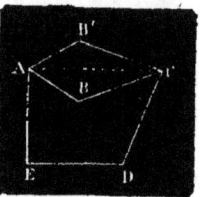

Fig 484.

896. — *Tout polygone qui contient un angle rentrant peut être transformé en un polygone ayant une surface plus grande, le même périmètre et un côté de moins.*

En effet, soit le polygone ABCDE qui contient l'angle rentrant C. Si l'on prolonge le côté AB et qu'on joigne tous les points de ce prolongement au point D, la somme BM $+$ MD croîtra d'une manière continue depuis BD jusqu'à l'infini. Il se trouve, par conséquent, sur le prolongement de AB un certain point M où l'on a BM $+$ MD $=$ BC $+$ CD.

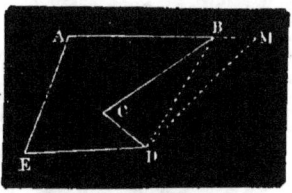

Fig. 485

On obtient donc un polygone ABMDE ayant même périmètre que le premier, un côté de moins et d'une aire évidemment plus grande.

897. — *De tous les polygones isopérimètres et d'un même nombre de côtés, le polygone maximum est régulier.*

En effet, soit le polygone ABCDE. Si les côtés consécutifs AB, BC sont inégaux, nous pourrons remplacer le triangle ABC par le triangle isocèle AB'C isopérimètre avec le 1er, et nous aurons (ex. 894)

$\qquad$ AB'C $>$ ABC,

et par suite le polygone AB'CDE isopérimètre avec ABCDE sera plus grand que ce dernier. Pour que ABCDE soit un maximum, il faut donc que

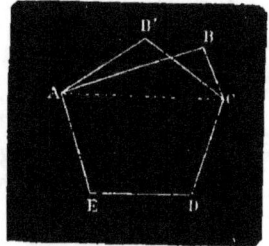

Fig. 486.

$$AB = BC = CD = \dots,$$

car, tant qu'il y aura deux côtés inégaux, nous pourrons faire le même raisonnement.

Donc, etc.

898. — *De tous les polygones équivalents et d'un même nombre de côtés, le polygone régulier a le périmètre minimum.*

En effet, si un polygone irrégulier de *n* côtés et d'une aire A avait un périmètre moindre que le polygone régulier de même aire et du même nombre de côtés, on pourrait le transformer en un polygone régulier isopérimètre de *n* côtés également, et ayant (ex. 897) une aire A′ > A. Ce second polygone régulier aurait, par conséquent, le même nombre de côtés que le 1er, une aire plus grande et un périmètre moindre, ce qui est absurde.

899. — *De deux polygones réguliers isopérimètres, le maximum est celui qui a le plus grand nombre de côtés.*

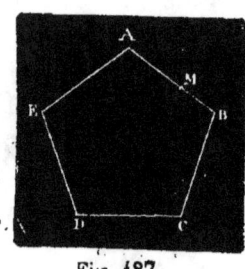

Fig. 487.

En effet, soit ABCDE un polygone régulier de cinq côtés. Nous pouvons prendre un point M sur l'un des côtés et considérer ce polygone comme un polygone irrégulier de six côtés, dans lequel les côtés MA, MB font en M un angle égal à 2d. Mais ce polygone est moindre que le polygone régulier isopérimètre de six côtés (ex. 897); donc, etc.

900. — *De tous les rectangles isopérimètres, quel est le maximum?*

Rép. Le carré.

En effet, le périmètre étant constant, l'aire du rectangle, c'est-à-dire le produit $b \times h$, ne sera maximum que quand on aura $b = h$ (1), et dans ce cas le rectangle deviendra un carré.

901. — *De tous les rectangles de même surface, lequel a le périmètre minimum?*

Rép. Le carré.

En effet, l'aire du rectangle étant constante, son périmètre, c'est-à-dire $2b + 2h$ ne sera minimum qu'autant qu'on aura $2b = 2h$ ou $b = h$; dans ce cas, le rectangle devient un carré.

---

(1) **Voir** à la fin du volume la note sur les maxima et minima.

902. — *Quel est le rectangle maximum qu'on puisse inscrire dans un carré?*

Rép. Le rectangle qui a ses sommets sur les milieux des côtés du carré donné.

Soit EFGH le rectangle demandé inscrit dans le carré donné. Les deux triangles rectangles BEF, DGH ont les hypoténuses égales et les angles aigus en E et en G égaux, comme ayant les côtés parallèles et dirigés en sens contraire. Or, les angles HGD et BFE sont aussi égaux. Par suite, BFE = BEF, et les deux triangles BEF, DGH sont égaux et isocèles. On a, par conséquent,

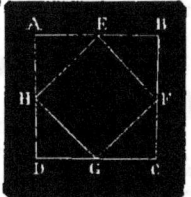

Fig. 488.

$$EB = BF = DG = DH.$$

De là un moyen facile d'inscrire un rectangle dans un carré. Si l'on pose $AB = a$ et $EB = x$, on aura

$$\overline{EF}^2 = 2 x^2 :$$

d'où

$$EF = x\sqrt{2},$$

et

$$\overline{EH}^2 = 2 (a — x)^2 :$$

d'où

$$EH = (a — x)\sqrt{2} .$$

La surface du rectangle sera donc

$$x\sqrt{2} \times (a — x)\sqrt{2} = 2x (a — x),$$

et son maximum correspond au maximum du produit

$$x (a — x),$$

maximum qui a lieu quand on a

$$a — x = x,$$

puisque la somme des facteurs

$$x \text{ et } a — x,$$

ou

$$x + a — x = a,$$

est constante.

Or,

$$a — x = x$$

donne

$$x = \frac{a}{2}.$$

Le rectangle maximum a donc ses sommets au milieu des côtés du carré donné et devient le carré inscrit.

903. — *Inscrire dans un carré dont le côté est a le carré minimum* (fig. 488).

Rép. Le carré qui a ses sommets sur les milieux des côtés du carré donné.

On sait (ex. 38) inscrire un carré dans un carré donné, il ne s'agit plus que de chercher dans quelle position le carré EFGH sera minimum.

Soient y le côté du carré cherché et m le minimum, on a d'abord l'équation

$$(1) \qquad y^2 = m.$$

Si l'on fait $BE = x$, $BF = a - x$, le triangle rectangle EBF donne cette autre équation

$$y^2 = x^2 + (a - x)^2.$$

En remplaçant y^2 par sa valeur, il vient

$$m = x^2 + (a - x)^2,$$

d'où l'on tire successivement

$$m = x^2 + a^2 - 2ax + x^2$$

$$2x^2 - 2ax + a^2 - m = 0 :$$

d'où

$$x = \frac{2a \pm \sqrt{4a^2 - 8(a^2 - m)}}{4}$$

et

$$x = \frac{a \pm \sqrt{2m - a^2}}{2}.$$

Pour que x soit réel, il faut que l'on ait $2m > a^2$, ou *au moins* $2m = a^2$. La plus petite valeur que l'on puisse donner à $2m$ est donc

$$2m = a^2$$

ou

$$m = \frac{a^2}{2};$$

mais alors le radical s'annule, et l'on a

$$x = \frac{a}{2}.$$

Donc le carré minimum est, etc.

REM. Il résulte de ces deux exercices que le carré minimum inscrit est égal au rectangle maximum inscrit.

904. — *Inscrire dans un cercle le rectangle maximum.*

Rép. Le rectangle demandé sera le carré inscrit.

En effet, si l'on désigne par m le rectangle maximum cherché, la figure donne les deux relations

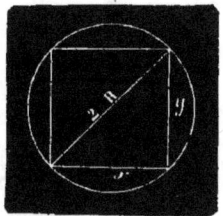

(1) $xy = m,$

(2) et $x^2 + y^2 = 4R^2.$

Mais le produit xy sera évidemment maximum en même temps que son carré x^2y^2. Or, les deux facteurs x^2, y^2 ont pour somme

Fig. 489.

constante $4R^2$; le maximum de leur produit aura donc lieu pour $x^2 = y^2$ ou $x = y$.

Le réctangle demandé n'est donc autre chose que le carré inscrit.

905. — *Inscrire dans un triangle le rectangle maximum.*

Si l'on fait $BC = a$, $AD = h$, $KM = x$, $KL = y$, et m étant le maximum cherché, on a :

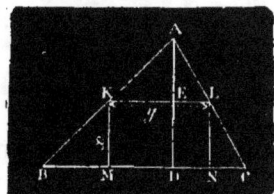

(1) $xy = m,$

(2) $\dfrac{a}{h} = \dfrac{y}{h - x}.$

L'équation (2) donne

Fig. 490.

$$y = \frac{a\,(h - x)}{h};$$

portant cette valeur dans la relation (1), on obtient successivement

$$x \times \frac{a\,(h - x)}{h} = m$$

$$ahx - ax^2 = hm$$

$$ax^2 - ahx + hm = 0$$

$$x^2 - hx + \frac{hm}{a} = 0;$$

d'où $x = \dfrac{h}{2} \pm \sqrt{\dfrac{h^2}{4} - \dfrac{hm}{a}}.$

Or, pour que x **soit réel, il faut que l'on ait**

$$\frac{h^2}{4} > \frac{hm}{a},$$

ou, tout au moins,

$$\frac{h^2}{4} = \frac{hm}{a},$$

d'où

$$m = \frac{ah}{4}.$$

Mais alors le radical disparaît, et il vient

$$x = \frac{h}{2}.$$

Le rectangle maximum inscrit a donc pour hauteur la moitié de la hauteur du triangle donné.

Pour l'obtenir, il suffit de mener par le milieu E de AD la parallèle KL à BC, et d'abaisser des points K et L des perpendiculaires à BC.

Rem. Il résulte de l'égalité

$$m = \frac{ah}{4}$$

que la surface de ce rectangle est la moitié de celle du triangle.

906. — *Trouver parmi les triangles isopérimètres le triangle maximum.*

Rép. Le triangle maximum est équilatéral.

La formule qui donne la surface du triangle en fonction des côtés est :

$$S = \sqrt{p\,(p - a)\,(p - b)\,(p - c)}.$$

S^2 sera maximum en même temps que S ; mais dans la valeur de S^2, le facteur p est constant ; il s'agit donc de rendre maximum le produit $(p - a)\,(p - b)\,(p - c)$.

Or, la somme de ces trois facteurs est constante et égale à p ; le produit sera par conséquent maximum pour le cas où l'on aura

$$p - a = p - b = p - c,$$

ou

$$a = b = c.$$

Le triangle maximum est donc équilatéral.

907. — *De tous les triangles rectangles de même hypoténuse, quel est le maximum en surface ?*

Rép. Le triangle rectangle isocèle.

Soient m le maximum cherché, a l'hypoténuse donnée, x et y les côtés de l'angle droit. On a

$$\frac{1}{2} xy = m$$

et

$$x^2 + y^2 = a^2.$$

Le produit xy sera maximum en même temps que son carré x^2y^2. Mais les deux facteurs x^2, y^2 ont pour somme constante a^2. Le maximum de leur produit aura lieu pour $x^2 = y^2$, ou $x = y$.
Donc le triangle demandé est le triangle rectangle isocèle.

908. — *De tous les triangles isocèles inscrits dans un cercie, quel est le maximum en surface ?*

Rép. Le triangle maximum est le triangle équilatéral.

Si nous désignons par m la surface du triangle maximum, nous aurons, d'après la figure,

$$x (R + y) = m, \qquad (1)$$

et $\qquad x^2 = R^2 - y^2,$

ou $\qquad x^2 = (R + y)(R - y). \qquad (2)$

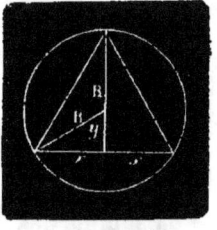

Fig. 491.

Élevons au carré les deux membres de l'équation (1)

$$x^2 (R + y)^2 = m^2. \qquad (3)$$

Remplaçons, dans l'équation (3), la valeur de x^2, tirée de l'équation (2),

$$(R + y)(R - y)(R + y)^2 = m^2,$$

ou $\qquad (R + y)^3 (R - y) = m^2.$

Or, la somme des facteurs $R + y$ et $R - y$, étant égale à $2 R$, est constante; leur produit maximum aura donc lieu pour

$$\frac{R + y}{R - y} = \frac{3}{1} = 3:$$

d'où $\qquad R + y = 3R - 3y,$

$$4y = 2R,$$

$$y = \frac{1}{2} R.$$

La hauteur totale du triangle est, par conséquent, $\frac{3}{2}$ R. Le triangle maximum est donc équilatéral (ex. 354).

909. — *Trouver le trapèze maximum inscrit dans un demi-cercle.*

Rép. Le trapèze maximum est le demi-hexagone régulier inscrit.

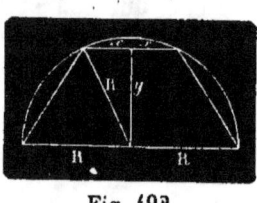

Fig. 492.

Si nous appelons m la surface du trapèze maximum, R le rayon du cercle, x la demi-base parallèle au diamètre, et y la hauteur du trapèze, nous aurons :

(1) $\qquad y(R + x) = m,$

et $\qquad y^2 = R^2 - x^2,$

ou (2) $y^2 = (R + x)(R - x).$

Élevons au carré les deux membres de l'égalité (1)

(3) $\qquad y^2 (R + x)^2 = m^2.$

Portons dans l'équation (3) la valeur de y^2,

$$(R + x)(R - x)(R + x)^2 = m^2,$$

ou $\qquad (R + x)^3 (R - x = m^2.$

La somme des facteurs $R + x$ et $R - x$, étant égale à 2 R, est constante; le produit maximum aura lieu pour

$$\frac{R + x}{R - x} = \frac{3}{1} :$$

d'où

$$x = \frac{1}{2} R.$$

Donc, le trapèze maximum inscrit est le demi-hexagone régulier.

910. — *Sur la ligne* AB $= 1^m$, *on prend un point* O *entre* A *et* B; *on construit le triangle équilatéral* AOE *sur la partie* AO, *et le carré* OBCD *sur la partie* OB. *Cela posé, la surface du pentagone* ABCDE *dépend de la position du point* O *sur* AB, *et l'on demande : 1° de déterminer la position du point* O *qui convient au maximum ou au minimum du pentagone* ABCDE; *2° de calculer les surfaces maximum ou minimum à* 0,001 *près.*

Rép. $x = 0^m,74$; $m = 0^{mq},1547$.

Soient $AB = a$, $AO = x$ et m le mini-mum, ou le maximum cherché.

On a :

Surf. pent. ABCDE = tri. AEH + trap.
EDOH + carré OBCD.

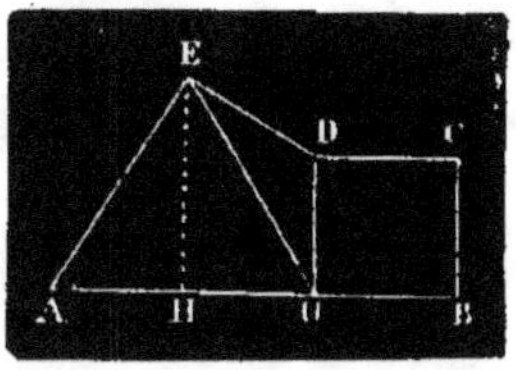

Or,

Fig. 493.

triangle $AEH = \dfrac{1}{2}$ triangle équilatéral AEO, ou (326)

1°   triangle $AEH = \dfrac{x^2 \sqrt{3}}{8}$;

trapèze $EDOH = \dfrac{EH + OD}{2} \times OH = \dfrac{\dfrac{x\sqrt{3}}{2} + a - x}{2} \times \dfrac{x}{3}$

$$= \frac{x\sqrt{3} + 2a - 2x}{4} \times \frac{x}{2} ;$$

2°   trapèze $EDOH = \dfrac{x^2\sqrt{3} + 2ax - 2x^2}{8}$;

carré $OBCD = \overline{OB}^2 = (a - x)^2 = a^2 - 2ax + x^2$;

3°   carré $OBCD = \dfrac{8a^2 - 16ax + 8x^2}{8}$:

d'où

pentag. $ABCDE = \dfrac{x^2\sqrt{3} + x^2\sqrt{3} + 2ax - 2x^2 + 8a^2 - 16ax + 8x^2}{8} = m,$

$$\frac{2x^2\sqrt{3} + 6x^2 - 14ax + 8a^2}{8} = m$$

$$\frac{x^2(\sqrt{3} + 3) - 7ax + 4a^2}{4} = m$$

$$x^2(\sqrt{3} + 3) - 7ax + 4a^2 - 4m = 0$$

$$x = \frac{7a \pm \sqrt{49a^2 - 4(\sqrt{3} + 3)(4a^2 - 4m)}}{2(\sqrt{3} + 3)}.$$

Effectuant les calculs indiqués sous le radical, il vient :

$$x = \frac{7a + \sqrt{49a^2 - 16a^2\sqrt{3} - 48a^2 + 16m\sqrt{3} + 48m}}{2(\sqrt{3} + 3)}$$

$$x = \frac{7\,a + \sqrt{a^2 - 16a^2\sqrt{3} + 16m\sqrt{3} + 48m}}{2\,(\sqrt{3} + 3)}.$$

Afin d'avoir des valeurs réelles pour x, il faut que le radical soit positif, et qu'on ait, par conséquent

$$16\,m\,\sqrt{3} + 48\,m > 16\,a^2\,\sqrt{3} - a^2,$$

ou

$$m > \frac{a^2\,(16\,\sqrt{3} - 1)}{16\,(\sqrt{3} + 3)}.$$

Il y aura donc un minimum pour la valeur

$$m = \frac{a^2\,(16\,\sqrt{3} - 1)}{16\,(\sqrt{3} + 3)}. \tag{1}$$

Dans ce cas, le radical disparaît, et l'on a

$$x = \frac{7\,a}{2\,(\sqrt{3} + 3)} \tag{2}$$

Il n'y a pas de maximum, car la surface sera la plus grande possible pour $x = 0$; dans ce cas $m = a^2$, mais le pentagone n'existe plus. D'où il suit que le pentagone est d'autant plus grand que le point O se rapproche davantage du point A.

La position qui convient au minimum est donc donnée par l'équation (2). Si l'on y fait $a = 1^m$, on a

$$x = 0^m, 74.$$

Le minimum de la surface est donné par l'équation (1).
Si l'on fait dans cette équation $a = 1^m$, on a

$$m = 0^{mq}, 1547.$$

911.— *Par un point A, pris sur la circonférence d'un cercle, on mène des cordes qu'on prolonge de l'autre côté du point de quantités égales à elles-mêmes : on demande de prouver que les points ainsi déterminés sont sur une autre circonférence de cercle; on demande, en outre, le rapport des surfaces des deux cercles.*

1° Prolongeons une corde quelconque AB d'une quantité AC égale à AB, puis joignons le point A au centre O et prolongeons OA d'une quantité AF = OA; enfin, menons FC et BO. Les deux trian-

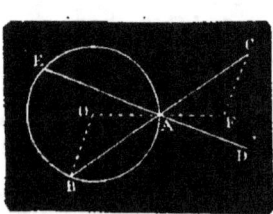

Fig. 494.

gles ABO et AFC sont égaux comme ayant en A un angle égal compris entre côtés égaux chacun à chacun : donc FC = BO, et le point C est sur la circonférence décrite du point F comme centre avec FC = BO pour rayon. Si nous considérons une autre corde EAD, nous prouverons de même que le point D est sur la même circonférence que le point C.

2° Cette circonférence ayant même rayon que le cercle donné, les surfaces des deux cercles sont égales.

912. — *Décrire une circonférence tangente intérieurement à un cercle donné, de manière que la surface de ce cercle soit divisée en deux parties proportionnelles à deux longueurs données.*

Soient m et n les deux longueurs données, R le rayon du cercle donné et X le rayon du cercle demandé ; l'énoncé donne

$$\frac{\text{Cercle X}}{\text{Cercle R} - \text{Cercle X}} = \frac{m}{n},$$

ou (Alg. 173)
$$\frac{\text{Cercle R}}{\text{Cercle X}} = \frac{m+n}{m},$$

ou encore (320)
$$\frac{R^2}{X^2} = \frac{\text{Cercle R}}{\text{Cercle X}} = \frac{m+n}{m}.$$

De cette dernière égalité, on déduit :

$$\frac{X^2}{R^2} = \frac{m}{m+n}.$$

Le rayon inconnu X est donc le côté d'un carré qui est au carré R^2 dans le rapport des longueurs m et $m+n$. On peut construire ce rayon (333).

913. — *On suppose qu'un plan donné renferme, avec une circonférence de cercle, deux pentagones réguliers, l'un inscrit, l'autre circonscrit. On demande : 1° le rayon du cercle dans le cas où la différence entre les périmètres des deux pentagones est de 1^{dm}; 2° dans le cas où l'aire comprise entre ces deux périmètres est de 1^{dmq}.*

Rép. 1° $R = 0^m,0720683$; 2° $R = 0^m,0892618$.

1° Calcul de R dans le cas ou la différence entre les périmètres des deux pentagones est 1^{dm}.

Soient P et P′ les périmètres des pentagones inscrit et circonscrit ; ils sont proportionnels à leurs apothèmes (252), et l'on a

$$\frac{P}{P'} = \frac{a}{R},$$

ou $$\frac{P}{P' - P} = \frac{a}{R - a} \qquad (1).$$

Or (ex. 316), le périmètre du pentagone régulier inscrit, ou

$$P = 5\,R \sqrt{\frac{5 - \sqrt{5}}{2}}\,;\; P' - P = 1^{dm};$$

et l'apothème

$$a = \sqrt{R^2 - \frac{c^2}{4}}\,;$$

mais (ex. 316) $$c^2 = \frac{R^2}{2}(5 - \sqrt{5}),$$

$$\frac{c^2}{4} = \frac{R^2}{8}(5 - \sqrt{5}):$$

d'où $$a = \sqrt{R^2 - \frac{R^2(5 - \sqrt{5})}{8}} = R\sqrt{1 - \frac{5 - \sqrt{5}}{8}}$$

$$= R\sqrt{-\frac{10 - 2\sqrt{5}}{16}}$$

$$= \frac{R}{4}\sqrt{6 + 2\sqrt{5}} = \frac{R}{4}\sqrt{(1 + \sqrt{5})^2},$$

donc enfin $$a = \frac{R}{4}(1 + \sqrt{5}).$$

L'égalité (1) devient dès lors :

$$\frac{5\,R\sqrt{\dfrac{5 - \sqrt{5}}{2}}}{1} = \frac{\dfrac{R}{4}(1 + \sqrt{5})}{R - \dfrac{R}{4}(1 + \sqrt{5})}$$

ou $$5\,R\sqrt{\frac{5 - \sqrt{5}}{2}} = \frac{\dfrac{R}{4}(1 + \sqrt{5})}{\dfrac{R}{4}(3 - \sqrt{5})} = \frac{1 + \sqrt{5}}{3 - \sqrt{5}}.$$

En multipliant les deux termes de cette dernière fraction par $3 + \sqrt{5}$, il vient successivement :

$$5 R \sqrt{\frac{5 - \sqrt{5}}{2}} = \frac{(1 + \sqrt{5})\,(3 + \sqrt{5})}{4},$$

$$5 R \sqrt{\frac{5 - \sqrt{5}}{2}} = 2 + \sqrt{5}:$$

d'où

$$R = \frac{2 + \sqrt{5}}{5\sqrt{\dfrac{5 - \sqrt{5}}{2}}} = \frac{2 + \sqrt{5}}{5\sqrt{\dfrac{10 - 2\sqrt{5}}{4}}}$$

$$= \frac{2 + \sqrt{5}}{\dfrac{5}{2}\sqrt{10 - 2\sqrt{5}}} = \frac{2\,(2 + \sqrt{5})}{5\sqrt{10 - 2\sqrt{5}}}$$

$$= \frac{2\,(2 + \sqrt{5})\,\sqrt{10 + 2\sqrt{5}}}{5\sqrt{10 - 2\sqrt{5}}\sqrt{10 + 2\sqrt{5}}} = \frac{2\,(2 + \sqrt{5})\,\sqrt{10 + 2\sqrt{5}}}{5\sqrt{80}}$$

$$= \frac{2}{5\sqrt{80}}\sqrt{(10 + 2\sqrt{5})(2 + \sqrt{5})^2} = \frac{2\sqrt{5 \times 16}}{5 \times 80}\sqrt{(10 + 2\sqrt{5})(2 + \sqrt{5})^2}$$

$$= \frac{\sqrt{5}}{50}\sqrt{(10 + 2\sqrt{5})(2 + \sqrt{5})^2} = \frac{\sqrt{5}}{50}\sqrt{130 + 58\sqrt{5}};$$

$$= \frac{1}{50}\sqrt{(130 + 58\sqrt{5})5} = \frac{1}{50}\sqrt{650 + 290\sqrt{5}};$$

enfin

$$R = \frac{1}{50}\sqrt{650 + \sqrt{420500}}$$

$$\log.\ 420500 = 5{,}6237660$$

$$\frac{1}{2} = 2{,}8118830.$$

Nombre correspondant $= 648{,}46$

$$\log.\ 1298{,}46 = 3{,}1134286$$

$$\frac{1}{2} = 1{,}5567143$$

$$- \log.\ 50 = \overline{2}{,}3010300$$

$$\log.\ R = \overline{1}{,}8577443,$$

d'où $\qquad R = 0^{dm}{,}720683 = 0^{m}{,}0720683.$

2° Représentons par S et par S' les surfaces des deux pentagones, nous aurons

$$\frac{S}{S'} = \frac{a^2}{R^2},$$

ce qui donne

$$\frac{S' - S}{S} = \frac{R^2 - a^2}{a^2}. \quad (1)$$

Or, $S' - S = 1; \quad S = \frac{5c}{2} \times a; \quad R^2 - a^2 = \frac{c^2}{4}.$

Si nous portons ces valeurs dans l'égalité (1), nous aurons

$$\frac{1}{\frac{5c}{2} \times a} = \frac{\frac{c^2}{4}}{a^2},$$

ou

$$\frac{1}{\frac{5c}{2}} = \frac{\frac{c^2}{4}}{a}.$$

Remplaçant c et a par leurs valeurs, tirées de la première partie de cet exercice, il vient successivement

$$\frac{1}{\frac{5}{2} R \sqrt{\frac{5 - \sqrt{5}}{2}}} = \frac{\frac{R^2}{8}(5 - \sqrt{5})}{\frac{R}{4}(1 + \sqrt{5})}$$

$$\frac{1}{\frac{5}{2} \sqrt{\frac{5 - \sqrt{5}}{2}}} = \frac{\frac{R^2}{8}(5 - \sqrt{5})}{\frac{1}{4}(1 + \sqrt{5})}$$

$$\frac{1}{\frac{5}{4} \sqrt{10 - 2\sqrt{5}}} = \frac{\frac{R^2}{16}(10 - 2\sqrt{5})}{\frac{1}{4}(1 + \sqrt{5})}$$

$$\frac{R^2}{16} = \frac{\frac{1}{4}(1 + \sqrt{5})}{\frac{5}{4}\sqrt{10 - 2\sqrt{5}}(10 - 2\sqrt{5})}$$

$$R' = \frac{16}{5} \frac{(1 + \sqrt{5})}{(10 - 2\sqrt{5})\sqrt{10 - 2\sqrt{5}}} = \frac{16}{5} \frac{(1 + \sqrt{5})(10 + 2\sqrt{5})(\sqrt{10 + 2\sqrt{5}})}{80\sqrt{80}}$$

$$= \frac{32}{5} \frac{(1 + \sqrt{5})(5 + \sqrt{5})\sqrt{10 + 2\sqrt{5}}}{80\sqrt{80}} = \frac{2}{25} \frac{(1 + \sqrt{5})(5 + \sqrt{5})\sqrt{10 + 2\sqrt{5}}}{\sqrt{80}}$$

$$= \frac{2}{25} \frac{(1 + \sqrt{5})(5 + \sqrt{5})\sqrt{10 + 2\sqrt{5}}}{4\sqrt{5}} = \frac{2}{100} \frac{(10 + 6\sqrt{5})\sqrt{10 + 2\sqrt{5}}}{\sqrt{5}}$$

$$= \frac{1}{50} \frac{(10 + 6\sqrt{5})}{\sqrt{5}} \sqrt{10 + 2\sqrt{5}} = \frac{1}{50} \left(\frac{10\sqrt{5}}{5} + 6 \right) \sqrt{10 + 2\sqrt{5}}$$

$$= \frac{1}{25} (3 + \sqrt{5}) \sqrt{10 + 2\sqrt{5}} = \frac{1}{25} \sqrt{(3 + \sqrt{5})^2 (10 + 2\sqrt{5})}$$

$$= \frac{1}{25} \sqrt{(14 + 6\sqrt{5})(10 + 2\sqrt{5})} = \frac{1}{25} \sqrt{200 + 88\sqrt{5}}$$

$$R = \frac{1}{5} \sqrt[4]{200 + 88\sqrt{5}} = \frac{1}{5} \sqrt[4]{200 + \sqrt{38720}}.$$

$$log.\ 38720 = 4,5879353$$
$$\frac{1}{2} = 2,2939676.$$

$$\text{Nombre correspondant} = 196,774$$
$$log.\ 396,774 = 2,5985432$$
$$\frac{1}{4} = 0,6989700$$
$$- \quad log.\ 5 = \overline{1},3010300.$$
$$log.\ R = \overline{1},9506658$$
$$R = 0^{dm},892618 = 0^{m},0892618.$$

914. — *Partager un polygone* ABCDE *en 5 parties proportion-nelles à des lignes données, par des droites partant du sommet* A.

Je transforme d'abord le polygone en un triangle équivalent APE (328), ayant son sommet en A et sa base EP, sur le prolongement de EF. Ensuite, je divise ce triangle en parties proportionnelles aux lignes données (239) par les droites AF.

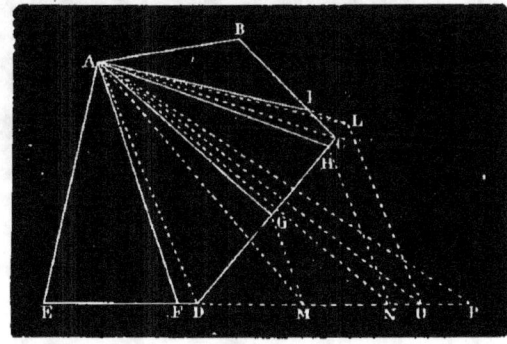

Fig. 495.

AM, AN, AO. Le triangle AEF forme évidemment la Iᵣᵉ partie.

La 2ᵉ partie doit être équivalente au triangle AFM. Pour déterminer la position de AG, il suffira de mener MG parallèle à la diagonale AD, ce qui donnera le point G, et par suite AG. Le quadrilatère AGDF, étant, en effet, équivalent au triangle AFM (328), forme la 2ᵉ partie.

La 3ᵉ ligne de division AH est déterminée par la parallèle NH à AD Il est facile de voir que le triangle AGH forme bien la 3ᵉ partie, ou qu'il est équivalent au triangle AMN ; car, si des triangles ADN = ADH, je retranche des quantités égales, ADM = ADG, j'aurai évidemment AMN = AGH.

Pour avoir la 4ᵉ ligne de division, je mène à AD la parallèle OL, et comme cette parallèle rencontre le prolongement de DC, je mène par le point L la parallèle LI à la diagonale AC : le point I détermine la 4ᵉ ligne de division AI ; car, je prouverais, comme plus haut, que le triangle ANO est équivalent au triangle AHL, et que celui-ci est équivalent au quadrilatère AHCI : donc le quadrilatère AHCI est équivalent au triangle ANO et forme la 4ᵉ partie.

La 5ᵉ est évidemment le triangle ABI.

915. — *Partager un polygone en 5 parties équivalentes par des lignes partant d'un point intérieur O.*

Je transforme le polygone ABCDE en un triangle équivalent BFG. Je joins OF, OG, et par le point B, je mène à ces droites les parallèles BH, BI. Le triangle OFH étant équivalent au triangle OFB, et OGI équivalent à OGB, il en résulte que OHI est équivalent à BFG, et par suite au polygone ABCDE.

Si je prends une ligne quelconque OL pour Iᵣᵉ ligne de division,

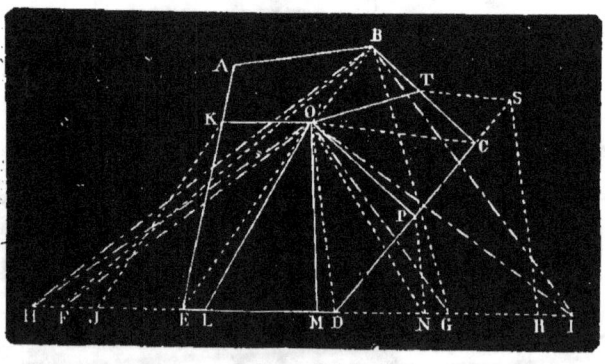

Fig. 496.

je porterai à partir de L une longueur $LM = \frac{1}{5} HI$, et le triangle OLM sera le $\frac{1}{5}$ du triangle OHI, ou le $\frac{1}{5}$ du polygone donné.

Pour déterminer la 2ᵉ ligne de division, je ferai MN = LM, puis je mènerai NP parallèle à OD, et la ligne demandée sera OP. La 2ᵉ partie sera le quadrilatère OMDP; il est, en effet, équivalent au triangle OMN = $\frac{1}{5}$ OHI.

Je ferai de même NR = LM, je mènerai la parallèle RS à OD, et comme cette ligne coupe le prolongement de DC, je mènerai ST parallèle à OC : la 3ᵉ ligne de division sera OT, et la 3ᵉ partie sera le quadrilatère OPCT. Il est facile de prouver, comme dans l'exercice précédent (3ᵉ partie), que ce quadrilatère est équivalent au triangle ONR.

Enfin, si je porte, à partir de L, une longueur LJ = LM, et que par le point J je mène JK parallèle à OE, la ligne OK sera la 4ᵉ ligne de division : la 4ᵉ partie sera donc le quadrilatère OKEL, qui est équivalent au triangle OLJ.

La 5ᵉ partie sera évidemment le reste de la figure, le pentagone ABTOK.

915 (*bis*). — *Inscrire à un cercle donné un trapèze ayant une hauteur donnée* h *et équivalent à un carré* m².

Soit le trapèze demandé ABCD, dans lequel GH = h. Je mène le rayon OEM perpendiculaire à AB, le point E est le milieu de AB; je joins ce point au point F, milieu de CD, ensuite je mène MN parallèle à EF et BP perpendiculaire à EF.

J'ai alors

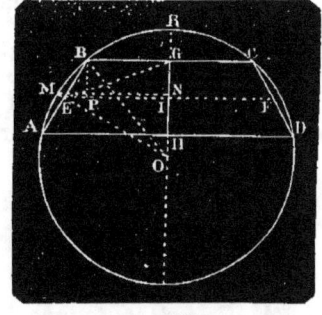

$$EF \times GH = m^2$$

$$EF = \frac{m^2}{h}, \qquad (1)$$

et EI = $\frac{EF}{2} = \frac{m^2}{2\,h}$. La longueur EI est donc facile à construire.

Fig. 497.

Il s'agit maintenant de déterminer le point M, ou la perpendiculaire MN au rayon OR.

Les deux triangles semblables MNO et EIO donnent

$$\frac{MN}{MO} = \frac{EI}{EO}, \text{ ou } \frac{MN}{MO} \times EO = EI;$$

et les triangles semblables MNO et BPE donnent

$$\frac{MN}{MO} = \frac{BP}{BE}, \text{ ou } \frac{MN}{MO} \times BE = BP.$$

Elevant au carré et additionnant, j'ai successivement

$$\left(\frac{MN}{MO}\right)^2 \times \overline{EO}^2 + \left(\frac{MN}{MO}\right)^2 \times \overline{BE}^2 = \overline{EI}^2 + \overline{BP}^2$$

$$\left(\frac{MN}{MO}\right)^2 \times (\overline{EO}^2 + \overline{BE}^2) = \overline{EI}^2 + \overline{BP}^2$$

$$\left(\frac{MN}{MO}\right)^2 \times \overline{BO}^2 = \overline{EI}^2 + \overline{BP}^2$$

$$\overline{MN}^2 = \frac{(\overline{EI}^2 + BP^2)\,\overline{MO}^2}{BO^2},$$

et à cause de MO $=$ BO, et de BP $=$ GI, il vient

$$\overline{MN}^2 = \overline{EI}^2 + \overline{GI}^2 = \overline{GE}^2 :$$

d'où $\qquad\qquad\qquad\qquad$ MN $=$ GE.

Or, GE est l'hypoténuse d'un triangle rectangle GEI, dont les autres côtés sont $\frac{h}{2}$ et (1) EI. On peut, par conséquent, construire la droite GE ou MN. Connaissant MN, on peut inscrire 2 MN (ex. 90), puis mener dans le triangle MNO la droite EI $= \frac{m^2}{2h}$ parallèle à MN : le point I étant le milieu de la hauteur (297) déterminée, il sera facile d'achever la construction du trapèze.

LIVRE VI

916. — *D'un sommet A d'un rectangle, on abaisse la perpendiculaire AO sur la diagonale BD, on mène OG, OF respectivement perpendiculaires aux côtés BC et DC. 1° Démontrer les égalités* $\frac{\overline{AB}^3}{\overline{AD}^3} = \frac{OG}{OF}$, *et* $\overline{AO}^3 = BD \times OG \times OF$; *2° déduire de ce qui précède un moyen de construire une droite qui soit à une droite donnée dans le même rapport que deux cubes donnés; 3° prouver que les lignes DF, BG sont deux moyennes proportionnelles entre OF et OG, ou que*

$$\frac{OF}{DF} = \frac{DF}{BG} = \frac{BG}{OG}.$$

1° Le triangle rectangle ABD donne (305) :

$$\frac{\overline{AB}^2}{\overline{AD}^2} = \frac{OB}{OD},$$

et les deux triangles semblables BOG et DOF

$$\frac{OB}{OD} = \frac{OG}{DF} :$$

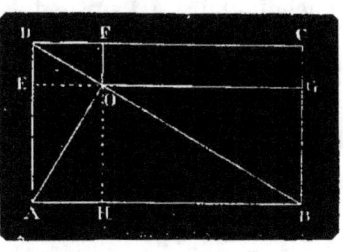

Fig. 498.

d'où

$$\frac{\overline{AB}^2}{\overline{AD}^2} = \frac{OG}{DF} ;$$

d'autre part, les triangles semblables ABD et DOF donnent :

$$\frac{AB}{AD} = \frac{DF}{OF}.$$

Multipliant membre à membre ces deux dernières égalités, il vient

$$\frac{\overline{AB}^3}{\overline{AD}^3} = \frac{OG}{OF}.$$

En prolongeant les lignes OG, OF respectivement jusqu'à la rencontre de AD, AB, en E et en H, on a, dans le triangle rectangle AOB,

$$\overline{OB}^2 = AB \times OG,$$

et, dans le triangle rectangle AOD,

$$\overline{OD}^2 = AD \times OF ;$$

multipliant membre à membre ces deux égalités, il vient

$$\overline{OB}^2 \times \overline{OD}^2 = AB \times AD \times OG \times OF.$$

Or, $OB \times OD = \overline{AO}^2$, et $AB \times AD = AO \times BD$; substituant ces valeurs dans la dernière équation, on a

$$\overline{AO}^2 \times \overline{AO}^2 = AO \times BD \times OG \times OF ·$$

d'où

$$\overline{AO}^3 = BD \times OG \times OF.$$

2° Pour obtenir une droite X qui soit à une droite donnée M dans le rapport de $\dfrac{\overline{AB}^3}{\overline{AD}^3}$, on construira un rectangle ADCD avec les lignes AB et AD, ensuite on abaissera du sommet A la perpendiculaire AO sur la diagonale BD, on mènera les parallèles OG, OH aux côtés du rectangle.

De l'égalité $\dfrac{\overline{AB}^3}{\overline{AD}^3} = \dfrac{OG}{OF}$, et de l'hypothèse $\dfrac{X}{M} = \dfrac{\overline{AB}^3}{\overline{AD}^3}$,

on tire $\dfrac{X}{M} = \dfrac{OG}{OF}$. D'où l'on voit que X est une 4ᵉ proportionnelle aux longueurs connues OF, M, OG.

3° Le triangle rectangle AOD donne

$$\overline{OE}^2 = \overline{DF}^2 = AE \times DE = OF \times BG :$$

d'où
$$\frac{OF}{DF} = \frac{DF}{BG} \quad (1);$$

de même le triangle AOB donne :

$$\overline{OH}^2 = \overline{BG}^2 = AH \times BH = DF \times OG :$$

d'où
$$\frac{DF}{BG} = \frac{BG}{OG} \quad (2).$$

Des égalités (1) et (2) on tire :

$$\frac{OF}{DF} = \frac{DF}{BG} = \frac{BG}{OG}. \qquad \text{C. q. f. d.}$$

917. — *De tous les parallélipipèdes rectangles isopérimètres, quel est celui dont le volume est maximum ?*

Rép. le cube.

En effet, si l'on désigne par a, b, c les trois arêtes, le périmètre sera $4a + 4b + 4c$ et le volume abc.

Or, le produit abc sera maximum dans le même cas que $4a \times 4b \times 4c$. Mais la somme de ces trois facteurs est constante et égale au périmètre donné. Le maximum aura donc lieu pour $4a = 4b = 4c$, ou $a = b = c$.

Le parallélipipède maximum est donc le cube.

918. — *De tous les parallélipipèdes rectangles ayant même surface, quel est celui qui a le volume maximum ?*

Rép. le cube.

Désignons par S la surface constante, et par a, b, c, les trois arêtes, nous avons :

$$S = 2ab + 2ac + 2bc = 2(ab + ac + bc).$$

S étant constant, il en sera de même de $ab + ac + bc$.

Le volume abc deviendra maximum en même temps que $a^2 b^2 c^2 = ab \times ac \times bc$. Comme la somme de ces trois facteurs est constante, le produit sera maximum quand on aura

$$ab = ac = bc,$$

ou
$$a = b = c.$$

Le cube est donc le parallélipipède maximum.

919. — *Quel est le prisme maximum qu'on peut déduire d'une pyramide par une section parallèle à la base?*

Rép. On obtient le prisme maximum en faisant une section au tiers de la hauteur à partir de la base.

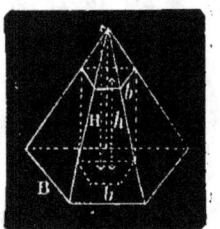

Appelons B et H la base et la hauteur de la pyramide, b et h la base et la hauteur du prisme.

Les polygones B et b, étant semblables, sont entre eux (451) comme les carrés des hauteurs des pyramides dont ils sont les bases, nous aurons donc

Fig. 499.

$$\frac{b}{B} = \frac{(H - h)^2}{H^2} :$$

d'où
$$b = \frac{B}{H^2} (H - h)^2.$$

Le volume du prisme est donc égal à

$$bh = \frac{B}{H^2} (H - h)^2 \times h.$$

Le maximum du produit $\frac{B}{H^2}(H - h)^2 \times h$ aura lieu quand $(H - h)^2 \times h$ sera maximum, car le facteur $\frac{B}{H^2}$ est constant. Mais la somme $H - h + h = H =$ quantité constante.

Il faut donc, pour le maximum, qu'on ait

$$\frac{H - h}{h} = \frac{2}{1} = 2,$$

ou
$$H - h = 2h .$$

$$H = 3h,$$

d'où
$$h = \frac{1}{3} H.$$

On doit donc faire la section au tiers de la hauteur, à partir de la base, pour obtenir le prisme maximum.

920. — *On donne un prisme triangulaire droit qui a une hauteur de* 3ᵐ,80; *sur l'une des arêtes, à partir de la base, on prend une hauteur représentée par* x; *sur une autre arête, on prend une hauteur de* 1ᵐ,20 *de plus, et sur la troisième une hauteur de* 1ᵐ,30 *de plus; par l'extrémité de ces trois hauteurs, on mène un plan qui divise le volume du prisme en deux parties: comment faut-il prendre la première hauteur pour que les deux parties soient équivalentes?*

Rép.   à 0ᵐ,666 de l'une des bases.

Ces deux parties devant être équivalentes et ayant même base, la somme de leurs trois arêtes est évidemment la même de part et d'autre. Or, la première a pour arêtes x, $x + 1,20$ et $x + 1,20 + 1,30$, ce qui donne $3x + 3,70$ pour la somme des arêtes; la seconde a $3,80 - x$, $3,80 - x - 1,20$ et $3,80 - x - 1,20 - 1,30$; faisant la somme de ces trois quantités et simplifiant, on obtient $7,70 - 3x$: de là l'égalité

$$3x + 3,70 = 7,70 - 3x$$

$$6x = 4 :$$

d'où
$$x = 0^m,666.$$

921. — *La hauteur d'un prisme creux est* 0ᵐ,1; *chaque base est un rectangle dont l'un des côtés est double de l'autre, et la surface totale égale* 28ᶜᵐq. *On demande :* 1° *l'aire de chaque base;* 2° *l'aire de chaque face latérale;* 3° *le poids à* 0° *du mercure contenu dans ce prisme. On prendra* 13,60 *pour la densité de ce liquide.*

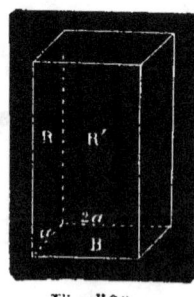

Rép. 1° B = 0ᶜᵐq,405; 2° R = 4ᶜᵐq,5; R' = 9ᶜᵐq; 3° P = 55ᵍʳ,080.

1° Appelons S la surface totale, B chacune des bases, R chacune des deux faces latérales opposées, et R' chacune des deux autres faces latérales opposées.

Fig. 500.

Nous écrirons :

$$S = 2B + 2R + 2R'.$$

Si nous prenons le centimètre pour unité et que nous représentions par a le plus petit côté de la base, nous aurons

$$B = 2a \times a$$
$$2B = 4a^2$$
$$2R = 20a$$
$$2R' = 40a,$$

donc
$$S = 4a^2 + 20a + 40a,$$

ou
$$\varnothing 8 = 4a^2 + 60a.$$

$$a^2 + 15a = 7 :$$

d'où
$$a = -\frac{15}{2} \pm \sqrt{\left(\frac{15}{2}\right)^2 + 7}.$$

$$a = 0,45.$$

Donc
$$B = 2a^2 = 0^{\text{cmq}},405.$$

2^e
$$R = 10a = 4^{\text{cmq}},5$$
$$R' = 20a = 9^{\text{cmq}}.$$

3e Si dans la formule $P = VD$ nous remplaçons les lettres par leurs valeurs, nous aurons :

$$P = 0,405 \times 10 \times 13,60 = 55^{\text{gr}},080.$$

922. — *Trouver le volume de l'octaèdre régulier en fonction de son arête* a.

$$\text{Rép.} \quad V = \frac{1}{3} a^3 \sqrt{2}.$$

L'octaèdre régulier se compose évidemment de 2 pyramides quadrangulaires égales, opposées par la base. Son volume sera donc égal au double produit de la base commune par le $\frac{1}{3}$ de la hauteur.

Or, cette base est un carré dont le côté est l'arête a ; sa surface sera a^2 et le double de cette surface $2a^2$. Quant à la hauteur de la pyramide, elle tombe au centre du carré ABCD, et de plus elle égale la moitié de la diagonale BD, car les triangles isocèles BDS, BDC sont égaux ; donc (228)

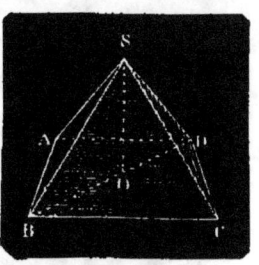

Fig. 501.

$$h = \frac{1}{2} BD = \frac{1}{2} a \sqrt{2} ;$$

et l'on a, par suite, pour le volume demandé,

$$V = \frac{1}{3} \times \frac{a\sqrt{2}}{2} \times 2a^2 = \frac{1}{3} a^3 \sqrt{2}.$$

925. — *Les longueurs des arêtes d'une pyramide triangulaire* SABC *sont :*

$$AB = 2^m,43 ; \quad AC = 3^m,15 ; \quad BC = 3^m,54 ;$$

$$SA = 4^m,18 ; \quad SB = 4^m,45 ; \quad SC = 4^m,78.$$

Trouver le volume de cette pyramide et le rayon de la sphère équivalente.

Rép.　　$V = 5^{mc},107 ; \quad R = 1^m,069.$

Soit le tétraèdre SABC, SH sa hauteur; si du point H on abaisse la perpendiculaire HP sur le côté BC de la base, qu'on joigne ce point P au sommet S, on formera un triangle rectangle SHP, dont le plan est perpendiculaire à la face SBC et au plan de base ABC, et si l'on rabat la face SBC du tétraèdre sur le plan de la base, la ligne SP sera devenue S'P, et n'aura pas cessé d'être perpendiculaire à BC.

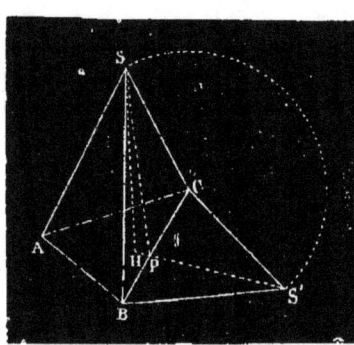

Fig. 502.

Cela étant compris, soit ABC (fig. 503) la base du tétraèdre : les rabattements donnent

$$AS'' = AS''', \quad BS''' = BS', \quad \text{et } CS' = CS''.$$

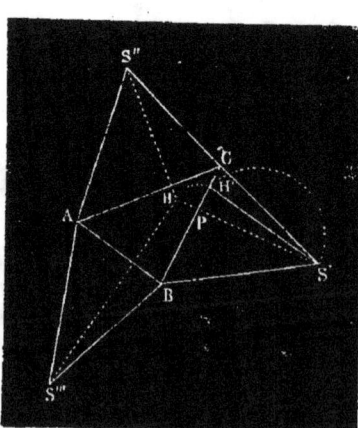

Fig. 503.

Si des points S', S'' et S''' on abaisse des perpendiculaires sur BC, AC et AB, ces perpendiculaires concourront en un même point H, qui est la projection du sommet S (1) ; cette ligne SH (fig. 502), qui est la hauteur, fait partie d'un triangle rectangle dont S'P et HP (fig. 503) forment

(1) Car si du point H, projection du sommet S, on abaisse des perpendiculaires sur les côtés AB, BC, AC et qu'on les plonge, elles passeront par les sommets S', S'', S''', ainsi que le montre la fig. 503.

les autres côtés. Alors, si sur PS′, comme diamètre, on décrit une demi-circonférence, et que du point P on rabatte PH, le triangle S′H′P, qui est égal à SHP (fig. 502), donnera S′H′ (fig. 503) pour la hauteur du tétraèdre.

Pour trouver le volume du tétraèdre, il suffira de chercher la superficie du triangle de base au moyen de la formule

$$S = \sqrt{p\,(p-a)\,(p-b)\,(p-c)};$$

cela connu, et la hauteur déterminée (1), on multipliera cette surface par le $\frac{1}{3}$ de la hauteur, et l'on trouvera, pour le volume, 5^{mc},107.

Le rayon de la sphère équivalente se déduira de la formule :

$$V = \frac{4}{3}\,\pi\,R^3;$$

d'où l'on tire

$$R = \sqrt[3]{\frac{3 \times 5^{mc},107}{4 \times 3.1416}} = 1^m,069.$$

LIVRE VII

924. — *Lorsque la hauteur d'un tronc de cône est égale à 4 fois la différence des rayons de ses bases, son volume est la différence des volumes de deux sphères construites avec ces rayons.*

On doit avoir :

$$V = \frac{4}{3}\,\pi\,R^3 - \frac{4}{3}\,\pi\,r^3.$$

L'expression du volume du tronc de cône est

$$V = \frac{1}{3}\,\pi\,H\,(R^2 + r^2 + Rr). \qquad (1)$$

Mais, d'après l'énoncé, on a

$$H = 4\,(R - r),$$

si l'on substitue cette valeur dans la relation (1), il vient :

$$V = \frac{4}{3}\,\pi\,(R-r)\,(R^2 + r^2 + Rr).$$

(1) A l'aide d'une échelle de proportion.

Or,

$$(R - r)(R^2 + r^2 + Rr) = R^3 - r^3 ;$$

donc

$$V = \frac{4}{3}\pi(R^3 - r^3) = \frac{4}{3}\pi R^3 - \frac{4}{3}\pi r^3.$$

925. — *La surface totale d'un cône est S' et sa génératrice A :
trouver son volume.* S' = 4^mq *et* A = 1^m.

Rép. 0^mc,377.

Soient R le rayon du cône et H sa hauteur, son volume
est égal à $\frac{1}{3}\pi R^2 H$.

Or, je puis écrire (524)

$$S' = \pi R^2 + \pi R A,$$

ou

$$4 = \pi R^2 + \pi R$$

$$R^2 + R = \frac{4}{\pi} = 1,274$$

$$R = -\frac{1}{2} + \sqrt{\frac{1}{4} + 1,274} = 0,73$$

$$R^2 = 0,\overline{73}^2 = 0,5329.$$

J'ai, d'autre part,

$$H = \sqrt{A^2 - R^2} = \sqrt{1 - 0,5329} = 0,68 \cdot$$

d'où

$$V = \frac{1}{3}\pi \times 0,5329 \times 0,68 = 0^{mc},377.$$

926. — *AB est le diamètre d'une sphère ; on veut mener un plan
perpendiculaire à ce diamètre, de telle sorte que la surface de la
sphère soit partagée en deux parties qui aient entre elles le rapport
de 2 à 3 : par quel point du diamètre AB faut-il mener ce plan ?*

Ce plan divise la sphère en deux zones, dont les surfaces sont

$$z = 2\pi R h,$$

et

$$Z = 2\pi R H.$$

Divisant membre à membre, il vient

$$\frac{z}{Z} = \frac{h}{H}.$$

Mais, d'après l'énoncé,

$$\frac{z}{Z} = \frac{2}{3},$$

donc on peut écrire

$$\frac{h}{H} = \frac{2}{3}.$$

Or, $h + H$ n'est autre chose que le diamètre de la sphère ; il s'agit donc de diviser ce diamètre en deux parties proportionnelles aux nombres 2 et 3.

927. — *Un verre à pied de forme conique a $0^m,08$ de diamètre au bord supérieur, et $0^m,12$ de hauteur. Il est rempli par du mercure et de l'eau pure dans des proportions telles que le poids du mercure est triple du poids de l'eau. La densité du mercure est 13,598 : on demande l'épaisseur de chaque couche liquide.*

Rép. $6^{cm},78$ pour la couche de mercure, et $5^{cm},21$ pour celle de l'eau.

Appelons V le volume du verre, v celui du mercure et

$$V' = V - v$$

celui de l'eau, nous aurons

$$V = \frac{1}{3} \pi r^2 H$$

$$v = \frac{1}{3} \pi r^2 h.$$

$$V' = \frac{1}{3} \pi R^2 H - \frac{1}{3} \pi r^2 h,$$

$$V' = \frac{1}{3} \pi (R^2 H - r^2 h).$$

Or, nous savons que le poids d'un corps est égal à son volume multiplié par sa densité ; si donc nous représentons par P le poids du mercure et par P' celui de l'eau, nous aurons :

$$P = \frac{1}{3} \pi r^2 h \times D,$$

et

$$P' = \frac{1}{3} \pi (R^2 H - r^2 h).$$

Mais, d'après l'énoncé,

$$P = 3P' :$$

d'où

$$\frac{1}{3} \pi r^2 h \times D = 3 \times \frac{1}{3} \pi (R^2 H - r^2 h)$$

$$\frac{1}{3} r^2 hD = R^2 H - r^2 h$$

$$r^2 hD + 3r^2 h = 3 R^2 H$$

$$r^2 h (D + 3) = 3R^2 H$$

$$h = \frac{3 R^2 H}{r^2 (D+3)}.$$

$$h = \frac{R^2}{r^2} \times \frac{3H}{D+3}. \qquad (m)$$

Or, les rayons, les hauteurs et les génératrices des cônes **V** et *v* forment des triangles semblables qui donnent :

$$\frac{R}{r} = \frac{H}{h},$$

ou

$$\frac{R^2}{r^2} = \frac{H^2}{h^2}.$$

Remplaçant $\frac{R^2}{r^2}$ par $\frac{H^2}{h^2}$ dans l'égalité (*m*), nous aurons

$$h = \frac{H^2}{h^2} \times \frac{3H}{D+3}$$

$$h^3 = \frac{3 H^3}{D+3}$$

$$h = H \sqrt[3]{\frac{3}{D+3}}.$$

Substituant aux lettres H et D leurs valeurs, et prenant le centimètre pour unité, il vient

$$h = 12 \sqrt[3]{\dfrac{3}{16,598}}:$$

$$log.\ h = iog.\ 12 + \frac{1}{3}\ (log.\ 3 - log.\ 16,598)$$

$$log.\ 3 = 0,4771212$$
$$log.\ 16,598 = 1,2200558$$
$$log.\ 3 - log.\ 16,598 = \overline{1},2570654$$
$$\text{(alg. 246)}\ \frac{1}{3}\ (\overline{1},2570654) = \frac{1}{3}\ (\overline{3} + 2,2570654.)$$
$$= \overline{1},7523551$$
$$log.\ 12 = 1,0791812$$
$$log.\ h = 0,8315363$$
$$h = 6^{cm},7848 = \text{l'épaisseur de la}$$

couche de mercure.

H $- h = 12 - 6,7848 = 5^{cm},2152 =$ l'épaisseur de la couche d'eau.

928. — *Le rayon de la base d'un cône égale* 4^m, *la hauteur de ce cône égale* 6^m. *On fait, à* 2^m *du sommet, une section parallèle à la base : trouver la surface du tronc de cône ainsi obtenu.*

Rép. 80^{mq},59.

On a (525), surface demandée ou

$$S = \pi a\ (R + r). \qquad (1)$$

D'ailleurs A représentant le côté du cône, a le côté du tronc, h la hauteur du tronc, h' la hauteur du petit cône, la figure donne :

$$\frac{A}{A - a} = \frac{h + h'}{h'} = \frac{6}{2};$$

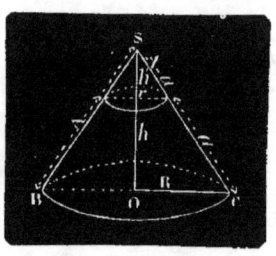

Fig. 504.

or, $\qquad A = \sqrt{(h + h')^2 + R^2} = \sqrt{36 + 16} = 7,21,$

donc
$$\frac{7,21}{7,21 - a} = \frac{6}{2}$$

$$6a = 28,84$$
$$a = 4,81.$$

D'autre part,
$$\frac{r}{R} = \frac{h'}{h + h'};$$

d'où
$$r = \frac{Rh'}{h + h'} = \frac{4 \times 2}{6} = \frac{4}{3}.$$

Portant les valeurs de a et de r dans l'égalité (1), il vient

$$S = \pi \times 4,81 \left(4 + \frac{4}{3}\right) = 80^{mq},59.$$

929. *Le diamètre d'une sphère égale* 4^m; *une corde parallèle à ce diamètre égale* 2^m : *on demande la surface engendrée par cette corde tournant autour du diamètre.*

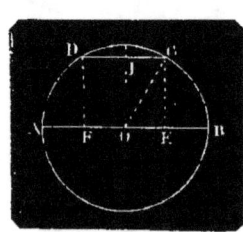

Fig. 505.

Rép. $21^{mq},75$.

Cette surface est celle d'un cylindre : on aura donc

$$S = 2\pi CE \times CD = 2\pi CE \times 2,$$
ou
$$S = 4\pi CE.$$

Mais le triangle rectangle COE donne

$$CE = \sqrt{\overline{CO}^2 - \overline{OE}^2} = \sqrt{R^2 - \overline{CI}^2}$$
$$CE = \sqrt{4 - 1} = \sqrt{3}$$
donc
$$S = 4\pi\sqrt{3} = 21^{mq},75.$$

930. *Trouver le volume d'une sphère, étant donnée une zone dont la hauteur est égale à* $0^m,47$ *et la surface* 2^{mq}.

Rép. $1^{mc},302$.

On a (586) :
$$Z = 2\pi Rh,$$

d'où l'on tire
$$R = \frac{Z}{2\pi h}$$

$$R^2 = \frac{Z^2}{8\pi^2 h^2}.$$

Le volume de la sphère étant égal à $\frac{4}{3}\pi R^3$, on aura :

$$V = \frac{4}{3}\pi \frac{Z^3}{8\pi^3 h^3} = \frac{Z^3}{6\pi^2 h^3}.$$

Remplaçant Z^3 et h^3 par leurs valeurs, on a

$$V = \frac{2^3}{6\pi^2 \times 0{,}47^3} = 1^{mc}{,}302.$$

931. *Le rayon d'une sphère étant égal à 1, calculer à 0,001 près la hauteur d'un cône dont la base est un petit cercle, dont le sommet est au centre de la sphère et dont la surface latérale est égale au* $\frac{1}{10}$ *de la sphère.*

Rép. $h = 0^m{,}916.$

Désignant par h la hauteur demandée, et par r le rayon de la base du cône, on a :

$$\text{surf. latérale du cône} = 2\pi r \times \frac{R}{2} = 2\pi r \times \frac{1}{2} = \pi r.$$

On a aussi

$$\text{surf. de la sphère} = 4\pi R^2 = 4\pi.$$

On écrira donc, d'après l'énoncé,

$$\pi r = \frac{4\pi}{10},$$

d'où
$$r = 0{,}4$$

et
$$h = \sqrt{R^2 - r^2}$$
$$h = \sqrt{1 - 0{,}16} = 0^m{,}916.$$

932. *Un tronc de cône a* 2^m *de hauteur : trouver le volume de ce tronc, sachant que la différence entre le carré de la somme des rayons des bases et le produit des mêmes rayons égale* 1.

Rép. $2^{mc}{,}098.$

Le volume d'un tronc de cône, ou

$$V = \frac{1}{3}\pi h \left(R^2 + r^2 + Rr\right). \qquad (1)$$

Mais, d'après l'énoncé,

$$(R + r)^2 - Rr = 1,$$

ou
$$R^2 + r^2 + 2Rr - Rr = 1,$$

ou enfin
$$R^2 + r^2 + Rr = 1.$$

L'égalité **(1)** devient donc

$$V = \frac{1}{3} \pi\, h \times 1 = \frac{1}{3} \pi \times 2 = 2^{mc},098.$$

933. — *Une machine soufflante lance* 14^{kg} *d'air par minute. Cette machine se compose d'un cylindre dont le diamètre intérieur égale* 0^m,75 ; *la course du piston est de* 0^m,50 : *combien dure chaque coup de piston, sachant que* 1^{mc} *d'air pèse* 1298^{gr} ?

Rép. 1^s, 23.

Chaque coup de piston lance un volume d'air égal à celui d'un cylindre de 0^m,50 de hauteur et de 0^m,375 de rayon; ce volume est donc égal à 3,1416 × 0,375^2 × 0,5 = 0^{mc},220893, et son poids est 0,220893 × 1,298 = 0^{kg},287.

Les quantités d'air expulsé étant évidemment proportionnelles aux temps employés, en appelant x la durée d'un coup de piston, on a

$$\frac{x}{60^s} = \frac{0,287}{14},$$

d'où
$$x = \frac{60 \times 0,287}{14} = 1^s,23.$$

934. — *Un gramme de mercure occupe dans un tube capillaire une longueur de* 0^m,007 : *quel est le diamètre intérieur de ce tube, la densité du mercure étant* 13,596 ?

Rép. 0^{cm},366.

Si, dans la formule P = VD, je remplace les lettres par leurs valeurs, j'aurai, en prenant pour unités le gramme et le centimètre :

$$1^{gr} = \pi\, R^2 \times 0,7 \times 13,596,$$

d'où
$$R = \sqrt{\frac{1}{\pi \times 0,7 \times 13,596}} :$$

$$\log. R = \frac{1}{2} [\log. 1 - (\log. \pi + \log. 0,7 + \log. 13,596),$$

$$
\begin{aligned}
\log. \pi &= \quad 0,4971509 \\
\log. 0,7 &= \quad \bar{1},8450980 \\
\log. 13,596 &= \quad 1,1334112
\end{aligned}
$$

$$\log. R = \frac{1}{2} (-1,4756601) = \frac{1}{2} (\bar{2},5243399).$$

$$log.\ R = \overline{1},2621699$$
$$R = 0,18298$$
$$2\ R = 0,36596 = 0^{cm},366\ \text{environ.}$$

935. — *Une boule de verre pèse 1^{kg}. : quelle est sa surface, se*
.hant que la densité du verre est 2,7?

Rép. 2^{dmq},494.

Si, dans la formule P = VD, on remplace les lettres par leurs
valeurs, il vient :

$$1\ ^{kg}. = \frac{4\pi R^3}{3} \times 2,7 = 4\pi R^3 \times 0,9 :$$

d'où
$$R = \sqrt{\frac{1}{4\ \pi \times 0,9}} = 0^{dm},4455.$$

La surface demandée sera donc

$$S = 4\pi R^2 = 4\ \pi \times \overline{0,4455^2} = 2^{dmq},494.$$

936. — *On plonge par le sommet, dans du mercure dont la*
densité est 13,596, un cône de fer ayant 22^{cm} de hauteur; le rayon
de la base du cône est 0^{cm},5 et la densité du fer 7,788 : de combien
le cône s'enfoncera-t-il dans le mercure ?

Rép. 18^{cm},27.

Il s'enfoncera de manière à déplacer un cône de mercure ayant
un poids égal au sien.

Or, les volumes V, v des deux cônes, ayant même poids, sont
inversement proportionnels à leurs densités, et l'on a :

$$\frac{V}{v} = \frac{13,596}{7,788}.$$

Ils sont de plus proportionnels aux cubes de leurs hauteurs

$$\frac{V}{v} = \frac{H^3}{h^3} = \frac{13,596}{7,788},$$

d'où
$$h = H \sqrt[3]{\frac{7,888}{13,596}}$$

$$h = 22 \sqrt{\frac{7,788}{13,596}}.$$

$$log.\ h = log.\ 22 + \frac{1}{3}\ (log.\ 7,788 - log.\ 13,596,$$

$$log. \ 7,788 = 0,8914259$$
$$log. \ 13,596 = 1,1334112$$

$$(log.7,788 - log.13,596) = \overline{1},7580147.$$

$$\frac{1}{3} log.(7,788 - log.13,596) = \frac{1}{3}(\overline{3} + 2,7580147)$$

$$= \overline{1},9193382$$
$$log. \ 22 = 1,3424227$$
$$log. \ h = \overline{1},2617609$$
$$h = 18^{cm},27.$$

957. — *Un morceau de bois, dont la densité est 0,729, a la forme d'un cône droit. On le fait flotter sur l'eau de manière que le cône soit vertical, en mettant d'abord le sommet en bas, puis le sommet en haut. On demande : 1° quelle fraction de la hauteur du cône s'enfoncera dans l'eau dans la première position ; 2° quelle fraction de cette même hauteur s'enfoncera dans la seconde ?*

Rép. 1° $h = 0,9H$; 2° $h = 0,647H$.

1° Soient V le volume du cône de bois, v le volume du cône formé par l'eau déplacée, il est évident que ces deux volumes ont même poids : donc ils sont inversement proportionnels à leurs densités, D, D' (D' = 1), et l'on a

$$\frac{V}{v} = \frac{D'}{D}.$$

De plus ces volumes sont entre eux comme les cubes de leurs hauteurs, ou

$$\frac{V}{v} = \frac{H^3}{h^3},$$

donc

$$\frac{H^3}{h^3} = \frac{D'}{D} = \frac{1}{0,} ;$$

d'où

$$h = H \sqrt[3]{0,729}$$
$$h = 0,9H.$$

2° Le volume du tronc de cône déplacé est $V - v$, et l'on a, comme plus haut,

$$\frac{V}{V-v} = \frac{D'}{D}.$$

De l'égalité

$$\frac{V}{v} = \frac{H^3}{h^3}$$

on déduit
$$\frac{V}{V-v} = \frac{H^3}{H^3-h^3};$$

d'où
$$\frac{H^3}{H^3-h^3} = \frac{D'}{D}$$

$$D'H^3 - D'h^3 = DH^3$$

$$D'h^3 = D'H^3 - DH^3$$

$$h^3 = \frac{H^3(D'-D)}{D'}$$

$$h = H\sqrt{1-0,729} = 0,647H.$$

938. — *Un creuset ayant la forme d'un tronc de cône a 0^m,04 de diamètre au fond, 0^m,07 de diamètre au bord supérieur et 0^m,10 de hauteur. Ce creuset contient du métal en fusion dont la surface supérieure a 0^m,06 de diamètre ; on veut couler ce métal dans un moule sphérique : quel devrait être le rayon de ce moule pour que le métal le remplît entièrement?*

Rép. 3^{cm},164.

Le volume du moule sphérique est $\dfrac{4\pi R^3}{3}$.

Prenons le centimètre pour unité.
Le volume du métal en fusion, ou

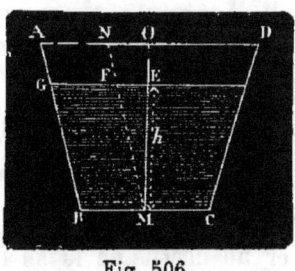

Fig. 506.

$$V = \frac{1}{3}\,\pi h\,(R^2 + r^2 + Rr)$$

$$= \frac{1}{3}\,\pi h\,(3^2 + 2^2 + 3\times 2)$$

$$= \frac{1}{3}\,\pi h \times 19. \qquad (1)$$

Pour trouver la valeur de h, menons MN parallèle à AB; les deux triangles semblables MON et MEF donnent

$$\frac{MO}{ME} = \frac{ON}{EF} ;$$

mais
$$MO = 10; \quad ON = AO - BM = 3,5 - 2 = 1,5,$$

et
$$EF = GE - BM = 3 - 2 = 1,$$

d'où
$$\frac{10}{h} = \frac{1,5}{1} ;$$

et
$$h = \frac{10}{1,5}.$$

Portant cette valeur dans l'expression (1), il vient :

$$V = \frac{1}{3}\pi \times \frac{10}{1,5} \times 19 = \frac{\pi \times 38}{0,9}.$$

Or, ce volume est égal à celui du moule sphérique, puisqu'il doit le remplir :

donc
$$\frac{4\pi R^3}{3} = \frac{\pi \times 38}{0,9}$$

$$R = \sqrt[3]{\frac{3 \times \pi \times 38}{4 \times \pi \times 0,9}} = \sqrt[3]{\frac{19}{0,9}}$$

$$log. R = \frac{1}{3}(log. 19 - log. 0,6)$$

$$log. 19 = 1,2787536$$
$$log. 0,6 = \overline{1},7781512$$
$$(log. 19 - log. 0,6) = 1,5006024$$

$$log. R = \frac{1}{3}(log. 19 - log. 0,6) = 0,5002008.$$
$$R = 3^{cm},164.$$

939. — *Un réservoir a la forme d'un tronc de cône. La base inférieure a* $0^m,50$ *de rayon, la surface supérieure de l'eau contenue dans ce réservoir a* $0^m,80$ *de rayon et la hauteur de l'eau est* $1^m,50$. *On laisse tomber dans le réservoir un cube de* $0^m,40$ *de côté. A quelle hauteur s'élèvera le niveau de l'eau ?*

Rép. $1^m,5315$.

Prenons le décimètre pour unité. L'immersion du cube fait élever au-dessus de la surface primitive AD un volume d'eau ADEF : ce volume forme un tronc de cône équivalent au cube. En appelant x le rayon supérieur de ce tronc, et y sa hauteur, il vient

$$4^3 = 64 = \frac{1}{3}\pi y(x^2 + 8^2 + 8x). \quad (1)$$

Cette équation contenant deux inconnues, cherchons encore une équation.

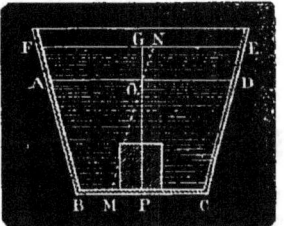

Fig. 507.

La parallèle MN à CE forme avec la hauteur du réservoir deux triangles semblables GON, MOP, qui donnent

$$\frac{GO}{OC} = \frac{GN}{MP},$$

ou

$$\frac{y}{15} = \frac{GN}{MP} = \frac{x - OD}{MC - PD} = \frac{x - 8}{3}$$

$$y = 5 \, (x - 8).$$

Portant cette valeur dans la relation (1), il vient :

$$64 = \frac{5}{3} \, \pi (x - 8) \, (x^2 + 8^2 + 8x) = \frac{5 \, \pi \, (x^3 - 8^3)}{3}$$

$$64 \times 3 = 5\pi x^3 - 5\pi \times 512$$

$$x^3 = \frac{192 + 5\pi \times 512}{5\pi}$$

$$x^3 = \frac{192}{5\pi} + 512 = 12{,}223 + 512 = 524{,}223$$

$$x = \sqrt[3]{524{,}223}$$

$$log. \, x = \frac{1}{3} \, log. \, 524{,}223 = 0{,}9065054$$

$$x = 8^{dm}{,}063$$

$$y = 5 \, (x - 8) = 5 \, (8{,}063 - 8) = 0^{dm}{,}315.$$

Donc la hauteur totale de l'eau est égale à

$$15 + 0{,}315 = 15^{dm}{,}315 = 1^{m}{,}5315.$$

940. — *La surface totale d'un cylindre circonscrit à une sphère est moyenne proportionnelle entre la surface de la sphère et la surface totale du cône équilatéral circonscrit. Il existe la même relation entre les volumes de ces 3 corps.*

1° La surface de la sphère $= 4\pi R^2$; la surface totale du cylindre (ex. 755) $= 6\pi R^2$; et celle du cône (ex. 756) $9\pi R^2$.

Ces trois surfaces sont entre elles comme les nombres 4, 6 et 9; et comme $6^2 = 4 \times 9$, la première partie de l'énoncé est démontrée.

2° Vol. de la sphère $= \frac{4}{3}\pi R^3$.

Volume du cylindre $= 2\pi R^3$.

Vol. du cône (ex. 756) $= 3\pi R^3$.

Donc les trois volumes dont il s'agit sont entre eux comme les nombres $\frac{4}{3}$, 2 et 3.

Or, $2^2 = \frac{4}{3} \times 3 = 4$.

941. — *Le côté d'un hexagone régulier égale* 1^m : *on demande de calculer à 0,001 près le volume engendré par l'hexagone régulier tournant autour d'un de ses côtés.*

Rép. $14^{mc}, 137$.

Le volume demandé se compose de trois parties : du cylindre engendré par le rectangle ACDF, et des volumes engendrés par les triangles égaux ABC, DEF.

Le cylindre ACDF a pour rayon (256) $AC = a\sqrt{3}$, et a pour hauteur, son volume $v = 3\pi a^3$.

Le volume engendré par DEF (600, 2°), ou

$$v' = \text{surf. DE} \times \frac{1}{3}\, FH.$$

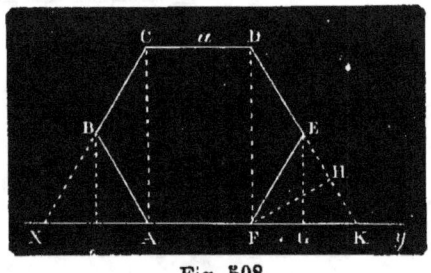

Fig. 508.

Or, la surface décrite par DE est celle du tronc de cône engendré par DEGF, ou (525)

$$\text{surf. DE} = \pi \times DE\,(DF + EG);$$

mais $DE = a$, $DF = AC = a\sqrt{3}$, et $EG = \dfrac{DF}{2} = \dfrac{a\sqrt{3}}{2}$;

par suite, $\text{surf. DE} = \pi a \left(a\sqrt{3} + \dfrac{a\sqrt{3}}{2} \right)$

$$\text{surf. DE} = \frac{3}{2}\pi a^2 \sqrt{3}.$$

Le triangle FEK étant équilatéral, on a (326) $FH = \dfrac{a}{2}\sqrt{3}$.

$$\frac{1}{3}\, FH = \frac{a}{6}\, \sqrt{3}:$$

donc
$$v' = \frac{3}{2}\pi a^2 \sqrt{3} \times \frac{a}{6}\sqrt{3}$$

$$v' = \frac{3}{4}\pi a^3.$$

Le volume engendré par ABC est aussi $\frac{3}{4}\pi a^3$.

Appelant V le volume total, on a donc

$$V = v + 2v' = 3\pi a^3 + \frac{3}{2}\pi a^3,$$

$$V = \frac{9}{2}\pi a^3.$$

Remplaçant a par sa valeur 1^m, il vient :

$$V = \frac{9}{2}\pi = 14^{mc},137.$$

942. — *La surface de la sphère est moyenne proportionnelle entre les surfaces engendrées par deux polygones réguliers semblables, d'un nombre pair de côtés, inscrits et circonscrits au même grand cercle, et tournant autour du même diamètre.*

Nous avons

1° Surf. de la sphère $= 4\pi R^2$

2° (n° 582)

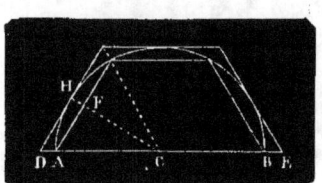

Fig. 509.

Surf. AFB $= 2\pi CF \times AB$
$\qquad\quad = 4\pi R \times CF.$

3° Surf. DHE $= 2\pi CH \times DE$
$\qquad\quad\ = 4\pi R \times DC.$

Mais les triangles semblables ACF et DCH donnent :

$$\frac{CF}{AC} = \frac{CH}{DC},$$

ou
$$\frac{CF}{R} = \frac{R}{DC};$$

multipliant tous les termes par $4\pi R$, il vient :

$$\frac{4\pi R \times CF}{4\pi R^2} = \frac{4\pi R^2}{4\pi R \times DC}.\ \text{C. q. f. d.}$$

943. — *Inscrire dans une sphère un cylindre droit dont la somme des bases soit égale à la surface latérale.*

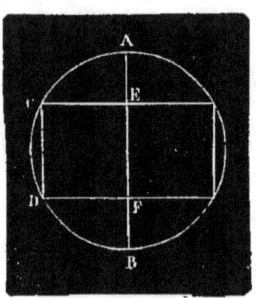

Fig. 510.

Soient ACB le demi-cercle qui engendre la sphère donnée, et CEFD le rectangle qui engendre le cylindre demandé; on a :

surf. des deux bases $= 2\pi\overline{CE}^2$
surf. latérale $\quad = 2\pi CE \times CD$.

Or, d'après l'énoncé, on doit avoir

$$2\pi\overline{CE}^2 = 2\pi CE \times CD :$$
d'où $\qquad CE = CD.$

On voit donc que le rectangle CEFD, qui engendre le cylindre demandé, est un carré inscrit dans le demi-cercle ACB.

944. — *Inscrire dans une sphère un cône dont la surface latérale soit équivalente à celle de la calotte sphérique se terminant au même cercle.*

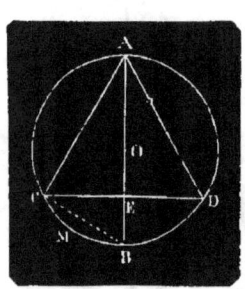

Fig. 511.

Soient CMBD la calotte et CAD le cône demandés, on a :

surf. lat. du cône $= \pi CE \times AC$
et $\quad$ surf. de la calotte $= \pi AB \times BE$;

or, d'après l'énoncé, on doit avoir :

$$\pi CE \times AC = \pi AB \times BE :$$
l'où $\quad CE \times AC = AB \times BE$
$$\overline{CE}^2 \times \overline{AC}^2 = \overline{AB}^2 \times \overline{BE}^2.$$

Remplaçant CE^2 et $\overline{AC}^2$ par les produits AE $\times$ BE et AB $\times$ AE, qui leur sont respectivement égaux, il vient :

$$AE \times BE \times AB \times AE = \overline{AB}^2 \times \overline{BE}^2$$

$$AE^2 = AB \times BE.$$

D'où l'on voit que la hauteur AE du cône est le grand segment du diamètre AB divisé en moyenne et extrême raison.

945. — *Mener à une sphère deux sections parallèles, et également éloignées du centre de cette sphère, de manière que la somme des surfaces des deux sections soit égale à la surface de la zone déterminée par ces sections.*

Soient CD et EF les rayons des deux sections demandées. D'après l'énoncé, il est évident que la surface de la sphère est égale à la somme des calottes AD, BF et des deux cercles CD, EF. Or,

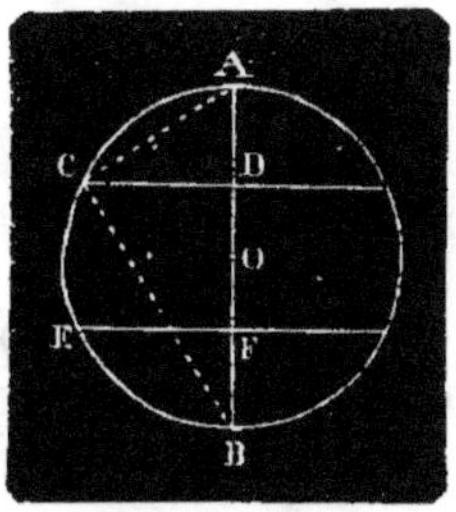

Fig. 512.

surface d'une calotte $= 2\pi AO \times AD$

surface des deux calottes $= 2\pi \times 2AO \times AD$

$= 2\pi \times AB \times AD$

$= 2\pi \times \overline{AC}^2$;

surface des 2 sections $= 2\pi \overline{CD}^2$.

J'écrirai donc $\qquad 2\pi\overline{AC}^2 + 2\pi\overline{CD}^2 = 4\pi\overline{AO}^2$

$$\overline{AC}^2 + \overline{CD}^2 = 2\overline{AO}^2.$$

Mais le triangle rectangle ACB donne

$$\overline{AC}^2 + \overline{CB}^2 = 4\overline{AO}^2.$$

Retranchant de cette égalité la précédente, il vient

$$\overline{CB}^2 - \overline{CD}^2 = 2\overline{AO}^2,$$

ou $\qquad\qquad \overline{BD}^2 = 2\overline{AO}^2$

$$BD = AO\sqrt{2}.$$

C'est-à-dire que la distance BD de la section CD au pôle B est égale (254) au côté du carré inscrit dans un grand cercle de la sphère. Il en est de même de la section EF par rapport au pôle A.

946.—*Inscrire dans une sphère un cône dont la base soit équivalente à la moitié de la surface latérale.*

Si nous supposons que le triangle ACE (fig. 511), en tournant autour de l'axe AE, engendre le cône demandé, nous aurons, d'après l'énoncé :

$$\pi\overline{CE}^2 = \frac{\pi CE \times AC}{2},$$

ou $\qquad\qquad 2CE = AC,$

ou encore $\qquad\qquad CD = AC.$

Si donc on coupe le cône par un plan passant par la hauteur AE, on obtiendra un triangle équilatéral ACD. Par conséquent, on inscrira un triangle équilatéral dans un grand cercle de la sphère donnée, et la révolution de ce triangle autour d'une de ses hauteurs engendrera le cône demandé.

947.—*Faire passer une sphère par quatre points non situés dans le même plan.*

On fera d'abord passer une circonférence par trois de ces points; on élèvera par son centre une perpendiculaire indéfinie à son plan; enfin, sur le milieu de la droite, joignant le 4ᵉ point à l'un quelconque des trois autres, on élèvera un plan perpendiculaire, qui coupera la perpendiculaire indéfinie au centre de la sphère demandée : ce centre est, en effet, également éloigné des quatre points donnés.

948. — *Une sphère de bois s'enfonce des* $\frac{5}{3}$ *de son rayon dans de l'eau pure : calculer la densité de ce bois.*

Rép. 0,925.

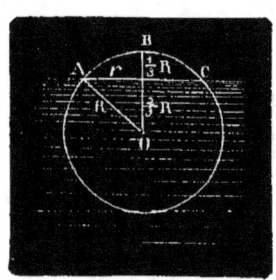

Fig. 543.

Le poids de la sphère de bois est évidemment égal au poids du segment sphérique d'eau déplacée. Donc les volumes V, V′ de ces deux corps sont inversement proportionnels à leurs densités d et 1 :
d'où

$$\frac{V}{V'} = \frac{1}{d}.$$

Déterminons les volumes **V** et **V′** en fonction de R

$$V = \frac{4}{3}\pi R^3,$$

et
$$V' = V - \text{seg. sph. ABC.}$$

Or (613), seg. sph. ABC $= \frac{1}{2}\pi r^2 \times \frac{R}{3} + \frac{1}{6}\pi \times \left(\frac{R}{3}\right)^3;$

mais la figure donne

$$r^2 = R^2 - \left(\frac{2}{3}R\right)^2 = \frac{5R^2}{9} :$$

d'où seg. sph. ABC $= \frac{1}{2}\pi \times \frac{5R^2}{9} \times \frac{R}{3} + \frac{1}{6}\pi \times \frac{R^3}{27}$

$$= \frac{5\pi}{54}R^3 + \frac{\pi}{162}R^3$$

$$= \frac{3 \times 5\pi R^3}{3 \times 54} + \frac{\pi R^3}{162}$$

$$= \frac{16\pi R^3}{162} = \frac{8\pi R^3}{81} :$$

par suite $\quad V' = \frac{4}{3}\pi R^3 - \frac{8\pi R^3}{81} = \frac{100\pi R^3}{81}$,

donc $\quad \dfrac{V}{V'} = \dfrac{\frac{4}{3}\pi R^3}{\dfrac{100\pi R^3}{81}} = \dfrac{108\,\pi R^3}{100\,\pi R^3} = \dfrac{27}{25} = \dfrac{1}{d} :$

d'où $\quad d = \dfrac{25}{27} = 0,925.$

949. — *Inscrire dans une sphère un cône équivalent au segment sphérique adjacent.*

Désignant par x le rayon de la base du cône, par y la hauteur du segment et par R le rayon de la sphère, on a, d'après l'énoncé, et les n°° 527, 613,

$$\frac{1}{3}\pi x^2(2R - y) = \frac{1}{2}\pi x^2 y + \frac{1}{6}\pi y^3$$

$$= \pi \times \frac{3x^2 y + y^3}{6}$$

$$2x^2(2R - y) = 3x^2 y + y^3$$
$$4x^2 R - 5x^2 y = y^3$$
$$x^2(4R - 5y) = y^3. \qquad (m)$$

Or (226, 2°), $\qquad x^2 = y(2R - y).$

Substituant, dans l'égalité (m), à x^2 sa valeur, il vient

$$y(2R - y)(4R - 5y) = y^3$$

$$(2R - y)(4R - 5y) = y^2.$$

Effectuant la multiplication indiquée, on a

$$8R^2 - 14Ry + 5y^2 = y^2$$
$$8R^2 - 14Ry + 4y^2 = 0$$
$$2y^2 - 7Ry + 4R^2 = 0$$

$$y = \frac{7R \pm \sqrt{17R^2}}{4},$$

$$y = \frac{R\,(7 \pm \sqrt{17})}{4}.$$

La seule valeur admissible de y est évidemment

$$y = \frac{R\,(7 - \sqrt{17})}{4}.$$

950. — *Inscrire dans une sphère un cylindre droit ayant un rapport donné m avec la somme des deux segments sphériques adjacents.*

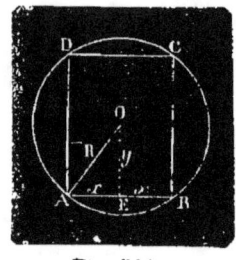

Fig. 514

Désignant par x le rayon du cylindre, par y la moitié de sa hauteur et par R le rayon de la sphère, on aura, d'après l'énoncé et le n° 613 :

$$\frac{\pi x^2 \times 2y}{\pi x^2(R - y) + \frac{1}{3}\pi(R - y)^3} = m$$

$$6x^2 y = 3mx^2(R - y) + m(R - y)^3$$
$$6x^2 y = m\,(R - y)\,[3x^2 + (R - y)^2];$$
or, $\qquad x^2 = R^2 - y^2,$

donc $\quad 6(R^2 - y^2)\,y = m(R - y)\,[3(R^2 - y^2) + (R - y)^2]$

$6y\,(R + y)\,(R - y) = m(R - y)^2\,[3(R + y) + R - y],$

ou $3y\,(R + y)\,(R - y) = m(R - y)^2\,(2R + y).$

Supprimant le facteur $R - y$, il vient :

$$3y(R + y) = m(R - y)\,(2R + y)$$

$$y^2(m + 3) + Ry(m + 3) - 2mR^2 = 0$$

$$y^2 + Ry - \frac{2mR^2}{m + 3} = 0.$$

Les quantités R et m étant données, il ne reste plus qu'à tirer la valeur de y de cette équation du second degré.

REM. Il nous a été permis de supprimer le facteur $R - y$, bien qu'il contienne l'inconnue y, car la suppression de $R - y$ équivaut à celle de la solution $R = y$ (alg. 139), laquelle ne convient évidemment pas au problème.

951. — *Dans un cercle donné, mener à angle droit deux diamètres AB, CD; par le point A mener la tangente AE. On mènera* *aussi la corde* CB *que l'on prolongera jusqu'à son intersection* E *avec la tangente. Entre les droites* AE, EC *et l'arc* AC, *une certaine figure est comprise. On suppose que cette figure fait une révolution complète autour de* AB : *on demande le volume ainsi engendré par cette figure.* Appl. R = 1ᵐ,35.

Rép. 13ᵐᶜ,023.

Le volume demandé est égal à la différence du tronc de cône engendré par le trapèze AECO et la demi-sphère engendrée par le quart de cercle AOC. Les rayons du tronc de cône étant 2R (car AB égalant 2OB, AE égale aussi 2OC), et R, et sa hauteur R, son

$$\text{volume } V = \frac{1}{3}\,\pi R(4R^2 + R^2 + 2R^2)$$

$$= \frac{7}{3}\,\pi R^3.$$

Le volume de la demi-sphère ou

$$V' = \frac{2}{3}\pi R^3 :$$

$$\text{d'où } V - V' = \frac{5}{3}\pi R^3.$$

Si R = 1,35, on aura pour le volume demandé

$$V - V' = \frac{5}{3}\,\pi\,\overline{1,35}^3 = 13^{mc},023.$$

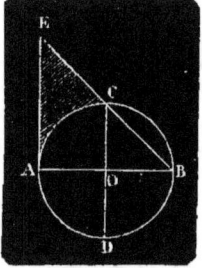

Fig. 515.

952. — *Une sphère étant donnée, menez un rayon quelconque et un plan perpendiculaire au milieu de ce rayon ; ce plan partagera la sphère en deux segments. Supprimez le petit segment et remplacez-le par un cône droit de même base que ce segment supprimé. On demande à quelle distance doit être placé le sommet du cône pour que le corps ainsi composé d'un cône et d'une partie sphérique ait la même surface que la sphère.*

Rép. $\dfrac{R}{2}\sqrt{\dfrac{7}{3}}$.

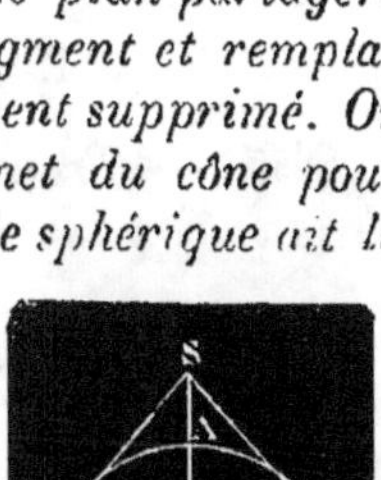

Soit DC la perpendiculaire élevée sur le milieu du rayon AO ; si nous représentons par *x* la hauteur SC du cône demandé, nous aurons d'après l'énoncé :

Fig. 516.

Surf. latérale du cône SDC = surf. de la zone **A** ;

or, surf. latérale du cône $= \pi\,DC \times SD$,

et surf. de la zone $= 2\pi R \times \dfrac{R}{2} = \pi R^2$

d'où $\pi DC \times SD = \pi R^2.$ (1)

Mais (256) DC est la moitié du côté du triangle équilatéral inscrit, ce qui donne

$$DC = \frac{R}{2}\sqrt{3} \; ;$$

de plus $$SD = \sqrt{x^2 + \frac{3R^2}{4}}.$$

L'égalité (1) devient donc, après substitution,

$$\pi\frac{R}{2}\sqrt{3} \times \sqrt{x^2 + \frac{3R^2}{4}} = \pi R^2,$$

ou $$\sqrt{x^2 + \frac{3R^2}{4}} = \frac{2\pi R^2}{\pi R\sqrt{3}} = \frac{2R}{\sqrt{3}}$$

$$x^2 + \frac{3R^2}{4} = \frac{4R^2}{3} :$$

d'où enfin $$x = \frac{R}{2}\sqrt{\frac{7}{3}}.$$

REM. La solution négative est évidemment à rejeter.

953. — *Trouver en fonction de l'arête a d'un tétraèdre le rayon de la sphère inscrite et celui de la sphère circonscrite.*

Rép. $r = \dfrac{a}{12}\sqrt{6}; \quad R = \dfrac{a}{4}\sqrt{6}.$

1re *Solution.* — Il existe un point G intérieur également distant des quatre sommets et des quatre faces du tétraèdre. De plus, ce point se trouve sur la hauteur H du tétraèdre (ex. 947).

Or, il est facile de concevoir qu'on peut décomposer le tétraèdre en 4 pyramides égales ayant toutes leurs sommets au point G, et pour bases les faces du tétraèdre. Chacune d'elles sera évidemment le $\frac{1}{4}$ du tétraèdre et par conséquent aura pour hauteur $\frac{H}{4}$.

Si donc on désigne par r et R les rayons des sphères demandées, on a

$$r = \frac{H}{4} = \frac{a\sqrt{2}}{4\sqrt{3}} = \frac{a\sqrt{6}}{12} \text{(ex. 581).}$$

D'autre part,

$$R = H - r = 3\,r = \frac{a}{4}\sqrt{6}.$$

2ᵉ Solution. — Si l'on conçoit un plan sécant passant par l'arête SA et par la médiane SD de la face opposée SBC, ce plan, divisant le tétraèdre en deux parties égales, contiendra la hauteur SF.

D'ailleurs, le parallélisme des droites SA, EF donne

$$\frac{SG}{GF} = \frac{SA}{EF} = \frac{SD}{ED} = \frac{3}{1} :$$

donc

$$r = GF = \frac{1}{3} SG = \frac{1}{4} SF = \frac{H}{4} = \frac{a}{12}\sqrt{6},$$

et

$$R = SG = 3\,r = \frac{a}{4}\sqrt{6}.$$

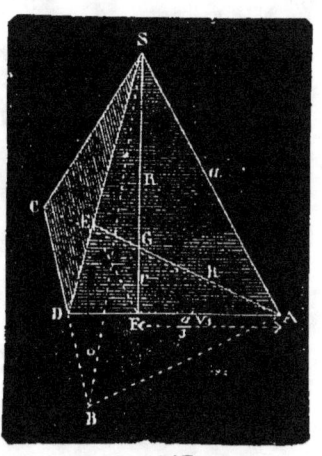

Fig. 517

3ᵉ Solution. — Les triangles rectangles SAF, GAF donnent

$$\left(FA = \frac{2}{3} \text{ hauteur du triangle de base} = \frac{a}{3}\sqrt{3}\,(\text{n}^\text{o}\ 326) : \right.$$

$$R^2 = r^2 + \frac{a^2}{3}, \qquad (1)$$

et

$$(R + r)^2 = a^2 - \frac{a^2}{3} = \frac{2a^2}{3} \qquad (2)$$

$$R^2 + 2Rr + r^2 = \frac{2a^2}{3}. \qquad (3)$$

L'équation (1) donne

$$R = \sqrt{r^2 + \frac{a^2}{3}}.$$

Remplaçant dans l'équation (3) R^2 et R par leurs valeurs, il vient successivement

$$r^2 + \frac{a^2}{3} + 2r \sqrt{r^2 + \frac{a^2}{3}} + r^2 = \frac{2a^2}{3}$$

$$2r \sqrt{r^2 + \frac{a^2}{3}} = \frac{a^2}{3} - 2r^2$$

$$4r^4 + \frac{4a^2 r^2}{3} = \left(\frac{a^2}{3} - 2r^2\right)^2 = \frac{a^4}{9} - \frac{4a^2 r^2}{3} + 4r^4$$

$$\frac{8a^2 r^2}{3} = \frac{a^4}{9}$$

$$24r^2 = a^2$$

$$r^2 = \frac{a^2}{24}$$

$$r = \frac{a}{\sqrt{24}} = \frac{a}{24}\sqrt{24} = \frac{a}{24}\sqrt{4 \times 6}$$

$$r = \frac{a}{12}\sqrt{6}.$$

La valeur de r^2 portée dans la relation (1) donne

$$R^2 = \frac{a^2}{24} + \frac{a^2}{3} = \frac{9a^2}{24} = \frac{3a^2}{8}$$

$$R = \frac{a\sqrt{3}}{\sqrt{8}} = \frac{a}{8}\sqrt{3}\sqrt{8} = \frac{a}{8}\sqrt{24}$$

$$R = \frac{a}{4}\sqrt{6}.$$

Nota. Le lecteur remarquera la différence qui existe entre ces trois solutions.

954. *Un aéronaute est à* 10^{km} *de la terre : quelle surface peut-il apercevoir, le rayon de la terre étant égal à* 6366^{km}?

Rép. 399664^{kmq}.

Soit A le point où se trouve l'aéronaute. Il est évident qu'il peut apercevoir la surface de la zone CBC', déterminée par les tangentes AC, AC'. Calculons donc la surface de cette zone, et, pour cela, déterminons d'abord sa hauteur x en fonction de R, rayon de la terre. Le triangle rectangle ACO donne :

$$R' = AO \times OD = (R + 10)(R - x)$$
$$= R^2 + 10R - Rx - 10x$$

$$Rx + 10x = 10R:$$

d'où
$$x = \frac{10R}{R + 10}.$$

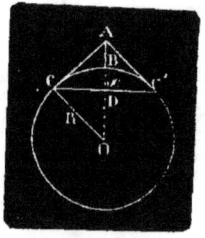

Nous aurons par conséquent

surf. CBC$' = 2\pi Rx = 2 \times 3,1416 \times 6366 \times \dfrac{63660}{6376} = 399361^{\text{kmq}}.$

La surface du globe étant égale à 510000000^{kmq}, c'est une surface environ 1277 fois moindre.

955. *Inscrire dans une sphère le parallélipipède maximum.*

Soient D le diamètre de la sphère, x, y, z les dimensions du parallélipipède P, on a

$$P = xyz, \text{ ou } P^2 = x^2 y^2 z^2;$$

mais (ex. 523) $x^2 + y^2 + z^2 = D^2$. Comme D^2 est un nombre constant, le produit $x^2 y^2 z^2$ sera maximum pour $x^2 = y^2 = z^2$, ou $x = y = z$. Donc le parallélipipède maximum inscrit dans une sphère est le cube.

956. *Inscrire dans une sphère le cône maximum.*

Soit SAB le cône demandé. Si nous désignons par x le rayon de sa base, et par $R + y$ sa hauteur, la figure nous donne

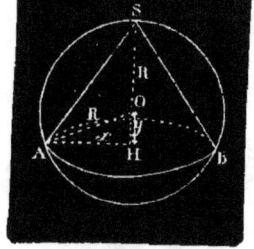

$$V = \frac{1}{3} \pi x^2 (R + y), \qquad (1)$$

et
$$x^2 = R^2 - y^2. \qquad (2)$$

Remplaçant x^2 par sa valeur, il vient

$$V = \frac{1}{3} \pi (R^2 - y^2)(R + y).$$

Le maximum de cette expression est indépendant du nombre constant $\frac{1}{3} \pi$; le volume sera donc maximum en même temps que

$$(R^2 - y^2)(R + y) = (R - y)(R + y)^2.$$

Or, la somme des deux facteurs $(R - y)$ et $(R + y)$ est constante, car $R - y + R + y = 2R$. Le maximum aura par conséquent lieu pour

$$\frac{R-y}{R+y} = \frac{1}{2} :$$

d'où

$$2R - 2y = R + y,$$

et

$$y = \frac{1}{3} R.$$

Cette valeur de y, portée dans la relation (2), donne

$$x^2 = R^2 - \frac{R^2}{9}$$

$$x^2 = \frac{8R^2}{9} :$$

d'où

$$x = \frac{2}{3} R\sqrt{2}.$$

La hauteur du cône est donc égale à $\frac{4}{3}$ du rayon de la sphère; et, le rayon de la base aux $\frac{2}{3}$ du côté du carré inscrit dans un grand cercle (254).

957. *Inscrire dans un cône le cylindre maximum.*

Soient R le rayon de la base du cône, H sa hauteur, x et y le rayon et la hauteur du cylindre inscrit. On aura pour le cylindre

$$V = \pi x^2 y. \tag{1}$$

Par suite des triangles semblables que donne la figure, on a, d'autre part,

$$\frac{H}{H-y} = \frac{R}{x} : \tag{2}$$

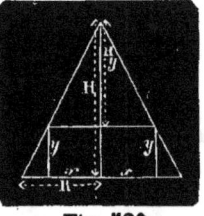

Fig. 520.

d'où

$$x = \frac{R}{H} (H - y), \tag{3}$$

et

$$x^2 = \frac{R^2}{H^2} (H - y)^2.$$

Portant la valeur de x^2 dans l'égalité (1), il vient

$$V = \pi \frac{R^2}{H^2} (H - y)^2 y.$$

Or, le maximum de cette expression est indépendant de la quantité constante $\pi \frac{R^2}{H^2}$, il ne peut donc provenir que du produit

$(H — y)^2 y$. Mais, on a $H — y + y = H =$ une quantité constante: donc le maximum du produit $(H — y)^2 y$ aura lieu pour

$$\frac{y}{H — y} = \frac{1}{2}:$$

d'où
$$y = \frac{H}{3}.$$

Substituant cette valeur dans la relation (3), on a

$$x = \frac{R}{H} (H — \frac{H}{3}) = \frac{2}{3} R.$$

Le rayon x du cylindre sera donc les $\frac{2}{3}$ du rayon du cône, et sa

hauteur y le $\frac{1}{3}$ de la hauteur du cône.

958. *Inscrire dans une sphère le cylindre maximum.*

Soient R le rayon de la sphère, x le rayon de la base du cylindre et y sa demi-hauteur, on a

$$V = 2\pi x^2 y. \qquad (1)$$

La figure donne d'autre part

$$x^2 + y^2 = R^2. \qquad (2)$$

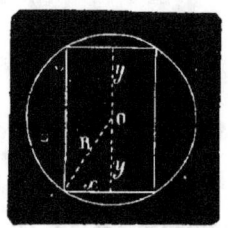

Fig. 521.

Mais la valeur de V sera maximum en même temps que $x^2 y$, puisque 2π est constant.

On peut donc poser

$$x^2 y = m,$$

ou
$$(x^2)^2 y^2 = m^2.$$

La somme de ces deux facteurs est constante, car $x^2 + y^2 = R^2$. Le maximum du produit $(x^2)^2 y^2$ aura donc lieu pour

$$\frac{y^2}{x^2} = \frac{1}{2}:$$

d'où
$$x^2 = 2y^2. \qquad (3)$$

Cette valeur portée dans l'équation (2) donne :

$$2y^2 + y^2 = R^2$$
$$3y^2 = R^2$$
$$y^2 = \frac{R^2}{3} \qquad (4)$$
$$y = \frac{1}{3} R\sqrt{3}.$$

La valeur de y^2, portée dans l'égalité (3), donne

$$x^2 = \frac{2R^2}{3}$$

$$x = \frac{R\sqrt{2}}{\sqrt{3}} = \frac{1}{3} R\sqrt{2}\sqrt{3} = \frac{1}{3} R\sqrt{6}.$$

La hauteur du cylindre égalant $2y$, ou $\frac{2}{3}R\sqrt{3}$, vaut les $\frac{2}{3}$ du triangle équilatéral inscrit dans un grand cercle de la sphère (256). Quant au rayon de la base, il vaut le $\frac{1}{3}$ de la diagonale du carré ayant pour côté le côté du triangle équilatéral inscrit dans un grand cercle, car d étant cette diagonale, on a

$$d^2 = (R\sqrt{3})^2 + (R\sqrt{3})^2 = 6R^2.$$

$$d = R\sqrt{6}$$

$$\frac{d}{3} = \frac{1}{3} R\sqrt{6}.$$

959. *Circonscrire à une sphère le cône minimum.*

Soient x le rayon de la base du cône, et y sa hauteur, son volume sera $\frac{1}{3}\pi x^2 y$. Or, le minimum de cette expression est indépendant de la quantité constante, $\frac{1}{3}\pi$ on peut donc écrire

$$x^2 y = m. \tag{1}$$

Les triangles semblables SEO, SBC donnent, d'autre part,

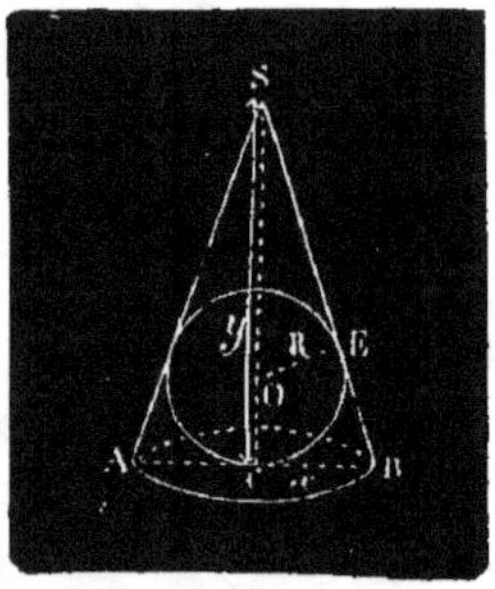

Fig 522.

$$\frac{R}{x} = \frac{SE}{y};$$

mais $$tg\ \overline{SE}^2 = y(y - 2R):$$

d'où $$SE = \sqrt{y(y - 2R)},$$

par suite $$\frac{R}{x} = \frac{\sqrt{y(y - 2R)}}{y},$$

et $$x^2 = \frac{R^2 y^2}{y(y - 2R)} = \frac{R^2 y}{y - 2R}.$$

Remplaçant dans l'équation (1) x^2 par sa valeur, il **vient :**

$$\frac{R^2 y^2}{y - 2R} = m$$

$$R^2 y^2 = my - 2mR.$$

$$R^2 y^2 - my + 2mR = 0$$

$$y^2 - \frac{my}{R^2} + \frac{2m}{R} = 0$$

$$y = \frac{m}{2R^2} \pm \sqrt{\frac{m^4}{4R^4} - \frac{2m}{R}}$$

$$y = \frac{m \pm \sqrt{m^2 - 8mR^5}}{2R^2}.$$

Pour que y soit positif, il faut qu'on ait *au moins*

$$m^2 = 8mR^3 :$$

d'où

$$m = 8R^3.$$

Dans ce cas, le radical disparaît, et l'on **a**

$$y = \frac{m}{2R^2} = \frac{8R^3}{2R^2} = 4R.$$

Les valeurs de m et de y portés dans l'équation (1) donnent :

$$x^2 \times 4R = 8R^3,$$

d'où

$$x = R\sqrt{2}.$$

Le cône minimum circonscrit à une sphère a donc pour hauteur le quadruple du rayon de la sphère donnée, et pour rayon de base le côté du carré inscrit dans l'un des grands cercles de la même sphère.

LIVRE VIII

960. — *Le carré de la distance du foyer* F *de l'ellipse à une tangente et le carré de la moitié du petit axe sont dans le même rapport que les rayons vecteurs* FM, F'M *du point de contact* M *de la tangente.*

Nous devons avoir $\dfrac{\overline{FA}^2}{b^2} = \dfrac{FM}{F'M}$.

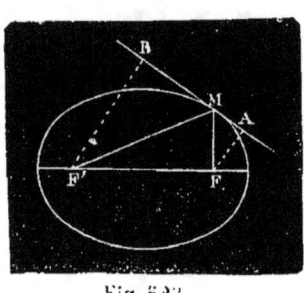

Fig. 523.

En effet, soient la tangente AB et les rayons vecteurs FM, F'M du point de contact. Si nous abaissons les perpendiculaires FA, F'B sur la tangente, nous obtiendrons deux triangles rectangles semblables, car les angles aigus en M sont **égaux (643)**, nous aurons alors

$$\frac{FA}{F'B} = \frac{FM}{F'M}.$$

En multipliant les deux termes du 1er rapport par FA, il viendra

$$\frac{\overline{FA}^2}{F'B \times FA} = \frac{FM}{F'M};$$

mais (ex. 782) $F'B \times FA = b^2$:

donc $\dfrac{\overline{FA}^2}{b^2} = \dfrac{FM}{F'M}.$

961. 1° *Les deux tangentes* OT, OT', *à l'ellipse partant d'un point extérieur* O, *font des angles égaux* FOT, F'OT' *avec les droites qui joignent le point* O *aux foyers ;* 2° *la droite* OF *est bissectrice de l'angle* TFT' *des rayons vecteurs menés d'un même foyer aux deux points de contact.*

1° Nous devons avoir FOT = F'OT', et 2° OFT' = OFT.

1° Prolongeons le rayon vecteur F'T d'une longueur TL = FT, et le rayon vecteur FT' d'une longueur T'K = F'T'; puis tirons les droites OL, OK. Les triangles OTL, OTF sont égaux, car ils ont un angle égal compris entre deux côtés égaux chacun à chacun ; par suite, OL = OF, et angle OFT = OLT. De même OK = OF',

et angle OF'T' $=$ angle OKT'.
Il résulte de là que les triangles
OFK, OF'L ont les trois côtés
égaux chacun à chacun, puisque
F'L $=$ FK $=2a$: donc ces triangles sont égaux, et angle F'OL
$=$ angle FOK. Si nous retranchons de chacun de ces angles la
partie commune F'OF, nous aurons :

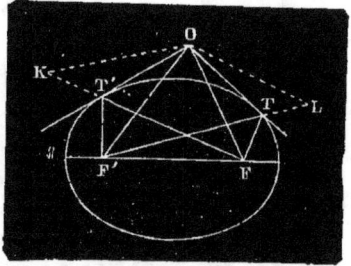

Fig. 524.

$$FOL = F'OK$$

$$\frac{FOL}{2} = \frac{F'OK}{2},$$

ou enfin $\qquad FOT = F'OT'.$

2° L'égalité des deux triangles OFK, OF'L nous donne angle OFK
$=$ angle OLF' ; mais nous venons de voir que OLF' $=$ OFT : donc
OFK $=$ OFT, et OF est bissectrice de l'angle TFT'.

962. — *Lorsqu'un angle est circonscrit à une ellipse, la portion
d'une tangente mobile comprise entre les côtés de cet angle est vue de
chaque foyer sous un angle constant.*

Soient AM, AN deux tangentes à l'ellipse dont les foyers sont
F, F'. Menons à cette courbe une troi-
sième tangente quelconque qui coupe
les deux premières aux points K et
L. Il s'agit de démontrer que l'angle
KFL, sous lequel on voit du foyer F
le segment KL, est constant.

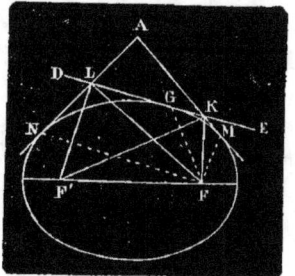

Fig. 525

En effet, si nous joignons par des
droites les trois points de contact M,
G, N des trois tangentes au foyer F,
l'angle GFM se trouve divisé en deux
parties égales par la droite FK (ex. 961);
de même l'angle GFN est partagé en deux parties égales par la
droite FL : l'angle KFL est donc la moitié de l'angle constant MFN,
donc il est constant lui-même.

Une démonstration identique prouve que l'angle KF'L est aussi
constant.

963. — *Le produit des segments interceptés par le grand axe
d'une ellipse et une tangente mobile sur les deux tangentes menées
aux extrémités du grand axe est égal à b².*

Menons, aux extrémités du grand axe AA', les tangentes AB, A'C et une tangente quelconque BC, nous aurons le produit AB×A'C qui sera constant, et égal à b^2.

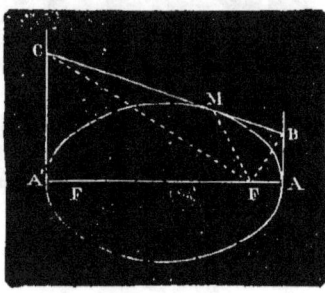

Fig. 526

En effet, joignons par des droites le point de contact M et les points B et C au foyer F. L'angle BFC est droit, puisque (ex. 962) il est égal à la moitié de la somme des 2 angles supplémentaires AFM, MFA'; par suite, les triangles rectangles ABF et A'FC sont semblables, car les angles ABF et A'FC sont égaux comme ayant l'un et l'autre pour complément le même angle AFB. Ces triangles donnent

$$\frac{AB}{A'F} = \frac{AF}{A'C} :$$

d'où $$AB \times A'C = AF \times A'F = b^2. \quad \text{(ex. 775)}$$

964. — *Lorsque par le foyer d'une parabole on mène une perpendiculaire à son axe, et que l'on prend, à partir du foyer sur cette perpendiculaire, deux distances égales, le trapèze formé en abaissant de leurs extrémités des perpendiculaires sur les tangentes est constant.*

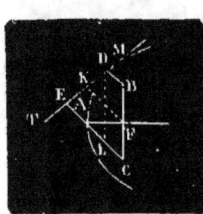

Fig. 527.

Par le foyer F de la parallèle, menons une perpendiculaire à l'axe AF, et, de chaque côté de F, prenons sur cette droite deux longueurs égales FB, FC, puis des points B et C, abaissons les perpendiculaires BD, CE sur une tangente quelconque MT à la parabole, nous obtiendrons ainsi un trapèze CBDE dont l'aire est constante.

Pour le démontrer, tirons FK parallèle à DB, et DL parallèle à BC; le point K est sur la tangente au sommet A de la parabole (692), et AFK est un triangle rectangle semblable au triangle rectangle DEL :

donc $$\frac{DE}{AF} = \frac{DL}{FK}.$$

Mais DL = BC; par suite,

$$\frac{DE}{AF} = \frac{BC}{FK} :$$

d'où $$DE \times FK = AF \times BC.$$

Donc l'aire du trapèze CBDE est constante, puisque cette aire, DE $\times$ FK, est égale au produit constant AF $\times$ BC.

NOTE SUR LES MAXIMA ET LES MINIMA.

THÉORÈME I. *Lorsque le produit de deux facteurs est constant, le minimum de la somme de ces facteurs a lieu quand ils sont égaux.*

Soient m le minimum de la somme, et a le produit constant des deux facteurs x et y. On aura, d'après l'énoncé, les équations :

(1) $$x + y = m$$

(2) $$xy = a.$$

Or (alg. n° 264), x et y sont les racines de l'équation

$$X^2 - m X + a = 0,$$

laquelle donne

$$X = \frac{m}{2} \pm \sqrt{\frac{m^2}{4} - a}.$$

Pour que X soit réel, il faut que l'on ait $\frac{m^2}{4} > a$, ou *au moins* $\frac{m^2}{4} = a$. La plus petite valeur que l'on puisse donner à $\frac{m^2}{4}$ est donc

$$\frac{m^2}{4} = a,$$

ou $$\frac{m}{2} = \sqrt{a}.$$

Mais alors le radical disparaît, et l'on a

$$X = \frac{m}{2}.$$

D'où, en remplaçant $\frac{m}{2}$ par sa valeur $\sqrt{a}$,

$$X' = x = \sqrt{a},$$

$$X'' = y = \sqrt{a}.$$

Donc, etc.

THÉORÈME II. *Le produit de deux facteurs dont la somme est constante, est maximum quand ces deux facteurs sont égaux.*

Soient x et y les deux facteurs, a leur somme constante et m leur produit maximum. D'après l'énoncé, on a

$$x + y = a$$

et $$xy = m.$$

Or (alg. n° 264), x et y sont les racines de l'équation

$$X^2 - aX + m = 0,$$

laquelle donne $$X = \frac{a}{2} \pm \sqrt{\frac{a^2}{4} - m}.$$

Pour que X soit réel, il faut que l'on ait $m < \frac{a^2}{4}$, ou *au plus* $m = \frac{a^2}{4}$; dans ce dernier cas, le radical disparaît, et l'on a

$$X = \frac{a}{2} :$$

d'où

$$X' = x = \frac{a}{2}$$

$$X'' = y = \frac{a}{2}.$$

Donc le produit etc.

THÉORÈME. III. *Le produit de plusieurs facteurs dont la somme est constante, est maximum lorsque ces facteurs sont égaux.*

En effet, soient a la somme constante et x, y, z, t..... les facteurs. On a :

$$x + y + z + t.... = a.$$

Il s'agit de rendre maximum le produit $xyzt....$ Or, si l'on suppose les deux derniers facteurs invariables, on obtient

$$x + y = a - z - t,$$

ou une quantité constante pour la somme des deux premiers. Leur produit sera donc maximum pour $x = y$; donc le produit total ne sera lui-même maximum que quand on aura $x = y$.

On prouverait de même que y et z, z et t, etc., doivent être égaux.

THÉORÈME. IV. *Le produit de puissances différentes de deux facteurs, dont la somme est constante, est maximum lorsque ces facteurs sont dans le même rapport que leurs exposants.*

D'après l'énoncé, je puis poser

$$x + y = a,$$

et

$$x^m \times y^n = M.$$

Je dis que le produit sera maximum quand j'aurai

$$\frac{x}{y} = \frac{m}{n}.$$

En effet,

$$x^m = x \times x \times x \ldots,$$

et

$$y^n = y \times y \times y \times y \ldots;$$

par suite

$$x^m \times y^n = (x \times x \times x \ldots)(y \times y \times y \times y \ldots)$$

Si je divise les deux membres par le produit $m^m \times n^n$, ou, ce qui revient au même, chaque facteur x par m et chaque facteur y par n, j'ai :

$$\frac{x^m \times y^n}{m^m \times n^n} = \left(\frac{x}{m} \times \frac{x}{m} \times \frac{x}{m} \ldots\right)\left(\frac{y}{n} \times \frac{y}{n} \times \frac{y}{n} \times \frac{y}{n} \ldots\right);$$

d'où $x^m \times y^n = \left(\frac{x}{m} \times \frac{x}{m} \times \frac{x}{m} \ldots\right)\left(\frac{y}{n} \times \frac{y}{n} \times \frac{y}{n} \times \frac{y}{n} \ldots\right) m^m \times n^n.$

Or, le maximum du produit $x^m \times y^n$ ne peut dépendre de la quantité constante $m^m \times n^n$, il ne peut par conséquent provenir que des deux parenthèses.

Mais les facteurs renfermés par les parenthèses ont une somme constante, puisque $x + y = a$: donc le maximum de leur produit aura lieu quand ils seront égaux entre eux ; il faut par conséquent que

$$\frac{x}{m} = \frac{y}{n}, \text{ ou } \frac{x}{y} = \frac{m}{n}.$$

FIN.

TABLE DES MATIÈRES

Note de la page 11. L'execice 809 doit être fait avant l'exercice 30.
Note de la page 129. L'exercice 865 doit être fait avant l'exercice 357.